“十三五”国家重点出版物出版规划项目
现代机械工程系列精品教材

“十三五”江苏省高等学校重点教材（编号：2019-2-125）

并联机器人

许兆棠　刘远伟　陈小岗　吴蒙蒙　张　恒　编著

机 械 工 业 出 版 社

并联机器人具有闭环结构、工作空间较小、承载能力高、刚度大、动态性能优越和运动学反解容易等特点。本书运用机构学、线性代数、力学等理论和方法，对并联机器人的基本理论和应用进行了系统论述。全书共分12章，主要内容包括：绪论、并联机器人的机构简图和自由度、运动分析基础、位姿分析、速度和加速度的计算、静力学分析、动力学分析、工作空间分析、奇异位形分析、误差分析、控制和设计。

本书可作为普通高等教育机器人工程专业的课程教材，也可作为相关专业的选修课程教材，还可供从事机器人方面的研究人员和工程技术人员参考。本书有配套的PPT课件、教学大纲和习题参考答案，请选用本书的教师登录机械工业出版社教育服务网（www.cmpedu.com）。下载。

图书在版编目（CIP）数据

并联机器人/许兆棠等编著. —北京：机械工业出版社，2021.3（2024.6重印）

"十三五"国家重点出版物出版规划项目　现代机械工程系列精品教材
"十三五"江苏省高等学校重点教材

ISBN 978-7-111-67588-4

Ⅰ.①并…　Ⅱ.①许…　Ⅲ.①空间并联机构-机器人-高等学校-教材　Ⅳ.①TP24

中国版本图书馆CIP数据核字（2021）第031949号

机械工业出版社（北京市百万庄大街22号　邮政编码100037）
策划编辑：舒　恬　责任编辑：舒　恬　徐鲁融　杨　璇
责任校对：郑　婕　封面设计：张　静
责任印制：刘　媛
涿州市般润文化传播有限公司印刷
2024年6月第1版第3次印刷
184mm×260mm · 15.75印张 · 390千字
标准书号：ISBN 978-7-111-67588-4
定价：49.00元

电话服务	网络服务
客服电话：010-88361066	机　工　官　网：www.cmpbook.com
010-88379833	机　工　官　博：weibo.com/cmp1952
010-68326294	金　　书　　网：www.golden-book.com
封底无防伪标均为盗版	机工教育服务网：www.cmpedu.com

前　言

为服务于国家与地方的产业转型升级，服务于中国制造强国战略，国内许多高校开设了机器人工程专业及相关课程。出版本书，是为了满足培养机器人工程专业人才的需要。2019年，本书入选“十三五”江苏省高等学校重点教材（编号：2019-2-125）。

并联机器人具有闭环结构、工作空间较小、承载能力高、刚度大、动态性能优越和运动学反解容易等特点，这使并联机器人具有独特的研究和应用价值，受到越来越多的重视，因此，需要对并联机器人进行针对性的学习和研究。

本书针对并联机器人的特点，运用机构学、线性代数、力学等的理论和方法，对并联机器人的基本理论和应用进行了系统论述。本书主要内容包括：绪论、并联机器人的机构简图和自由度、运动分析基础、位姿分析、速度和加速度的计算、静力学分析、动力学分析、工作空间分析、奇异位形分析、误差分析、控制和设计。附录中介绍了并联机器人的数学及力学基础。本书有配套的PPT课件、教学大纲和习题参考答案，可通过机械工业出版社教育服务网（www.cmpedu.com）获取。

为了便于读者学习，本书在内容编排方面进行了一些设计，体现在以下几个方面：

1）本书在导出并联机器人的位姿、速度、加速度、静力学和动力学等方程式时，先导出其矢量形式的方程，再由矢量形式的方程变化为直角坐标系下的方程。

2）本书在附录中介绍了并联机器人的数学及力学基础，建议相关数理知识较为薄弱的读者，在学习本书第4章及其后内容之前先学习附录中的内容。

3）当前，螺旋理论已用于并联机器人的自由度、位姿、速度、加速度、静力学和动力学等的分析中。考虑到本科生只学过机械原理、理论力学等知识，尚未接触螺旋理论，因此本书中没有介绍使用螺旋理论分析解决并联机器人相关问题的内容。这部分知识，读者可在后续的学习和研究中自学。

本书由三江学院、淮阴工学院的许兆棠和刘远伟，淮阴工学院的陈小岗，华东理工大学的吴蒙蒙和淮阴工学院的张恒共同编著。

本书是在淮阴工学院“并联机床和汽车纵横双向驻车坡度角检测系统”等项目的研究基础上完成的，得到了多个项目的支持，这些项目是：江苏省高校自然科学研究重大项目“并联机床综合误差解耦及数字化控制算法的研究（12KJA460001）”、淮安市应用研究与科技攻关（工业）计划项目“汽车纵横双向驻车坡度角检测系统的开发（HAG2015033）”和江苏省大学生创新创业训练计划项目等。

另外，本书的编写也得到了一些单位和个人的帮助，包括江苏省先进制造技术重点实验室的孙全平、汪通悦、吴海兵、陈前亮、朱为国等老师，他们对本书提出了很多建议，淮阴工学院机械与材料工程学院的严俊、张磊、李翔等同学参与了并联机床的误差研究，江苏省高等教育学会的相关领域专家对本书进行了审定，在此表示感谢。

本书的编写参考了许多国内外出版的书籍、论文、网站等的相关内容，得到了许多专家的大力支持，使得编著工作得以顺利完成，并在内容上更加新颖、丰富；在编写过程中，淮阴工学院的吴笑宇、丁涛、吉河波、张恃铭等同学参与了两个转动自由度的检测并联机器人的研制，吴笑宇同学和三江学院的苏强等同学参与了资料收集整理工作，在此一并表示感谢。

由于时间仓促和编者水平有限，本书难免存在不足甚至错误，恳请使用本书的师生和其他读者批评指正，以便今后进一步完善。

编　者

目 录

第1章 绪论

教学目标：通过本章学习，应明确并联机器人的定义、组成、工作原理等内容，掌握并联机器人的类型及分类方法，了解并联机器人的应用、研究方向、发展历程及现状，为后续章节的学习打下基础。

1.1 并联机器人的基本概念

1.1.1 并联机构

并联机构是并联机器人的基础，没有并联机构的机器人不能称为并联机器人，为了解并联机器人，需要先了解并联机构。

从机构学角度来说，并联机构是由构件和运动副组成。在并联机构中，包含多个构件和运动副组成的运动链。为了解并联机构，需要先了解构成并联机构的构件、运动副和运动链。

1. 构件和运动副

（1）构件　构件是机械系统中能够进行独立运动的单元体，也是并联机构中能够进行独立运动的单元体。在并联机构中，刚性构件主要是连杆，弹性构件主要是弹性杆，柔性构件主要是柔索。

（2）运动副　运动副是指使两构件既保持接触又有相对运动的活动连接。在并联机构中，运动副有转动副、移动副、螺旋副、圆柱副、虎克铰和球面副等，见表1-1。这些运动副多为面和面接触的低副。在机械工程中，通常又称这些运动副为关节或者铰链。表1-1列出了常见运动副的类型及其代表符号。注意，在表1-1的自由度一栏中，“R”表示转动，“T”表示移动，R和T前面的数字表示转动或移动数目，约束数与运动副的级别相同，约束数为5的运动副为Ⅴ级副且只有1个自由度，约束数为4的运动副为Ⅳ级副且有2个自由度。下面说明表1-1中的转动副、移动副等。

（3）转动副　转动副是一种使两构件间发生相对转动的连接结构，用“R”表示。它具有1个转动自由度，约束了刚体的其他5个运动，并使得两个构件在同一平面内运动，是一种平面Ⅱ级低副，空间Ⅴ级低副。

（4）移动副　移动副是一种使两构件间发生相对移动的连接结构，用“P”表示。它具有1个移动自由度，约束了刚体的其他5个运动，并使得两个构件在同一平面内运动，是一种平面Ⅱ级低副，空间Ⅴ级低副。

（5）螺旋副　螺旋副是一种使两构件间发生螺旋运动的连接结构，用“H”表示。它同样只具有1个自由度，约束了刚体的其他5个运动，并使得两个构件在同一平面内运动，是一种空间Ⅴ级低副。

（6）圆柱副　圆柱副是一种使两构件间发生同轴转动和移动的连接结构，通常由共轴的转动副和移动副组合而成，用“C”表示。它具有2个独立的自由度，约束了刚体的其他4个运动，并使得两个构件在空间内运动，是一种空间Ⅳ级低副。

（7）虎克铰　虎克铰（万向铰）是一种使两构件间发生绕同一点二维转动的连接结构，通常采用轴线正交的连接形式，用“U”表示。它具有2个相对转动的自由度，相当于轴线相交的两个转动副，约束了刚体的其他4个运动，并使得两个构件在空间内运动，是一种空间Ⅳ级低副。

（8）球面副　球面副（球铰）是一种能使两个构件间在三维空间内绕同一点做任意相对转动的运动副，可以看作是由轴线汇交一点的3个转动副组成，用“S”表示。它约束了刚体的三维移动，是一种空间Ⅲ级低副。

并联机构的运动由运动副上的驱动器驱动，从驱动的角度来说，有驱动器输入动力和运动的运动副为驱动副或主动副，没有驱动器输入动力和运动的运动副为被动副或从动副。

表1-1　常见运动副的类型及其代表符号

名称	符号	类型及级别	自由度	约束数	图形	代表符号
转动副	R	空间低副，Ⅴ级副 （平面低副，Ⅱ级副）	1R	5		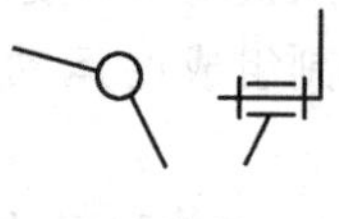
移动副	P	空间低副，Ⅴ级副 （平面低副，Ⅱ级副）	1T	5	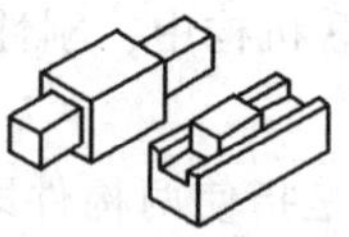	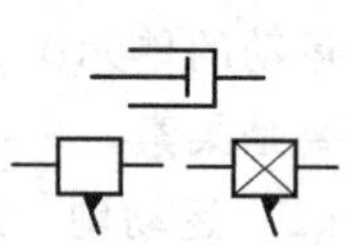
螺旋副	H	空间低副， Ⅴ级副	1R或1T	5	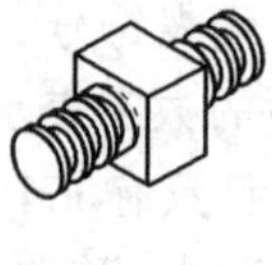	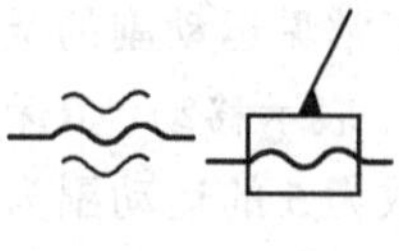
圆柱副	C	空间低副， Ⅳ级副	1R1T	4		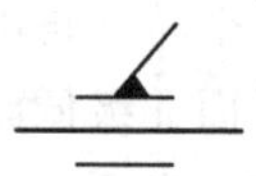

（续）

名称	符号	类型及级别	自由度	约束数	图形	代表符号
虎克铰（万向铰）	U	空间低副，Ⅳ级副	2R	4	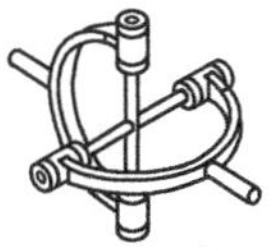	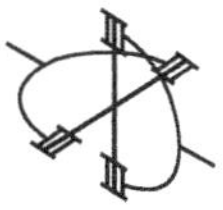
球面副（球铰）	S	空间低副，Ⅲ级副	3R	3		

2. 运动链

运动链是两个或两个以上的构件通过运动副连接而成的系统。组成运动链的各构件构成首末封闭系统的运动链称为闭链，反之为开链。由开链组成的机器人称为串联机器人；完全由闭链组成的机器人称为并联机器人；开链中含有闭链的机器人称为串并联机器人或称为混联机器人。

根据表 1-1 给出的运动副，可设计出用在并联机构上的 2~6 个自由度的多种简单运动链，并按运动副的组成顺序、用运动副描述运动链，见表 1-2 和图 1-1。进一步可设计出复合运动链，如图 1-2 所示，中间有两根杆，两根杆的两端分别有运动副，构成两条并联的运动链，共同完成运动的传递。复合运动链有多种形式，图 1-2 仅给出 4 种。

表 1-2 简单运动链的类型

自由度	运动副	支链类型举例	自由度	运动副	支链类型举例
6	P、S、S	SPS,PSS	4	P、U、R	PUR,PRU,UPR,RPU
	U、P、S	UPS,PUS		P、S	PS、SP
	R、S、S	RSS,SRS	3	R、R、R	RRR(平面或球面)
	U、R、S	URS,RUS		R、P、R	RPR,PRR
5	R、R、S	RRS,RSR		H、R、P	HRP,PRH,RHP
	R、P、S	RPS,RSP,PRS,PSR	2	R、R	RR
	P、U、U	PUU,UPU		P、R	PR,RP

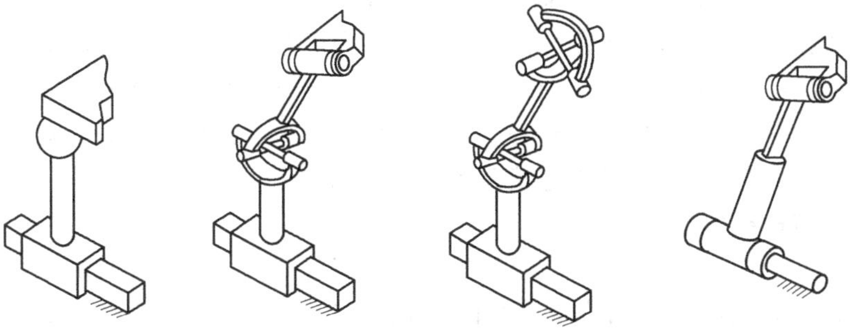

PS　　PUR　　PUU　　RPR

图 1-1 简单运动链

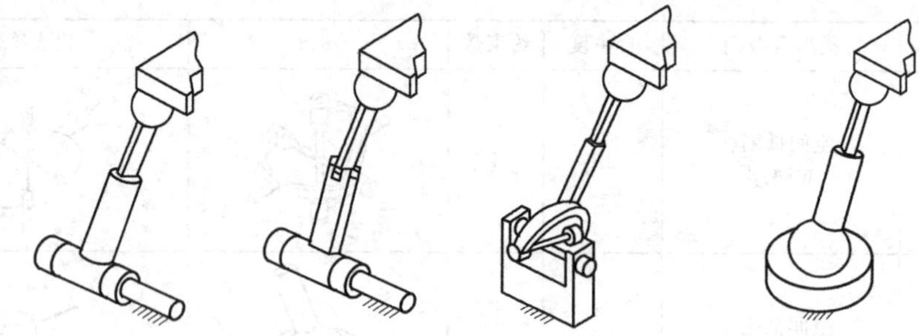

图 1-1 简单运动链（续）

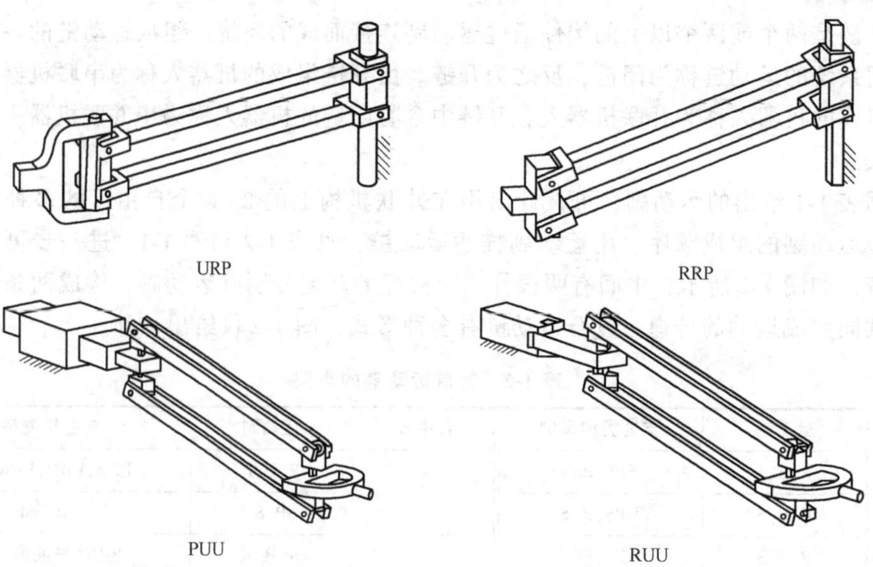

图 1-2 复合运动链

3. 并联机构的定义及组成

（1）并联机构的定义　并联机构定义为定平台和动平台通过至少两个独立的运动链相连接，具有两个或两个以上的自由度，且以并联方式驱动各支链的一种闭环机构。

（2）并联机构的组成　并联机构由定平台、动平台和运动链组成，如图 1-3 和图 1-4 所示。定平台和动平台分别是一个刚性的构件，定平台固定不动，动平台做空间运动；运动链有两个或两个以上，且各个运动链独立运动，每个运动链为并联机构的支链，运动链有连杆和柔索形式，运动链由杆组成时为连杆，运动链由钢丝绳或链组成时为柔索，运动链的两端分别与定平台和动平台通过运动副连接并形成闭环机构。

4. 并联机构的类型

并联机构可按照机构的自由度、机构的运动空间等分类。按照并联机构的自由度，并联机构可分为 2 个自由度、3 个自由度、4 个自由度、5 个自由度、6 个自由度及冗余自由度的并联机构，其中 2~5 个自由度的并联机构被称为少自由度并联机构。按照并联机构的运动空间，并联机构可分为平面和空间运动的并联机构，其活动构件分别做平面和空间运动。下面通过图例介绍并联机构的类型。

图 1-3 所示为 2-PRR 的 2 自由度并联机构，为平面运动的并联机构，*B* 为固定不动的定平台，*A* 为可运动的动平台，有 2 条 PRR 的复合运动链。机构的下端通过移动副 P 与定平台连接，机构的上端通过转动副 R 与动平台连接，机构上有两条 RR 的平行四边形的复合运动链，两条运动链与定平台、动平台连接后，形成闭环机构，动力和运动由 2 个移动副输入，动平台有 1 个上下移动和 1 个平行于滑块移动方向的移动自由度。

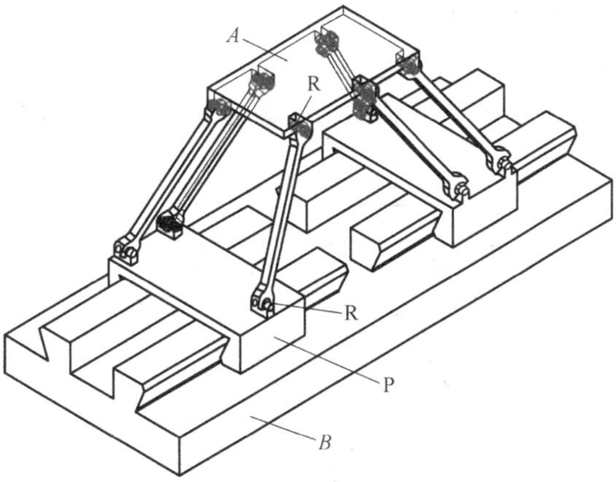

图 1-3 2-PRR 的 2 自由度并联机构

图 1-4 所示为 3-RPS 的 3 自由度并联机构，为空间运动的并联机构，*B* 为固定不动的定平台，*A* 为可运动的动平台，有 3 条 RPS 的运动链将定平台和动平台连接，形成闭环机构，动力和运动由 3 个移动副输入。图 1-4 中箭头表示移动副的运动方向，动平台有 1 个上下移动和绕平行于定平台轴线的 2 个转动的自由度。

图 1-5 所示为 4-UPU 的 4 自由度并联机构，为空间运动的并联机构，*B* 为固定不动的定平台，*A* 为可运动的动平台，有 4 条 UPU 的运动链，分别通过虎克铰 U 将定平台和动平台连接，形成闭环机构，与定平台连接的 4 个虎克铰的轴线垂直于定平台且相互平行，与动平台连接的 4 个虎克铰的轴线垂直于动平台且相互平行，对角线上的 UPU 的运动支链结构对称，动力和运动由 4 个移动副输入，动平台有空间的 3 个移动和 1 个绕垂直于定平台 *B* 轴线的转动的自由度。

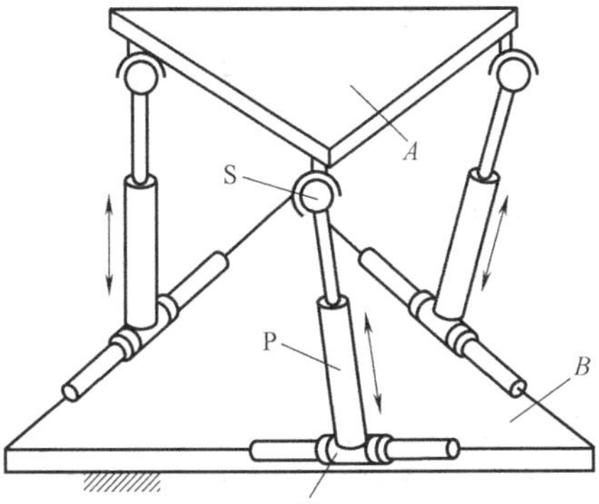

图 1-4 3-RPS 的 3 自由度并联机构

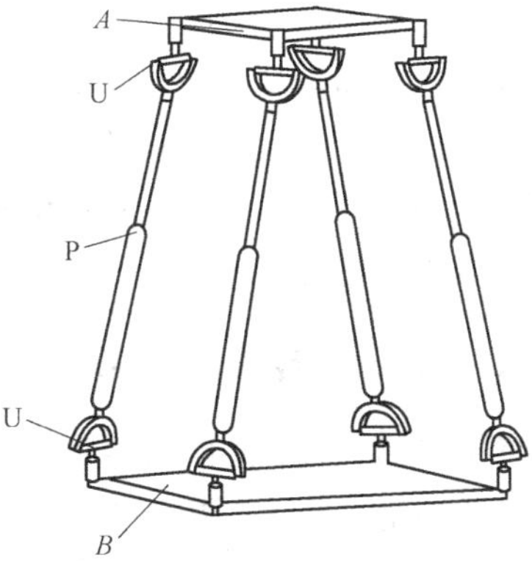

图 1-5 4-UPU 的 4 自由度并联机构

图 1-6 所示为 3-5R 的 5 自由度并联机构，为空间运动的并联机构，*B* 为固定不动的定平台，*A* 为可运动的动平台，有 3 条 5R 的运动链将定平台和动平台连接，形成闭环机构，动力和运动由 5 个转动副输入，其中，与定平台 *B* 连接的转动副输入 3 个转动，3 条支链中，再有 2 个转动副输入转动。动平台有空间的 3 个转动和在平行于定平台面上的 2 个移动，没有垂直于定平台面的移动。

图 1-7 所示为 6-UPU 的 6 自由度并联机构，又称为 Stewart 机构或 Stewart 平台，为空间运动的并联机构，B 为固定不动的定平台，A 为可运动的动平台，有 6 条 UPU 的运动链，分别通过虎克铰 U，将定平台和动平台连接，形成闭环机构，动力和运动由 6 个移动副输入。图 1-7 中箭头表示移动副的运动方向。动平台有 3 个移动和 3 个转动的自由度。

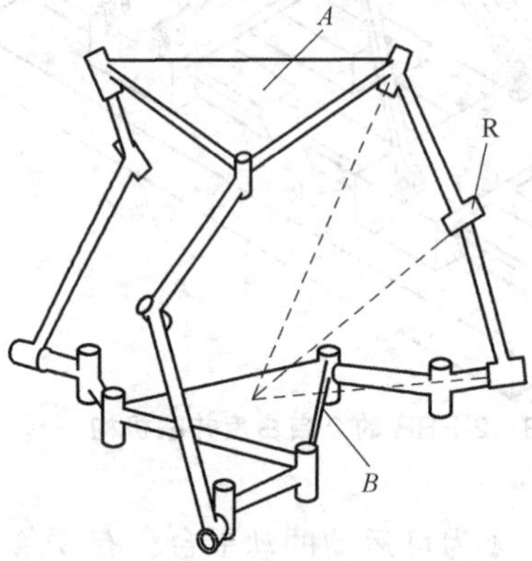

图 1-6 3-5R 的 5 自由度并联机构

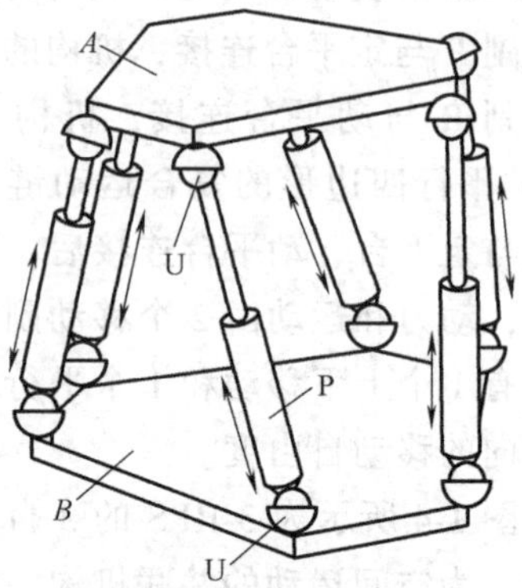

图 1-7 6-UPU 的 6 自由度并联机构

图 1-8 所示为 4-SPS/S 的 3 自由度冗余驱动并联机构，为空间运动的并联机构，M 为固定不动的定平台，N 为可运动的动平台，A_1、A_2、A_3、A_4、B_1、B_2、B_3、B_4 和 B_5 为球铰，C_1、C_2、C_3 和 C_4 为移动副，D 为 E 杆与定平台的固定连接点，4 条 SPS 的主动支链和 1 条含 S 副的被动约束支链将定平台和动平台连接，形成闭环机构，动平台有 3 个转动自由度，动力和运动由 4 个移动副输入，驱动构件数为 4，驱动构件数大于机构的自由度，为冗余驱动的并联机构。该并联机构通过冗余驱动，克服机构的奇异位形。

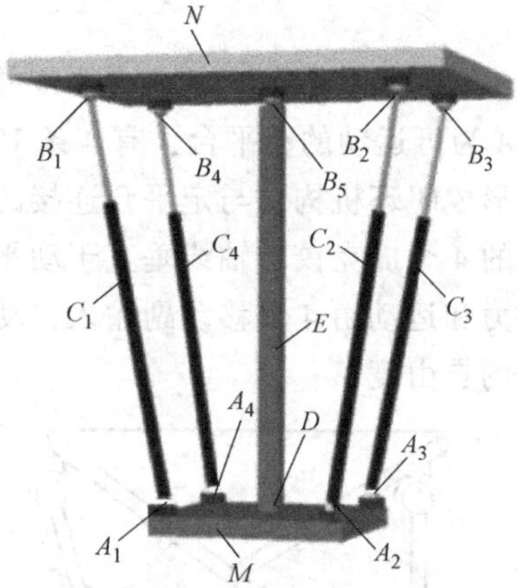

图 1-8 4-SPS/S 的 3 自由度冗余驱动并联机构

1.1.2 并联机器人的定义

并联机器人（Parallel Robots）的定义为程控或智能控制的驱动机构驱动并联机构，由并联机构的动平台上的执行机构完成预定工作任务的机器，或者说，并联机器人是基于并联机构的可完成预定工作任务的程控或智能控制的机器。

并联机器人是在并联机构的基础上构成的；同一般的机器人一样，并联机器人是由计算机的程序控制其运动，并完成人要求的工作任务。

1.1.3 并联机器人的组成

根据并联机器人的定义，并联机器人由机械和电控两部分组成。机械部分由驱动机构、并联机构和执行机构组成。

驱动机构主要由电动机及传动系统组成，或者由液压系统组成。驱动机构的电动机或液压系统有2个或2个以上且独立工作，电动机或液压系统为并联机器人的动力源，由计算机的程序控制电动机或液压系统的运动，从而控制了驱动机构的运动，也控制并联机器人的运动。

执行机构或称为操作器，为完成工作任务的机构或构件，如机械手、吸盘、打印头、机床的刀具等。

驱动机构的电动机或液压系统与并联机构的连杆或柔索连接，执行机构安装在动平台上。

并联机构是并联机器人的机械部分的主体，也是并联机器人的主体。在并联机器人的运动、受力、工作空间、奇异位形等研究中，常将并联机构的运动、受力、工作空间、奇异位形称为并联机器人的运动、受力、工作空间、奇异位形。

1.1.4　并联机器人的工作原理

并联机器人的工作原理：并联机器人工作时，计算机控制系统控制驱动机构的电动机或液压系统的运动，驱动机构驱动连杆或柔索，通过改变连杆或柔索与定平台和动平台连接点间的距离，使动平台运动，动平台上的执行机构完成工作任务。动平台的运动有位置、姿态和位姿变化。动平台的位置变化表现为动平台在直线或平面或空间上的移动，动平台的姿态变化表现为动平台的转动，动平台的位姿变化表现为动平台的移动和转动。

3D打印并联机器人如图1-9所示。它是一台3D打印机，立柱通过滑块和平行四边形机构与动平台连接，打印头固定在动平台上，立柱为定平台，滑块和平行四边形机构组成连杆支链，共有3条支链，打印头是执行构件，电动机驱动滑块在立柱上移动，通过平行四边形机构带动动平台在空间移动，打印头随动平台在空间移动，打印头熔化塑料丝，由下向上，逐层打印出三维塑料模型。

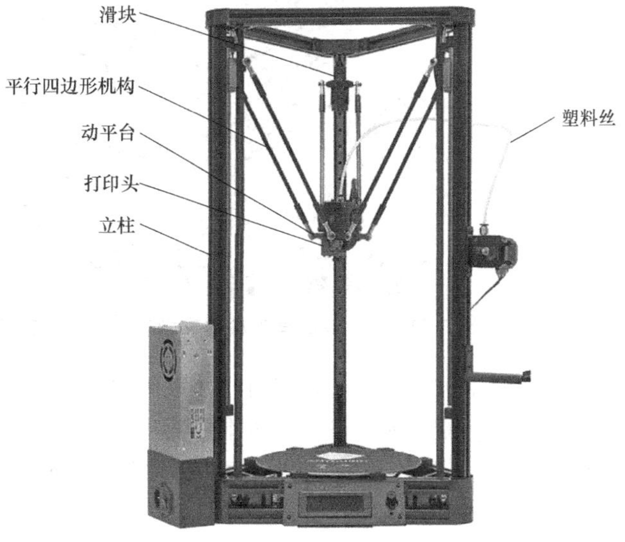

图1-9　3D打印并联机器人

由淮阴工学院研制的2个转动自由度的检测并联机器人如图1-10所示，用于检测汽车纵横双向驻车坡度角。2个转动自由度的检测并联机器人的主体是2个转动自由度的并联机构，检测平台为并联机构的动平台，底座为并联机构的定平台，并联机器人由液压系统驱动，液压缸作为连杆，呈八字形，连杆的两端通过虎克铰（万向铰）分别与检测平台和底座连接，检测平台的另一端通过一个虎克铰支承在底座上，固定在检测平台上的模拟道路为执行构件。液压系统由液压总成和液压缸等组成。液压系统驱动连杆伸长或缩短。检测平台随两个液压缸绕虎克铰的中心在空间做纵向和横向定点转动，改变检测平台的纵向和横向姿态角，纵向转动的轴线垂直于模拟道路方向，横向转动的轴线平行于模拟道路方向，固定在检测平台上的双向倾角传感器检测平台的两个姿态角。

工作状态如图 1-11 所示。汽车放在检测平台的模拟道路上，通过双向倾角传感器，由计算机测试系统测出汽车纵横双向驻车坡度角。

图 1-10　2 个转动自由度的检测并联机器人

图 1-11　2 个转动自由度的检测并联机器人检测汽车纵横双向驻车坡度角

柔索并联机器人如图 1-12 所示，3 根固定不动的立柱上，各悬挂 2 根柔索，与中间的信号接收器连接，立柱为定平台，安装信号接收器的结构件是动平台，信号接收器是执行构件，6 个驱动系统分别驱动 6 根柔索，使柔索伸长或缩短，信号接收器随 6 根柔索在空间移动和转动，改变位姿，获取测量信号。

1.1.5　并联机器人的特点

（1）工作空间较小　并联机构的连杆伸长量小且多根连杆伸长时相互约束，使动平台的运动空间较小，也使并联机器人只能在较小的运动空间中完成相应的工作任务。

（2）能实现执行机构位置、姿态变化　并联机构的形式多样，能实现动平台的位置、姿态变化，动平台的位置、姿态最多各有 3 个，动平台的位置、姿态最少共有 2 个，动平台的位置和姿态的组合有多个，也使并联机器人的位置和姿态组合形式多样，功能灵活，适应性强，有极高的柔性。如动平台的两个移动的组合，使并联机器人的执行机构具有平面位置变化的功能；动平台的一个移动和一个转动的组合，使并联机器人的执行机构具有一个位置

图 1-12 柔索并联机器人

和一个姿态变化的功能；在动平台上安装刀具，则可进行多坐标铣、磨、钻、特种曲面加工等；在动平台上安装夹具，则可进行航天器对接等复杂的空间装配；在动平台上安装抛物面的天线、手术室的无影灯，则可进行抛物面的天线、手术室的无影灯的位姿调整。

（3）闭环结构，承载能力高，刚度大 并联机构的动平台和定平台之间有多根杆连接，并形成平面或空间的多闭环结构，并联机构受力时多根连杆同时受力，多根连杆共同分担载荷，使并联机构具有很高的承载能力和很大的承载刚度；并联机构是并联机器人受载和变形的主体，并联机构承载能力高、刚度大，使并联机器人具有很高的承载能力和很大的承载刚度。

（4）动态性能优越 驱动机构可置于定平台上或接近定平台的位置，这样，可使并联机器人运动部分的重量轻，执行机构的速度高且动态响应好。

（5）累积误差小，运动精度高 这是与串联机构相比而言的；串联机构是开环机构，各个关节的误差积累后，产生执行机构的误差，因此执行机构的误差大；并联机构是闭环机构，各个支链的运动相互有约束，也使各个支链的运动误差相互有约束，各支链的累积误差小，动平台的运动精度高，这使并联机构可用在机床上，形成并联机床类的并联机器人。

（6）结构对称的并联机构具有较好的各向同性 结构完全对称时，并联机构具有较好的各向同性，也使完全对称的并联机器人具有较好的各向同性。

（7）结构对称的并联机构易于制造 并联机构的各运动支链的结构相同时，并联机构的支链易于制造，这非常有利于并联机器人的制造；并联机构的连杆为杆件，也有利于并联机器人的制造。

（8）运动学反解容易，位姿容易控制 在位姿求解上，并联机构的运动学反解容易，运动学正解困难，也使并联机器人的运动学反解容易，运动学正解困难，这有利于并联机器人的位姿控制。并联机构的运动学反解是指已知动平台的位姿，求解连杆的伸长量；并联机构的运动学正解是指已知连杆的伸长量，求解动平台的位姿。

（9）并联机构的使用寿命长 由于并联机构的多杆受力，使运动部件磨损小，也使并联机构的使用寿命长，这有利用于并联机器人应用在要求使用寿命长的场合。

在并联机器人的使用、设计、制造、研究和学习中，考虑并联机器人的特点，有利于做好与并联机器人有关的工作。

1.2 并联机器人的分类

1.2.1 按照并联机器人的自由度分类

按照并联机器人的自由度划分，有2个自由度、3个自由度、4个自由度、5个自由度和6个自由度的并联机器人，分别在2个自由度、3个自由度、4个自由度、5个自由度、6个自由度的并联机构的基础上构成，其中2~5个自由度的并联机器人被称为少自由度并联机器人。由于并联机器人的实际应用需要不同的自由度，而且有些场合只需要部分自由度，如2、3、4或5个自由度就可以满足要求，因此，少自由度并联机器人已成为国内外学者的关注热点。少自由度并联机器人除了具有明显的经济性外，还具有结构简单和易于控制的特点，有很大的理论和实际价值。

1. 2自由度的并联机器人

在并联机器人领域，自由度最少的并联机器人是采用2自由度并联机构的2自由度并联机器人。它是并联机器人的重要组成部分，分为平面结构和球面结构两大类，主要适用于执行机构做平面和定点运动的情况，有着很广泛的应用领域。

2自由度的Diamond并联机器人如图1-13所示，电动机固定在定平台上，两个平行四边形机构串联构成一个运动支链，吸盘固定在动平台上，吸盘为执行构件，电动机通过连杆带动连杆端部的动平台，两个平行四边形机构的对应边分别平行，使动平台上的吸盘在平面内平移，动平台和吸盘有2个移动自由度。

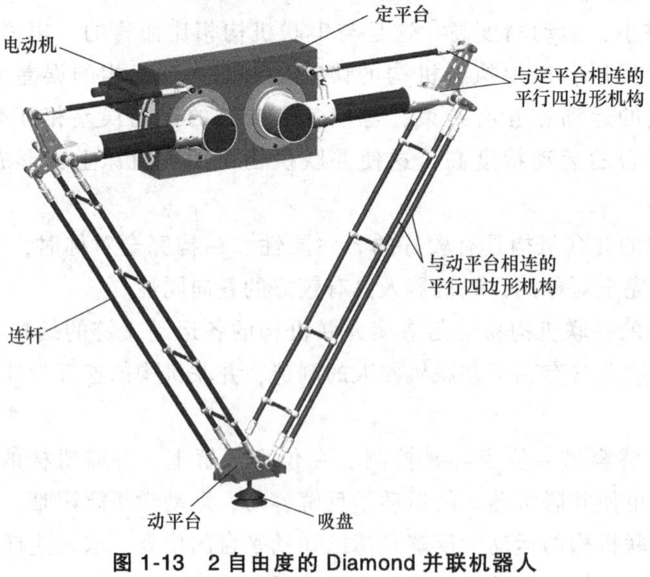

图1-13　2自由度的Diamond并联机器人

2. 3自由度的并联机器人

（1）3自由度移动的并联机器人　3自由度移动的Delta并联机器人如图1-14所示，电动机固定在定平台上，摇臂与平行四边形机构串联构成一个运动支链，平行四边形机构的铰链为球铰，或者说，平行四边形机构为球铰的平行四边形机构，吸盘固定在动平台上，吸盘为执行构件，电动机通过连杆带动连杆端部的动平台，平行四边形机构的对应边平行，使动平台上的吸盘在空间平移，动平台和吸盘有3个移动自由度。

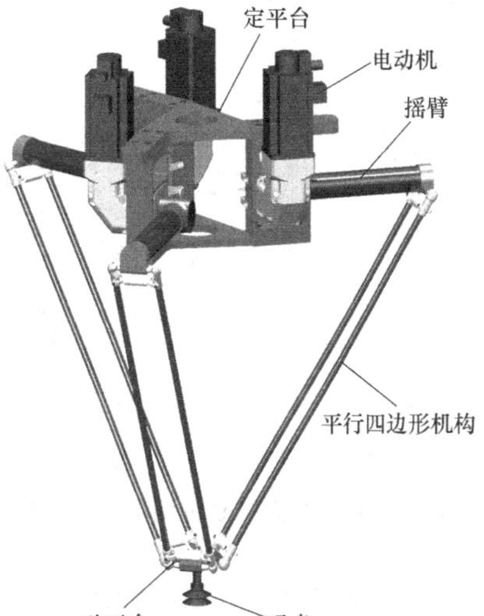

图1-14 3自由度移动的Delta并联机器人

图1-14所示并联机器人是分支中含有球铰四杆机构的3自由度移动的Delta并联机器人，这种并联机器人被视为3自由度移动并联机构的一个里程碑，此后，出现了其他形式的Delta并联机器人。由于驱动电动机置于定平台上且使用轻质的摇臂与平行四边形机构串联的连杆，Delta并联机器人可以获得高达12g的加速度，速度非常大，非常适合于完成小质量物体的快速拿放操作。

（2）3自由度转动的并联机器人 灵巧眼是3自由度转动的并联机器人，如图1-15所示，球铰支链的轴线交于旋转中心，3个电动机通过球铰支链改变位于球心的视觉装置的姿态，使视觉装置有3个定点转动自由度。

3-UPS的3自由度转动的并联机器人，如图1-16所示，电动机固定在连杆的一端，连杆有两段，通过移动副形成可伸缩的连杆，连杆分别通过虎克铰和球铰与定平台、动平台连接，刀柄固定在动平台上，电动机驱动连杆伸缩，使动平台及刀柄在空间转动，动平台和刀柄有3个转动自由度。

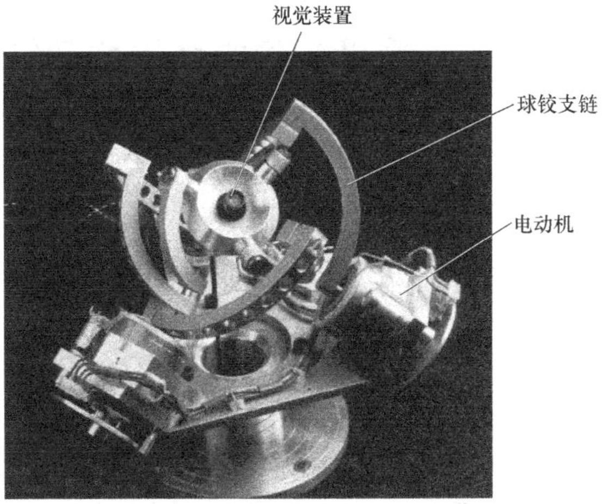

图1-15 3自由度转动的并联机器人（灵巧眼）

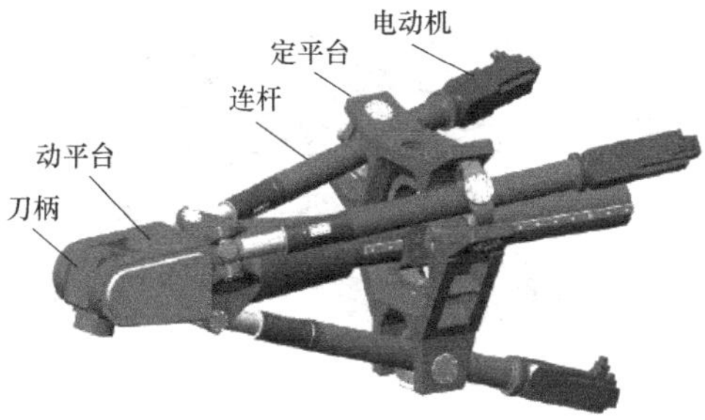

图1-16 3-UPS的3自由度转动的并联机器人

3. 4自由度的并联机器人

4自由度并联机构的机构运动示意图和4自由度的并联机器人分别如图1-17和图1-18所示，2条支链的结构相同，由3个平行四边形机构组成，支链分别与定平台和动平台连接，每个滑块与直线电动机连接，滑块移动时，实现动平台在X、Y和Z轴3个方向的移动

和绕 Z 轴的转动，其中，定平台上两边的滑块反向移动时，动平台绕 Z 轴转动。

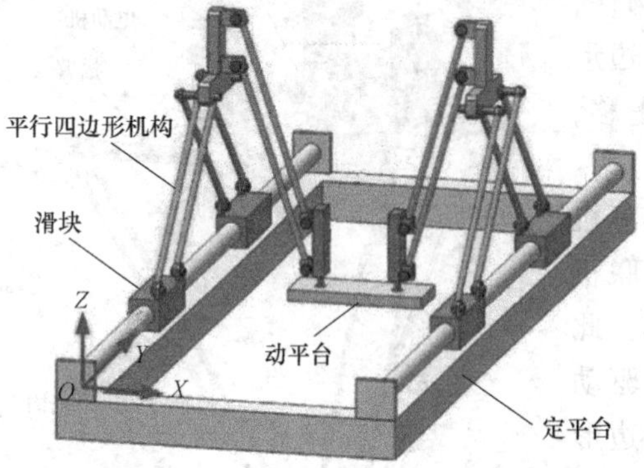

图 1-17 4 自由度并联机构的机构运动示意图

图 1-18 4 自由度的并联机器人

4. 5 自由度的并联机器人

5 自由度并联机器人的虚拟样机如图 1-19 所示，有 5 个电动机，6 根连杆，中间一根连杆为 UP 支链，没有电动机，另外 5 根连杆带电动机，一根连杆为 UPS 支链，4 根连杆组成两个 2UPS-R 的复合支链，电动机通过连杆，使动平台和电主轴具有 3 平移 2 转动的 5 自由度运动。

5. 6 自由度的并联机器人

电动机驱动的 6 自由度的 Stewart 平台并联机器人如图 1-20 所示，直线电动机的两端分别通过虎克铰与动平台和定平台连接，直线电动机既是驱动件，又是动平台和定平台之间的连杆，直线电动机伸长或缩短时，动平台随直线电动机构成的 6 根连杆在空间移动和转动，改变位姿，动平台有 3 个移动和 3 个转动的自由度。

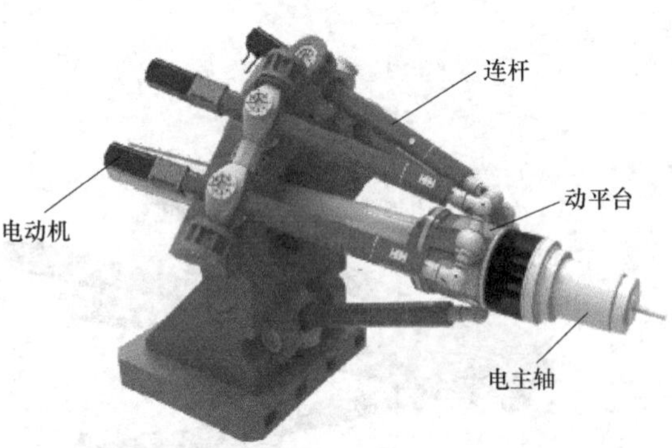

图 1-19 5 自由度并联机器人的虚拟样机

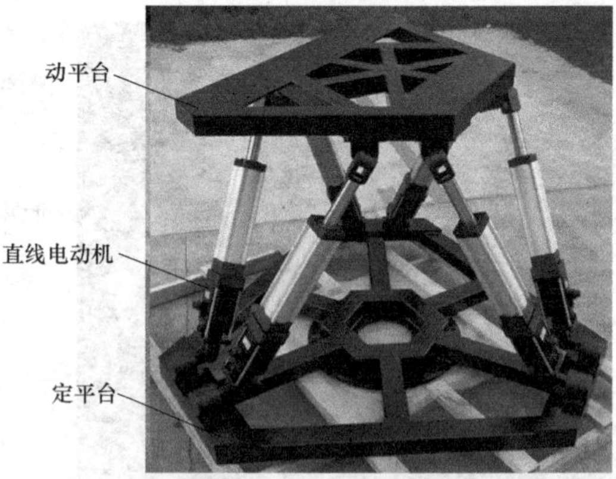

图 1-20 电动机驱动的 6 自由度的 Stewart 平台并联机器人

液压缸驱动的 6 自由度的 Stewart 平台并联机器人如图 1-21 所示，液压缸作为连杆，连接定平台和动平台，通过液压缸的伸缩，使动平台具有 3 个移动和 3 个转动的 6 自由度运动，在动平台上，可配备飞行模拟舱、舰船模拟舱等，能模拟出模拟舱的 6 个自由度的工作环境。

图 1-21 液压缸驱动的 6 自由度的 Stewart 平台并联机器人

1.2.2 按照并联机器人的驱动数与自由度的关系分类

按照并联机器人的驱动数与自由度的关系，驱动个数等于并联机构的自由度的并联机器人为一般驱动的并联机器人，上小节中的 2 个自由度、3 个自由度、4 个自由度、5 个自由度和 6 个自由度的并联机器人为一般驱动的并联机器人；驱动个数多于并联机构的自由度的并联机器人为冗余驱动的并联机器人；驱动个数少于并联机构的自由度的并联机器人为欠驱动的并联机器人。

1. 冗余驱动的并联机器人

冗余驱动的并联机器人的驱动器的个数大于动平台自由度，能有效地提高并联机器人的承载能力，并获得较好的并联机器人的静、动态性能，克服奇异位形。

图 1-22 所示为 4-UPS 的冗余驱动的并联机器人。它是在图 1-16 所示的 3-UPS 的 3 自由度转动的并联机器人的基础上，增加一条 UPS 支链形成的，有 4 个电动机及相应的 UPS 支链，驱动有 4 个，动平台仅有 3 个转动自由度，因此属于冗余驱动的并联机器人。增加一条 UPS 支链后，提高了并联机器人的刚度，不产生奇异位形。

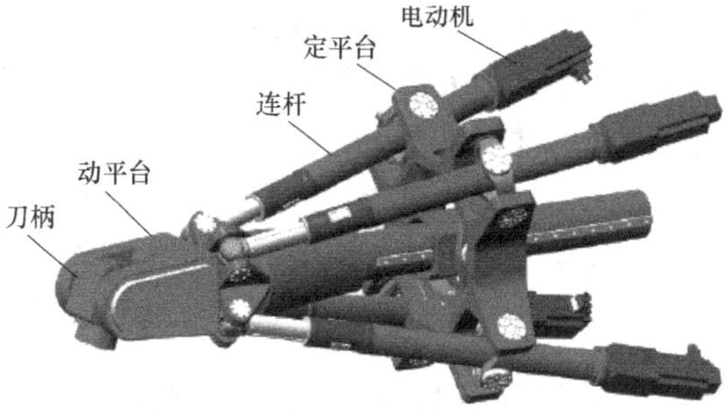

图 1-22 4-UPS 的冗余驱动的并联机器人

2. 欠驱动的并联机器人

欠驱动的并联机器人的驱动器的个数少于动平台的自由度，驱动器的数量少，有利于节能降耗，提高工作可靠性，减少驱动器的空间和并联机器人的重量。

图 1-23 所示为 6-RSS 的欠驱动的并联机器人，A_1B_1、A_2B_2 杆分别垂直并固连于电动机 D_1 的输出轴上，A_3B_3、A_4B_4 杆分别垂直并固结于电动机 D_2 的输出轴上，A_5B_5、A_6B_6 杆分别垂直并固结于电动机 D_3 的输出轴上，电动机 D_1、电动机 D_2 和电动机 D_3 分别固定在定平台 a 上；B_1b_3 杆的两端分别通过球铰 B_1 和球铰 b_3 与 A_1B_1 杆、动平台 p 连接，B_2b_1 杆的两端分别通过球铰 B_2 和球铰 b_1 与 A_2B_2 杆、动平台 p 连接，B_3b_1 杆的两端分别通过球铰 B_3 和球铰 b_1 与 A_3B_3 杆、动平台 p 连接，B_4b_2 杆的两端分别通过球铰 B_4 和球铰 b_2 与 A_4B_4 杆、动平台 p 连接，B_5b_2 杆的两端分别通过球铰 B_5 和球铰 b_2 与 A_5B_5 杆、动平台 p 连接，B_6b_3 杆的两端分别通过球铰 B_6 和球铰 b_3 与 A_6B_6 杆、动平台 p 连接。

电动机 D_1 同时通过 A_1B_1 和 B_1b_3 杆、A_2B_2 和 B_2b_1 杆带动动平台 p 运动，电动机 D_2 同时通过 A_3B_3 和 B_3b_1 杆、A_4B_4 和 B_4b_2 杆带动动平台 p 运动，电动机 D_3 同时通过 A_5B_5 和 B_5b_2 杆、A_6B_6 和 B_6b_3 杆带动动平台 p 运动。动平台 p 有 3 个移动和 3 个转动自由度，共 6 个自由度，电动机 D_1、电动机 D_2 和电动机 D_3 共有 3 个驱动，驱动数少于机构的自由度，6-RSS 并联机器人为欠驱动的并联机器人。

如果图 1-23 所示的 6-RSS 的欠驱动的并联机器人中的电动机 D_1、电动机 D_2 和电动机 D_3 各分为两个电动机，并独立驱动，则欠驱动的 6-RSS 并联机器人变为一般驱动的并联机器人，且动平台 p 的工作空间扩大；如果图 1-23 所示的 6-RSS 的欠驱动的并联机器人中的电动机 D_1、电动机 D_2 和电动机 D_3 中部分电动机分为两个电动机，如电动机 D_3 分为两个电动机且独立驱动，则仍为 6-RSS 的欠驱动的并联机器人，但是，动平台 p 的工作空间不同；图 1-23 所示的 6-RSS 的欠驱动的并联机器人也可认为是 6-RSS 的并联机器人的特例，是共轴 3 个电动机后形成的欠驱动的并联机器人；此分析，可用于认识和构造欠驱动的并联机器人。

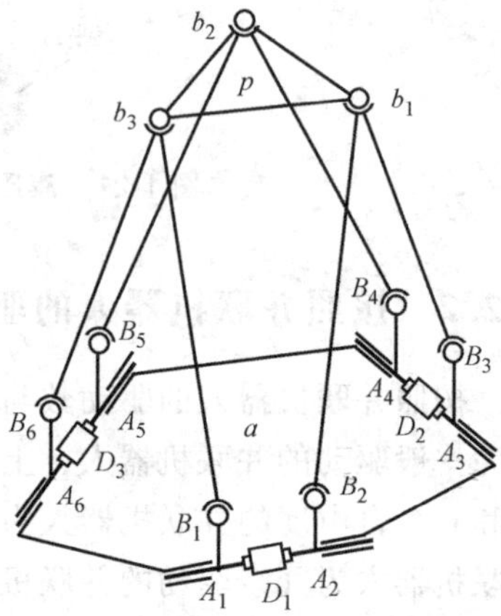

图 1-23 6-RSS 的欠驱动的并联机器人

在一般驱动的并联机器人中，如果部分驱动器工作，则一般驱动的并联机器人变为欠驱动的并联机器人。如图 1-21 所示的液压缸驱动的 6 自由度的 Stewart 平台并联机器人，当只有一个液压缸工作时，动平台仍有 6 个自由度，则成为欠 5 个驱动的欠驱动的并联机器人；当只有两个液压缸工作时，动平台仍有 6 个自由度，则成为欠 4 个驱动的欠驱动的并联机器人；以此类推，有欠 3 个驱动、欠 2 个驱动和欠 1 个驱动的欠驱动的并联机器人，但是，欠不同驱动个数的欠驱动的并联机器人，有不同的工作空间，存在工作空间的包含关系，欠 5 个驱动和欠 4 个驱动的欠驱动的并联机器人有不同的工作空间，欠 4 个驱动的欠驱动的并联机器人的工作空间包含欠 5 个驱动的欠驱动的并联机器人的工作空间。根据此例，可进一步认识和构造欠驱动的并联机器人。

1.2.3 按照并联机器人的运动空间分类

按照并联机器人的运动空间，并联机器人可以分为平面运动、空间运动的并联机器人和混联运动的机器人。

平面运动的并联机器人是指动平台做平面运动的并联机器人，简称为平面并联机器人。图 1-13 所示的 2 自由度的 Diamond 并联机器人的动平台做平面移动，为平面运动的并联机器人。

空间运动的并联机器人是指动平台做空间运动的并联机器人，简称为空间并联机器人。图 1-14 所示的 3 自由度移动的 Delta 并联机器人的动平台做空间移动，图 1-15 所示的 3 自由度转动的并联机器人的动平台做空间转动，图 1-20 和图 1-21 所示的 6 自由度的 Stewart 平台并联机器人的动平台做空间移动和转动，均为空间运动的并联机器人。

混联运动的机器人是并联机器人和串联机器人的组合，简称为混联机器人。混联机器人的运动空间是并联机器人和串联机器人的运动空间的组合。图 1-24 和图 1-25 所示为 5 自由度的混联机器人及其焊接作业。它是一个由 2 自由度的球面并联机构和 1 条末端装有 2 自由度的转头并通过移动副与之串接的主动支链构成的 5 自由度的混联机器人。

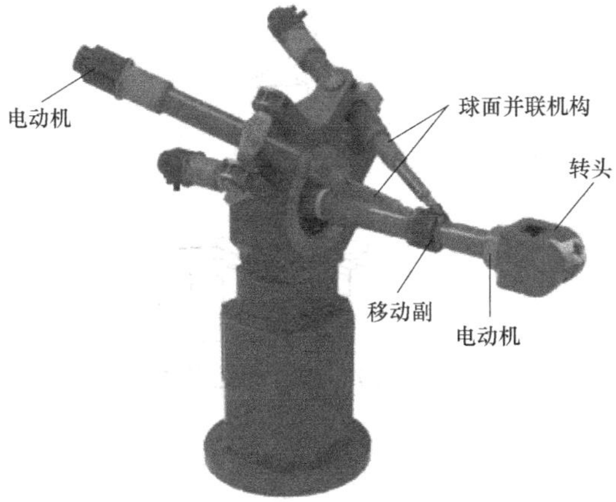

图 1-24 5 自由度的混联机器人

图 1-25 5 自由度的混联机器人焊接作业

1.2.4 按照并联机器人的连杆的刚度分类

按照并联机器人的连杆的刚度，并联机器人可以分为刚性和柔性并联机器人。

定平台和动平台之间用刚性连杆或刚性连杆和刚性运动副组成的运动支链连接的并联机器人为刚性并联机器人。图 1-20 和图 1-21 所示的 6 自由度的 Stewart 平台并联机器人为刚性并联机器人，图 1-22 所示的 4-UPS 的冗余驱动的并联机器人为刚性冗余驱动的并联机器人，图 1-25 所示的 5 自由度的混联机器人为刚性混联机器人。刚性连杆、刚性连杆和刚性运动副组成的运动支链能承受拉力和压力，变形量小，可使并联机器人有高的运动精度。刚性并联机器人的运动支链主要是液压缸、直线电动机、滚珠丝杠和单根刚性杆、铰接连杆、四杆机构，支撑或拉动平台。

定平台和动平台之间用柔性连接件连接的并联机器人为柔性并联机器人。按并联机器人的柔性连接件的柔度，分为柔索并联机器人和柔顺并联机器人。

定平台和动平台之间用柔索连接的并联机器人为柔索并联机器人，如图 1-12 所示。柔索只能承受拉力，使柔索并联机器人只能承受拉力；长的柔索受较大拉力及较大温度变化后变形量大，影响并联机器人的运动精度。

定平台和动平台之间用弹性连杆或弹性铰链连接的并联机器人为柔顺并联机器人。图 1-26 所示为 6 自由度的铰链柔顺并联机器人，也是一种可用于微纳加工的 6 自由度的铰链柔顺的 Stewart 微操作平台，有 6 个自由度，采用 6 个 PSS 柔性运动支链（图 1-27）连接动平台和定平台，移动副 P 是通过减小板的厚度形成，2 个球面副 S 是通过 2 段垂直于杆的轴线的横截面为圆、平行于杆的轴线的横截面为圆弧的短杆形成，移动副 P 和 2 个球面副 S 为柔性铰链，也称为柔顺铰链。柔性铰链中的移动副和球面副分别等效刚性铰链中的移动副和球面副，其构件数目少、结构紧凑。弹性铰链因无须装配，制造过程简单，制造成本低，精度高，不需要润滑，无污染，具有弹簧变形的柔顺性，多应用于微操作并联机器人。

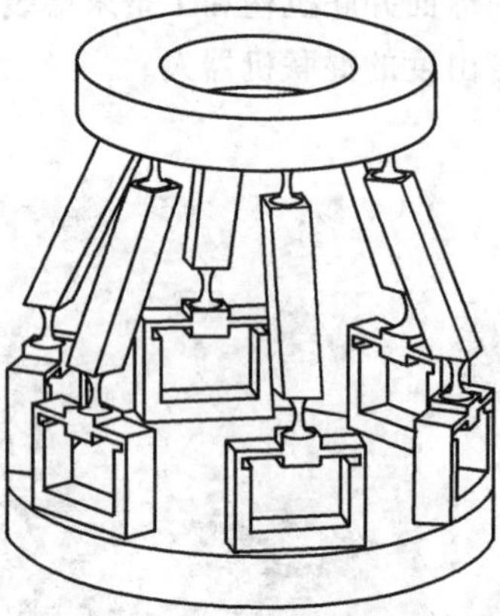

图 1-26 6 自由度的铰链柔顺并联机器人

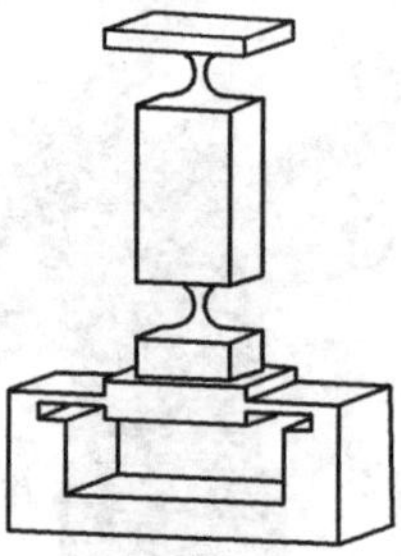

图 1-27 PSS 柔性运动支链

1.2.5 按照并联机器人的结构对称性分类

并联机器人的结构对称性主要是指其并联机构的结构对称性，按照其并联机构的结构对称性，并联机器人可分为结构完全对称、结构部分对称和结构完全不对称的并联机器人。图 1-9、图 1-12、图 1-13 和图 1-14 所示为结构完全对称的并联机器人，各支链的结构相同，定平台和动平台的结构也分别有对称性，这给并联机器人的特性分析、设计、制造等带来方便。图 1-19、图 1-24 所示为结构部分对称的并联机器人，部分支链的结构相同，定平台的结构不完全对称。图 1-15 所示为结构完全不对称的并联机器人，各支链的结构不同，不利于设计和制造。

1.3 并联机器人的应用

并联机器人在物料输送、运动模拟、医疗器械、测量设备、微动补偿器、微操作器、航空航天设备、管道设备和机床等很多领域应用。

1.3.1 并联机器人在输送设备中的应用

并联机器人已规模化应用在电子、医药、食品等工业领域的物料输送中，为包装、移载物体等物流输送环节提供了高效、高质的保障。图 1-28 所示的 2 自由度的 Diamond 并联机器人将输送带上的工件平移至托盘上。图 1-29 所示的 3 自由度移动的 Delta 并联机器人用于物料的输送线上。图 1-30 所示的冗余 3 自由度移动的 Delta 并联机器人在输送带上移动工件，动平台在空间做 3 自由度的移动，有 4 个驱动电动机，驱动电动机数大于自由度。

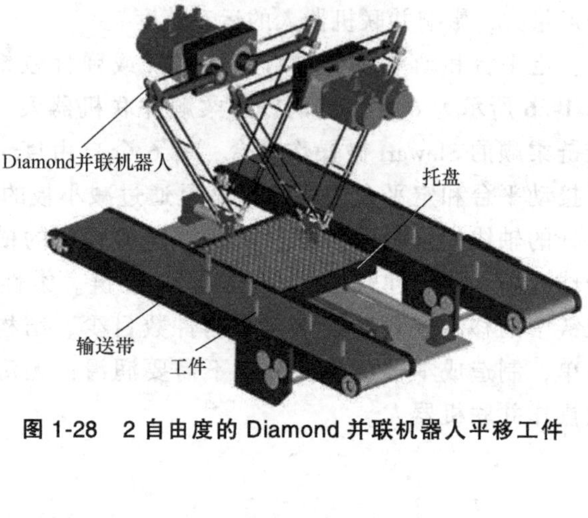

图 1-28 2 自由度的 Diamond 并联机器人平移工件

图 1-29 3 自由度移动的 Delta 并联机器人用于物料的输送线上

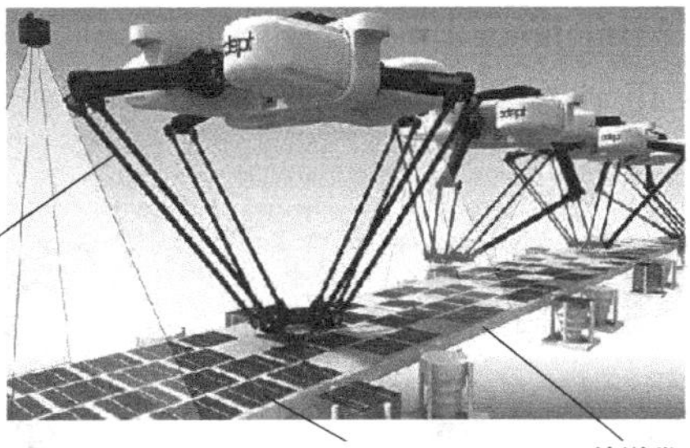

图 1-30 冗余 3 自由度移动的 Delta 并联机器人在输送带上移动工件

1.3.2 并联机器人在运动模拟设备中的应用

并联机器人用于船用摇摆模拟台等，检测产品在模拟反复冲击、振动下的运行可靠性；还用于三维空间的飞行模拟器，训练飞行员，具有节能、经济、安全、不受场地和气候条件限制等优点，目前已成为各类飞行员训练的必备工具。Frasca 公司生产的波音 737-400 型客机的 6 自由度飞行模拟器如图 1-31 所示，用于训练飞机驾驶员。6 自由度汽车驾驶模拟器如图 1-32 所示，用于训练汽车驾驶员。导弹运动姿态模拟器如图 1-33 所示，可复现导弹的 3 自由度运动姿态，还可描述一个特殊的旋转运动。

图 1-31 波音 737-400 型客机的 6 自由度飞行模拟器

图 1-32 6 自由度汽车驾驶模拟器

1.3.3 并联机器人在医疗器械中的应用

在医疗领域中应用的并联机器人既有并联微动机器人，也有并联宏动机器人。并联微动机器人（图 1-34）动作灵敏，对传感器的信号能在很短的时间内做出反应，对保证手术安全有很大的意义，另外并联机器人的定位精度较高，可避免人工作时激光手术刀可能出现的颤抖。图 1-35 所示为德国柏林洪堡大学（Humboldt University）医学院手术机器人实验室采用 Delta 机器人进行脑部手术的场景。

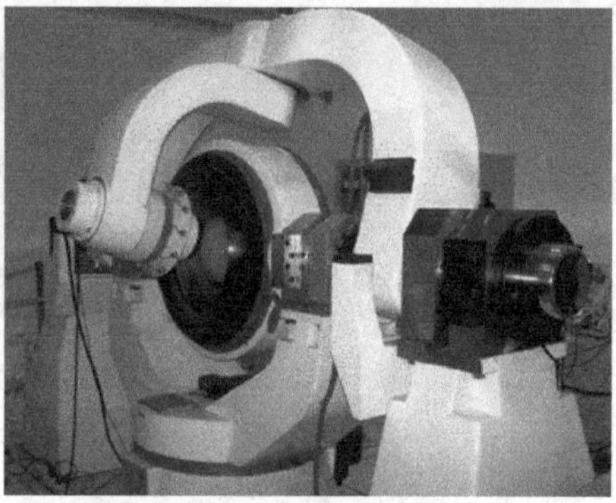

图 1-33 导弹运动姿态模拟器

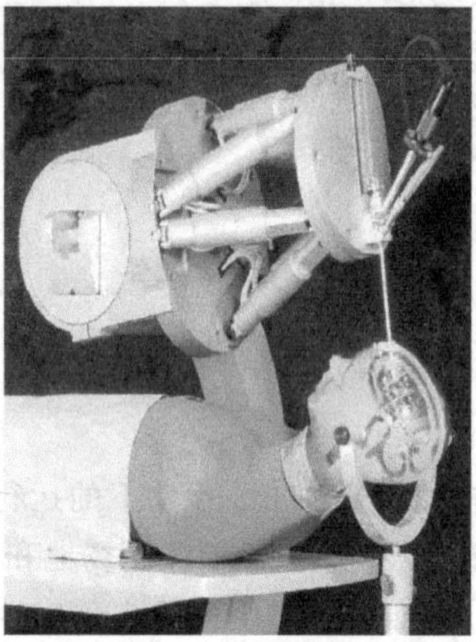

图 1-34 并联微动机器人

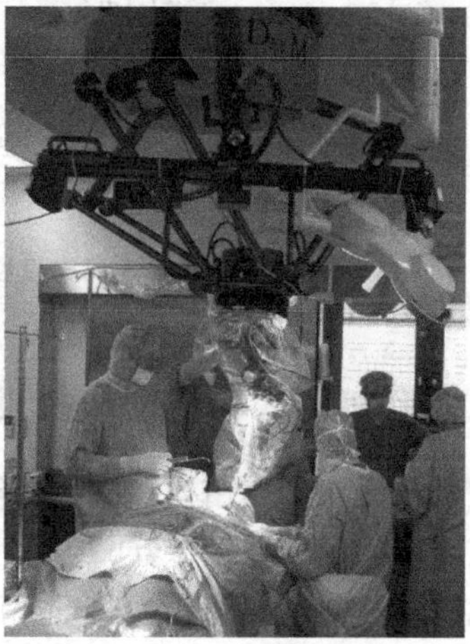

图 1-35 Delta 机器人进行脑部手术

1.3.4 并联机器人在测量设备中的应用

图 1-36 所示的中国天眼是 6 自由度柔索并联机器人式的射电望远镜，用于检测太空信号。图 1-37 所示为 6 自由度天文望远镜并联机器人，其用并联 6 自由度机构代替传统的望远镜的球面坐标转动机构。图 1-38 所示为 6 自由度信号接收天线并联机器人。图 1-39 所示为图 1-38 所示的信号接收天线的位姿调整机构。3 自由度并联球面机构已被成功用于 3 自由度球面触觉传感器，并在此基础上开发成功 6 自由度可视化触觉并联机器人，如图 1-40 所示。图 1-41 所示为 6 自由度轮胎检测并联机器人，用于检测航空轮胎。图 1-42 所示为少自由度轮胎检测并联机器人。

图 1-36 中国天眼

图 1-37　6 自由度天文望远镜并联机器人

图 1-38　6 自由度信号接收天线并联机器人

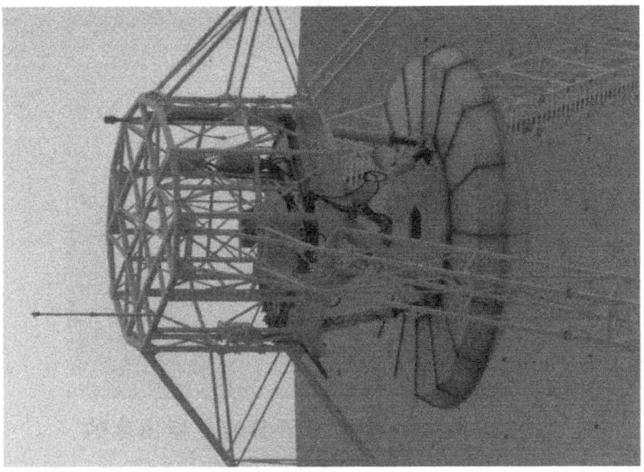

图 1-39　信号接收天线的位姿调整机构

图 1-40　6 自由度可视化触觉并联机器人

图 1-41　6 自由度轮胎检测并联机器人

图 1-42　少自由度轮胎检测并联机器人

1.3.5　并联机器人在微动补偿器及微操作器中的应用

微动器或称为微动机构，已经成为并联机器人另一个重要应用方面。利用并联机构作为微动机构充分发挥了并联机构工作空间不大，做运动精细且精度高，无摩擦和滞后作用，机构紧凑、重量轻、刚性好，在三维空间的微小移动精度可以达到亚微米级甚至是纳米级的分辨率的特点，目前主要用于微电子、微型光学、微机械和精密机械工程、生物和遗传工程、材料科学以及医学工程等要求精细操作与加工的领域。

图 1-43 所示为德国 PI 公司研制的 Nonapod 6 自由度的微动并联机器人。图 1-44 所示为燕山大学研制的 6 自由度的并联误差补偿器。

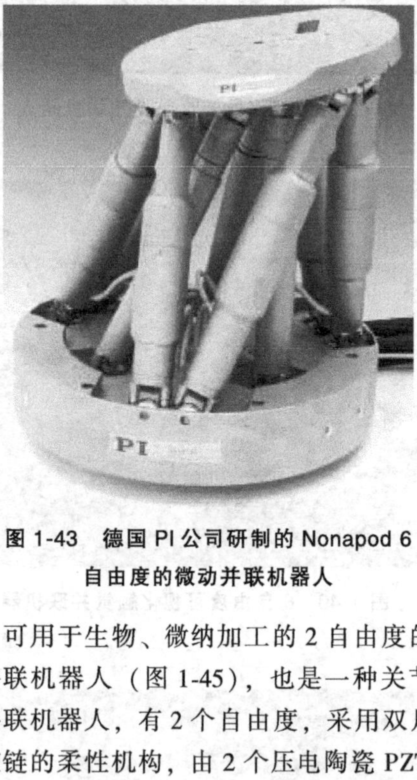

图 1-43　德国 PI 公司研制的 Nonapod 6 自由度的微动并联机器人

图 1-44　燕山大学研制的 6 自由度的并联误差补偿器

可用于生物、微纳加工的 2 自由度的微操作并联机器人（图 1-45），也是一种关节柔顺的并联机器人，有 2 个自由度，采用双片、柔性铰链的柔性机构，由 2 个压电陶瓷 PZT 驱动器驱动。压电陶瓷通过柔性铰链驱动移动平台做平面移动，移动平台的移动能达到几纳米的精度。

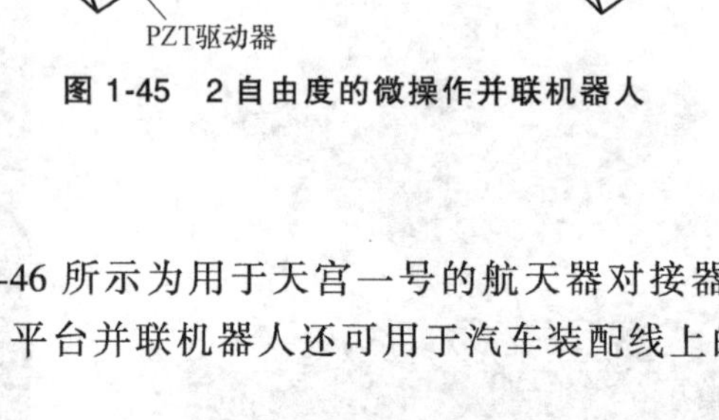

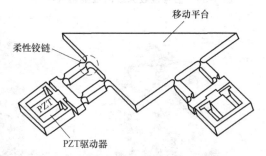

图 1-45　2 自由度的微操作并联机器人

1.3.6　并联机器人在航空航天设备中的应用

并联机器人用于宇宙飞船的空间对接。图 1-46 所示为用于天宫一号的航天器对接器，航天器对接器为 Stewart 平台并联机器人。Stewart 平台并联机器人还可用于汽车装配线上的车轮安装、医院中的假肢接骨等。

图 1-31 所示的波音 737-400 型客机的 6 自由度飞行模拟器是并联机器人在航空设备中的应用。

1.3.7 并联机器人在管道设备中的应用

管道并联机器人如图 1-47 所示。管道并联机器人通过弯道的仿真如图 1-48 所示，用于疏通管道。

图 1-46 用于天宫一号的航天器对接器

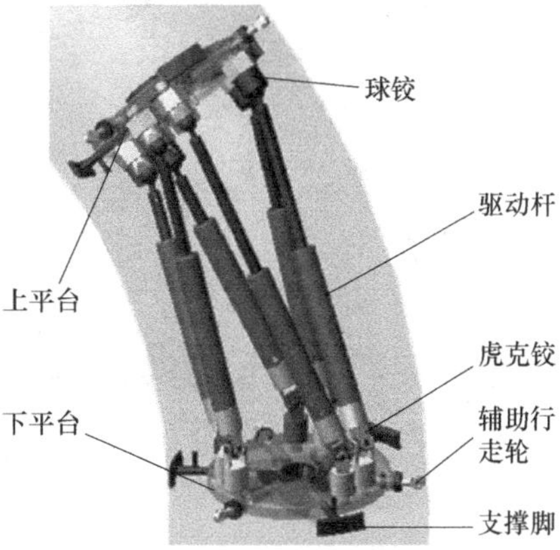

图 1-47 管道并联机器人

1.3.8 并联机器人在机床中的应用

将并联机构用于机床并将刀具装在动平台上形成的并联机床，能加工复杂的三维曲面。与传统的数控机床相比较，它具有传动链短、结构简单、制造方便、刚性好、重量轻、速度高、切削效率高、精度高、成本低等优点，容易实现 2~6 轴联动。图 1-49 所示为燕山大学研制的基于 Stewart 机构的并联机床。图 1-50 所示的 BJ-04-02（A）型交叉杆并联机床是哈尔滨工业大学和淮阴工学院联合研制的基于 Stewart 机构的交叉杆并联机床。图 1-51 所示的 6 杆并联机床是基于 Delta 机构的连杆中有滑块的并联机床。图 1-52 所示为 3 杆的少自由度的并联机床。图 1-53 所示的并联主轴头是西班牙 Fatronik 公司生产的并联主轴头。

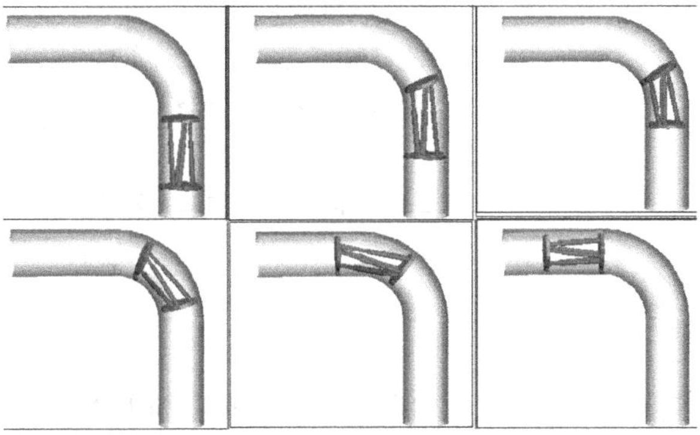

图 1-48 管道并联机器人通过弯道的仿真

图 1-49 燕山大学研制的基于 Stewart 机构的并联机床

图 1-50 BJ-04-02（A）型交叉杆并联机床

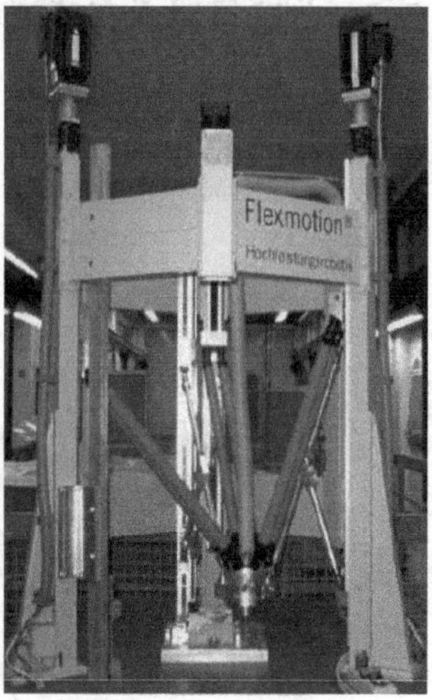

图 1-51 6 杆并联机床

图 1-52 3 杆的少自由度的并联机床

图 1-53 并联主轴头

1.3.9 并联机器人在起重设备中的应用

图 1-54 所示为双台汽车起重机柔索并联机器人系统，由两台汽车起重机和油罐车组成，油罐车为动平台。两台汽车起重机系统工作于二维平面内，整个系统将使得油罐车能够实现两个平移和一个转动的三自由度运动，油罐车因其自身重力而稳定地悬吊在下方。

图 1-54 双台汽车起重机柔索并联机器人系统

1.3.10 并联机器人在仿生机器人中的应用

图 1-55 所示为 6 足仿生移动机器人。6 足仿生移动机器人的 6 条腿着地时，为 Stewart 并联机器人。6 条机械腿互相配合，仿昆虫移动，爬行前进，机身的上方载人或货物。该 6 足仿生移动机器人包括 6 条机械腿和机身部分，机身与 6 条机械腿连接，6 条机械腿的布局模仿昆虫的腿，围绕机身呈对称的圆形布局，6 条机械腿的结构完全相同，每条机械腿为 3 个自由度的并联机构，分别由 3 个步进电动机通过减速器和滚珠丝杠驱动，机械腿通过球铰与吸盘连接。

高刚度和动态性能好的少自由度的 4 足仿生爬壁机器人如图 1-56 所示，仿壁虎的爬壁。4 足仿生爬壁机器人的 4 条腿着墙时，为并联机器人，另 4 条腿为并联机构。

图 1-55 6 足仿生移动机器人

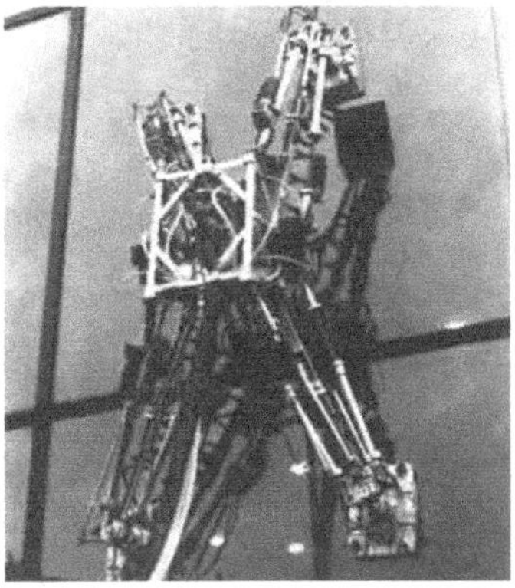

图 1-56 4 足仿生爬壁机器人

1.3.11 并联机器人在并联 6 维力和力矩传感器中的应用

图 1-57 所示为预紧式并联 6 维力传感器，用于 3 个力和 3 个力矩的测量。预紧式并联 6 维力传感器是由共用中间平台的两个 Stewart 机构串联而成，包括一个测力平台、一个中间平台、一个预紧平台、套筒、底座、调整垫片、7 个测量分支等部分，测量分支分成两组并分布在中间平台的两侧，其中 3 个分支均匀分布在中间平台的上侧，另外 4 个均匀分布在中间平台的下侧，测量分支为 Stewart 机构的连杆，通过测量分支的应变，获得作用在测力平台上的 3 个力和 3 个力矩。

图 1-57 预紧式并联 6 维力传感器

图 1-58 所示为机械解耦全压向力自标定正交并联 16 分支 6 维力传感器，用于 3 个力和 3 个力矩的测量。传感器由加载板、连接板、盖板、固定底座、16 条解耦测力分支组成。固定底座为框架结构，与盖板通过螺栓连接后形成一个箱体，加载板与连接板通过 4 根螺柱连接，连接板与盖板以及固定底座通过 16 条解耦测力分支相连接，16 条解耦测力分支分布于连接板的六个侧面，在连接板上、下面各设有 4 条，四个侧面上各设有 2 条，处在同一面上的解耦测力分支的中心线相互平行，相邻面上的解耦测力分支的中心线相互垂直。每条解耦测力分支分别由单维力传感器、上连接弧面、下连接弧面、钢球组成，单维力传感器一端固定在固定底座或盖板上，另一端与下连接弧面的平面端固定，上连接弧面的平面端固定在连接板上，其弧面端与下连接弧面的弧面端将钢球镶嵌在中间，该全压向力正交并联 16 分支 6 维力传感器结构整体呈完全对称形式。通过单维力传感器的应变，获得作用在加载板上的 3 个力和 3 个力矩。

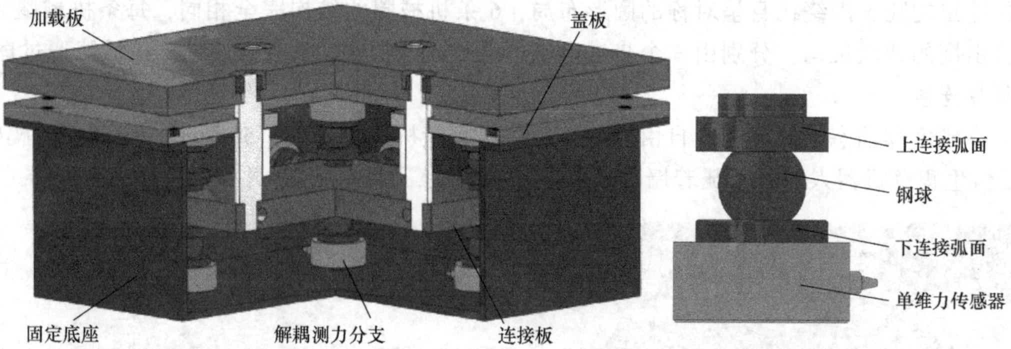

图 1-58 机械解耦全压向力自标定正交并联 16 分支 6 维力传感器

1.3.12 并联机器人在多维减振器中的应用

图 1-59 所示为 6 自由度的 Stewart 减振平台，在 6 根连杆上分别安装了减振器，形成 6 根减振支柱，减振支柱由控制器控制，用于减振平台上物体的 6 个自由度的减振，属于主动减振。

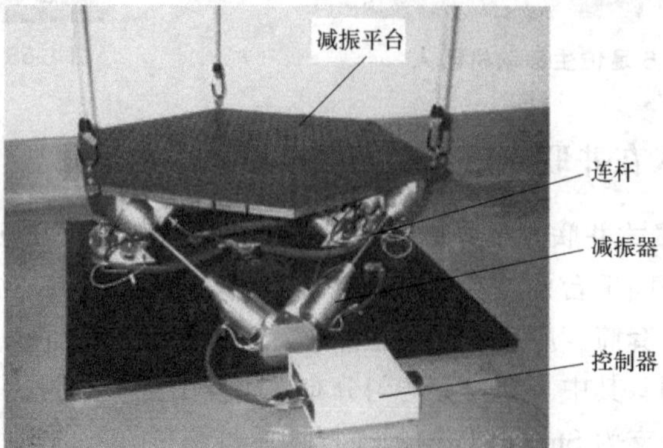

图 1-59 6 自由度的 Stewart 减振平台

1.4 并联机器人的主要研究内容

国内外关于并联机器人的研究内容主要集中于构形设计、运动学、动力学、机构性能分析和控制等领域，并不断扩大研究内容。

（1）并联机构的设计 并联机构的设计是并联机构的构形设计，这是并联机器人理论研究和应用的基础性工作。它涉及并联机构的自由度、构件数目、运动副数目、运动副种类及其组合方式等内容。由于并联机构是复杂的多自由度、驱动器分配在不同环路的并联多封闭环机构，它的设计同串联机构有很大的不同。

（2）运动学分析 并联机器人的运动学分析包括位姿分析、速度分析和加速度分析三部分。位姿分析是运动学分析最基本的任务，也是并联机器人的速度分析、加速度分析、误差分析、工作空间分析、奇异位形分析、动力学分析等的基础。

并联机器人的位姿分析包括两个基本问题：并联机构位姿的正解和反解问题。并联机构位姿正解一般包含非线性方程组的求解，其求解困难。并联机构位姿的正解方法主要有数值解法和封闭解的解析解法。

并联机器人的速度、加速度分析的常用方法有求导法、矢量法、张量法、旋量理论（又称为螺旋理论）、网络分析法和影响系数法等。

（3）动力学分析 动力学分析包括动态静力分析和动力学响应分析。国内外对并联机器人的动力学研究较少，且主要集中在刚体动态静力分析问题上，对并联机器人振动的研究很少。

（4）机构性能分析 并联机器人机构设计是一个复杂而困难的问题。并联机器人机构的性能评价指标是设计的关键问题之一，这些性能评价指标包括机器人的结构对称性、雅可比矩阵的各向同性、速度及承载能力、刚度、精度与误差、冗余度、奇异位形以及工作空间的大小等，相应的主要性能分析有各向同性与灵活度、承载能力、刚度、精度与误差、冗余度、奇异位形以及工作空间等分析。

（5）控制策略研究 由于并联机器人系统的复杂性，其控制策略和控制方法是关注的重点。并联机器人的控制策略包括并联机器人的自适应控制、智能控制、鲁棒控制和顺应性运动力控制。并联机器人的智能控制包括并联机器人的神经网络和模糊控制。

（6）并联机器人的应用 并联机器人由于其本身特点，一般多用在需要高刚度、高精度和高速度而无须很大空间的场合。并联机器人应用的主要场合包括运动模拟器、6维力和力矩传感器、微动机器人、步行器的腿、对接机构、食品与药品包装自动生产线上的工业机器人、农业机械、核工业机械、航天器、船舶上的波浪补偿设备、微纳加工机械、军工机械、虚拟轴机床、医用机器人和天文望远镜等。

1.5 并联机器人的发展历程及展望

并联机器人的较早应用可以追溯到1938年，Polladr提出采用并联机构作为汽车喷漆装置。Gough在1948年提出用一种关节连接的机器来检测轮胎，直到1962年才出现相关的文字报道。真正引起机构领域研究人员注意的是1965年，德国人Stewart在他的一篇文章提出了一种 6 自由度的并联机构，并建议可以将该机构用于飞行器、受人类控制的宇宙飞船，还可以作为新型机床的设计基础。1978 年，澳大利亚著名机构学家 Hunt 提出可以应用 6 自由度的 Stewart 平台机构作为机器人机构，自此，并联机器人技术得到了广泛推广。

随着对并联机构研究的深入，并联机器人才被广为注意，并成了新的热点，各国学者先后设计了一些非常具有使用价值的并联机器人。例如：瑞士洛桑工学院开发的 Delta 机器人，法国蒙彼利埃大学开发的 Hexa 机器人，巴黎 Ecole 中心开发的 Star 机器人，德国 Mikromat 机床公司等研制开发的 Hexa6X 立式加工中心，美国国家标准和技术研究所（NIST）研发的并联柔索 ROBOCRANE 机器人，燕山大学的黄真教授研发的并联机床等。

并联机器人是有自身研究和应用特点的机器人，并将越来越得到足够的研究、应用和推广。

习 题

1-1 简述并联机构的定义及组成。

1-2 并联机构有哪些类型？举例说明。

1-3 简述并联机器人的定义。

1-4 并联机器人的组成有哪些？举例说明。

1-5 举例说明并联机器人的工作原理。

1-6 并联机器人有哪些类型？简述各类并联机器人的特点。

1-7 举例说明 2 自由度并联机器人及其应用。

1-8 举例说明 3 自由度并联机器人及其应用。

1-9 举例说明 4 自由度并联机器人及其应用。

1-10 举例说明 6 自由度并联机器人及其应用。

1-11 绘制 Delta 机构图，并举例说明 Delta 机构的应用。

1-12 绘制 Stewart 机构图，并至少举 3 例说明 Stewart 机构的应用。

1-13 简述并联机器人的应用实例。

1-14 结合自己的专业知识，至少说出一处并联机器人可能的应用场合，并说明理由。

1-15 简述并联机器人的主要研究内容。

1-16 查找文献，阅读 1~2 篇并联机构的综述文献，简述其文献主要内容。

1-17 查找文献，阅读 1~2 篇并联机器人的综述文献，简述其文献主要内容。

1-18 查找本书没介绍的并联机器人或并联机构，简述其结构、工作原理和应用。

1-19 查找并联机器人或并联机构的著作或教材，阅读并简述其主要内容。

第 2 章 并联机器人的机构简图和自由度

教学目标：通过本章学习，应能读懂并联机器人的机构运动简图和机构运动示意图，能绘制简单的并联机器人的机构运动简图和机构运动示意图，掌握并联机器人的自由度计算，为分析并联机器人的运动确定性打下基础，为后继并联机器人的位姿、速度、加速度、力学分析和计算、设计等学习打下基础。

2.1 并联机器人的机构运动简图和机构运动示意图

2.1.1 并联机器人的机构运动简图和机构运动示意图的概念

并联机器人的机构简图包括机构运动简图和机构运动示意图。

1. 并联机器人的机构运动简图的概念

对并联机器人进行分析、研究和设计时，都要做出能够表明其运动情况的机构运动简图。从运动的观点来看，并联机器人的运动是并联机器人中的机构在运动，并联机器人中的机构的主体是并联机构，可以说，并联机器人的运动主要是并联机器人中的并联机构在运动，并联机器人的机构运动简图及其绘制主要是并联机器人中并联机构的运动简图及其绘制。并联机构是由构件通过运动副连接构成的，构件的运动取决于构件在并联机构中的位置及运动副的结构和位置。所以，只要按并联机构各构件的实际尺寸，以一定的比例尺定出各运动副的位置，就可用运动副的代表符号（表 1-1）和简单的线条把并联机构的运动情况表示出来，也就表示出并联机器人的运动主体，再用简单线条的象形符号表示并联机器人的驱动部分和执行部分，即可得到并联机器人的机构运动简图。这种表示并联机器人运动情况的简单图形，称为并联机器人的机构运动简图。

并联机器人的机构运动简图应与其并联机器人具有完全相同的运动特性。它不仅可以表示出并联机器人的运动情况，而且可以根据该图进行运动、动力、工作空间、奇异位形和误差分析等。

2. 并联机器人的机构运动示意图的概念

只需要表明并联机器人的运动情况时，可不要求严格地按比例绘制机构的简图，也可不按机构运动简图符号而用简单线条的象形符号绘制机构的简图，这样的并联机器人的机构简图称为并联机器人的机构运动示意图，图 1-3~图 1-8 均为并联机构的机构运动示意图。并联机器人的尺寸较大时，用机构运动简图难以表达其图形，难以按同一尺寸比例清楚表达图形，由于机构运动示意图不需要严格地按比例绘制图形，这时机构运动示意图显示了表达的优越性；有时，并联机器人的机构运动示意图能更直观的表示并联机器人的结构和容易分析其运动特性，因此应用较多。

2.1.2 并联机器人的机构运动简图的绘制方法

并联机器人的机构运动简图的绘制方法是循着并联机器人的运动传递路线，绘出其机构运动简图。在绘制并联机器人的机构运动简图时，首先要分析该并联机器人的实际构造和运动情况。为此，不论是设计新的并联机器人，还是分析已有的并联机器人，都应首先确定其驱动部分（即运动起始部分）和执行部分（即直接执行工作任务的部分，也即操作器）。然后循着运动传递路线，分析其传动部分，即弄清该并联机器人驱动部分的运动是怎样通过运动支链传到执行部分的，从而搞清楚该并联机器人是由多少构件组成的，各构件之间组成了何种运动副和运动支链，再循着并联机器人的运动传递路线，用国家标准规定的机构运动简图用图形符号（GB/T 4460—2013），绘出并联机器人的机构运动简图；有些并联机器人的结构，没有对应的机构运动简图符号时，可用象形符号表示。

并联机器人的机构运动简图的绘制原则是简单、清楚地把并联机器人的运动情况正确地表示出来，并具有易读性。所绘制的并联机器人的机构运动简图和机构运动示意图要能清楚地表达并联机器人的机构运动，需要进行受力分析时，要能清楚地表达并联机器人的机构受力，同时，要便于读者读懂图，有好的易读性。绘图时要注意，并联机器人的机构运动多为空间运动，并联机器人的机构受力多为空间受力。可根据绘制并联机器人的机构简图的原则，选用并联机器人的机构运动简图和机构运动示意图，表达并联机器人的运动，先考虑清楚并联机器人的机构运动和受力，再考虑图的易读性。

为了将并联机器人的机构运动表示清楚，需要恰当地选择投影面。在绘制平面运动的并联机器人的机构运动简图时，一般可以选择与并联机器人的运动平面平行的平面为投影面。在绘制空间运动的并联机器人的机构运动简图时，一般可以选择可展示主要构件或多数构件的运动平面为投影面，用立体图表达。为了能清楚地表达并联机器人的运动，可以用展开图，也可以增加局部视图，并要在同一图面上表达。

在选定投影面后，便可以选择适当的比例尺，根据各构件的实际尺寸定出各运动副之间的相对位置，并以简单的线条和运动副的代表符号将机构运动简图画出来，标注驱动构件的运动方向。为了将并联机器人的机构运动简图表示清楚，对于一些尺寸较大的构件，可适当地缩小比例；对于一些尺寸较小的构件，可适当地增大比例。下面举例说明并联机器人的机构运动简图的绘制方法。

【例 2-1】 绘制图 1-13 所示的 2 自由度的 Diamond 并联机器人的机构运动简图。

解： 根据图 1-13 和并联机器人的机构运动简图的绘图原则和绘制方法，绘得 2 自由度的 Diamond 并联机器人的机构运动简图如图 2-1 所示。

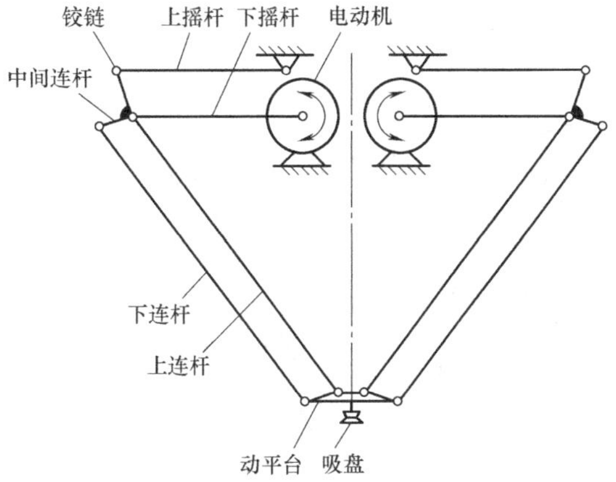

图 2-1　2 自由度的 Diamond 并联机器人的机构运动简图

在图 2-1 中，电动机固定在机架上，下摇杆的一端固定在电动机轴上，下摇杆的另一端与中间连杆通过铰链连接，简称为铰接，上摇杆的两端分别与机架、中间连杆铰接并构成平行四边形机构，下连杆和上连杆的两端分别与中间连杆、动平台铰接并构成平行四边形机构，吸盘固定在动平台上。2 自由度的 Diamond 并联机器人在图 2-1 中的位置具有对称性，每个运动支链的结构相同。

2.1.3　并联机器人的机构运动示意图的绘制方法

并联机器人的机构运动示意图与机构运动简图的绘制方法和原则基本相同。在绘制并联机器人的机构运动示意图时，也是以机构的运动表达清楚和易读为原则，也是循着并联机器人的运动传递路线的绘图方法，但是，可以不按比例绘图，可以不用国家标准规定的机构运动简图符号绘图，或部分使用国家标准规定的机构运动简图符号绘图，这给表达机构的结构特征和运动带来了方便。对于尺寸较小的平面并联机构，较易用机构运动简图表达机构的结构特征和运动；对于尺寸较大的平面并联机构，用机构运动简图表达机构的结构特征和运动较困难，对于并联空间机构，用机构运动简图表达机构的结构特征和运动更困难，有时无法表达。用并联机器人的机构运动示意图表达机构的结构特征和运动时，可以用 UG、CATIA 等软件绘制立体图，这便于绘图和表达机构的结构特征和运动。下面举例说明并联机器人的机构运动示意图的绘制方法。

【例 2-2】　绘制图 1-14 所示的 3 自由度移动的 Delta 并联机器人的机构运动示意图。

解：根据图 1-14 和并联机器人的机构运动示意图的绘图原则和绘制方法，用机构运动简图符号和表 1-1 中运动副的代表符号，绘得 3 自由度移动的 Delta 并联机器人的机构运动示意图如图 2-2 所示。

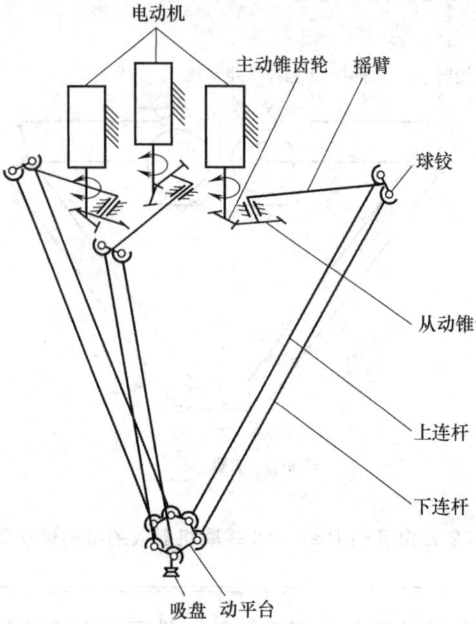

图 2-2　3 自由度移动的 Delta 并联机器人的机构运动示意图

在图 2-2 中，电动机固定在机架上，电动机下端的主动锥齿轮与从动锥齿轮啮合，摇臂的一端固定在从动锥齿轮轴上，上连杆和下连杆的两端分别与摇臂、动平台通过铰链连接并构成空间运动的平行四边形机构，或称为空间平行四边形机构，吸盘固定在动平台上。3 自由度移动的 Delta 并联机器人的每个运动支链的结构相同。在图 2-2 中，相邻的运动支链间隔 120°，电动机的结构相同。

3 自由度移动的 Delta 并联机器人的机构是空间机构。由图 2-2 看出，用机构运动简图符号和表 1-1 中运动副的代表符号，绘制 3 自由度移动的 Delta 并联机器人的机构运动示意图较困难。

【例 2-3】 绘制图 1-20 所示的电动机驱动的 6 自由度的 Stewart 平台并联机器人的机构运动示意图。

解： 电动机驱动的 6 自由度的 Stewart 平台并联机器人的机构是空间机构，为了方便绘图和表达电动机驱动的 6 自由度的 Stewart 平台并联机器人的机构和运动，用 UG 绘图，得电动机驱动的 6 自由度的 Stewart 平台并联机器人的机构运动示意图，如图 2-3 所示。

图 2-3　电动机驱动的 6 自由度的 Stewart 平台并联机器人的机构运动示意图

在图 2-3 中，定平台固定不动，直线电动机的两端分别通过虎克铰与动平台和定平台连接。直线电动机和两端的虎克铰构成动平台和定平台之间一条运动支链，共有 6 条运动支链，每个运动支链的结构相同，相邻的运动支链形成八字形。

2.2 并联机器人的自由度

2.2.1 并联机器人自由度的概念

并联机器人的自由度是指并联机器人的机构中各构件具有确定的相对位置和姿态（简称为位姿）时，并联机构相对于机架具有的独立运动的个数。

并联机器人的主动件数等于自由度时，并联机器人具有确定的运动。并联机器人的自由度不小于 2。对于 2 个自由度的并联机器人，要使其具有完全确定的运动，就必须同时给并联机器人 2 个给定的独立的运动规律，即一般要有 2 个主动件。3 个自由度的并联机器人要有 3 个独立运动的主动件，依此类推。

2.2.2 并联机器人自由度的计算

1. 并联机器人自由度的计算公式

根据并联机器人的机构组成，分为空间机构、平面机构及空间机构和平面机构综合的并联机器人，空间机构、平面机构的并联机器人的机构分别为空间机构和平面机构，空间机构和平面机构综合的并联机器人的机构由空间机构和平面机构综合而成。

设空间机构的并联机器人共有 N 个构件，共有 $n=N-1$ 个活动构件（除去机架），λ 个公共约束，p_i 个 i 级副（$i=1\sim5$），ζ 个局部自由度，ν 个冗余约束。机构的公共约束是指机构中每个运动副、每个活动构件均受到的约束，公共约束之外的约束为非公共约束。每个自由运动构件有 6 个自由度，当构件受公共约束及有局部自由度后，构件的自由度为 $(6-\lambda)n-\zeta$ 个；运动副有Ⅰ、Ⅱ、Ⅲ、Ⅳ和Ⅴ级副，根据表 1-1，每个 i 级副引入 i 个约束，再考虑公共约束及冗余约束，则共有 $\sum\limits_{i=\lambda+1}^{5}(i-\lambda)p_i-\nu$ 个非公共约束，故空间机构的并联机器人的自由度 F 的计算公式为

$$F=(6-\lambda)n-\zeta-\left[\sum_{i=\lambda+1}^{5}(i-\lambda)p_i-\nu\right]=(6-\lambda)n-\sum_{i=\lambda+1}^{5}(i-\lambda)p_i+\nu-\zeta \tag{2-1}$$

对于公共约束 $\lambda=3$ 的平面机构的并联机器人，取平面低副的个数为 p_{L}、平面高副的个数为 p_{H}，由式（2-1），得 $\lambda=3$ 的平面机构的并联机器人的自由度 F 的计算公式为

$$F=3n-2p_{\mathrm{L}}-p_{\mathrm{H}}+\nu-\zeta \tag{2-2}$$

将 n 个活动构件分为 n_{k} 个空间活动构件和 n_{p} 个平面活动构件，$n=n_{\mathrm{k}}+n_{\mathrm{p}}$，合并式（2-1）和式（2-2），将式（2-1）中的 n、λ、ν 和 ζ 分别改为 n_{k}、λ_2、ν_2 和 ζ_2，式（2-2）中的 n、ν 和 ζ 分别改为 n_{p}、ν_1 和 ζ_1，则可得公共约束数为 λ_2 的空间机构和公共约束 $\lambda=3$ 的平面机构综合的并联机器人的自由度 F 的计算公式为

$$F=3n_{\mathrm{p}}-2p_{\mathrm{L}}-p_{\mathrm{H}}+\nu_1-\zeta_1+(6-\lambda_2)n_{\mathrm{k}}-\sum_{i=\lambda_2+1}^{5}(i-\lambda_2)p_i+\nu_2-\zeta_2 \tag{2-3}$$

2. 并联机器人自由度的计算方法

首先绘制并联机器人的机构运动简图或机构运动示意图；再从自由度计算的角度，分析并联机器人的组成和运动，并联机器人由哪些构件组成，哪个构件是机架或定平台，哪个构件是动力输入构件，有几个动力输入构件，哪个是动平台及动力输出构件，定平台和动平台之间有几条运动支链，各构件间组成何种运动副和机构，各运动副约束哪几个运动；按照并联机器人的运动空间，识别并联机器人的类型，是平面机构的并联机器人、空间机构的并联机器人，还是空间机构和平面机构综合的并联机器人；最后计算并联机器人的自由度，并判别并联机器人运动的确定性，对于空间机构的并联机器人，用式（2-1）计算其自由度，对于 $\lambda=3$ 的平面机构的并联机器人，用式（2-2）计算其自由度，对于空间机构和 $\lambda=3$ 的平面机构综合的并联机器人，用式（2-3）计算其自由度。如果并联机器人的结构简单，可不绘制并联机器人的机构运动简图或机构运动示意图，直接计算并联机器人的自由度。

3. 并联机器人自由度计算中的注意事项

在并联机器人的自由度的计算中，要注意以下几种情况：

1）复合铰链，即多于两个的构件同时在一处以转动副相连接，为复合铰链。复合铰链数为组成复合铰链的构件数减 1。

2）局部自由度，即某些构件具有局部运动，但并不影响其他构件的运动，为局部自由度。在并联机器人的自由度的计算中，局部自由度可以去除不计，也可不去除。若去除构件中的局部自由度，则式（2-1）~式（2-3）要去除局部自由度项。

3）虚约束，即有些运动副的约束可能与其他运动副的约束重复，为虚约束。在并联机器人的自由度的计算中，虚约束可以去除不计，也可不去除。若去除构件中的虚约束，则式（2-1）~式（2-3）要去除虚约束项。

【例 2-4】 计算图 1-13 所示的 2 自由度的 Diamond 并联机器人的自由度。

解： 图 1-13 已绘得 2 自由度的 Diamond 并联机器人的机构运动简图，如图 2-1 所示。由图 2-1 可知，2 自由度的 Diamond 并联机器人为 $\lambda=3$ 的平面机构的并联机器人，有两条结构相同的运动支链，其运动支链由两个平行四边形机构串联而成，其中的一条运动支链的上摇

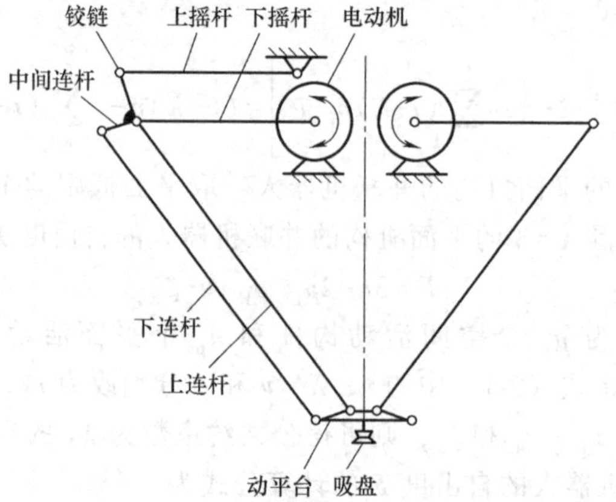

图 2-4 除去冗余约束后的 2 自由度的 Diamond 并联机器人的机构运动简图
（图注同图 2-1）

杆和下连杆为冗余约束，这条运动支链上的上摇杆和下连杆两端铰链点间的距离始终不变，与这条运动支链上的上摇杆和下连杆存在无关，在并联机器人的自由度的计算中，可去除冗余约束，去除冗余束后的 2 自由度的 Diamond 并联机器人的机构运动简图如图 2-4 所示。在图 2-4 中，活动构件数 $n=8$，下摇杆、中间连杆和上连杆的连接为 3 根杆通过两个铰链复合的复合铰链，平面低副数 $p_L=11$，没有高副，平面高副数 $p_H=0$，根据式（2-2）得 2 自由度的 Diamond 并联机器人的自由度为

$$F=3n-2p_L-p_H=3\times8-2\times11-0=2$$

---

2 自由度的 Diamond 并联机器人有两个电动机，分别驱动两条运动支链，2 自由度的 Diamond 并联机器人的驱动数等于其自由度，因此，具有确定的运动。

【例 2-5】 计算图 1-14 所示的 3 自由度移动的 Delta 并联机器人的自由度。

解： 图 1-14 已绘得 3 自由度移动的 Delta 并联机器人的机构运动示意图，如图 2-2 所示。由图 2-2 可知，3 自由度移动的 Delta 并联机器人为空间机构和 $\lambda=3$ 平面机构综合的并联机器人，有 3 条结构相同的运动支链，其运动支链由锥齿轮机构、摇臂和空间平行四边形机构依次串联而成。

锥齿轮机构为平面机构，平面活动构件数 $n_p=6$。锥齿轮轴与机架或定平台连接构成回转副，回转副为平面低副，平面低副数 $p_L=6$。锥齿轮机构的运动副为平面高副，平面高副数 $p_H=3$。锥齿轮机构中没有冗余约束和局部自由度，$\nu_1=0$，$\zeta_1=0$。

空间平行四边形机构的上连杆、下连杆和动平台做空间运动，为空间活动构件。摇臂固定在锥齿轮轴的一端，在平面上摆动，为平面活动构件，因此，空间平行四边形机构的空间活动构件数 $n_k=7$，包括上连杆、下连杆和动平台，摇臂的活动构件已记入平面活动构件数中。空间平行四边形机构的铰链为球铰，上连杆可绕其轴线转动，上连杆两端的球铰绕其轴线转动的自由度重复，存在绕其轴线转动的局部自由度，同理，下连杆也存在绕其轴线转动的局部自由度，$\zeta_2=6$。空间平行四边形机构共有 12 个球铰，根据表 1-1，球铰为Ⅲ级副，$i=3$，$p_3=12$。

此外，动平台做平移运动，如果去除一个空间平行四边形机构中的上连杆或上连杆，则动平台要产生转动。如果去除两个空间平行四边形机构中的上连杆或上连杆，则动平台不能平动。因此，在 3 个空间平行四边形机构中，不存在冗余约束的构件，$\nu_2=0$。与动平台连接的球铰有 3 个转动和 3 个移动自由度，Delta 机构的公共约束 $\lambda_2=0$。

根据式（2-3），得三移动自由度的 Delta 并联机器人的自由度为

$$\begin{aligned} F &= 3n_p-3p_L-p_H+\nu_1-\zeta_1+(6-\lambda_2)n_k-\sum_{i=\lambda_2+1}^{5}(i-\lambda_2)p_i+\nu_2-\zeta_2 \\ &= 3\times6-2\times6-3+6\times7-3\times12-6 \\ &= 3 \end{aligned}$$

3 自由度移动的 Delta 并联机器人有 3 个电动机，分别驱动 3 条运动支链，3 自由度移动的 Delta 并联机器人的驱动数等于其自由度，因此，具有确定的运动。

【例 2-6】 计算图 1-20 所示的电动机驱动的 6 自由度的 Stewart 平台并联机器人的自由度。

解： 图 1-20 已绘得电动机驱动的 6 自由度的 Stewart 平台并联机器人的机构运动示意图，如图 2-3 所示。由图 2-3 可知，电动机驱动的 6 自由度的 Stewart 平台并联机器人为空间机构的并联机器人，也是 6-UPU 空间并联机器人，有 6 条结构相同的运动支链，其运动支链是直线电动机机构。直线电动机的两端分别通过虎克铰与动平台和定平台连接，活动构件数 $n=13$。直线电动机机构的运动副是圆柱副，根据表 1-1，圆柱副和虎克铰是空间Ⅳ级副，$i=4$，Ⅳ级副数 $p_4=18$。没有其他形式的运动副，不存在局部自由度和冗余约束。相邻的支链不平行，动平台上相邻的虎克铰共有 3 个转动和 3 个移动自由度。

根据式（2-1）得电动机驱动的 6 自由度的 Stewart 并联机器人的自由度为

$$W=6n-(p_1+2p_2+3p_3+4p_4+5p_5)=6\times13-4\times18=6$$

电动机驱动的 6 自由度的 Stewart 平台并联机器人有 6 个直线电动机，分别驱动 6 条运动支链，电动机驱动的 6 自由度的 Stewart 平台并联机器人的驱动数等于其自由度，因此，具有确定的运动。

习 题

2-1 简述并联机器人的机构运动简图的绘制方法。

2-2 简述并联机器人的机构运动示意图的绘制方法。

2-3 计算图 1-4 所示的 3-RPS 的 3 自由度并联机构的自由度，并判别其运动确定性。

2-4 计算图 1-9 所示的 3D 打印并联机器人的自由度，并判别其运动确定性。

2-5 绘制图 1-30 所示冗余 3 自由度移动的 Delta 并联机器人的机构运动示意图，并计算机构的自由度，判别机构的运动确定性。

2-6 绘制图 1-21 所示液压缸驱动的 6 自由度的 Stewart 平台并联机器人的机构运动示意图，并计算机构的自由度，判别机构的运动确定性。

2-7 查找文献，阅读 1~2 篇并联机器人或并联机构的文献，介绍其并联机器人或并联机构的简图及工作原理。

2-8 查找文献，阅读 1~2 篇并联机器人或并联机构的自由度计算的文献，介绍其自由度的计算方法及过程。

2-9 查找文献，阅读 1~2 篇用螺旋理论计算并联机器人或并联机构的自由度的文献，介绍其自由度的计算过程。

第 3 章 并联机器人的运动分析基础

教学目标：通过本章学习，应掌握并联机器人的刚体位姿描述、坐标变换，了解描述刚体空间方位的欧拉角和 RPY 角，为后续并联机器人的位姿、速度、加速度、力学分析和计算等学习打下基础，本章也是学习、应用并联机器人最重要的基础。

3.1 并联机器人的刚体位姿描述

并联机器人由连杆、动平台、定平台等刚体通过运动副连接而成，为分析并联机器人的运动，需要先描述并联机器人上刚体的位姿，刚体的位姿通过刚体上的点和坐标系描述。

3.1.1 点的位置描述

刚体上点的位置描述方法主要有两种：矢量描述和直角坐标描述。点的矢量描述是用矢量描述点的位置，点的直角坐标描述是用直角坐标的列矩阵描述点的位置。点的矢量描述与坐标系无关，点的直角坐标描述与坐标系有关，并与直角坐标系对应，列矩阵是只有一列的矩阵，坐标是标量，列矩阵中每个元素为标量。

为描述点的位置，首先建立直角坐标系 $\{A\}$，如图 3-1 所示。由直角坐标系的原点 O_A 到点 p 的矢量 $\overrightarrow{O_Ap}$ 描述了刚体上任意一点 p 的位置，为刚体上任意一点 p 的位置的矢量描述。

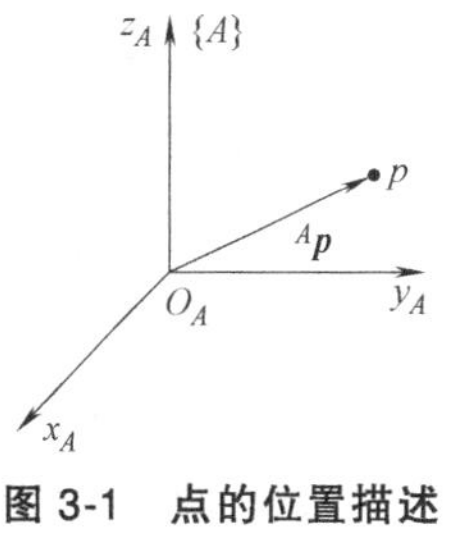

图 3-1　点的位置描述

刚体上任意一点 p 的位置也可用 3×1 的列矩阵 $^A\boldsymbol{p}$ 来表示，即点 p 的位置可用列矩阵 $^A\boldsymbol{p}$ 表示为

$$^A\boldsymbol{p}=\begin{bmatrix} p_x \\ p_y \\ p_z \end{bmatrix} \tag{3-1}$$

式中，p_x、p_y 和 p_z 为点 p 在直角坐标系 $\{A\}$ 中的三个坐标分量，也是矢量 $\overrightarrow{O_Ap}$ 在直角坐标系 $\{A\}$ 中的三根坐标轴上的投影。$^A\boldsymbol{p}$ 的左上标 A 代表建立的直角坐标系 $\{A\}$，$^A\boldsymbol{p}$ 读为在直角坐标系 $\{A\}$ 下的位置列矩阵 $\boldsymbol{p}$。在图 3-1 中，$^A\boldsymbol{p}$ 不表示矢量 $\overrightarrow{O_Ap}$，或者说，$^A\boldsymbol{p}$ 不是矢量，而是表示矢量 $\overrightarrow{O_Ap}$ 在直角坐标系 $\{A\}$ 中的三个坐标分量组成的列矩阵，是数值矩阵。$^A\boldsymbol{p}$ 与

直角坐标系 $\{A\}$ 有关，因此，要有上标 A，矢量$\overrightarrow{O_A p}$与直角坐标系 $\{A\}$ 无关，且与任何坐标系无关，不需要标注上标，这也是位置的列矩阵与矢量在意义和表示上的区别。

直角坐标系可建立在刚体上，也可建立在刚体外的其他刚体上。直角坐标系建立在刚体上，则描述点在刚体上的位置；直角坐标系建立在刚体外的其他刚体上，则描述点在刚体外的其他刚体上的位置。无论是直角坐标系建立在刚体上，还是建立在刚体外的其他刚体上，所建立的直角坐标系，应有利于描述刚体上点的位置及后续运动、力的方程等推导。

用矩阵描述点 p 的位置，有利于刚体的运动方程的推导和分析。用直角坐标系下的列矩阵描述点 p 的位置，有利于用矩阵计算刚体的运动。

3.1.2 刚体的姿态描述

1. 一般形式的旋转矩阵

刚体的姿态是指刚体在空间的方位。为了描述刚体的姿态，首先建立直角坐标系 $\{A\}$，直角坐标系 $\{A\}$ 建立在空间或刚体 B 外的其他刚体上，再在刚体 B 上建立直角坐标系 $\{B\}$，直角坐标系 $\{B\}$ 与刚体 B 固连，如图 3-2 所示。用坐标系 $\{B\}$ 的沿坐标轴方向的三个单位主矢量 $\boldsymbol{x}_B$、$\boldsymbol{y}_B$、$\boldsymbol{z}_B$ 相对坐标系 $\{A\}$ 的方向余弦组成的 3×3 矩阵来表示刚体 B 相对于坐标系 $\{A\}$ 的方位，或者说，用坐标系 $\{B\}$ 的沿坐标轴方向的三个单位主矢量 $\boldsymbol{x}_B$、$\boldsymbol{y}_B$、$\boldsymbol{z}_B$ 分别在坐标系 $\{A\}$ 的坐标轴上投影的列矩阵组成的 3×3 矩阵来表示刚体 B 相对于坐标系 $\{A\}$ 的方位，即

$$
{}^{A}_{B}\boldsymbol{R}=[\,{}^{A}\boldsymbol{x}_B \quad {}^{A}\boldsymbol{y}_B \quad {}^{A}\boldsymbol{z}_B\,]=\begin{bmatrix} r_{11} & r_{12} & r_{13} \\ r_{21} & r_{22} & r_{23} \\ r_{31} & r_{32} & r_{33} \end{bmatrix} \tag{3-2}
$$

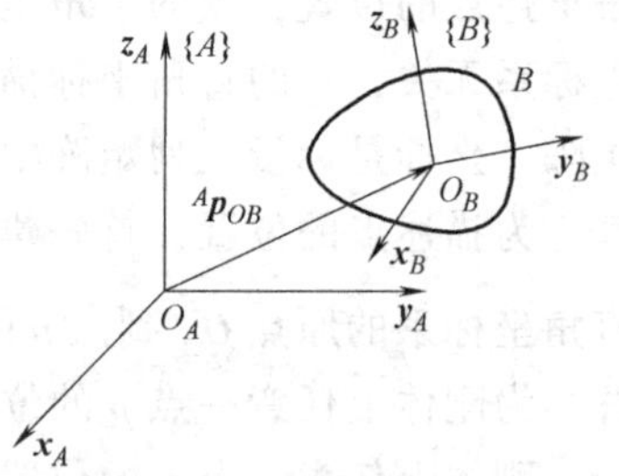

图 3-2 刚体的姿态描述

式中，${}^{A}_{B}\boldsymbol{R}$ 称为坐标系 $\{B\}$ 旋转到坐标系 $\{A\}$ 的旋转矩阵或方向余弦矩阵，是一般形式的旋转矩阵或方向余弦矩阵，左上标 A 代表坐标系 $\{A\}$，左下标 B 代表坐标系 $\{B\}$；${}^{A}\boldsymbol{x}_B$ 为单位主矢量 $\boldsymbol{x}_B$ 在坐标系 $\{A\}$ 中的列矩阵，r_{11}、r_{21}、r_{31} 分别为单位主矢量 $\boldsymbol{x}_B$ 在坐标系 $\{A\}$ 中的方向余弦，或在坐标系 $\{A\}$ 的坐标轴上的投影；${}^{A}\boldsymbol{y}_B$ 为单位主矢量 $\boldsymbol{y}_B$ 在坐标系 $\{A\}$ 中的列矩阵，r_{12}、r_{22}、r_{32} 分别为单位主矢量 $\boldsymbol{y}_B$ 在坐标系 $\{A\}$ 中的方向余弦，或在坐标系 $\{A\}$ 的坐标轴上的投影；${}^{A}\boldsymbol{z}_B$ 为单位主矢量 $\boldsymbol{z}_B$ 在坐标系 $\{A\}$ 中的列矩阵，r_{13}、r_{23}、r_{33} 分别为单位主矢量 $\boldsymbol{z}_B$ 在坐标系 $\{A\}$ 中的方向余弦，或在坐标系 $\{A\}$ 的坐标轴上的投影。

旋转矩阵${}^{A}_{B}\boldsymbol{R}$ 中共有 9 个元素，但只有 3 个是独立变量，因为${}^{A}_{B}\boldsymbol{R}$ 的三个列矩阵${}^{A}\boldsymbol{x}_B$、${}^{A}\boldsymbol{y}_B$ 和${}^{A}\boldsymbol{z}_B$ 都是单位主矢量，且两两互相垂直，所以它的 9 个元素满足 6 个约束条件，称为正交条件，即

$$
{}^{A}\boldsymbol{x}_B \cdot {}^{A}\boldsymbol{x}_B={}^{A}\boldsymbol{y}_B \cdot {}^{A}\boldsymbol{y}_B={}^{A}\boldsymbol{z}_B \cdot {}^{A}\boldsymbol{z}_B=1 \tag{3-3}
$$

$$
{}^{A}\boldsymbol{x}_B \cdot {}^{A}\boldsymbol{y}_B={}^{A}\boldsymbol{y}_B \cdot {}^{A}\boldsymbol{z}_B={}^{A}\boldsymbol{z}_B \cdot {}^{A}\boldsymbol{x}_B=0 \tag{3-4}
$$

因此，旋转矩阵${}^{A}_{B}\boldsymbol{R}$ 是正交阵，并且满足条件

$$ {}_B^A\boldsymbol{R}^{-1}={}_B^A\boldsymbol{R}^{\mathrm{T}};\ |{}_B^A\boldsymbol{R}|=1 \tag{3-5}$$

式中，右上标-1 表示旋转矩阵${}_B^A\boldsymbol{R}$的逆，右上标 T 表示转置；| |是行列式符号。

比较点的位置表示和刚体的姿态表示，可以看出，点的位置用一个列矩阵来表示，刚体的姿态用 3×3 的矩阵来表示，矩阵的 3 列分别为三个单位主矢量的列矩阵。

2. 绕坐标轴旋转的旋转矩阵

在并联机器人的运动学及动力学的分析中，经常用到的旋转矩阵是直角坐标系 {B} 绕 x_A 轴、绕 y_A 轴或绕 z_A 轴转一角度 θ，它们的旋转矩阵或方向余弦矩阵分别是

$$\boldsymbol{R}(x_A,\theta)=\begin{bmatrix}1 & 0 & 0\\ 0 & \cos\theta & -\sin\theta\\ 0 & \sin\theta & \cos\theta\end{bmatrix} \tag{3-6}$$

$$\boldsymbol{R}(y_A,\theta)=\begin{bmatrix}\cos\theta & 0 & \sin\theta\\ 0 & 1 & 0\\ -\sin\theta & 0 & \cos\theta\end{bmatrix} \tag{3-7}$$

$$\boldsymbol{R}(z_A,\theta)=\begin{bmatrix}\cos\theta & -\sin\theta & 0\\ \sin\theta & \cos\theta & 0\\ 0 & 0 & 1\end{bmatrix} \tag{3-8}$$

式（3-6）~式（3-8）是绕坐标轴旋转的旋转矩阵，共有 3 种，绕坐标轴旋转的旋转矩阵是一般形式的旋转矩阵的特例。

3.2 并联机器人的坐标变换

3.2.1 坐标平移变换

设坐标系 {B} 与坐标系 {A} 具有相同的方位，或者说坐标系 {B} 与坐标系 {A} 对应的坐标轴平行，但是两者的坐标原点不重合，用位置的列矩阵${}^A\boldsymbol{p}_{OB}$ 描述坐标系 {B} 相对于坐标系 {A} 的位置，点 p 在坐标系 {B} 和坐标系 {A} 中的位置分别为${}^B\boldsymbol{p}$、${}^A\boldsymbol{p}$，如图 3-3 所示，把${}^A\boldsymbol{p}_{OB}$ 称为坐标系 {B} 相对于坐标系 {A} 的平移列矩阵，${}^A\boldsymbol{p}_{OB}$ 是坐标系 {B} 的原点 O_B 在坐标系 {A} 中的位置的列矩阵。

根据图 3-3，矢量$\overrightarrow{O_Ap}$、$\overrightarrow{O_AO_B}$ 和$\overrightarrow{O_Bp}$ 有如下关系，即

$$\overrightarrow{O_Ap}=\overrightarrow{O_AO_B}+\overrightarrow{O_Bp} \tag{3-9}$$

式（3-9）为刚体上点的位置的矢量合成方程；点 p 既在坐标系 {A} 中，又在坐标系 {B} 中，坐标系 {A} 和坐标系 {B} 分别设在不同的刚体上，因此，式（3-9）也是不同刚体之间点的位置的矢量表示。

将矢量$\overrightarrow{O_AO_B}$、$\overrightarrow{O_Ap}$ 向坐标系 {A} 的坐标轴投影；将矢量$\overrightarrow{O_Bp}$ 向坐标系 {B} 的坐标轴投影后，再将其投影向坐标系 {A} 的坐标轴投影，得矢量$\overrightarrow{O_Bp}$ 在坐标系 {A} 的坐标轴上的投影；再将矢量$\overrightarrow{O_AO_B}$、$\overrightarrow{O_Bp}$ 在坐标系 {A} 的坐标轴上的投影相加，并与矢量$\overrightarrow{O_Ap}$ 在坐标

系 {A} 的坐标轴上的投影比较，得${}^{A}\boldsymbol{p}$、${}^{B}\boldsymbol{p}$、${}^{A}\boldsymbol{p}_{OB}$ 有如下关系，即

$$ {}^{A}\boldsymbol{p}={}^{B}\boldsymbol{p}+{}^{A}\boldsymbol{p}_{OB} \tag{3-10} $$

式 (3-10) 为坐标平移方程，可表述为：点 p 在坐标系 {A} 中位置的列矩阵等于点 p 在坐标系 {B} 中位置的列矩阵加上坐标系 {B} 平移到坐标系 {A} 的位置的列矩阵，它描述了刚体上点 p 在方位相同、坐标原点不同的不同坐标系之间的关系。

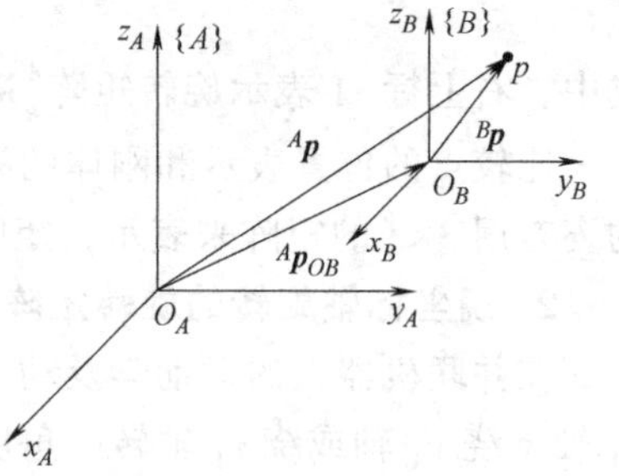

图 3-3　坐标平移变换

【例 3-1】　已知坐标系 {B} 下点 p 的列矩阵${}^{B}\boldsymbol{p}=[2\quad 1\quad 0]^{\mathrm{T}}$，坐标系 {A} 下点 O_B 的列矩阵${}^{A}\boldsymbol{p}_{OB}=[5\quad 3\quad 1]^{\mathrm{T}}$，求坐标系 {A} 下点 p 的列矩阵。

解：根据式 (3-10)，得坐标系 {A} 下点 p 的列矩阵为

$$ {}^{A}\boldsymbol{p}={}^{B}\boldsymbol{p}+{}^{A}\boldsymbol{p}_{OB}=\begin{bmatrix}2\\1\\0\end{bmatrix}+\begin{bmatrix}5\\3\\1\end{bmatrix}=\begin{bmatrix}7\\4\\1\end{bmatrix} $$

3.2.2　坐标旋转变换

设坐标系 {B} 与坐标系 {A} 有共同的坐标原点，但是两者的方位不同，或者说坐标系 {B} 与坐标系 {A} 对应的坐标轴不平行，点 p 在坐标系 {B} 和坐标系 {A} 中的位置分别为${}^{B}\boldsymbol{p}$、${}^{A}\boldsymbol{p}$，如图 3-4 所示，用旋转矩阵${}^{A}_{B}\boldsymbol{R}$ 描述坐标系 {B} 相对于坐标系 {A} 的方位。

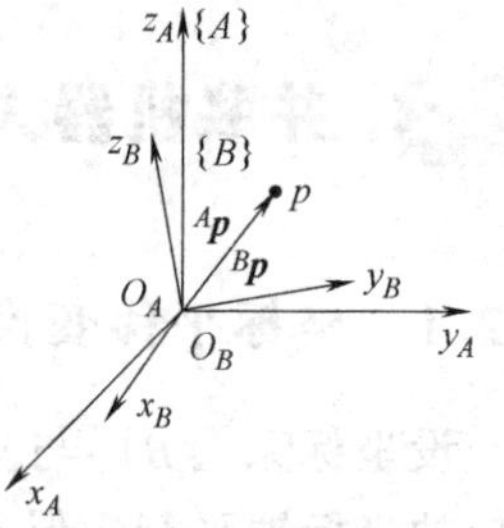

图 3-4　坐标旋转变换

将矢量$\overrightarrow{O_Ap}$ 向坐标系 {A} 的坐标轴投影；将矢量$\overrightarrow{O_Bp}$ 向坐标系 {B} 的坐标轴投影后再将其投影向坐标系 {A} 的坐标轴投影，并考虑坐标系 {B} 的沿坐标轴方向的三个单位主矢量在坐标系 {A} 的投影及投影后形成的旋转矩阵${}^{A}_{B}\boldsymbol{R}$，得矢量$\overrightarrow{O_Bp}$ 在坐标系 {A} 的坐标轴上的投影；再将矢量$\overrightarrow{O_Bp}$ 在坐标系 {A} 的坐标轴上的投影，按坐标系 {A} 的三个轴分别相加，并与矢量$\overrightarrow{O_Ap}$ 在坐标系 {A} 的坐标轴上的投影比较，得${}^{A}\boldsymbol{p}$ 和${}^{B}\boldsymbol{p}$ 有如下关系，即

$$ {}^{A}\boldsymbol{p}={}^{A}_{B}\boldsymbol{R}\,{}^{B}\boldsymbol{p} $$

$$ \begin{aligned} {}^{A}\boldsymbol{p}&={}^{A}\boldsymbol{x}_{B}p_{xB}+{}^{A}\boldsymbol{y}_{B}p_{yB}+{}^{A}\boldsymbol{z}_{B}p_{zB}=[{}^{A}\boldsymbol{x}_{B}\quad {}^{A}\boldsymbol{y}_{B}\quad {}^{A}\boldsymbol{z}_{B}]\begin{bmatrix}p_{xB}\\p_{yB}\\p_{zB}\end{bmatrix}\\ &=[{}^{A}\boldsymbol{x}_{B}\quad {}^{A}\boldsymbol{y}_{B}\quad {}^{A}\boldsymbol{z}_{B}]\,{}^{B}\boldsymbol{p}={}^{A}_{B}\boldsymbol{R}\,{}^{B}\boldsymbol{p} \end{aligned} \tag{3-11} $$

$$ {}^{B}\boldsymbol{p}=\begin{bmatrix}p_{xB}\\p_{yB}\\p_{zB}\end{bmatrix} $$

式（3-11）为坐标旋转方程，可表述为点在坐标系｛A｝中位置的列矩阵，等于坐标系｛B｝旋转到坐标系｛A｝的旋转矩阵乘以点在坐标系｛B｝中位置的列矩阵，它描述了刚体上点 p 在方位不同、坐标原点重合的不同坐标系之间的关系。

【例 3-2】 已知坐标系｛B｝下的点 p 的列矩阵 ${}^{B}\boldsymbol{p}=[2\quad -1\quad 0]^{\mathrm{T}}$，坐标系｛$B$｝到坐标系｛$A$｝的旋转矩阵：${}_{B}^{A}\boldsymbol{R}=\begin{bmatrix}0.925 & -0.067 & -0.354\\ -0.067 & 0.933 & -0.354\\ 0.354 & 0.354 & 0.866\end{bmatrix}$，求坐标系｛$A$｝下的点 p 的列矩阵。

解： 根据式（3-11），得坐标系｛A｝下的点 p 的列矩阵为

$$
{}^{A}\boldsymbol{p}={}_{B}^{A}\boldsymbol{R}\,{}^{B}\boldsymbol{p}=\begin{bmatrix}0.925 & -0.067 & -0.354\\ -0.067 & 0.933 & -0.354\\ 0.354 & 0.354 & 0.866\end{bmatrix}\begin{bmatrix}2\\ -1\\ 0\end{bmatrix}=\begin{bmatrix}1.917\\ -1.067\\ 0.354\end{bmatrix}
$$

3.2.3　一般坐标变换

一般坐标变换为坐标平移且坐标旋转变换，或者说是坐标平移与坐标旋转变换的叠加。一般坐标变换时，坐标系｛B｝与坐标系｛A｝的原点不重合，坐标系｛B｝与坐标系｛A｝的方位也不相同。我们用位置的列矩阵 ${}^{A}\boldsymbol{p}_{OB}$ 描述坐标系｛B｝的坐标原点 O_B 在坐标系｛A｝的位置，用旋转矩阵 ${}_{B}^{A}\boldsymbol{R}$ 描述坐标系｛B｝相对于坐标系｛A｝的方位，点 p 在坐标系｛B｝和坐标系｛A｝中的位置分别为 ${}^{B}\boldsymbol{p}$、${}^{A}\boldsymbol{p}$，如图 3-5 所示。

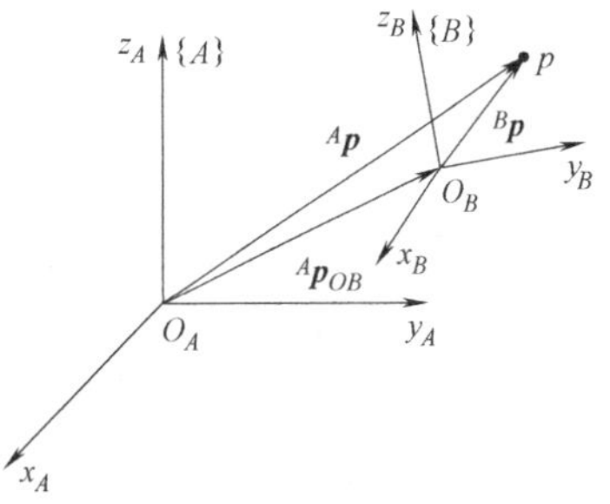

图 3-5　一般坐标变换

根据图 3-5，矢量 $\overrightarrow{O_Ap}$、$\overrightarrow{O_AO_B}$ 和 $\overrightarrow{O_Bp}$ 之间的关系同式（3-9）。又根据式（3-9），或根据式（3-10）和式（3-11），得 ${}^{A}\boldsymbol{p}$、${}^{B}\boldsymbol{p}$、${}^{A}\boldsymbol{p}_{OB}$ 有如下关系，即

$$
{}^{A}\boldsymbol{p}={}_{B}^{A}\boldsymbol{R}\,{}^{B}\boldsymbol{p}+{}^{A}\boldsymbol{p}_{OB} \tag{3-12}
$$

式（3-12）为一般坐标变换方程或复合坐标变换方程，可表述为：点 p 在坐标系｛A｝中位置的列矩阵等于坐标系｛B｝旋转到坐标系｛A｝的旋转矩阵乘以点 p 在坐标系｛B｝中位置的列矩阵，再加上坐标系｛B｝的坐标原点在坐标系｛A｝的位置的列矩阵，它描述了刚体上点 p 在方位不同、坐标原点不同的不同坐标系之间的关系。

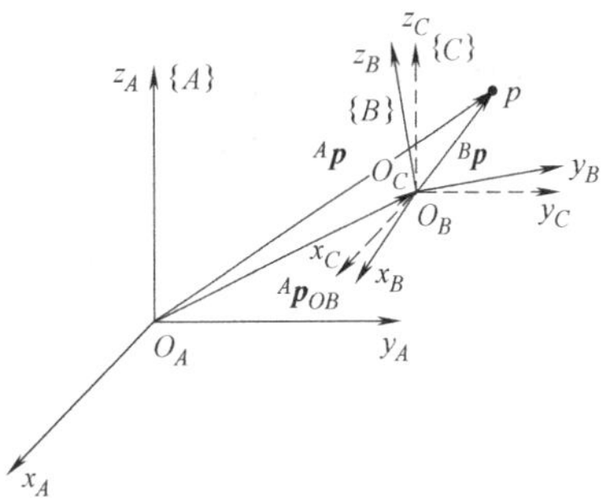

图 3-6　一般坐标变换的过程

一般坐标变换的过程可以理解为坐标系｛B｝先旋转变换到坐标系｛C｝，坐标系｛C｝再平移变换到坐标系｛A｝，如图 3-6 所示，坐标系｛C｝与坐标系｛B｝的坐标原点重合且与坐标系｛A｝的方位相同，根据此变换的过程，易理解由式（3-11）和式（3-10）得到式（3-12）。

【例 3-3】 坐标系｛A｝下的点 O_B 的列矩阵 ${}^{A}\boldsymbol{p}_{OB}=[5\quad 3\quad 1]^{\mathrm{T}}$，坐标系｛$B$｝下的点 p

的列矩阵${}^{B}\boldsymbol{p}=[2\quad -1\quad 0]^{\mathrm{T}}$，坐标系｛B｝到坐标系｛A｝的旋转矩阵为
${}^{A}_{B}\boldsymbol{R}=\begin{bmatrix}0.925 & -0.067 & -0.354\\ -0.067 & 0.933 & -0.354\\ 0.354 & 0.354 & 0.866\end{bmatrix}$，求坐标系｛A｝下的点 p 的列矩阵。

解：根据式（3-12），得坐标系｛A｝下的点 p 的列矩阵为

$$
{}^{A}\boldsymbol{p}={}^{A}_{B}\boldsymbol{R}\,{}^{B}\boldsymbol{p}+{}^{A}\boldsymbol{p}_{OB}=\begin{bmatrix}0.925 & -0.067 & -0.354\\ -0.067 & 0.933 & -0.354\\ 0.354 & 0.354 & 0.866\end{bmatrix}\begin{bmatrix}2\\ -1\\ 0\end{bmatrix}+\begin{bmatrix}5\\ 3\\ 1\end{bmatrix}=\begin{bmatrix}1.917\\ -1.067\\ 0.354\end{bmatrix}+\begin{bmatrix}5\\ 3\\ 1\end{bmatrix}=\begin{bmatrix}6.917\\ 1.933\\ 1.354\end{bmatrix}
$$

3.2.4 齐次坐标变换

根据式（3-12）中各位置列矩阵之间的关系，可以把式（3-12）改写为一个形式更简洁、概念更清晰、便于公式推导的表达形式，即点 p 的齐次变换列矩阵，即

$$
\begin{bmatrix}{}^{A}\boldsymbol{p}\\ 1\end{bmatrix}=\begin{bmatrix}{}^{A}_{B}\boldsymbol{R} & {}^{A}\boldsymbol{p}_{OB}\\ 0\quad 0\quad 0 & 1\end{bmatrix}\begin{bmatrix}{}^{B}\boldsymbol{p}\\ 1\end{bmatrix} \tag{3-13}
$$

或

$$
{}^{A}\boldsymbol{p}={}^{A}_{B}\boldsymbol{T}\,{}^{B}\boldsymbol{p} \tag{3-14}
$$

$$
{}^{A}_{B}\boldsymbol{T}=\begin{bmatrix}{}^{A}_{B}\boldsymbol{R} & {}^{A}\boldsymbol{p}_{OB}\\ 0\quad 0\quad 0 & 1\end{bmatrix} \tag{3-15}
$$

式（3-14）为齐次坐标变换方程，式（3-14）中把位置的列矩阵${}^{A}\boldsymbol{p}$和${}^{B}\boldsymbol{p}$表示成了 4×1 的列矩阵，与式（3-12）中的位置的列矩阵不同，加入了第 4 个分量 1，称为点 p 的齐次坐标；变换矩阵${}^{A}_{B}\boldsymbol{T}$为 4×4 的方阵，称为齐次变换矩阵，其最后一行的元素为［0 0 0 1］。

式（3-13）、式（3-14）和式（3-12）是等价的。式（3-14）只是用一个矩阵，使书写简单紧凑、表达方便，有利于公式推导，但是，如果用式（3-14）来编写计算机程序则并不简便，因为 0、1 之间的乘法运算将会消耗大量的无用机时。

描述空间一点 p 的位置可以用 3×1 的列矩阵（直角坐标）来表示，也可用 4×1 的列矩阵（齐次坐标）来表示。那么，位置的列矩阵${}^{A}\boldsymbol{p}$和${}^{B}\boldsymbol{p}$究竟是 3×1 的列矩阵，还是 4×1 的列矩阵，取决于与它相乘的是 3×3 的矩阵，还是 4×4 的矩阵。

【例 3-4】 根据例 3-3，求坐标系｛A｝下点 p 的齐次变换列矩阵。

解：根据式（3-12）和例 3-3，得坐标系｛A｝下点 p 的齐次变换列矩阵为

$$
\begin{bmatrix}{}^{A}\boldsymbol{p}\\ 1\end{bmatrix}=\begin{bmatrix}{}^{A}_{B}\boldsymbol{R} & {}^{A}\boldsymbol{p}_{OB}\\ 0\quad 0\quad 0 & 1\end{bmatrix}\begin{bmatrix}{}^{B}\boldsymbol{p}\\ 1\end{bmatrix}=\begin{bmatrix}0.925 & -0.067 & -0.354 & 5\\ -0.067 & 0.933 & -0.354 & 3\\ 0.354 & 0.354 & 0.866 & 1\\ 0 & 0 & 0 & 1\end{bmatrix}\begin{bmatrix}2\\ -1\\ 0\\ 1\end{bmatrix}=\begin{bmatrix}6.917\\ 1.933\\ 1.354\\ 1\end{bmatrix}
$$

3.3 并联机器人的连杆坐标变换

为了研究连杆之间的相对位移关系，在每个连杆上固连一个坐标系，然后用坐标变换描

述这些坐标系之间的关系，称为连杆坐标变换。或者说，连杆坐标变换是固连在连杆上的坐标系的坐标变换，这是上节坐标变换在连杆上的应用。连杆坐标变换可用于动平台和定平台之间的连杆坐标的变换。

3.3.1　连杆本身和连杆连接关系的描述

1. 连杆本身的描述

连杆能保持其两端的关节轴线具有固定的几何关系，连杆的特征也是由这两条轴线规定的。如图 3-7 所示，连杆 $i-1$ 是由关节轴线 $i-1$ 和 i 的公法线长度 a_{i-1} 和夹角 α_{i-1} 所规定的，公法线长度 a_{i-1} 和夹角 α_{i-1} 分别称为连杆 $i-1$ 的连杆长度和扭角，这样，连杆 i-1 可用连杆长度 a_{i-1} 和扭角 α_{i-1} 两个参数描述。连杆长度 a_{i-1} 恒为正。扭角 α_{i-1} 的指向规定为：手握公法线，拇指由轴线 $i-1$ 指向轴线 i，四指从轴线 i-1 绕公法线转至轴线 i，符合右手螺旋规则为正。两轴线平行时，扭角 $\alpha_{i-1}=0°$；两轴线相交时，连杆长度$a_{i-1}=0$，这时扭角 α_{i-1} 的指向不能确定，需要确定时，可以按需求自己规定。连杆长度 a_{i-1} 和扭角 α_{i-1} 完全地定义了连杆 $i-1$ 的特征。

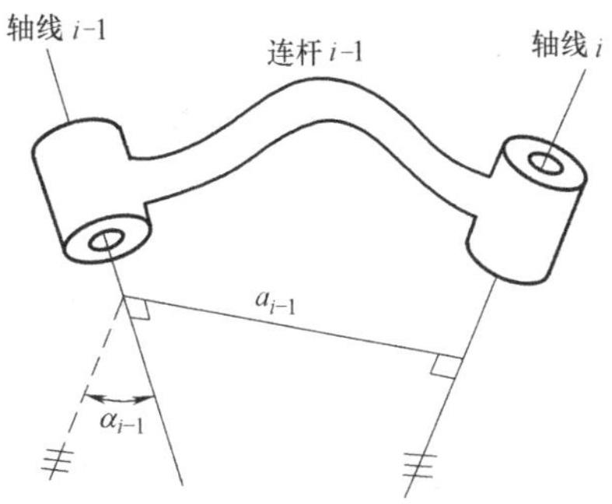

图 3-7　连杆本身的描述

2. 连杆连接关系的描述

相邻两连杆 i 和 $i-1$ 由关节 i 相连，因此关节轴线 i 有两条公法线与它垂直，每条公法线代表一根连杆，a_{i-1} 代表连杆 $i-1$；a_i 代表连杆 i，如图 3-8 所示。两条公法线 a_{i-1} 与 a_i 之间的距离 d_i 称为这两根连杆之间的偏置；a_{i-1} 与 a_i 之间的夹角 θ_i 称为两根连杆之间的关节角，这样，在关节 i 处，可用偏置 d_i 和关节角 θ_i 两个参数描述连杆之间的连接。偏置 d_i 和关节角 θ_i 两个参数都带正负号。偏置 d_i 表示 a_{i-1} 与轴线 i 的交点到 a_i 与轴线 i 的交点间的距离，沿轴线 i 测量，由公法线 a_{i-1} 到公法线 a_i 为正。公法线 a_{i-1} 到公法线 a_i 的方向为轴线 i 的正向；关节角 θ_i 表示 a_{i-1} 与 a_i 之间的夹角，绕轴线 i，由 a_{i-1} 到 a_i 测量，手握轴线 i，拇指指向轴线 i 的正向，四指从公法线 a_{i-1} 转至公法线 a_i，符合右手螺旋规则为正。

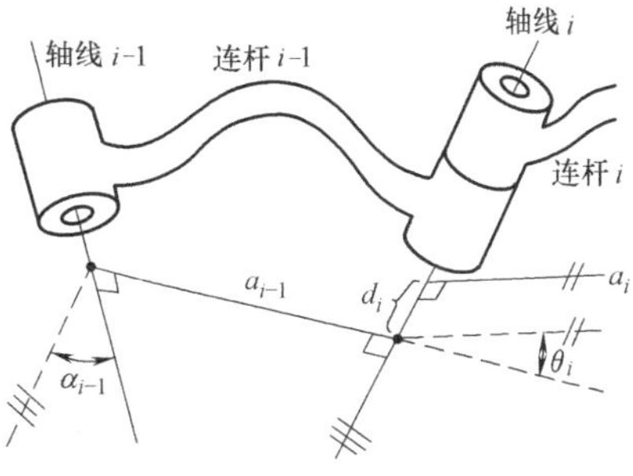

图 3-8　连杆连接关系的描述

如果关节 i 处是转动副，则关节角 θ_i 是可变的，为关节变量；如果关节 i 处是移动副，则偏置 d_i 是可变的，为关节变量。

3. D-H 方法

每根连杆可由连杆长度、扭角、偏置和关节角四个参数来描述。其中，连杆长度 a_{i-1} 和扭角 α_{i-1} 是两个固定不变的参数，用来描述连杆本身；而偏置 d_i 和关节角 θ_i 这两个参数用来描述相邻连杆间的连接关系，偏置 d_i 和关节角 θ_i 之一为关节变量或运动副变量。用四个参数来描述连杆是由 Denavit 和 Hartenberg 在 1955 年提出的，称为 Denavit-Hartenberg 方法，简称为 D-H 方法，也称为四参数表示法。

3.3.2 连杆坐标变换

连杆坐标系 $\{i\}$ 相对于坐标系 $\{i-1\}$ 的变换为连杆坐标变换，如图 3-9 所示。坐标系 $O_i x_i y_i z_i$ 的 z_i 轴沿轴线 i，x_i 轴沿连杆 i 的公法线，y_i 轴由右手螺旋规则确定；坐标系 $O_{i-1}x_{i-1}y_{i-1}z_{i-1}$ 的 z_{i-1} 轴沿轴线 $i-1$，x_{i-1} 轴沿连杆 $i-1$ 的公法线，y_{i-1} 轴由右手螺旋规则确定。连杆坐标变换矩阵 ${}^{i-1}_{\ \ i}T$ 可以分解为以下四个子变换。

1）绕 x_{i-1} 轴旋转扭角 α_{i-1}，根据式（3-15）和式（3-6），得齐次坐标变换矩阵

$$\boldsymbol{Rot}(x_{i-1},\alpha_{i-1})=\begin{bmatrix}1 & 0 & 0 & 0\\ 0 & \cos\alpha_{i-1} & -\sin\alpha_{i-1} & 0\\ 0 & \sin\alpha_{i-1} & \cos\alpha_{i-1} & 0\\ 0 & 0 & 0 & 1\end{bmatrix} \tag{3-16}$$

2）沿 x_{i-1} 轴移动连杆长度 a_{i-1}，根据式（3-15），得齐次坐标变换矩阵

$$\boldsymbol{Trans}(x_{i-1},a_{i-1})=\begin{bmatrix}1 & 0 & 0 & a_{i-1}\\ 0 & 1 & 0 & 0\\ 0 & 0 & 1 & 0\\ 0 & 0 & 0 & 1\end{bmatrix} \tag{3-17}$$

3）绕 z_i 轴旋转关节角 θ_i，根据式（3-15）和式（3-8），得齐次坐标变换矩阵

$$\boldsymbol{Rot}(z_i,\theta_i)=\begin{bmatrix}\cos\theta_i & -\sin\theta_i & 0 & 0\\ \sin\theta_i & \cos\theta_i & 0 & 0\\ 0 & 0 & 1 & 0\\ 0 & 0 & 0 & 1\end{bmatrix} \tag{3-18}$$

4）沿 z_i 轴移动偏置 d_i，根据式（3-15），得齐次坐标变换矩阵

$$\boldsymbol{Trans}(z_i,d_i)=\begin{bmatrix}1 & 0 & 0 & 0\\ 0 & 1 & 0 & 0\\ 0 & 0 & 1 & d_i\\ 0 & 0 & 0 & 1\end{bmatrix} \tag{3-19}$$

连杆坐标变换矩阵 ${}^{i-1}_{\ \ i}\boldsymbol{T}$ 可以看成是以上四个子齐次坐标变换矩阵的乘积，按照坐标变换的顺序和式（3-16）~式(3-19)，得连杆坐标变换矩阵

$$\begin{aligned}{}^{i-1}_{\ \ i}\boldsymbol{T}&=\boldsymbol{Rot}(x_{i-1},\alpha_{i-1})\boldsymbol{Trans}(x_{i-1},a_{i-1})\boldsymbol{Rot}(z_i,\theta_i)\boldsymbol{Trans}(z_i,d_i)\\ &=\begin{bmatrix}\cos\theta_i & -\sin\theta_i & 0 & a_{i-1}\\ \sin\theta_i\cos\alpha_{i-1} & \cos\theta_i\cos\alpha_{i-1} & -\sin\alpha_{i-1} & -d_i\sin\alpha_{i-1}\\ \sin\theta_i\sin\alpha_{i-1} & \cos\theta_i\sin\alpha_{i-1} & \cos\alpha_{i-1} & d_i\cos\alpha_{i-1}\\ 0 & 0 & 0 & 1\end{bmatrix}\end{aligned} \tag{3-20}$$

式（3-20）表明变换矩阵 ${}^{i-1}_{\ \ i}\boldsymbol{T}$ 依赖于四个参数：连杆长度 a_{i-1}、扭角 α_{i-1}、偏置 d_i 和关节角 θ_i，若去掉第四行，则矩阵的前三列分别表示坐标系 $\{i\}$ 的 x_i、y_i、z_i 轴在坐标系

$\{i-1\}$ 中的方向余弦，而第四列表示坐标系 $\{i\}$ 的坐标原点 O_i 在坐标系 $\{i-1\}$ 中的位置。

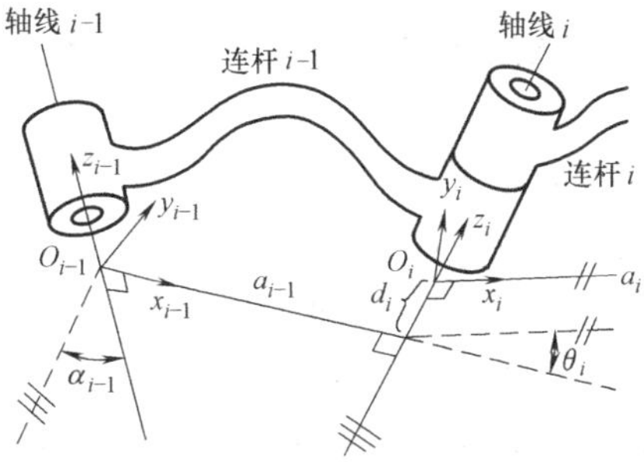

图 3-9　连杆坐标变换

3.4　描述刚体空间方位的欧拉角和 RPY 角

在式（3-2）中，采用 3×3 的方向余弦的旋转矩阵描述刚体的方位，由于方向余弦的旋转矩阵的 9 个元素应满足 6 个约束条件［正交条件，见式（3-3）和式（3-4）］，只有 3 个独立的元素，因此，自然存在如何用 3 个参数简便地描述刚体方位的问题；另一方面，方向余弦的旋转矩阵很难直观地形成刚体在空间的具体方位，不利于人们在研究刚体的空间方位中经常发生的抽象思维与形象思维的相互转化。欧拉角（Euler angle）和 RPY 角各用 3 个参数简便地描述刚体的方位，并能有效地解决人们在研究刚体的空间方位中经常发生的抽象思维与形象思维的相互转化的问题，特别适合于描述刚体的方向和姿态。在并联机器人的位姿、运动、动力等分析和计算中，经常用到欧拉角。

3.4.1　绕动轴旋转的欧拉角

1. 绕动轴 z-x-z 旋转的欧拉角

这种描述坐标系 $\{B\}$ 的方位的法则如下：最初坐标系 $\{B\}$ 的初始方位与坐标系 $\{A\}$ 相同，首先使 $\{B\}$ 绕 z_A 轴转 ψ 角，然后绕 x'轴转 θ 角，最后绕 z_B 轴转 ϕ 角，称为绕动轴 z-x-z 旋转的欧拉角描述法，如图 3-10 所示。在图 3-10 中，“′”表示坐标系第 1 次旋转后的某坐标轴位置，“″”表示坐标系第 2 次旋转后的某坐标轴位置。

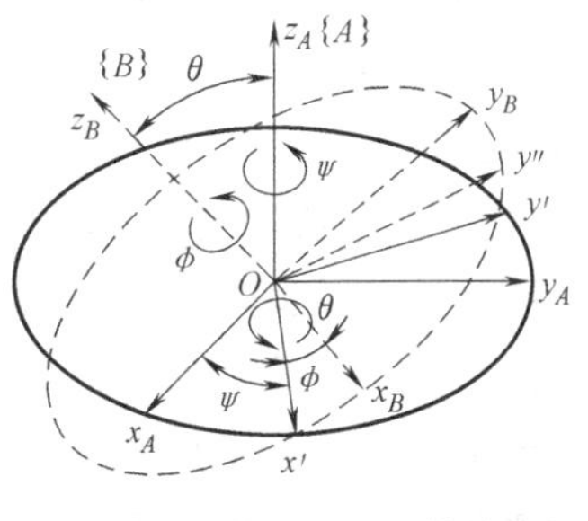

图 3-10　绕动轴 z-x-z 旋转的欧拉角

坐标系 $\{B\}$ 相对坐标系 $\{A\}$ 转动的详细情况如下：最初坐标系 $\{B\}$ 与坐标系 $\{A\}$ 重合，坐标系 $\{B\}$ 首先绕 z_A 轴转 ψ 角，与 x_A 轴重合的 x_B 轴转至 x'，与 y_A 轴重合的 y_B 轴转至 y'，x'轴和 y'轴在实线的圆平面上；然后坐标系 $\{B\}$ 绕 x'轴转 θ 角，与 z_A 轴重合的 z_B 轴转至 z_B，y'轴转至 y''；最后绕 z_B 轴转 ϕ 角，y''轴转至 y_B，x'轴转至 x_B，完成坐标系 $\{B\}$ 相对坐标系 $\{A\}$ 的转动，x_B 轴、y''轴和 y_B 轴在虚线的圆平面上。在绕动轴 z-x-z 旋转的欧拉角描述法中，用 ψ、θ 和 ϕ 角描述刚体在空间的具体方位，ψ 为进动角，θ 为章动角，ϕ

为自旋角。

在坐标系 {B} 相对坐标系 {A} 转动的过程中，所有的转动都是相对运动坐标系进行的，并且三次相对运动坐标系转动完成坐标变换。根据依次转动 ψ、θ 和 ϕ 角的坐标变换的顺序和式（3-6）~式(3-8)，按“从左向右”的原则来安排各次旋转对应的旋转矩阵，从而可以求得与之等价的旋转矩阵，即

$$
\begin{aligned}
{}^{A}_{B}\boldsymbol{R}_{zxz}(\psi,\theta,\phi) &= \boldsymbol{R}(z,\psi)\boldsymbol{R}(x,\theta)\boldsymbol{R}(z,\phi)\\
&= \begin{bmatrix} \cos\psi & -\sin\psi & 0 \\ \sin\psi & \cos\psi & 0 \\ 0 & 0 & 1 \end{bmatrix}
\begin{bmatrix} 1 & 0 & 0 \\ 0 & \cos\theta & -\sin\theta \\ 0 & \sin\theta & \cos\theta \end{bmatrix}
\begin{bmatrix} \cos\phi & -\sin\phi & 0 \\ \sin\phi & \cos\phi & 0 \\ 0 & 0 & 1 \end{bmatrix}\\
&= \begin{bmatrix} \cos\psi\cos\phi-\sin\psi\cos\theta\sin\phi & -\cos\psi\sin\phi-\sin\psi\cos\theta\cos\phi & \sin\psi\sin\theta \\ \sin\psi\cos\phi+\cos\psi\cos\theta\sin\phi & -\sin\psi\sin\phi+\cos\psi\cos\theta\cos\phi & -\cos\psi\sin\theta \\ \sin\theta\sin\phi & \sin\theta\cos\phi & \cos\theta \end{bmatrix}
\end{aligned}
\tag{3-21}
$$

由旋转矩阵求解等价的绕动轴 z-x-z 旋转的欧拉角的方法如下。令

$$
{}^{A}_{B}\boldsymbol{R}_{zyz}(\psi,\theta,\phi) = \begin{bmatrix} r_{11} & r_{12} & r_{13} \\ r_{21} & r_{22} & r_{23} \\ r_{31} & r_{32} & r_{33} \end{bmatrix} \tag{3-22}
$$

$\theta=0$ 是奇异点，如果 $\sin\theta\neq0$，先确定 θ 角，再确定 ψ 和 ϕ 角，则有

$$
\left.\begin{aligned}
\theta &= \arccos r_{33}\\
\psi &= \arcsin\frac{r_{13}}{\sqrt{1-r_{33}^{2}}}\\
\phi &= \arcsin\frac{r_{31}}{\sqrt{1-r_{33}^{2}}}
\end{aligned}\right\} \tag{3-23}
$$

2. 绕动轴 z-y-x 旋转的欧拉角

这种描述坐标系 {B} 的方位的法则如下：最初坐标系 {B} 的初始方位与坐标系 {A} 相同，首先使 {B} 绕 z_A 轴转 α 角，然后绕 y'轴转 β 角，最后绕 x_B 轴转 γ 角，称为绕动轴 z-y-x 旋转的欧拉角描述法，如图 3-11 所示。

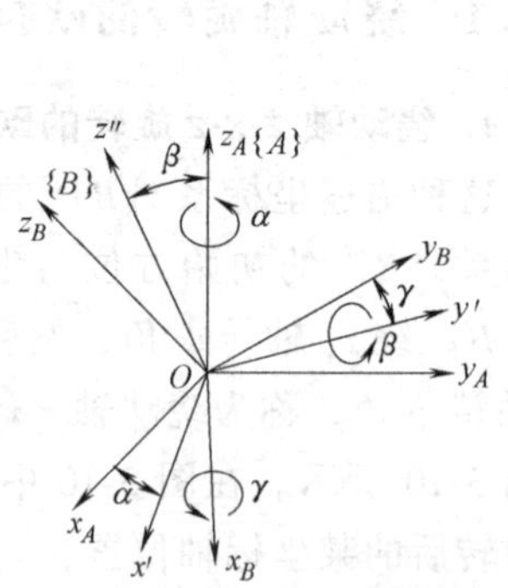

图 3-11 绕动轴 z-y-x 旋转的欧拉角

坐标系 {B} 相对坐标系 {A} 转动的详细情况如下：最初坐标系 {B} 与坐标系 {A} 重合，坐标系 {B} 首先绕 z_A 轴转 α 角，与 x_A 轴重合的 x_B 轴转至 x'，与 y_A 轴重合的 y_B 轴转至 y'；然后坐标系 {B} 绕 y'轴转 β 角，与 z_A 轴重合的 z_B 轴转至 z''，x'轴转至 x_B；最后绕 x_B 轴转 γ 角，y'轴转至 y_B，z''轴转至 z_B，完成坐标系 {B} 相对坐标系 {A} 的转动。在绕动轴 z-y-x 旋转的欧拉角描述法中，用 α、β 和 γ 角描述刚体在空间的具体方位。

在坐标系 {B} 相对坐标系 {A} 转动的过程中，所有的转动都是相对运动坐标系进行的，并且三次相对运动坐标系转动完成坐标变换。根据依次转动 α、β 和 γ 角的坐标变换的

顺序和式 (3-6)~式(3-8)，按“从左向右”的原则来安排各次旋转对应的旋转矩阵，从而可以求得与之等价的旋转矩阵，即

$$
\begin{aligned}
{}_B^A\boldsymbol{R}_{zyx}(\alpha,\beta,\gamma) &= \boldsymbol{R}(z,\alpha)\boldsymbol{R}(y,\beta)\boldsymbol{R}(x,\gamma) \\
&= \begin{bmatrix} \cos\alpha & -\sin\alpha & 0 \\ \sin\alpha & \cos\alpha & 0 \\ 0 & 0 & 1 \end{bmatrix}\begin{bmatrix} \cos\beta & 0 & \sin\beta \\ 0 & 1 & 0 \\ -\sin\beta & 0 & \cos\beta \end{bmatrix}\begin{bmatrix} 1 & 0 & 0 \\ 0 & \cos\gamma & -\sin\gamma \\ 0 & \sin\gamma & \cos\gamma \end{bmatrix} \\
&= \begin{bmatrix} \cos\alpha\cos\beta & \cos\alpha\sin\beta\sin\gamma-\sin\alpha\cos\gamma & \cos\alpha\sin\beta\cos\gamma+\sin\alpha\sin\gamma \\ \sin\alpha\cos\beta & \sin\alpha\sin\beta\sin\gamma+\cos\alpha\cos\gamma & \sin\alpha\sin\beta\cos\gamma-\cos\alpha\sin\gamma \\ -\sin\beta & \cos\beta\sin\gamma & \cos\beta\cos\gamma \end{bmatrix}
\end{aligned}
\tag{3-24}
$$

3.4.2 绕固定轴 *x-y-z* 旋转的 RPY 角

这种描述坐标系 $\{B\}$ 的方位的法则如下：最初坐标系 $\{B\}$ 的初始方位与坐标系 $\{A\}$ 相同，首先使 $\{B\}$ 绕 x_A 轴转 γ 角，然后绕 y_A 轴转 β 角，最后绕 z_A 轴转 α 角，称为绕固定轴 x-y-z 旋转的 RPY 角描述法，如图 3-12 所示。

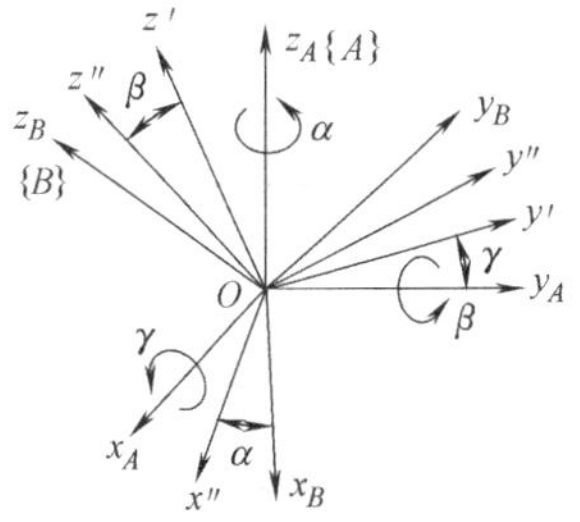

图 3-12 绕固定轴 *x-y-z* 旋转的 RPY 角

坐标系 $\{B\}$ 相对坐标系 $\{A\}$ 转动的详细情况如下：最初坐标系 $\{B\}$ 与坐标系 $\{A\}$ 重合，坐标系 $\{B\}$ 首先绕 x_A 轴转 γ 角，与 y_A 轴重合的 y_B 轴转至 y'，与 z_A 轴重合的 z_B 轴转至 z'；然后坐标系 $\{B\}$ 绕 y_A 轴转 β 角，与 x_A 轴重合的 x_B 轴转至 x''，y'轴转至 y''，z'轴转至 z''；最后绕 z_A 轴转 α 角，x''轴转至 x_B，y''轴转至 y_B，z''轴转至 z_B，完成坐标系 $\{B\}$ 相对坐标系 $\{A\}$ 的转动。在绕固定轴 x-y-z 旋转的 RPY 角描述法中，用 α、β 和 γ 角描述刚体在空间的具体方位。

在坐标系 $\{B\}$ 相对坐标系 $\{A\}$ 转动的过程中，所有的转动都是相对定坐标系进行的，并且三次相对定坐标系转动完成坐标变换。根据依次转动 γ、β 和 α 角的坐标变换的顺序和式 (3-6)~式(3-8)，按“从右向左”的原则来安排各次旋转对应的旋转矩阵，从而可以求得与之等价的旋转矩阵，即

$$
\begin{aligned}
{}_B^A\boldsymbol{R}_{xyz}(\gamma,\beta,\alpha) &= \boldsymbol{R}(z_A,\alpha)\boldsymbol{R}(y_A,\beta)\boldsymbol{R}(x_A,\gamma) \\
&= \begin{bmatrix} \cos\alpha & -\sin\alpha & 0 \\ \sin\alpha & \cos\alpha & 0 \\ 0 & 0 & 1 \end{bmatrix}\begin{bmatrix} \cos\beta & 0 & \sin\beta \\ 0 & 1 & 0 \\ -\sin\beta & 0 & \cos\beta \end{bmatrix}\begin{bmatrix} 1 & 0 & 0 \\ 0 & \cos\gamma & -\sin\gamma \\ 0 & \sin\gamma & \cos\gamma \end{bmatrix} \\
&= \begin{bmatrix} \cos\alpha\cos\beta & \cos\alpha\sin\beta\sin\gamma-\sin\alpha\cos\gamma & \cos\alpha\sin\beta\cos\gamma+\sin\alpha\sin\gamma \\ \sin\alpha\cos\beta & \sin\alpha\sin\beta\sin\gamma+\cos\alpha\cos\gamma & \sin\alpha\sin\beta\cos\gamma-\cos\alpha\sin\gamma \\ -\sin\beta & \cos\beta\sin\gamma & \cos\beta\cos\gamma \end{bmatrix}
\end{aligned}
\tag{3-25}
$$

这一结果与绕动轴 z-y-x 旋转的结果完全相同，或者说式 (3-25) 与式 (3-24) 的结果完全相同。这是因为坐标系 $\{B\}$ 绕固定轴旋转的顺序与绕动轴旋转的顺序相反，且旋转的角度对应相等，因此，所得到的变换矩阵相同。

3.4.3 欧拉角和 RPY 角的数量

欧拉角是坐标系 {*B*} 相对于运动坐标系旋转的一组角，RPY 角是坐标系 {*B*} 相对固定坐标系旋转的一组角，都是以一定的顺序描述坐标系 {*B*} 绕坐标主轴旋转三次得到刚体方位的一组角。每组欧拉角或 RPY 角各有 3 个角，按照角的排列顺序，欧拉角和 RPY 角总共有 24 种，欧拉角和 RPY 角各有 12 种，12 种不同的欧拉角的组合见表 3-1。因为欧拉角与 RPY 角对偶，实质上欧拉角和 RPY 角只有 12 种不同的旋转矩阵。在使用欧拉角和 RPY 角时，究竟选用哪一种，以清楚、方便表达物体的方位为原则，同时考虑行业（如航空航天、航海）中表述物体的方位的习惯。

表 3-1 12 种不同的欧拉角的组合

序号	三轴设定法	序号	两轴设定法
1	*z-y-x*	7	*z-y-z*
2	*z-x-y*	8	*z-x-z*
3	*y-x-z*	9	*y-x-y*
4	*y-z-x*	10	*y-z-y*
5	*x-z-y*	11	*x-z-x*
6	*x-y-z*	12	*x-y-x*

习　题

3-1 简述刚体上点的位置描述方法。

3-2 简述刚体的姿态描述方法。

3-3 写出坐标平移变换方程，并解释式中符号的意义。

3-4 在图 3-3 中，已知坐标系 {*B*} 下点 *p* 的列矩阵 $^{B}\boldsymbol{p}=[1\quad 1\quad 0]^{\mathrm{T}}$，坐标系 {*A*} 下点 O_B 的列矩阵 $^{A}\boldsymbol{p}_{OB}=[4\quad 1\quad 2]^{\mathrm{T}}$，求坐标系 {*A*} 下点 *p* 的列矩阵。

3-5 写出坐标旋转变换方程，并解释式中符号的意义。

3-6 在图 3-4 中，坐标系 {*B*} 下的点 *p* 的列矩阵 $^{B}\boldsymbol{p}=[2\quad 1\quad 1]^{\mathrm{T}}$，坐标系 {*B*} 到坐标系 {*A*} 的旋转矩阵：$^{A}_{B}\boldsymbol{R}=\begin{bmatrix}0.913 & -0.057 & -0.354\\ -0.057 & 0.933 & -0.354\\ 0.354 & 0.454 & 0.826\end{bmatrix}$，求坐标系 {*A*} 下的点 *p* 的列矩阵。

3-7 写出一般坐标变换方程，并解释式中符号的意义。

3-8 在图 3-6 中，坐标系 {*A*} 下点 O_B 的列矩阵 $^{A}\boldsymbol{p}_{OB}=[4\quad 2\quad 1]^{\mathrm{T}}$，坐标系 {*B*} 下的点 *p* 的列矩阵 $^{B}\boldsymbol{p}=[2\quad 3\quad 0]^{\mathrm{T}}$，坐标系 {*B*} 到坐标系 {*A*} 的旋转矩阵为

$$^{A}_{B}\boldsymbol{R}=\begin{bmatrix}0.933 & -0.067 & -0.352\\ -0.067 & 0.903 & -0.354\\ 0.352 & 0.354 & 0.866\end{bmatrix}$$，求坐标系 {*A*} 下点 *p* 的列矩阵。

3-9 写出齐次坐标变换方程，并解释式中符号的意义。

3-10 简述连杆的描述方法及参数。简述连杆连接的描述方法及参数。

3-11　介绍D-H方法及其描述连杆的参数。

3-12　导出连杆坐标变换矩阵。

3-13　简述图3-10所示绕动轴 *z-x-z* 旋转的欧拉角并导出其旋转矩阵。

3-14　简述图3-11所示绕动轴 *z-y-x* 旋转的欧拉角并导出其旋转矩阵。

3-15　简述图3-12所示绕固定轴 *x-y-z* 旋转的RPY角并导出其旋转矩阵。

3-16　欧拉角和RPY角各有多少组？在使用欧拉角和RPY角时，怎样选用？

3-17　简述不同的欧拉角的组合区别。

3-18　查找文献，阅读1~2篇并联机构的文献，简述D-H方法在文献中的应用。

3-19　查找文献，阅读1~2篇并联机构的文献，简述绕动轴 *z-x-z* 旋转的欧拉角在文献中的应用。

第 4 章
并联机器人的位姿分析

教学目标：通过本章学习，应掌握并联机器人的位姿反解和正解，掌握并联机器人的不同坐标系之间的旋转变换，了解不同坐标系之间的齐次变换，获得并联机器人的各构件在空间的位姿及动力输入构件的位移，获得不同坐标系之间的旋转变换矩阵和齐次变换矩阵，为后续并联机器人的速度与加速度计算、力学计算、工作空间分析、奇异位形分析、误差分析、设计等学习打下基础。

4.1 并联机器人位姿分析的概念

并联机器人的位姿分析包括位置分析和姿态分析。并联机器人的位置分析是分析并联机构的输入与输出构件之间的位置关系，主要是获得并联机器人的位置反解和正解。并联机器人的姿态分析是分析并联机构的各构件的姿态，主要涉及不同构件上的坐标系之间的旋转变换。并联机器人的位姿分析是并联机器人运动分析最基本的任务，也是并联机器人的速度计算、加速度计算、受力分析、误差分析、工作空间分析、动力分析和设计等的基础。

并联机器人的位姿分析有两类问题，一是位姿反解的问题，二是位姿正解的问题。当已知并联机器人的运动输出构件的位置或姿态时，求解并联机器人的运动输入构件的位置或姿态，称为并联机器人的位姿反解。当已知并联机器人的运动输入构件的位置或姿态时，求解并联机器人的运动输出构件的位置或姿态，称为并联机器人的位姿正解。并联机器人的位姿反解容易，位姿正解困难。

下面以并联机器人中的并联机构为对象，先介绍并联机器人的位姿反解和正解，再介绍并联机器人的不同坐标系之间的旋转变换和齐次变换。

4.2 并联机器人的位姿反解

并联机器人的位姿表示有矢量表示和直角坐标表示。位姿的矢量表示便于公式推导，位姿的直角坐标表示便于位姿反解计算。下面以 6-SPS 并联机构为例，介绍并联机器人的位姿表示及位姿反解的方法。

6-SPS 并联机构的动、定平台通过 6 根可伸缩的连杆相连，如图 4-1 所示，每根连杆的两端是两个球铰，连杆的中间是一个移动副，动平台运动，定平台固定。直线电动机或液压缸式的驱动器推动移动副移动（图 1-20 和图 1-21），改变各连杆的长度，从而改变动平台在空间的位置和姿态。当给定动平台在空间的位置和姿态时，求各根连杆的长度，进一步可得各移动副的位移，这就是该机构的位姿反解。

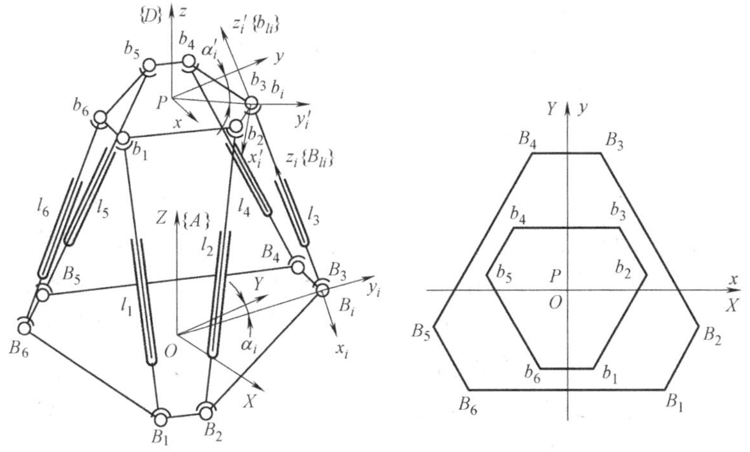

图 4-1　6-SPS 并联机构

首先，在 6-SPS 并联机构的动、定平台上各建立一个坐标系，如图 4-1 所示，动坐标系 $Pxyz$ 建立在动平台上，定坐标系 $OXYZ$ 建立在定平台上，用 $\{A\}$ 代表定坐标系 $OXYZ$，用 $\{D\}$ 代表动坐标系 $Pxyz$。

由图 4-1 得第 i 根连杆 B_ib_i 的长度矢量为

$$\boldsymbol{L}_i=\boldsymbol{P}_O+\boldsymbol{b}_i-\boldsymbol{B}_i \qquad i=1,2,\cdots,6 \tag{4-1}$$

式（4-1）是矢量表示的动平台和第 i 根连杆之间的位姿关系方程式。在式（4-1）中，$\boldsymbol{P}_O$、$\boldsymbol{b}_i$ 和 $\boldsymbol{B}_i$ 分别为 OP、Pb_i 和 OB_i 的长度矢量。

根据式（3-1）、式（3-11）和式（3-12），将式（4-1）表示成在定坐标系 $OXYZ$ 下位置的列矩阵形式，即

$$^A\boldsymbol{L}_i={}^A\boldsymbol{P}_O+{}^A_D\boldsymbol{R}{}^D\boldsymbol{b}_i-{}^A\boldsymbol{B}_i \qquad i=1,2,\cdots,6 \tag{4-2}$$

式（4-2）是直角坐标表示的动平台和第 i 根连杆之间的位姿关系方程式，也是矩阵表示的动平台和第 i 根连杆之间的位姿关系方程式，还是并联机器人的位姿反解方程式或位姿反解方程。式（4-2）中，第 i 根连杆 B_ib_i 的长度矢量 $\boldsymbol{L}_i$ 在定坐标系 $OXYZ$ 中的长度的列矩阵 $^A\boldsymbol{L}_i=[X_{li}\quad Y_{li}\quad Z_{li}]^{\mathrm{T}}$，动坐标系 $Pxyz$ 的原点 P 的长度矢量 P_O 在定坐标系 $OXYZ$ 中的位置的列矩阵 $^A\boldsymbol{P}_O=[X_P\quad Y_P\quad Z_P]^{\mathrm{T}}$，第 i 个铰链 B_i 的长度矢量在定坐标系 $OXYZ$ 中的位置的列矩阵 $^A\boldsymbol{B}_i=[X_{Bi}\quad Y_{Bi}\quad Z_{Bi}]^{\mathrm{T}}$，其中，$X$、$Y$ 和 Z 为定坐标系 $OXYZ$ 下的三个坐标分量，上标 A 代表定坐标系 $OXYZ$，下标 li 表示第 i 根连杆，下标 P 表示动坐标系 $Pxyz$ 的原点，下标 Bi 表示第 i 个铰链 B_i；动坐标系 $Pxyz$ 相对于定坐标系 $OXYZ$ 的旋转变换矩阵 ${}^A_D\boldsymbol{R}=\begin{bmatrix} r_{11} & r_{12} & r_{13} \\ r_{21} & r_{22} & r_{23} \\ r_{31} & r_{32} & r_{33} \end{bmatrix}$；第 i 个铰链 b_i 的长度矢量在动坐标系 $Pxyz$ 中的位置的列矩阵 $^D\boldsymbol{b}_i=[x_{bi}\quad y_{bi}\quad z_{bi}]^{\mathrm{T}}$，其中，$x$、$y$ 和 z 为动坐标系 $Pxyz$ 下的三个坐标分量，上标 D 代表动坐标系 $Pxyz$，下标 bi 表示第 i 个铰链 b_i。

由式（4-2）得第 i 根连杆的列矩阵为

$$^{A}\boldsymbol{L}_i=\begin{bmatrix}X_{li}\\Y_{li}\\Z_{li}\end{bmatrix}=\begin{bmatrix}r_{11}x_{bi}+r_{12}y_{bi}+r_{13}z_{bi}+X_P-X_{Bi}\\r_{21}x_{bi}+r_{22}y_{bi}+r_{23}z_{bi}+Y_P-Y_{Bi}\\r_{31}x_{bi}+r_{32}y_{bi}+r_{33}z_{bi}+Z_P-Z_{Bi}\end{bmatrix} \tag{4-3}$$

$\boldsymbol{L}_i$ 的模为第 i 根连杆的长度，即

$$l_i=\sqrt{X_{li}^2+Y_{li}^2+Z_{li}^2}\qquad i=1,2,\cdots,6 \tag{4-4}$$

式（4-4）为并联机器人的位姿反解方程式。当已知并联机构的铰链位置尺寸等基本尺寸和动平台的位置和姿态后，就可以利用式（4-4）求出 6 个驱动器的位移。这种求解方法不仅适用于 6-SPS 机构，而且普遍适用于类似 6-SPS 机构的许多其他并联机器人的并联机构。由此也可见，6-SPS 类型的并联机构的位姿反解较简单，这正是并联机构的优点之一。

当已知机构的基本尺寸和动平台的两个位置和姿态后，两次使用式（4-4），可得动平台在第 1、2 位姿时第 i 根连杆的长度 l_{i-1} 和 l_{i-2}，再由式（4-5），可得动平台由第 1 位姿运动到第 2 位姿时，第 i 根连杆的伸长量，即

$$\begin{aligned}\Delta l_{i-1-2}&=l_{i-2}-l_{i-1}\\&=\sqrt{X_{li-2}^2+Y_{li-2}^2+Z_{li-2}^2}-\sqrt{X_{li-1}^2+Y_{li-1}^2+Z_{li-1}^2}\end{aligned}\qquad i=1,2,\cdots,6 \tag{4-5}$$

其中，下标 i-1、i-2、li-1、li-2 中的 i 表示第 i 根连杆，1 表示动平台在第 1 位姿，2 表示动平台在第 2 位姿。

【例 4-1】 计算图 4-1 所示的 6-SPS 并联机构的连杆的长度和伸长量。并联机构的铰链 B_i 和 b_i 的位置尺寸分别见表 4-1 和表 4-2，动平台的两个位置和姿态见表 4-3，ψ 为进动角，θ 为章动角，ϕ 为自旋角。

表 4-1 并联机构的铰链 B_i 的位置尺寸 （单位：mm）

坐标	B_1	B_2	B_3	B_4	B_5	B_6
X_{Bi}	548.5	750.6	202.1	-202.1	-750.6	-548.5
Y_{Bi}	-550.0	-200.0	750.0	750.0	-200.0	-550.0
Z_{Bi}	0	0	0	0	0	0

表 4-2 并联机构的铰链 b_i 的位置尺寸 （单位：mm）

坐标	b_1	b_2	b_3	b_4	b_5	b_6
x_{bi}	152.1	454.2	302.1	-302.1	-454.2	-152.1
y_{bi}	-436.6	86.6	350.0	350.0	86.6	-436.6
z_{bi}	0	0	0	0	0	0

表 4-3 动平台的两个位置和姿态

动平台	X_P/mm	Y_P/mm	Z_P/mm	ψ/(°)	θ/(°)	ϕ/(°)
第 1 位姿	20.0	30.0	1350.0	10.0	15.0	-10.0
第 2 位姿	-30.0	-80.0	1400.0	15.0	40.0	-35.0

解：

根据表 4-1，取铰链 B_1 的位置尺寸为

$$^{A}\boldsymbol{B}_1=[X_{B1}\quad Y_{B1}\quad Z_{B1}]^{\mathrm{T}}=[548.5\quad -550.0\quad 0]^{\mathrm{T}}$$

根据表 4-2，取铰链 b_1 的位置尺寸为

$$^{D}\boldsymbol{b}_1=[x_{b1}\quad y_{b1}\quad z_{b1}]^{\mathrm{T}}=[152.1\quad -436.6\quad 0]^{\mathrm{T}}$$

根据表 4-3，取动平台处于第 1 位姿时动坐标系 $Pxyz$ 的原点 P 的位置列矩阵为

$$^{A}\boldsymbol{P}_O=[X_P\quad Y_P\quad Z_P]^{\mathrm{T}}=[20.0\quad 30.0\quad 1350.0]^{\mathrm{T}}$$

根据表 4-3，取动平台处于第 1 位姿时的进动角 $\psi=10.0°$，章动角 $\theta=15.0°$，自旋角 $\phi=-10.0°$，由式（3-21）计算得动平台处于第 1 位姿时的旋转变换矩阵为

$$_{D}^{A}\boldsymbol{R}=\begin{bmatrix}\cos\psi\cos\phi-\sin\psi\cos\theta\sin\phi & -\cos\psi\sin\phi-\sin\psi\cos\theta\cos\phi & \sin\psi\sin\theta\\ \sin\psi\cos\phi+\cos\psi\cos\theta\sin\phi & -\sin\psi\sin\phi+\cos\psi\cos\theta\cos\phi & -\cos\psi\sin\theta\\ \sin\theta\sin\phi & \sin\theta\cos\phi & \cos\theta\end{bmatrix}$$

$$=\begin{bmatrix}0.9990 & 0.0058 & 0.0449\\ 0.0058 & 0.9670 & -0.2549\\ -0.0449 & 0.2549 & 0.9659\end{bmatrix}$$

根据式（4-2）或式（4-3）得动平台处于第 1 位姿时第 1 根连杆的列矩阵为

$$^{A}\boldsymbol{L}_{1-1}=\begin{bmatrix}X_{l1}\\ Y_{l1}\\ Z_{l1}\end{bmatrix}={}^{A}\boldsymbol{P}_O+{}_{D}^{A}\boldsymbol{R}\,{}^{D}\boldsymbol{b}_1-{}^{A}\boldsymbol{B}_1=\begin{bmatrix}-0.3791\\ 0.1587\\ 1.2319\end{bmatrix}\times10^3$$

根据式（4-4）得动平台处于第 1 位姿时第 1 根连杆的长度为

$$l_{1-1}=\sqrt{X_{l1}^2+Y_{l1}^2+Z_{l1}^2}=1298.6288\mathrm{mm}$$

根据表 4-1，取铰链 B_2 的位置尺寸，根据表 4-2，取铰链 b_2 的位置尺寸。动平台处于第 1 位姿的 $^{A}\boldsymbol{P}_O$ 和旋转变换矩阵 $_{D}^{A}\boldsymbol{R}$ 不变，根据式（4-2）、式（4-4），可得动平台处于第 1 位姿时第 2 根连杆的长度 $l_{2-1}=1415.4363\mathrm{mm}$。用同样的方法，可得动平台处于第 1 位姿时第 3、4、5、6 根连杆的长度 l_{3-1}、l_{4-1}、l_{5-1} 和 l_{6-1}，见表 4-4。

根据表 4-1，依次取铰链 B_i 的位置尺寸，根据表 4-2，依次取铰链 b_i 的位置尺寸。根据表 4-3，取动平台的第 2 位姿，用求动平台处于第 1 位姿时第 i 根连杆的长度 l_{i-1} 的方法，可求得动平台处于第 2 位姿时第 i 根连杆的长度 l_{i-2}，见表 4-4。

根据表 4-4，取 $l_{1-1}=1298.6288\mathrm{mm}$，$l_{1-2}=1275.5923\mathrm{mm}$，再根据式（4-5），得动平台由第 1 位姿运动到第 2 位姿时第 1 根连杆的伸长量为

$$\Delta l_{1-1-2}=l_{1-2}-l_{1-1}=-23.0365\mathrm{mm}$$

根据表 4-4，取 $l_{2-1}=1415.4363\mathrm{mm}$，$l_{2-2}=1324.4636\mathrm{mm}$，再根据式（4-5），得动平台由第 1 位姿运动到第 2 位姿时第 2 根连杆的伸长量 $\Delta l_{2-1-2}=-90.9727\mathrm{mm}$。同理可得动平台由第 1 位姿运动到第 2 位姿时其他连杆的伸长量，见表 4-4。

计算中，可使用 Matlab 软件，有利于提高计算速度。Matlab 软件也是并联机器人计算中的常用软件，为方便并联机器人的计算，应主动学习和使用该软件。

表 4-4　动平台处于两位姿时的连杆长度和伸长量　　（单位：mm）

连杆	1	2	3	4	5	6
动平台处于第 1 位姿的连杆长度 l_{i-1}	1298.6288	1415.4363	1480.3716	1504.5137	1461.6844	1321.9067
动平台处于第 2 位姿的连杆长度 l_{i-2}	1275.5923	1324.4636	1611.9094	1768.7031	1674.1265	1255.9729
连杆的伸长量 Δl_{i-1-2}	-23.0365	-90.9727	131.5378	264.1894	212.4421	-65.9338

4.3 并联机器人位姿正解的数值法

1. 位姿正解的数值法的概念

由于并联机构的结构复杂及并联机器人的位姿反解方程式（4-4）为一组非线性方程，使并联机器人的位姿正解的难度较大，其中一种比较有效的方法是采用数值方法求解并联机器人的位姿反解方程，从而求得与连杆输入位移对应的动平台的位置和姿态，称为并联机器人位姿正解的数值法。

并联机器人位姿正解的数值法的优点是：数学模型的建立相对容易，并且省去了烦琐的数学推导，求解的方法可用于任何并联机构，并可立即进行位姿分析和后续的研究工作。但这种方法的不足之处是计算速度比较慢，由于并联机器人的位姿反解方程式（4-4）为一组非线性方程，不能求得机构的所有位姿解，有时解的精度低，并且最终的结果与初值的选取有直接的关系。

2. 位姿正解的数值法

令第 i 根连杆要求达到的长度为 l_{i-0}，给出动平台的一组位置和姿态，动平台的位置用动坐标系 $Pxyz$ 的原点位置 X_P、Y_P 和 Z_P 描述，动平台的姿态由 3 个独立的转角 ψ_b、θ_b 和 ϕ_b 确定，根据式（4-4），可得第 i 根连杆的长度 l_i，再根据式（4-5），可得第 i 根连杆的长度 l_i 与其要求达到的长度为 $l_{i\text{-}0}$ 的误差为

$$\begin{aligned}\Delta l_{i-0} &= l_{i-0} - l_i \\ &= l_{i-0} - \sqrt{X_{li}^2 + Y_{li}^2 + Z_{li}^2} \qquad i=1,2,\cdots,6\end{aligned} \tag{4-6}$$

采用最小二乘法，可以建立目标函数，即

$$\begin{aligned}F(X_P, Y_P, Z_P, \psi_b, \theta_b, \phi_b) &= \sum_{i=1}^{6}(l_{i-0} - l_i)^2 \\ &= \sum_{i=1}^{6}\left(l_{i-0} - \sqrt{X_{li}^2 + Y_{li}^2 + Z_{li}^2}\right)^2\end{aligned} \tag{4-7}$$

位姿正解的数值法的求解方法：给出动平台的第 1 组位置和姿态（X_{P-1}，Y_{P-1}，Z_{P-1}，ψ_{b-1}，θ_{b-1}，ϕ_{b-1}）为动平台的初始位置和姿态，由式（4-7）求出第 1 个目标函数 F_1（X_{P-1}，Y_{P-1}，Z_{P-1}，ψ_{b-1}，θ_{b-1}，ϕ_{b-1}）；再给出动平台的第 2 组位置和姿态（X_{P-2}，Y_{P-2}，

Z_{P-2}，ψ_{b-2}，θ_{b-2}，ϕ_{b-2}），由式（4-7）求出第2个目标函数 F_2（X_{P-2}，Y_{P-2}，Z_{P-2}，ψ_{b-2}，θ_{b-2}，ϕ_{b-2}），并使 F_2（X_{P-2}，Y_{P-2}，Z_{P-2}，ψ_{b-2}，θ_{b-2}，ϕ_{b-2}）$<F_1$（X_{P-1}，Y_{P-1}，Z_{P-1}，ψ_{b-1}，θ_{b-1}，ϕ_{b-1}）。以此类推，给出动平台的第3组位置和姿态，由式（4-7）求出第3个目标函数，并使第3个目标函数小于第2个目标函数。继续求解下去，数值算法将求解出使式（4-7）中 F（X_P，Y_P，Z_P，ψ_b，θ_b，ϕ_b）为极小的动平台的一组位置和姿态参数（X_P，Y_P，Z_P，ψ_b，θ_b，ϕ_b），即为其数值解。

式（4-7）中未知数的数目较多，直接求解所用的时间较长。在实际求解中，为提高计算机求解的速度和精度，需要对式（4-7）做些变化，形成进一步的算法。

4.4 并联机器人位姿正解的解析法

并联机器人位姿正解的解析法常用封闭解法，这是基于封闭矢量多边形法、几何法、矩阵法等数学方法，通过建立约束方程组，再从约束方程组上消去未知数，以得到单参数的多项式后再求解，其优点是能够得到解析表达式，进而求得全部解。并联机器人位姿正解的解析解是对其进行性能分析（如工作空间分析）和对动平台进行控制编程的基础，但获得解析解的难度大，且不具有通用性。

下面以三角平台型6-SPS并联机构为例，介绍并联机器人位姿正解的解析法，从此例中，可了解并联机器人位姿正解的解析法的求解思路。

1. 三角平台型6-SPS并联机构及其等效结构的圆和半径

三角平台型6-SPS并联机构的结构示意图如图4-2a所示，固定平台上的各铰链点 B_i（$i=1$，2，…，6）是6个铰链中心，P_{12}、P_{34} 和 P_{56} 是连接于三角平台的3个复合铰链的中心。当各个移动副位移变量给定后，各驱动杆的长度 l_i（$i=1$，2，…，6）即为已知，整个机构应有确定的位形。假想将复合铰链 P_{12} 与动平台解除约束，则三角架 $P_{12}B_1B_2$ 只能绕 B_1B_2 轴线转动，点 P_{12} 的轨迹是以点 B_{12} 为圆心，以长度 R_{12} 为半径的圆，如图4-2b等效机构图中所示。同理，点 P_{34} 与 P_{56} 的轨迹是各以点 B_{34} 与 B_{56} 为圆心，以 R_{34} 和 R_{56} 为半径的圆。

由解析几何可导出圆心 B_{ij}（$ij=12$，34，56）的坐标为

$$\left.\begin{aligned}X_{B_{ij}}&=X_{B_i}+t_{ij}(X_{B_i}-X_{B_j})\\Y_{B_{ij}}&=Y_{B_i}+t_{ij}(Y_{B_i}-Y_{B_j})\\Z_{B_{ij}}&=Z_{B_i}+t_{ij}(Z_{B_i}-Z_{B_j})\end{aligned}\right\}\tag{4-8}$$

其中，
$$t_{ij}=\frac{l_j^2-l_i^2-(X_{B_i}-X_{B_j})^2-(Y_{B_i}-Y_{B_j})^2-(Z_{B_i}-Z_{B_j})^2}{2[(X_{B_i}-X_{B_j})^2+(Y_{B_i}-Y_{B_j})^2+(Z_{B_i}-Z_{B_j})^2]}\tag{4-9}$$

这些圆的半径为

$$\begin{aligned}R_{ij}&=\sqrt{l_i^2-(B_iB_{ij})^2}\\&=\sqrt{l_i^2-(X_{B_i}-X_{B_{ij}})^2-(Y_{B_i}-Y_{B_{ij}})^2-(Z_{B_i}-Z_{B_{ij}})^2}\end{aligned}\qquad ij=12,34,56\tag{4-10}$$

2. 机构的约束方程组

在各轨迹圆的圆心处建立局部直角坐标系 $R_{ij}X'Y'Z'$。令 Y'轴沿轴线 B_iB_j 方向。各半径

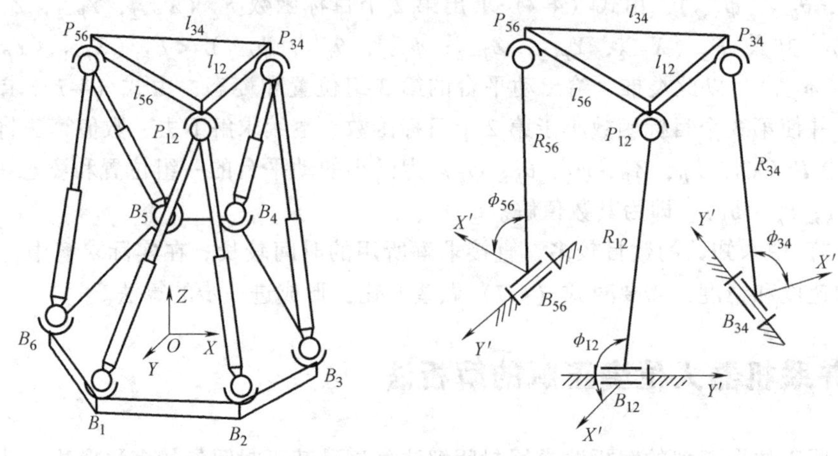

a) 机构的结构示意图　　b) 等效机构图

图 4-2　三角平台型 6-SPS 并联机构

R_{12}、R_{34} 和 R_{56} 与各坐标轴 X'的夹角用 ϕ_{12}、ϕ_{34} 和 ϕ_{56} 表示，这些夹角也可以视为机构的输出变量。进行坐标变换后，可得由 ϕ_{12}、ϕ_{34} 和 ϕ_{56} 表示的平台铰链点 P_{ij} 在固定坐标系 $OXYZ$ 中的坐标为

$$\left.\begin{aligned}X_{P_{ij}}&=\frac{Y_{B_j}-Y_{B_i}}{H_{ij}}R_{ij}\cos\phi_{ij}+X_{B_{ij}}\\Y_{P_{ij}}&=-\frac{X_{B_j}-X_{B_i}}{H_{ij}}R_{ij}\cos\phi_{ij}+Y_{B_{ij}}\\Z_{P_{ij}}&=R_{ij}\sin\phi_{ij}+Z_{B_{ij}}\end{aligned}\right\}\tag{4-11}$$

其中，$H_{ij}=\sqrt{(X_{B_j}-X_{B_i})^2+(Y_{B_j}-Y_{B_i})^2+(Z_{B_j}-Z_{B_i})^2}$　(4-12)

三角平台的 3 个边长 l_{ij} 是不变的，它们可以用三顶点 P_{ij} 的坐标表示，这就是机构的约束方程，即

$$\left.\begin{aligned}l_{12}^2&=(X_{P_{12}}-X_{P_{34}})^2+(Y_{P_{12}}-Y_{P_{34}})^2+(Z_{P_{12}}-Z_{P_{34}})^2\\l_{34}^2&=(X_{P_{34}}-X_{P_{56}})^2+(Y_{P_{34}}-Y_{P_{56}})^2+(Z_{P_{34}}-Z_{P_{56}})^2\\l_{56}^2&=(X_{P_{56}}-X_{P_{12}})^2+(Y_{P_{56}}-Y_{P_{12}})^2+(Z_{P_{56}}-Z_{P_{12}})^2\end{aligned}\right\}\tag{4-13}$$

将式（4-11）代入式（4-13）并整理得到 3 个以 ϕ_{ij} 表示的超越方程，即

$$\left.\begin{aligned}A_1\cos\phi_{12}+B_1\cos\phi_{34}+D_1\cos\phi_{12}\cos\phi_{34}+E_1\sin\phi_{12}\sin\phi_{34}+F_1=0\\A_2\cos\phi_{34}+B_2\cos\phi_{56}+D_2\cos\phi_{34}\cos\phi_{56}+E_2\sin\phi_{34}\sin\phi_{56}+F_2=0\\A_3\cos\phi_{56}+B_3\cos\phi_{12}+D_3\cos\phi_{56}\cos\phi_{12}+E_3\sin\phi_{56}\sin\phi_{12}+F_3=0\end{aligned}\right\}\tag{4-14}$$

式中，A_i、B_i、D_i、E_i、F_i（$i=1,\ 2,\ 3$）均为机构的已知几何参数及输入变量 l_i 的函数。

3. 化超越方程组为代数方程组

令 $x_{ij}=\tan(0.5\phi_{ij})$，将三角函数恒等式 $\sin\phi_{ij}=\dfrac{x_{ij}}{1+x_{ij}^2}$和 $\cos\phi_{ij}=\dfrac{1-x_{ij}^2}{1+x_{ij}^2}$代入式（4-14），可

得代数方程组，即

$$\left.\begin{array}{l}[(F_1-B_1+A_1-D_1)+(F_1-B_1-A_1+D_1)x_{12}^2]x_{34}^2+2E_1x_{12}x_{34}+\\ [(F_1+B_1+A_1+D_1)+(F_1+B_1-A_1-D_1)x_{12}^2]=0\\ [(F_2-B_2+A_2-D_2)+(F_2-B_2-A_2+D_2)x_{34}^2]x_{56}^2+2E_2x_{34}x_{56}+\\ [(F_2+B_2+A_2+D_2)+(F_2+B_2-A_2-D_2)x_{34}^2]=0\\ [(F_3+B_3-A_3-D_3)+(F_3-B_3-A_3+D_3)x_{12}^2]x_{56}^2+2E_3x_{12}x_{56}+\\ [(F_3+B_3+A_3+D_3)+(F_3-B_3+A_3-D_3)x_{12}^2]=0\end{array}\right\}\tag{4-15}$$

上式又可以进一步简化为如下形式，即

$$\left.\begin{array}{l}a_1x_{34}^2+b_1x_{34}+c_1=0\\ a_2x_{56}^2+b_2x_{56}+c_2=0\\ a_3x_{56}^2+b_3x_{56}+c_3=0\end{array}\right\}\tag{4-16}$$

其中，a_i、b_i、c_i（$i=1$，2，3）是式（4-15）中对应各阶变量 x_{ij} 的系数，它们本身也含有 x_{ij}。这样将以 ϕ_{ij} 为未知数的超越方程组变成了以 x_{ij} 为未知量的代数方程组。这里 x_{ij} 代表机构的输出。

4. 消元得只含一个输出变量的方程

为了得到一个只含一个输出变量的方程，需要对上面得到的方程进行消元。为了从式（4-16）的下两式中消去 x_{56}，现将式（4-16）下两式化为如下的形式，即

$$\left.\begin{array}{l}(a_2x_{56}+b_2)x_{56}+c_2=0\\ (a_3x_{56}+b_3)x_{56}+c_3=0\end{array}\right\}\tag{4-17}$$

从式（4-17）中消去 x_{56}，得到

$$(a_2c_3-a_3c_2)x_{56}+(b_2c_3-b_3c_2)=0\tag{4-18}$$

重新将式（4-16）下两式写为如下形式，即

$$\left.\begin{array}{l}a_2x_{56}^2+(b_2x_{56}+c_2)=0\\ a_3x_{56}^2+(b_3x_{56}+c_3)=0\end{array}\right\}\tag{4-19}$$

由此两式消掉 x_{56}^2，得到

$$(a_2b_3-a_3b_2)x_{56}+(a_2c_3-a_3c_2)=0\tag{4-20}$$

由式（4-18）和式（4-20）最后消掉 x_{56} 后，得到一个关于 x_{12} 及 x_{34} 都不高于4次的代数方程，即

$$(a_2c_3-a_3c_2)^2-(a_2b_3-a_3b_2)(b_2c_3-b_3c_2)=0\tag{4-21}$$

将此式写成 x_{34} 的显式为

$$k_1x_{34}^4+k_2x_{34}^3+k_3x_{34}^2+k_4x_{34}+k_5=0\tag{4-22}$$

其中各系数 k_i 仅是关于 x_{12} 的不高于4次的函数。

用 x_{34} 乘式（4-22），用 x_{34}、x_{34}^2、x_{34}^3 分别乘式（4-16）的第一式，共得4个附加方程，连同式（4-16）第一式和式（4-22）共有6个方程，写成矩阵形式为

$$\begin{bmatrix} 0 & k_1 & k_2 & k_3 & k_4 & k_5 \\ k_1 & k_2 & k_3 & k_4 & k_5 & 0 \\ a_1 & b_1 & c_1 & 0 & 0 & 0 \\ 0 & a_1 & b_1 & c_1 & 0 & 0 \\ 0 & 0 & a_1 & b_1 & c_1 & 0 \\ 0 & 0 & 0 & a_1 & b_1 & c_1 \end{bmatrix} \begin{bmatrix} x_{34}^5 \\ x_{34}^4 \\ x_{34}^3 \\ x_{34}^2 \\ x_{34} \\ 1 \end{bmatrix} = 0 \tag{4-23}$$

由于 $[x_{34}^5 \quad x_{34}^4 \quad x_{34}^3 \quad x_{34}^2 \quad x_{34} \quad 1]^{\mathrm{T}} \neq 0$，所以这个齐次方程组有非零解的充分必要条件是其系数行列式等于零。这个条件正是我们寻求的只含一个输出变量 x_{12} 的位移方程式，即

$$\begin{vmatrix} 0 & k_1 & k_2 & k_3 & k_4 & k_5 \\ k_1 & k_2 & k_3 & k_4 & k_5 & 0 \\ a_1 & b_1 & c_1 & 0 & 0 & 0 \\ 0 & a_1 & b_1 & c_1 & 0 & 0 \\ 0 & 0 & a_1 & b_1 & c_1 & 0 \\ 0 & 0 & 0 & a_1 & b_1 & c_1 \end{vmatrix} = 0 \tag{4-24}$$

它是关于 x_{12} 的 16 次代数方程。相应的 x_{56} 的输入输出方程可由式（4-18）或式（4-20）得到

$$x_{56} = -\frac{b_2c_3 - b_3c_2}{a_2c_3 - a_3c_2} = -\frac{a_2c_3 - a_3c_2}{a_2b_3 - a_3b_2} \tag{4-25}$$

相应的 x_{34} 的输入输出方程可由式（4-23）得到

$$x_{34} = \begin{vmatrix} 0 & k_1 & k_2 & k_3 & -k_5 \\ k_1 & k_2 & k_3 & k_4 & 0 \\ a_1 & b_1 & c_1 & 0 & 0 \\ 0 & a_1 & b_1 & c_1 & 0 \\ 0 & 0 & a_1 & b_1 & 0 \end{vmatrix} \Big/ \begin{vmatrix} 0 & k_1 & k_2 & k_3 & k_4 \\ k_1 & k_2 & k_3 & k_4 & k_5 \\ a_1 & b_1 & c_1 & 0 & 0 \\ 0 & a_1 & b_1 & c_1 & 0 \\ 0 & 0 & a_1 & b_1 & c_1 \end{vmatrix} \tag{4-26}$$

5. 求解步骤

给定机构几何尺寸及输入变量 l_i（$i=1\sim 6$）的值，即可由式（4-24）、式（4-25）和式（4-26）求出 x_{12}、x_{34} 和 x_{56}。然后由 $x_{ij}=\tan(0.5\phi_{ij})$ 算出 ϕ_{ij}（$ij=12, 34, 56$）。代入式（4-11）即可得出平台的输出位置 $X_{P_{ij}}$、$Y_{P_{ij}}$ 和 $Z_{P_{ij}}$。有了平台的输出位置 $X_{P_{ij}}$、$Y_{P_{ij}}$ 和 $Z_{P_{ij}}$，即可求出平台的中心的位置和平台的姿态，其求解结果，没有增根现象。

上面介绍的三角平台并联机构的位姿正解的解析法也同样适用于其他具有三角平台并联机构的位姿正解的解析解。例如：图 4-3a 所示的双三角并联机构及图 4-3b 所示的 3-RPS 3 自由度并联机构的位姿正解的解析解，完全可以采用上面讨论的方法及其公式。对于非三角平台并联机构（如图 4-1 所示的 6-SPS 并联机构）的位姿正解的解析解，需要用其他求解方法。

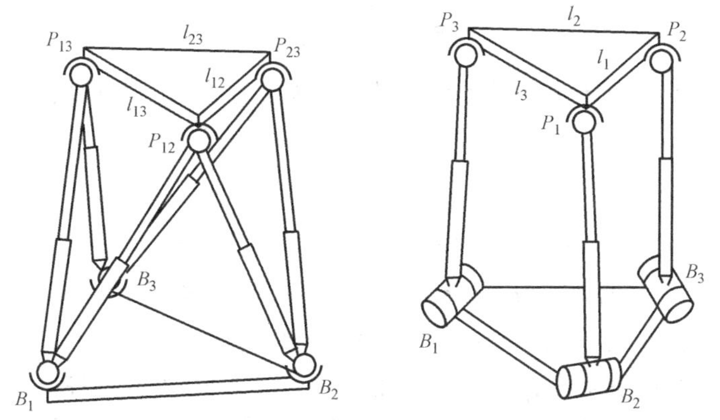

a) 双三角平台机构　　　b) 3-RPS 3自由度并联机构

图 4-3　其他形式的三角平台并联机构

4.5 并联机器人在不同坐标系之间的旋转变换

4.5.1　连杆坐标系与定坐标系之间的旋转变换

1. 在连杆上建立坐标系

取铰链 B_i 为坐标原点，建立连杆坐标系 $B_ix_iy_iz_i$，并用 $\{B_{li}\}$ 表示，如图 4-1 所示。z_i 轴与第 i 根连杆的轴线重合且由铰链 B_i 指向铰链 b_i。x_i 轴垂直于第 i 根连杆的轴线和 $\overrightarrow{OB_i}$ 矢量（或 $\boldsymbol{B}_i$ 矢量），x_i 轴的方向由矢量 OB_i 和 z_i 轴的方向确定，根据右手螺旋规则，手握 x_i 轴，四指由矢量 OB_i 的正向转向 z_i 轴的正向，大拇指的指向为 x_i 轴的正向。y_i 轴的方向根据右手螺旋规则确定，手握 y_i 轴，四指由 z_i 轴的正向转向 x_i 轴的正向，大拇指的指向为 y_i 轴的正向。

2. 求连杆坐标系与定坐标系之间旋转变换的欧拉角

设 $\boldsymbol{e}_1$、$\boldsymbol{e}_2$、$\boldsymbol{e}_3$ 分别为 X、Y、Z 轴的单位矢量，$\boldsymbol{u}_i$、$\boldsymbol{v}_i$、$\boldsymbol{w}_i$ 分别为 x_i、y_i、z_i 轴的单位矢量，$\boldsymbol{w}_i=\boldsymbol{L}_i/l_i$，$\boldsymbol{L}_i$、$l_i$ 分别由式（4-1）和式（4-4）计算得到。选择已知的单位矢量 $\boldsymbol{e}_3$、矢量 $\boldsymbol{B}_i$ 和可求得的矢量 $\boldsymbol{w}_i$，求解连杆坐标系与定坐标系之间旋转变换的欧拉角 α_i、β_i 和 γ_i，有三个已知的矢量，可求得三个欧拉角。

根据图 4-1、Y 轴的单位矢量 $\boldsymbol{e}_2$ 和矢量 $\boldsymbol{B}_i$，得矢量 $\boldsymbol{B}_i$ 与 Y 轴之间的夹角为

$$\alpha_i=\arccos\frac{\boldsymbol{e}_2\cdot\boldsymbol{B}_i}{|\boldsymbol{B}_i|}=\arccos\frac{{}^{A}\boldsymbol{e}_2^{\mathrm{T}\,A}\boldsymbol{B}_i}{\sqrt{X_{Bi}^2+Y_{Bi}^2+Z_{Bi}^2}}=\arccos\frac{Y_{Bi}}{\sqrt{X_{Bi}^2+Y_{Bi}^2+Z_{Bi}^2}} \tag{4-27}$$

根据 x_i 轴垂直于第 i 根连杆的轴线和矢量 $\boldsymbol{B}_i$，得 x_i 轴的单位矢量为

$$\boldsymbol{u}_i=\frac{\boldsymbol{B}_i\times\boldsymbol{w}_i}{|\boldsymbol{B}_i|} \tag{4-28}$$

根据 x_i 轴的单位矢量 $\boldsymbol{u}_i$ 和矢量 $\boldsymbol{B}_i$，得与 $\boldsymbol{w}_i$ 和 $\boldsymbol{B}_i$ 共面且垂直于 $\boldsymbol{u}_i$ 和 $\boldsymbol{B}_i$ 的单位矢量为

$$\boldsymbol{k}_i=\frac{\boldsymbol{u}_i\times\boldsymbol{B}_i}{|\boldsymbol{B}_i|}=-\frac{\boldsymbol{B}_i\times\boldsymbol{u}_i}{|\boldsymbol{B}_i|} \tag{4-29}$$

$\boldsymbol{k}_i$ 与过铰链 B_i 且平行于 Z 轴的矢量（其单位矢量等于 $\boldsymbol{e}_3$）之间的夹角为

$$\beta_i=\arccos(\boldsymbol{k}_i\cdot\boldsymbol{e}_3)=\arccos({}^{A}\boldsymbol{k}_i^{\mathrm{T}}\,{}^{A}\boldsymbol{e}_3) \tag{4-30}$$

$\boldsymbol{k}_i$ 与 $\boldsymbol{w}_i$ 之间的夹角为

$$\gamma_i=\arccos(\boldsymbol{k}_i\cdot\boldsymbol{w}_i)=\arccos({}^{A}\boldsymbol{k}_i^{\mathrm{T}}\,{}^{A}\boldsymbol{w}_i) \tag{4-31}$$

式（4-27）~式（4-30）中，${}^{A}\boldsymbol{e}_2$ 为 $\boldsymbol{e}_2$ 在定坐标系下的列矩阵，${}^{A}\boldsymbol{e}_2=[0\quad 1\quad 0]^{\mathrm{T}}$；${}^{A}\boldsymbol{e}_3$ 为 $\boldsymbol{e}_3$ 在定坐标系下的列矩阵，${}^{A}\boldsymbol{e}_3=[0\quad 0\quad 1]^{\mathrm{T}}$；$|\boldsymbol{B}_i|$ 为 $\boldsymbol{B}_i$ 的模。

α_i、β_i 和 γ_i 角组成绕动轴 z_i-y_i-x_i 旋转的欧拉角。在 B_i 点，连杆坐标系 $\{B_{li}\}$ 的初始方位与定坐标系 $\{A\}$ 的方位相同，x_i、y_i 和 z_i 轴分别与 X、Y 和 Z 轴平行，为连杆坐标系 $B_ix_iy_iz_i$ 的初始位置。将连杆坐标系 $B_ix_iy_iz_i$ 从初始位置依次旋转：先绕 z_i 轴旋转 α_i 角到 y_i 轴与矢量 $\boldsymbol{B}_i$ 重合，这时，x_i 轴和 z_i 轴均与矢量 $\boldsymbol{B}_i$ 垂直→再绕 y_i 轴旋转 β_i 角，到 x_i 轴同时与矢量 $\boldsymbol{B}_i$、第 i 根连杆的轴线垂直，这时，z_i 轴与矢量 $\boldsymbol{B}_i$、第 i 根连杆的轴线共面→最后绕 x_i 轴旋转 γ_i 角，到 z_i 轴与第 i 根连杆的轴线重合，完成连杆坐标系 $B_ix_iy_iz_i$ 的旋转，也确定了连杆坐标系 $\{B_{li}\}$ 相对定坐标系 $\{A\}$ 的位姿。

3. 求连杆坐标系与定坐标系之间的旋转变换矩阵

根据式（3-24），得连杆坐标系 $\{B_{li}\}$ 到定坐标系 $\{A\}$ 的旋转变换矩阵为

$${}^{A}_{B_{li}}\boldsymbol{R}=\begin{bmatrix}\cos\alpha_i\cos\beta_i & \cos\alpha_i\sin\beta_i\sin\gamma_i-\sin\alpha_i\cos\gamma_i & \cos\alpha_i\sin\beta_i\cos\gamma_i+\sin\alpha_i\sin\gamma_i\\ \sin\alpha_i\cos\beta_i & \sin\alpha_i\sin\beta_i\sin\gamma_i+\cos\alpha_i\cos\gamma_i & \sin\alpha_i\sin\beta_i\cos\gamma_i-\cos\alpha_i\sin\gamma_i\\ -\sin\beta_i & \cos\beta_i\sin\gamma_i & \cos\beta_i\cos\gamma_i\end{bmatrix} \tag{4-32}$$

根据式（3-5），得定坐标系 $\{A\}$ 到连杆坐标系 $\{B_{li}\}$ 的旋转变换矩阵为

$${}^{B_{li}}_{A}\boldsymbol{R}={}^{A}_{B_{li}}\boldsymbol{R}^{-1}={}^{A}_{B_{li}}\boldsymbol{R}^{\mathrm{T}} \tag{4-33}$$

【例 4-2】 在例 4-1 的基础上，计算图 4-1 所示的 6-SPS 并联机构的动平台处于第 1 位姿时，并联机构的连杆坐标系与定坐标系之间的旋转变换矩阵。

解：

1）动平台处于第 1 位姿时连杆坐标系到定坐标系的旋转变换矩阵。

根据式（4-27）和表 4-1，考虑 ${}^{A}\boldsymbol{e}_2=[0\quad 1\quad 0]^{\mathrm{T}}$，得 $\boldsymbol{B}_1$ 矢量与 Y 轴之间的夹角为

$$\alpha_1=\arccos\frac{Y_{B1}}{\sqrt{X_{B1}^2+Y_{B1}^2+Z_{B1}^2}}=135.0782°$$

根据表 4-1 中铰链 B_1 的位置尺寸，得矢量 $\boldsymbol{B}_1$ 在定坐标系下的列矩阵 ${}^{A}\boldsymbol{B}_1=[X_{B1}\quad Y_{B1}\quad Z_{B1}]^{\mathrm{T}}=[548.5\quad -550.0\quad 0]^{\mathrm{T}}\mathrm{mm}$，再根据式（A-9），得矢量 $\boldsymbol{B}_1$ 在定坐标系下的反对称矩阵为

$${}^{A}\widetilde{\boldsymbol{B}}_1=\begin{bmatrix}0 & -Z_{B1} & Y_{B1}\\ Z_{B1} & 0 & -X_{B1}\\ -Y_{B1} & X_{B1} & 0\end{bmatrix}=\begin{bmatrix}0 & 0 & -550.0\\ 0 & 0 & -548.5\\ 550.0 & 548.5 & 0\end{bmatrix}$$

在例 4-1 中，已得到$^{A}\boldsymbol{L}_{1-1}=[X_{l1}\quad Y_{l1}\quad Z_{l1}]^{\mathrm{T}}=[-0.3791\quad 0.1587\quad 1.2319]^{\mathrm{T}}\times10^{3}\mathrm{mm}$ 和 $l_{1-1}=1298.6288\mathrm{mm}$。根据第 i 根连杆的沿连杆轴线的单位矢量 $\boldsymbol{w}_i=\boldsymbol{L}_i/l_i$，得动平台处于第 1 位姿时第 1 根连杆沿连杆轴线的单位矢量在定坐标系下的列矩阵，或 z_1 轴的单位矢量 $\boldsymbol{w}_1$ 在定坐标系下的列矩阵为

$$^{A}\boldsymbol{w}_1=\begin{bmatrix}X_{l1}\\Y_{l1}\\Z_{l1}\end{bmatrix}/l_{1-1}=\begin{bmatrix}w_{1X}\\w_{1Y}\\w_{1Z}\end{bmatrix}=\begin{bmatrix}-0.2919\\0.1222\\0.9486\end{bmatrix}$$

式中，w_{1X}、w_{1Y} 和 w_{1Z} 分别是 $\boldsymbol{w}_1$ 在定坐标系 $\{A\}$ 下沿 X、Y 和 Z 轴的三个坐标分量。

由式（4-28）得动平台处于第 1 位姿时 x_1 轴的单位矢量 $\boldsymbol{u}_1$ 在定坐标系下的列矩阵为

$$^{A}\boldsymbol{u}_1=\frac{^{A}\widetilde{\boldsymbol{B}}_1{}^{A}\boldsymbol{w}_1}{\sqrt{X_{B1}^2+Y_{B1}^2+Z_{B1}^2}}=\begin{bmatrix}u_{1X}\\u_{1Y}\\u_{1Z}\end{bmatrix}=\begin{bmatrix}-0.6717\\-0.6698\\-0.1024\end{bmatrix}$$

式中，u_{1X}、u_{1Y} 和 u_{1Z} 分别是 $\boldsymbol{u}_1$ 在定坐标系 $\{A\}$ 下沿 X、Y 和 Z 轴的三个坐标分量。

由式（4-29）得动平台处于第 1 位姿时 $\boldsymbol{k}_1$ 在定坐标系下的列矩阵为

$$^{A}\boldsymbol{k}_1=-\frac{^{A}\widetilde{\boldsymbol{B}}_1{}^{A}\boldsymbol{u}_1}{\sqrt{X_{B1}^2+Y_{B1}^2+Z_{B1}^2}}=\begin{bmatrix}k_{1X}\\k_{1Y}\\k_{1Z}\end{bmatrix}=\begin{bmatrix}-0.0853\\-0.0850\\0.9486\end{bmatrix}$$

式中，k_{1X}、k_{1Y} 和 k_{1Z} 分别是 $\boldsymbol{k}_1$ 在定坐标系 $\{A\}$ 下沿 X、Y 和 Z 轴的三个坐标分量。

由式（4-30）及$^{A}\boldsymbol{e}_3=[0\quad 0\quad 1]^{\mathrm{T}}$，得动平台处于第 1 位姿时 $\boldsymbol{k}_1$ 与过铰链 B_1 且平行于 Z 轴的矢量之间的夹角为

$$\beta_1=\arccos({}^{A}\boldsymbol{k}_1^{\mathrm{T}A}\boldsymbol{e}_3)=18.4499°$$

由式（4-31），得动平台处于第 1 位姿时 $\boldsymbol{k}_1$ 与 $\boldsymbol{w}_1$ 之间的夹角为

$$\gamma_1=\arccos({}^{A}\boldsymbol{k}_1^{\mathrm{T}A}\boldsymbol{w}_1)=23.8878°$$

由式（4-32），得动平台处于第 1 位姿时连杆坐标系 $\{B_{l1}\}$ 到定坐标系 $\{A\}$ 的旋转变换矩阵为

$$^{A}_{B_{l1}}\boldsymbol{R}=\begin{bmatrix}\cos\alpha_1\cos\beta_1 & \cos\alpha_1\sin\beta_1\sin\gamma_1-\sin\alpha_1\cos\gamma_1 & \cos\alpha_1\sin\beta_1\cos\gamma_1+\sin\alpha_1\sin\gamma_1\\ \sin\alpha_1\cos\beta_1 & \sin\alpha_1\sin\beta_1\sin\gamma_1+\cos\alpha_1\cos\gamma_1 & \sin\alpha_1\sin\beta_1\cos\gamma_1-\cos\alpha_1\sin\gamma_1\\ -\sin\beta_1 & \cos\beta_1\sin\gamma_1 & \cos\beta_1\cos\gamma_1\end{bmatrix}$$

$$=\begin{bmatrix}-0.6717 & -0.7364 & 0.0811\\0.6698 & -0.5569 & 0.4911\\-0.3165 & 0.3841 & 0.8673\end{bmatrix}$$

同理，动平台处于第 1 位姿时，根据式（4-27）~式（4-31），计算得到其他连杆的单位矢量 $\boldsymbol{w}_i$、$\boldsymbol{u}_i$、$\boldsymbol{k}_i$ 在定坐标系下的坐标，见表 4-5~表 4-7；计算得到其他连杆坐标系到定坐标系的旋转变换的欧拉角 α_i、β_i 和 γ_i，见表 4-8；计算得到其他连杆坐标系到定坐标系的旋转变换矩阵为

$$^{A}_{B_{l2}}\boldsymbol{R}=\begin{bmatrix}-0.2459 & -0.9339 & 0.2595\\0.9227 & -0.1435 & 0.3577\\-0.2968 & 0.3274 & 0.8971\end{bmatrix}$$

$$
{}^{A}_{B_{l3}}\boldsymbol{R}=\begin{bmatrix}0.9299 & -0.1647 & 0.3290\\ 0.2506 & 0.9382 & -0.2386\\ -0.2694 & 0.3043 & 0.9137\end{bmatrix}
$$

$$
{}^{A}_{B_{l4}}\boldsymbol{R}=\begin{bmatrix}0.9324 & -0.1647 & 0.3218\\ 0.2512 & 0.9353 & -0.2493\\ -0.2600 & 0.3133 & 0.9134\end{bmatrix}
$$

$$
{}^{A}_{B_{l5}}\boldsymbol{R}=\begin{bmatrix}-0.2453 & -0.9274 & 0.2824\\ 0.9205 & -0.1314 & 0.3679\\ -0.3040 & 0.3502 & 0.8860\end{bmatrix}
$$

$$
{}^{A}_{B_{l6}}\boldsymbol{R}=\begin{bmatrix}-0.6672 & -0.7403 & 0.0826\\ 0.6654 & -0.5424 & 0.5129\\ -0.3349 & 0.3971 & 0.8545\end{bmatrix}
$$

2）动平台处于第 1 位姿时定坐标系到连杆坐标系的旋转变换矩阵。

根据式（4-33），动平台处于第 1 位姿时，定坐标系 $\{A\}$ 到连杆坐标系 $\{B_{l1}\}$ 的旋转变换矩阵为

$$
{}^{B_{l1}}_{A}\boldsymbol{R}={}^{A}_{B_{l1}}\boldsymbol{R}^{-1}={}^{A}_{B_{l1}}\boldsymbol{R}^{\mathrm{T}}=\begin{bmatrix}-0.6717 & 0.6698 & -0.3615\\ -0.7364 & -0.5569 & 0.3841\\ 0.0811 & 0.4911 & 0.8673\end{bmatrix}
$$

同理，动平台处于第 1 位姿时，可得定坐标系 $\{A\}$ 到其他连杆坐标系的旋转变换矩阵：${}^{B_{l2}}_{A}\boldsymbol{R}={}^{A}_{B_{l2}}\boldsymbol{R}^{-1}={}^{A}_{B_{l2}}\boldsymbol{R}^{\mathrm{T}}$，${}^{B_{l3}}_{A}\boldsymbol{R}={}^{A}_{B_{l3}}\boldsymbol{R}^{-1}={}^{A}_{B_{l3}}\boldsymbol{R}^{\mathrm{T}}$，${}^{B_{l4}}_{A}\boldsymbol{R}={}^{A}_{B_{l4}}\boldsymbol{R}^{-1}={}^{A}_{B_{l4}}\boldsymbol{R}^{\mathrm{T}}$，${}^{B_{l5}}_{A}\boldsymbol{R}={}^{A}_{B_{l5}}\boldsymbol{R}^{-1}={}^{A}_{B_{l5}}\boldsymbol{R}^{\mathrm{T}}$ 和 ${}^{B_{l6}}_{A}\boldsymbol{R}={}^{A}_{B_{l6}}\boldsymbol{R}^{-1}={}^{A}_{B_{l6}}\boldsymbol{R}^{\mathrm{T}}$。

表 4-5　z_i 轴的单位矢量 w_i 在定坐标系下的坐标　（单位：mm）

坐标	连杆					
	1	2	3	4	5	6
w_{iX}	-0.2919	-0.1952	0.0822	-0.0516	0.2171	0.3132
w_{iY}	0.1222	0.2235	-0.2566	-0.2548	0.2128	0.1187
w_{iZ}	0.9486	0.9549	0.9630	0.9656	0.9527	0.9422

表 4-6　x_i 轴的单位矢量 u_i 在定坐标系下的坐标　（单位：mm）

坐标	连杆					
	1	2	3	4	5	6
u_{iX}	-0.6717	-0.2459	0.9299	0.9324	-0.2453	-0.6672
u_{iY}	-0.6698	-0.9227	-0.2506	0.2512	0.9205	0.6654
u_{iZ}	-0.1204	0.1657	-0.1462	0.1161	-0.1498	0.1379

表 4-7　k_i 在定坐标系下的坐标　（单位：mm）

坐标	连杆					
	1	2	3	4	5	6
k_{iX}	-0.0853	0.0427	0.1411	-0.1121	-0.0386	0.0977
k_{iY}	-0.0850	0.1601	-0.0380	-0.0302	0.1447	-0.0974
k_{iZ}	0.9486	0.9549	0.9630	0.9656	0.9527	0.9422

表 4-8　连杆坐标系到定坐标系的旋转变换的欧拉角

欧拉角	连杆					
	1	2	3	4	5	6
α_i/(°)	135.0782	104.9200	15.0811	15.0811	104.9200	135.0782
β_i/(°)	18.4499	17.2560	15.6295	15.0676	17.7005	19.5689
γ_i/(°)	23.8878	20.0528	18.4184	18.9317	21.5676	24.9279

4.5.2　活塞杆坐标系与动坐标系之间的旋转变换

1. 在活塞杆上建立坐标系

取铰链 b_i 为坐标原点，建立活塞杆坐标系 $b_i x'_i y'_i z'_i$，并用 $\{b_{li}\}$ 表示，如图 4-1 所示。z'_i轴与第 i 根连杆的轴线重合且与铰链 B_i 到铰链 b_i 的方向一致。x'_i轴垂直于第 i 根连杆的轴线和矢量$\overrightarrow{Pb_i}$（或矢量 $\boldsymbol{b}_i$）。x'_i轴的方向由矢量 $\overrightarrow{Pb_i}$ 和 z'_i轴的方向确定，根据右手螺旋规则，手握 x'_i轴，四指由矢量 $\overrightarrow{Pb_i}$ 的正向转向 z'_i轴的正向，大拇指的指向为 x'_i轴的正向。y'_i轴的方向根据右手螺旋规则确定，手握 y'_i轴，四指由 z'_i轴的正向转向 x'_i轴的正向，大拇指的指向为 y'_i轴的正向。

2. 求活塞杆坐标系与动坐标系之间旋转变换的欧拉角

设 $\boldsymbol{e}_4$、$\boldsymbol{e}_5$、$\boldsymbol{e}_6$ 分别为 x、y、z 轴的单位矢量，$\boldsymbol{u}'_i$、$\boldsymbol{v}'_i$、$\boldsymbol{w}'_i$分别为 x'_i、y'_i、z'_i轴的单位矢量，$\boldsymbol{w}'_i=\boldsymbol{w}_i$。选择已知的单位矢量 $\boldsymbol{e}_6$、矢量 $\boldsymbol{b}_i$ 和矢量 $\boldsymbol{w}'_i$，求解活塞杆坐标系与动坐标系之间的旋转变换的欧拉角 α'_i、β'_i和 γ'_i，有三个已知矢量，可求得三个欧拉角。

由图 4-1，根据 y 轴的单位矢量 $\boldsymbol{e}_5$ 和矢量 $\boldsymbol{b}_i$，得矢量 $\boldsymbol{b}_i$ 与 y 轴之间的夹角为

$$\alpha'_i=\arccos\frac{\boldsymbol{e}_5\cdot\boldsymbol{b}_i}{|\boldsymbol{b}_i|}=\arccos\frac{{}^D\boldsymbol{e}_5^{\mathrm{T}D}\boldsymbol{b}_i}{\sqrt{x_{bi}^2+y_{bi}^2+z_{bi}^2}}=\arccos\frac{y_{bi}}{\sqrt{x_{bi}^2+y_{bi}^2+z_{bi}^2}} \tag{4-34}$$

根据 x'_i轴垂直于第 i 根连杆的轴线和矢量 $\boldsymbol{b}_i$，得 x'_i轴的单位矢量为

$$\boldsymbol{u}'_i=\frac{\boldsymbol{b}_i\times\boldsymbol{w}'_i}{|\boldsymbol{b}_i|}=\frac{\boldsymbol{b}_i\times\boldsymbol{w}_i}{|\boldsymbol{b}_i|} \tag{4-35}$$

根据 x'_i轴的单位矢量 $\boldsymbol{u}'_i$ 和矢量 $\boldsymbol{b}_i$，得与 $\boldsymbol{w}'_i$和 $\boldsymbol{b}_i$ 共面且垂直于 $\boldsymbol{u}'_i$和 $\boldsymbol{b}_i$ 的单位矢量为

$$\boldsymbol{k}'_i=\frac{\boldsymbol{u}'_i\times\boldsymbol{b}_i}{|\boldsymbol{b}_i|}=-\frac{\boldsymbol{b}_i\times\boldsymbol{u}'_i}{|\boldsymbol{b}_i|} \tag{4-36}$$

$\boldsymbol{k}'_i$与过铰链 b_i 且平行于 z 轴的矢量（其单位矢量等于 $\boldsymbol{e}_6$）之间的夹角为

$$\beta'_i=\arccos(\boldsymbol{k}'_i\cdot\boldsymbol{e}_6)=\arccos({}^D\boldsymbol{k}'^{\mathrm{T}D}_i\boldsymbol{e}_6) \tag{4-37}$$

$\boldsymbol{k}'_i$与$\boldsymbol{w}'_i$之间的夹角为

$$\gamma'_i=\arccos(\boldsymbol{k}'_i\cdot\boldsymbol{w}'_i)=\arccos(\boldsymbol{k}'_i\cdot\boldsymbol{w}_i)=\arccos({}^D\boldsymbol{k}'^{\mathrm{T}D}_i\boldsymbol{w}_i) \tag{4-38}$$

在式（4-34）~式（4-37）中，${}^D\boldsymbol{e}_5$为$\boldsymbol{e}_5$在动坐标系下的列矩阵，${}^D\boldsymbol{e}_5=[0\quad 1\quad 0]^{\mathrm{T}}$；${}^D\boldsymbol{e}_6$为$e_6$在动坐标系下的列矩阵，${}^D\boldsymbol{e}_6=[0\quad 0\quad 1]^{\mathrm{T}}$；$|\boldsymbol{b}_i|$为$\boldsymbol{b}_i$的模。

α'_i、β'_i和γ'_i角组成绕动轴z'_i-y'_i-x'_i旋转的欧拉角。在b_i点，活塞杆坐标系$\{b_{li}\}$的初始方位与动坐标系$\{D\}$的方位相同，x'_i、y'_i和z'_i轴分别与x、y和z轴平行，为活塞杆坐标系$b_ix'_iy'_iz'_i$的初始位置。将活塞杆坐标系$b_ix'_iy'_iz'_i$从初始位置依次旋转：先绕z'_i轴旋转α'_i角到y'_i轴与矢量$\boldsymbol{b}_i$重合，这时，x'_i轴和z'_i轴均与矢量$\boldsymbol{b}_i$垂直→再绕y'_i轴旋转β'_i角，到x'_i轴同时与矢量$\boldsymbol{b}_i$、第i根连杆的轴线垂直，这时，z'_i轴与矢量$\boldsymbol{b}_i$、第i根连杆的轴线共面→最后绕x'_i轴旋转γ'_i角，到z'_i轴与第i根连杆的轴线重合，完成活塞杆坐标系$b_ix'_iy'_iz'_i$的旋转，也确定了活塞杆坐标系$\{b_{li}\}$相对动坐标系$\{D\}$的位姿。

3. 求活塞杆坐标系与动坐标系之间的旋转变换矩阵

根据式（3-24），得活塞杆坐标系$\{b_{li}\}$到动坐标系$\{D\}$的旋转变换矩阵为

$${}^D_{b_{li}}\boldsymbol{R}=\begin{bmatrix}\cos\alpha'_i\cos\beta'_i & \cos\alpha'_i\sin\beta'_i\sin\gamma'_i-\sin\alpha'_i\cos\gamma'_i & \cos\alpha'_i\sin\beta'_i\cos\gamma'_i+\sin\alpha'_i\sin\gamma'_i\\ \sin\alpha'_i\cos\beta'_i & \sin\alpha'_i\sin\beta'_i\sin\gamma'_i+\cos\alpha'_i\cos\gamma'_i & \sin\alpha'_i\sin\beta'_i\cos\gamma'_i-\cos\alpha'_i\sin\gamma'_i\\ -\sin\beta'_i & \cos\beta'_i\sin\gamma'_i & \cos\beta'_i\cos\gamma'_i\end{bmatrix} \tag{4-39}$$

根据式（3-5），动坐标系$\{D\}$到活塞杆坐标系$\{b_{li}\}$的旋转变换矩阵为

$${}^{b_{li}}_D\boldsymbol{R}={}^D_{b_{li}}\boldsymbol{R}^{-1}={}^D_{b_{li}}\boldsymbol{R}^{\mathrm{T}} \tag{4-40}$$

【例 4-3】 在例 4-1 和例 4-2 的基础上，计算图 4-1 所示的 6-SPS 并联机构的动平台处于第 1 位姿时，并联机构的活塞杆坐标系与动坐标系之间的旋转变换矩阵。

解：

1）动平台处于第 1 位姿时活塞杆坐标系到动坐标系的旋转变换矩阵。

根据式（4-34）和表 4-2，考虑${}^D\boldsymbol{e}_5=[0\quad 1\quad 0]^{\mathrm{T}}$，得矢量$\boldsymbol{b}_1$与$y$轴之间的夹角为

$$\alpha'_1=\arccos\frac{y_{b1}}{\sqrt{x^2_{b1}+y^2_{b1}+z^2_{b1}}}=160.7930°$$

根据铰链b_1的位置尺寸，或矢量$\boldsymbol{b}_1$在动坐标系下的列矩阵${}^D\boldsymbol{b}_1=[x_{b1}\quad y_{b1}\quad z_{b1}]^{\mathrm{T}}=[152.1\quad -436.6\quad 0]^{\mathrm{T}}\mathrm{mm}$，再根据式（A-9），得矢量$\boldsymbol{b}_1$在动坐标系下的反对称矩阵为

$${}^D\widetilde{\boldsymbol{b}}_1=\begin{bmatrix}0 & -z_{b1} & y_{b1}\\ z_{b1} & 0 & -x_{b1}\\ -y_{b1} & x_{b1} & 0\end{bmatrix}=\begin{bmatrix}0 & 0 & -436.6\\ 0 & 0 & -152.1\\ 436.6 & 152.1 & 0\end{bmatrix}$$

根据例 4-2 中的${}^A\boldsymbol{w}_1$和例 4-1 中的${}^A_DR$，利用坐标变换，可求得z_1轴的单位矢量$\boldsymbol{w}_1$在动坐标系下的列矩阵为

$${}^D\boldsymbol{w}_1={}^D_A\boldsymbol{R}^A\boldsymbol{w}_1={}^A_D\boldsymbol{R}^{\mathrm{T}A}\boldsymbol{w}_1=\begin{bmatrix}w_{1x}\\ w_{1y}\\ w_{1z}\end{bmatrix}=\begin{bmatrix}-0.3355\\ 0.3583\\ 0.8720\end{bmatrix}$$

式中，w_{1x}、w_{1y} 和 w_{1z} 分别是 $\boldsymbol{w}_1$ 在动坐标系 $\{D\}$ 下沿 x、y 和 z 轴的三个坐标分量。

由式（4-35），得动平台处于第 1 位姿时 x'_1 轴的单位矢量 $\boldsymbol{u}'_1$ 在动坐标系下的列矩阵为

$$^D\boldsymbol{u}'_1=\frac{^D\widetilde{\boldsymbol{b}}_1\,^D\boldsymbol{w}_1}{\sqrt{x_{b1}^2+y_{b1}^2+z_{b1}^2}}=\begin{bmatrix}u'_{1x}\\u'_{1y}\\u'_{1z}\end{bmatrix}=\begin{bmatrix}-0.8235\\-0.2869\\-0.1971\end{bmatrix}$$

式中，u'_{1x}、u'_{1y} 和 u'_{1z} 分别是 u'_1 在动坐标系 $\{D\}$ 下沿 x、y 和 z 轴的三个坐标分量。

由式（4-36）得动平台处于第 1 位姿时 k'_1 在动坐标系下的列矩阵为

$$^D\boldsymbol{k}'_1=-\frac{^D\widetilde{\boldsymbol{b}}_1\,^D\boldsymbol{u}'_1}{\sqrt{x_{b1}^2+y_{b1}^2+z_{b1}^2}}=\begin{bmatrix}k'_{1x}\\k'_{1y}\\k'_{1z}\end{bmatrix}=\begin{bmatrix}-0.1861\\-0.0648\\0.8720\end{bmatrix}$$

式中，k'_{1x}、k'_{1y} 和 k'_{1z} 分别是 k'_1 在动坐标系 $\{D\}$ 下沿 x、y 和 z 轴的三个坐标分量。

由式（4-37）及 $^D\boldsymbol{e}_6=[0\quad 0\quad 1]^{\mathrm{T}}$ 得动平台处于第 1 位姿时 k'_1 与过铰链 b_1 且平行于 z 轴的矢量之间的夹角为

$$\beta'_1=\arccos(^D\boldsymbol{k}'^{\mathrm{T}}_1\,^D\boldsymbol{e}_6)=29.3073°$$

由式（4-38），得动平台处于第 1 位姿时 $\boldsymbol{k}'_1$ 与 $\boldsymbol{w}'_1$ 之间的夹角为

$$\gamma'_1=\arccos(^D\boldsymbol{k}'^{\mathrm{T}}_1\,^D\boldsymbol{w}'_1)=\arccos(^D\boldsymbol{k}'^{\mathrm{T}}_1\,^D\boldsymbol{w}_1)=36.9414°$$

根据式（4-39），得动平台处于第 1 位姿时活塞杆坐标系 $\{b_{li}\}$ 到动坐标系 $\{D\}$ 的旋转变换矩阵为

$$^D_{b_{l1}}\boldsymbol{R}=\begin{bmatrix}\cos\alpha'_1\cos\beta'_1 & \cos\alpha'_1\sin\beta'_1\sin\gamma'_1-\sin\alpha'_1\cos\gamma'_1 & \cos\alpha'_1\sin\beta'_1\cos\gamma'_1+\sin\alpha'_1\sin\gamma'_1\\ \sin\alpha'_1\cos\beta'_1 & \sin\alpha'_1\sin\beta'_1\sin\gamma'_1+\cos\alpha'_1\cos\gamma'_1 & \sin\alpha'_1\sin\beta'_1\cos\gamma'_1-\cos\alpha'_1\sin\gamma'_1\\ -\sin\beta'_1 & \cos\beta'_1\sin\gamma'_1 & \cos\beta'_1\cos\gamma'_1\end{bmatrix}$$

$$=\begin{bmatrix}-0.8235 & -0.5407 & -0.1717\\0.2869 & -0.6580 & 0.6963\\-0.4895 & 0.5241 & 0.6970\end{bmatrix}$$

同理，动平台处于第 1 位姿时，根据式（4-34）~式（4-38），计算得到其他活塞杆的单位矢量 $\boldsymbol{w}'_i$、$\boldsymbol{u}'_i$、$\boldsymbol{k}'_i$ 在动坐标系下的坐标，见表 4-9~表 4-11。计算得到其他活塞杆坐标系到动坐标系的旋转变换的欧拉角 α'_i、β'_i 和 γ'_i，见表 4-12。计算得到其他活塞杆坐标系到动坐标系的旋转变换矩阵为

$$^D_{b_{l2}}\boldsymbol{R}=\begin{bmatrix}0.1604 & -0.9413 & 0.2971\\0.8415 & 0.2878 & 0.4572\\-0.5159 & 0.1767 & 0.8382\end{bmatrix}$$

$$^D_{b_{l3}}\boldsymbol{R}=\begin{bmatrix}0.7565 & -0.6522 & 0.0494\\0.6529 & 0.7574 & 0.0000\\-0.0374 & 0.0322 & 0.9988\end{bmatrix}$$

$$^D_{b_{l4}}\boldsymbol{R}=\begin{bmatrix}0.7535 & -0.6444 & 0.1305\\0.6504 & 0.7596 & -0.0042\\-0.0964 & 0.0880 & 0.9914\end{bmatrix}$$

$$ {}^{D}_{b_{l5}}\boldsymbol{R}=\begin{bmatrix} 0.1640 & -0.9635 & 0.2117 \\ 0.8602 & 0.2447 & 0.4474 \\ -0.4828 & 0.1087 & 0.8689 \end{bmatrix} $$

$$ {}^{D}_{b_{l6}}\boldsymbol{R}=\begin{bmatrix} -0.8442 & -0.5124 & -0.1573 \\ 0.2941 & -0.6881 & 0.6633 \\ -0.4482 & 0.5137 & 0.7316 \end{bmatrix} $$

2）动平台处于第 1 位姿时动坐标系到活塞杆坐标系的旋转变换矩阵。

根据式（4-40），动平台处于第 1 位姿时，动坐标系 $\{D\}$ 到活塞杆坐标系 $\{b_{l1}\}$ 的旋转变换矩阵为

$$ {}^{b_{l1}}_{D}\boldsymbol{R}={}^{D}_{b_{l1}}\boldsymbol{R}^{-1}={}^{D}_{b_{l1}}\boldsymbol{R}^{\mathrm{T}}=\begin{bmatrix} -0.8235 & 0.2869 & -0.4895 \\ -0.5407 & -0.6580 & 0.5241 \\ -0.1717 & 0.6963 & 0.6970 \end{bmatrix} $$

同理，动平台处于第 1 位姿时，可得动坐标系 $\{D\}$ 到其他活塞杆坐标系的旋转变换矩阵：${}^{b_{l2}}_{D}\boldsymbol{R}={}^{D}_{b_{l2}}\boldsymbol{R}^{-1}={}^{D}_{b_{l2}}\boldsymbol{R}^{\mathrm{T}}$，${}^{b_{l3}}_{D}\boldsymbol{R}={}^{D}_{b_{l3}}\boldsymbol{R}^{-1}={}^{D}_{b_{l3}}\boldsymbol{R}^{\mathrm{T}}$，${}^{b_{l4}}_{D}\boldsymbol{R}={}^{D}_{b_{l4}}\boldsymbol{R}^{-1}={}^{D}_{b_{l4}}\boldsymbol{R}^{\mathrm{T}}$，${}^{b_{l5}}_{D}\boldsymbol{R}={}^{D}_{b_{l5}}\boldsymbol{R}^{-1}={}^{D}_{b_{l5}}\boldsymbol{R}^{\mathrm{T}}$ 和 ${}^{b_{l6}}_{D}\boldsymbol{R}={}^{D}_{b_{l6}}\boldsymbol{R}^{-1}={}^{D}_{b_{l6}}\boldsymbol{R}^{\mathrm{T}}$。

表 4-9　z'_i轴的单位矢量 w'_i在动坐标系下的坐标　（单位：mm）

坐标	连杆					
	1	2	3	4	5	6
w'_{ix}	-0.3335	-0.2367	0.0374	-0.0964	0.1753	0.2712
w'_{iy}	0.3583	0.4584	-0.0021	-0.0005	0.4499	0.3568
w'_{iz}	0.8720	0.8567	0.9993	0.9953	0.8757	0.8939

表 4-10　x'_i轴的单位矢量 u'_i在动坐标系下的坐标　（单位：mm）

坐标	连杆					
	1	2	3	4	5	6
u'_{ix}	-0.8235	0.1604	0.7565	0.7535	0.1640	-0.8442
u'_{iy}	-0.2869	-0.8415	-0.6529	0.6504	0.8602	0.2941
u'_{iz}	-0.1971	0.4946	-0.0297	0.0734	-0.4748	0.1387

表 4-11　k'_i在动坐标系下的坐标　（单位：mm）

坐标	连杆					
	1	2	3	4	5	6
k'_{ix}	-0.1861	-0.0926	0.0225	-0.0555	0.0889	0.1310
k'_{iy}	-0.0648	0.4859	-0.0194	-0.0479	0.4664	-0.0456
k'_{iz}	0.8720	0.8567	0.9993	0.9953	0.8757	0.8939

表 4-12　活塞杆坐标系到动坐标系的旋转变换的欧拉角

欧拉角	连杆					
	1	2	3	4	5	6
$\alpha_i'/(°)$	160.7930	79.2053	40.7989	40.7989	79.2053	160.7930
$\beta_i'/(°)$	29.3073	31.0570	2.1450	5.5344	28.8711	26.6264
$\gamma_i'/(°)$	36.9414	11.9019	1.8471	5.0745	7.1324	35.0758

4.5.3　连杆坐标系与活塞杆坐标系之间的旋转变换

在图 4-1 中，连杆坐标系 $B_ix_iy_iz_i$ 的 z_i 轴与第 i 根连杆的轴线重合，且 z_i 轴由铰链 B_i 指向铰链 b_i，活塞杆坐标系 $b_ix_i'y_i'z_i'$的 z_i'轴也与第 i 根连杆的轴线重合，且 z_i'轴也由铰链 B_i 指向铰链 b_i，因此，连杆坐标系 $B_ix_iy_iz_i$ 的 z_i 轴与活塞杆坐标系 $b_ix_i'y_i'z_i'$的 z_i'轴共轴且方向相同，连杆坐标系与活塞杆坐标系之间的旋转变换只需将坐标系绕 z_i 轴或 z_i'轴旋转，直到 x_i'轴旋转到与 x_i 轴平行，即可实现连杆坐标系与活塞杆坐标系之间的旋转变换。

根据图 4-1，x_i'轴与 x_i 轴之间的夹角，为第 i 根连杆的活塞杆坐标系 $\{b_{li}\}$ 到连杆坐标系 $\{B_{li}\}$ 的旋转变换角，即

$$\psi_i' = \arccos(\boldsymbol{u}_i' \cdot \boldsymbol{u}_i) \tag{4-41}$$

根据图 4-1 和式（3-8），得第 i 根连杆的活塞杆坐标系到连杆坐标系的旋转变换矩阵为

$$ {}^{B_{li}}_{b_{li}}\boldsymbol{R} = \begin{bmatrix} \cos\psi_i' & -\sin\psi_i' & 0 \\ \sin\psi_i' & \cos\psi_i' & 0 \\ 0 & 0 & 1 \end{bmatrix} \tag{4-42}$$

根据式（3-5），由式（4-42）得连杆坐标系 $\{B_{li}\}$ 到活塞杆坐标系 $\{b_{li}\}$ 的旋转变换矩阵为

$$ {}^{b_{li}}_{B_{li}}\boldsymbol{R} = {}^{B_{li}}_{b_{li}}\boldsymbol{R}^{-1} = {}^{B_{li}}_{b_{li}}\boldsymbol{R}^{\mathrm{T}} \tag{4-43}$$

【例 4-4】 在例 4-1、例 4-2 和例 4-3 的基础上，计算图 4-1 所示的 6-SPS 并联机构的动平台处于第 1 位姿时，并联机构的连杆坐标系与活塞杆坐标系之间的旋转变换矩阵。

解：

1）动平台处于第 1 位姿时活塞杆坐标系到连杆坐标系的旋转变换矩阵。

根据例 4-2 中的${}^A\boldsymbol{u}_1$ 和例 4-1 中的${}^A_D\boldsymbol{R}$，${}^D_A\boldsymbol{R} = {}^A_D\boldsymbol{R}^{\mathrm{T}}$，利用坐标变换，可求得单位矢量 $\boldsymbol{u}_1$ 在动坐标系 $\{D\}$ 下的列矩阵为

$$ {}^D\boldsymbol{u}_1 = {}^D_A\boldsymbol{R}\,{}^A\boldsymbol{u}_1 = [-0.6695 \quad -0.6823 \quad 0.0242]^{\mathrm{T}}$$

根据式（4-41）及例 4-3 中的${}^D\boldsymbol{u}_1'$，得动平台处于第 1 位姿时，第 1 根连杆的活塞杆坐标系 $\{b_{l1}\}$ 到连杆坐标系 $\{B_{l1}\}$ 的旋转变换角为

$$\psi_1' = \arccos({}^D\boldsymbol{u}_1'^{\mathrm{T}}\,{}^D\boldsymbol{u}_1) = 42.0764°$$

根据式（4-42），得动平台处于第 1 位姿时第 1 根连杆的活塞杆坐标系 $\{b_{l1}\}$ 到连杆坐标系 $\{B_{l1}\}$ 的旋转变换矩阵为

$$
{}^{B_{l1}}_{b_{l1}}\boldsymbol{R}=\begin{bmatrix}\cos\psi'_1 & -\sin\psi'_1 & 0\\ \sin\psi'_1 & \cos\psi'_1 & 0\\ 0 & 0 & 1\end{bmatrix}=\begin{bmatrix}0.7423 & -0.6701 & 0\\ 0.6701 & 0.7423 & 0\\ 0 & 0 & 1\end{bmatrix}
$$

同理，动平台处于第 1 位姿时，根据式（4-41）及例 4-1 中的${}^{A}_{D}\boldsymbol{R}$、例 4-2 中的${}^{A}\boldsymbol{u}_i$、例 4-3 中的${}^{D}\boldsymbol{u}'_i$，计算得到其他活塞杆坐标系到连杆坐标系的旋转变换角，见表 4-13。根据式（4-42），计算得到其他活塞杆坐标系到连杆坐标系的旋转变换矩阵为

$$
{}^{B_{l2}}_{b_{l2}}\boldsymbol{R}=\begin{bmatrix}0.8651 & -0.5017 & 0\\ 0.5017 & 0.8651 & 0\\ 0 & 0 & 1\end{bmatrix}
$$

$$
{}^{B_{l3}}_{b_{l3}}\boldsymbol{R}=\begin{bmatrix}0.8866 & -0.4625 & 0\\ 0.4625 & 0.8866 & 0\\ 0 & 0 & 1\end{bmatrix}
$$

$$
{}^{B_{l4}}_{b_{l4}}\boldsymbol{R}=\begin{bmatrix}0.8863 & -0.4630 & 0\\ 0.4630 & 0.8863 & 0\\ 0 & 0 & 1\end{bmatrix}
$$

$$
{}^{B_{l5}}_{b_{l5}}\boldsymbol{R}=\begin{bmatrix}0.8787 & -0.4773 & 0\\ 0.4773 & 0.8787 & 0\\ 0 & 0 & 1\end{bmatrix}
$$

$$
{}^{B_{l6}}_{b_{l6}}\boldsymbol{R}=\begin{bmatrix}0.7538 & -0.6571 & 0\\ 0.6571 & 0.7538 & 0\\ 0 & 0 & 1\end{bmatrix}
$$

表 4-13 活塞杆坐标系到连杆坐标系的旋转变换角 （单位：°）

旋转变换角	连杆					
	1	2	3	4	5	6
ψ'_i	42.0764	30.1100	27.5514	27.5820	28.5109	41.0794

2）动平台处于第 1 位姿时连杆坐标系到活塞杆坐标系的旋转变换矩阵。

根据式（4-43），动平台处于第 1 位姿时，连杆坐标系 $\{B_{l1}\}$ 到活塞杆坐标系 $\{b_{l1}\}$ 的旋转变换矩阵为

$$
{}^{b_{l1}}_{B_{l1}}\boldsymbol{R}={}^{B_{l1}}_{b_{l1}}\boldsymbol{R}^{-1}={}^{B_{l1}}_{b_{l1}}\boldsymbol{R}^{\mathrm{T}}=\begin{bmatrix}0.7423 & 0.6701 & 0\\ -0.6701 & 0.7423 & 0\\ 0 & 0 & 1\end{bmatrix}
$$

同理，动平台处于第 1 位姿时，可得其他连杆坐标系到活塞杆坐标系的旋转变换矩阵：${}^{b_{l2}}_{B_{l2}}\boldsymbol{R}={}^{B_{l2}}_{b_{l2}}\boldsymbol{R}^{-1}={}^{B_{l2}}_{b_{l2}}\boldsymbol{R}^{\mathrm{T}}$，${}^{b_{l3}}_{B_{l3}}\boldsymbol{R}={}^{B_{l3}}_{b_{l3}}\boldsymbol{R}^{-1}={}^{B_{l3}}_{b_{l3}}\boldsymbol{R}^{\mathrm{T}}$，${}^{b_{l4}}_{B_{l4}}\boldsymbol{R}={}^{B_{l4}}_{b_{l4}}\boldsymbol{R}^{-1}={}^{B_{l4}}_{b_{l4}}\boldsymbol{R}^{\mathrm{T}}$，${}^{b_{l5}}_{B_{l5}}\boldsymbol{R}={}^{B_{l5}}_{b_{l5}}\boldsymbol{R}^{-1}={}^{B_{l5}}_{b_{l5}}\boldsymbol{R}^{\mathrm{T}}$ 和 ${}^{b_{l6}}_{B_{l6}}\boldsymbol{R}={}^{B_{l6}}_{b_{l6}}\boldsymbol{R}^{-1}={}^{B_{l6}}_{b_{l6}}\boldsymbol{R}^{\mathrm{T}}$。

4.5.4　连杆坐标系与动坐标系之间的间接旋转变换

1. 通过定坐标系进行连杆坐标系与动坐标系之间的间接旋转变换

通过定坐标系进行连杆坐标系与动坐标系之间的间接旋转变换是通过定坐标系进行旋转变换。

通过定坐标系 $\{A\}$，可得连杆坐标系 $\{B_{li}\}$ 到动坐标系 $\{D\}$ 的旋转变换矩阵为

$$ {}_{B_{li}}^{D}\boldsymbol{R} = {}_{A}^{D}\boldsymbol{R}\,{}_{B_{li}}^{A}\boldsymbol{R} \tag{4-44} $$

同理可得到动坐标系 $\{D\}$ 到连杆坐标系 $\{B_{li}\}$ 的旋转变换矩阵为

$$ {}_{D}^{B_{li}}\boldsymbol{R} = {}_{A}^{B_{li}}\boldsymbol{R}\,{}_{D}^{A}\boldsymbol{R} \tag{4-45} $$

式（4-44）和式（4-45）中，${}_{A}^{D}\boldsymbol{R}$ 为从定坐标系 $\{A\}$ 到动坐标系 $\{D\}$ 的旋转变换矩阵，${}_{D}^{A}\boldsymbol{R}$ 为动坐标系 $\{D\}$ 到定坐标系 $\{A\}$ 的旋转变换矩阵，${}_{A}^{D}\boldsymbol{R} = {}_{D}^{A}\boldsymbol{R}^{-1} = {}_{D}^{A}\boldsymbol{R}^{\mathrm{T}}$。

根据式（4-44）、式（4-45）和式（3-5），得

$$ {}_{B_{li}}^{D}\boldsymbol{R} = {}_{D}^{B_{li}}\boldsymbol{R}^{-1} = {}_{D}^{B_{li}}\boldsymbol{R}^{\mathrm{T}} \tag{4-46} $$

【例 4-5】 在例 4-1 和例 4-2 的基础上，计算图 4-1 所示的 6-SPS 并联机构的动平台处于第 1 位姿时，通过定坐标系进行连杆坐标系与动坐标系之间的间接旋转变换矩阵。

解：

1）动平台处于第 1 位姿时动坐标系与定坐标系之间的旋转变换矩阵。

在例 4-1 中，由式（3-21），已计算得到动平台处于第 1 位姿时的动坐标系到定坐标系的旋转变换矩阵 ${}_{D}^{A}\boldsymbol{R}$，再根据式（3-5），通过转置，得动平台处于第 1 位姿时的定坐标系到动坐标系的旋转变换矩阵为

$$ {}_{A}^{D}\boldsymbol{R} = {}_{D}^{A}\boldsymbol{R}^{\mathrm{T}} = \begin{bmatrix} 0.9990 & 0.0058 & -0.0449 \\ 0.0058 & 0.9670 & 0.2549 \\ 0.0449 & -0.2549 & 0.9659 \end{bmatrix} $$

2）动平台处于第 1 位姿时，通过定坐标系进行连杆坐标系到动坐标系的间接旋转变换。

根据式（4-44）和例 4-1、例 4-2，动平台处于第 1 位姿时，连杆坐标系 $\{\boldsymbol{B}_{l1}\}$ 到动坐标系 $\{D\}$ 的旋转变换矩阵为

$$ \begin{aligned} {}_{B_{l1}}^{D}\boldsymbol{R} &= {}_{A}^{D}\boldsymbol{R}\,{}_{B_{l1}}^{A}\boldsymbol{R} \\ &= \begin{bmatrix} 0.9990 & 0.0058 & -0.0449 \\ 0.0058 & 0.9670 & 0.2549 \\ 0.0449 & -0.2549 & 0.9659 \end{bmatrix} \begin{bmatrix} -0.6717 & -0.7364 & 0.0811 \\ 0.6698 & -0.5569 & 0.4911 \\ -0.3165 & 0.3841 & 0.8673 \end{bmatrix} \\ &= \begin{bmatrix} -0.6529 & -0.7561 & 0.0449 \\ 0.5631 & -0.4449 & 0.6964 \\ -0.5066 & 0.4799 & 0.7163 \end{bmatrix} \end{aligned} $$

同理，动平台处于第 1 位姿时，根据式（4-44）和例 4-1、例 4-2，可计算得到其他连杆的连杆坐标系到动坐标系 $\{D\}$ 的旋转变换矩阵为

$$ {}^{D}_{B_{l2}}\boldsymbol{R}={}^{D}_{A}\boldsymbol{R}{}^{A}_{B_{l2}}\boldsymbol{R}=\begin{bmatrix}-0.2269 & -0.9485 & 0.2210\\ 0.8152 & -0.0608 & 0.5760\\ -0.5329 & 0.3109 & 0.7870\end{bmatrix} $$

$$ {}^{D}_{B_{l3}}\boldsymbol{R}={}^{D}_{A}\boldsymbol{R}{}^{A}_{B_{l3}}\boldsymbol{R}=\begin{bmatrix}0.9425 & -0.1727 & 0.2826\\ 0.1790 & 0.9838 & 0.0041\\ -0.2823 & 0.0474 & 0.9582\end{bmatrix} $$

$$ {}^{D}_{B_{l4}}\boldsymbol{R}={}^{D}_{A}\boldsymbol{R}{}^{A}_{B_{l4}}\boldsymbol{R}=\begin{bmatrix}0.9446 & -0.1731 & 0.2790\\ 0.1821 & 0.9833 & -0.0064\\ -0.2732 & 0.0568 & 0.9603\end{bmatrix} $$

$$ {}^{D}_{B_{l5}}\boldsymbol{R}={}^{D}_{A}\boldsymbol{R}{}^{A}_{B_{l5}}\boldsymbol{R}=\begin{bmatrix}-0.2260 & -0.9430 & 0.2444\\ 0.8112 & -0.0432 & 0.5832\\ -0.5393 & 0.3301 & 0.7747\end{bmatrix} $$

$$ {}^{D}_{B_{l6}}\boldsymbol{R}={}^{D}_{A}\boldsymbol{R}{}^{A}_{B_{l6}}\boldsymbol{R}=\begin{bmatrix}-0.6476 & -0.7606 & 0.0471\\ 0.5541 & -0.4276 & 0.7142\\ -0.5231 & 0.4886 & 0.6983\end{bmatrix} $$

3）动平台处于第 1 位姿时，通过定坐标系进行动坐标系到连杆坐标系的间接旋转变换。

根据式（4-45）、式（4-46）和例 4-1、例 4-2，动平台处于第 1 位姿时，动坐标系 $\{D\}$ 到连杆坐标系$\{\boldsymbol{B}_{l1}\}$的旋转变换矩阵为

$$ {}^{B_{l1}}_{D}\boldsymbol{R}={}^{B_{l1}}_{A}\boldsymbol{R}{}^{A}_{D}\boldsymbol{R}={}^{D}_{B_{l1}}\boldsymbol{R}^{-1}={}^{D}_{B_{l1}}\boldsymbol{R}^{\mathrm{T}}=\begin{bmatrix}-0.6529 & 0.5631 & -0.5066\\ -0.7561 & -0.4449 & 0.4799\\ 0.0449 & 0.6964 & 0.7163\end{bmatrix} $$

同理，动平台处于第 1 位姿时，可得动坐标系 $\{D\}$ 到其他连杆坐标系的旋转变换矩阵：${}^{B_{l2}}_{D}\boldsymbol{R}={}^{B_{l2}}_{A}\boldsymbol{R}{}^{A}_{D}\boldsymbol{R}={}^{D}_{B_{l2}}\boldsymbol{R}^{-1}={}^{D}_{B_{l2}}\boldsymbol{R}^{\mathrm{T}}$，${}^{B_{l3}}_{D}\boldsymbol{R}={}^{B_{l3}}_{A}\boldsymbol{R}{}^{A}_{D}\boldsymbol{R}={}^{D}_{B_{l3}}\boldsymbol{R}^{-1}={}^{D}_{B_{l3}}\boldsymbol{R}^{\mathrm{T}}$，${}^{B_{l4}}_{D}\boldsymbol{R}={}^{B_{l4}}_{A}\boldsymbol{R}{}^{A}_{D}\boldsymbol{R}={}^{D}_{B_{l4}}\boldsymbol{R}^{-1}={}^{D}_{B_{l4}}\boldsymbol{R}^{\mathrm{T}}$，${}^{B_{l5}}_{D}\boldsymbol{R}={}^{B_{l5}}_{A}\boldsymbol{R}{}^{A}_{D}\boldsymbol{R}={}^{D}_{B_{l5}}\boldsymbol{R}^{-1}={}^{D}_{B_{l5}}\boldsymbol{R}^{\mathrm{T}}$ 和 ${}^{B_{l6}}_{D}\boldsymbol{R}={}^{B_{l6}}_{A}\boldsymbol{R}{}^{A}_{D}\boldsymbol{R}={}^{D}_{B_{l6}}\boldsymbol{R}^{-1}={}^{D}_{B_{l6}}\boldsymbol{R}^{\mathrm{T}}$。

2. 通过活塞杆坐标系进行连杆坐标系与动坐标系之间的间接旋转变换

通过活塞杆坐标系进行连杆坐标系与动坐标系之间的间接旋转变换是通过活塞杆坐标系进行旋转变换。

通过活塞杆坐标系$\{b_{li}\}$，可得连杆坐标系$\{B_{li}\}$到动坐标系 $\{D\}$ 的旋转变换矩阵为

$$ {}^{D}_{B_{li}}\boldsymbol{R}={}^{D}_{b_{li}}\boldsymbol{R}{}^{b_{li}}_{B_{li}}\boldsymbol{R} \tag{4-47} $$

同理可得从动坐标系 $\{D\}$ 到连杆坐标系$\{B_{li}\}$的旋转变换矩阵为

$$ {}^{B_{li}}_{D}\boldsymbol{R}={}^{B_{li}}_{b_{li}}\boldsymbol{R}{}^{b_{li}}_{D}\boldsymbol{R} \tag{4-48} $$

4.6 并联机器人的不同坐标系之间的齐次变换及支链的齐次变换矩阵方程

1. 不同坐标系之间的齐次变换

根据图 4-1、式（3-15）、式（3-21）和式（4-2）中的${}^{A}_{D}\boldsymbol{R}$，动平台相对定平台的旋转角

用进动角 ψ、章动角 θ 和自旋角 ϕ 表示时，可得动坐标系到定坐标系的齐次变换矩阵为

$$
{}_D^A\boldsymbol{T}=\begin{bmatrix} & {}_D^A\boldsymbol{R} & & {}^A\boldsymbol{P}_O \\ 0 & 0 & 0 & 1\end{bmatrix}=\begin{bmatrix} r_{11} & r_{12} & r_{13} & X_P \\ r_{21} & r_{22} & r_{23} & Y_P \\ r_{31} & r_{32} & r_{33} & Z_P \\ 0 & 0 & 0 & 1\end{bmatrix}
$$

$$
=\begin{bmatrix} \cos\psi\cos\phi-\sin\psi\cos\theta\sin\phi & -\cos\psi\sin\phi-\sin\psi\cos\theta\cos\phi & \sin\psi\sin\theta & X_P \\ \sin\psi\cos\phi+\cos\psi\cos\theta\sin\phi & -\sin\psi\sin\phi+\cos\psi\cos\theta\cos\phi & -\cos\psi\sin\theta & Y_P \\ \sin\theta\sin\phi & \sin\theta\cos\phi & \cos\theta & Z_P \\ 0 & 0 & 0 & 1\end{bmatrix} \tag{4-49}
$$

同理，根据图 4-1、式（3-15）和式（4-32），可得连杆坐标系到定坐标系的齐次变换矩阵为

$$
{}_{B_{li}}^A\boldsymbol{T}=\begin{bmatrix} & {}_{B_{li}}^A\boldsymbol{R} & & {}^A\boldsymbol{B}_i \\ 0 & 0 & 0 & 1\end{bmatrix}
$$

$$
=\begin{bmatrix} \cos\alpha_i\cos\beta_i & \cos\alpha_i\sin\beta_i\sin\gamma_i-\sin\alpha_i\cos\gamma_i & \cos\alpha_i\sin\beta_i\cos\gamma_i+\sin\alpha_i\sin\gamma_i & X_{Bi} \\ \sin\alpha_i\cos\beta_i & \sin\alpha_i\sin\beta_i\sin\gamma_i+\cos\alpha_i\cos\gamma_i & \sin\alpha_i\sin\beta_i\cos\gamma_i-\cos\alpha_i\sin\gamma_i & Y_{Bi} \\ -\sin\beta_i & \cos\beta_i\sin\gamma_i & \cos\beta_i\cos\gamma_i & Z_{Bi} \\ 0 & 0 & 0 & 1\end{bmatrix} \tag{4-50}
$$

同理，根据图 4-1、式（3-15）和式（4-40），可得动坐标系到活塞杆坐标系的齐次变换矩阵为

$$
{}_D^{b_{li}}\boldsymbol{T}=\begin{bmatrix} & {}_{b_{li}}^D\boldsymbol{R}^{-1} & & -{}^D\boldsymbol{b}_i \\ 0 & 0 & 0 & 1\end{bmatrix}
$$

$$
=\begin{bmatrix} \cos\alpha_i'\cos\beta_i' & \sin\alpha_i'\cos\beta_i' & -\sin\beta_i' & -x_{bi} \\ \cos\alpha_i'\sin\beta_i'\sin\gamma_i'-\sin\alpha_i'\cos\gamma_i' & \sin\alpha_i'\sin\beta_i'\sin\gamma_i'+\cos\alpha_i'\cos\gamma_i' & \cos\beta_i'\sin\gamma_i' & -y_{bi} \\ \cos\alpha_i'\sin\beta_i'\cos\gamma_i'+\sin\alpha_i'\sin\gamma_i' & \sin\alpha_i'\sin\beta_i'\cos\gamma_i'-\cos\alpha_i'\sin\gamma_i' & \cos\beta_i'\cos\gamma_i' & -z_{bi} \\ 0 & 0 & 0 & 1\end{bmatrix} \tag{4-51}
$$

同理，根据图 4-1、式（3-15）和式（4-42），可得活塞杆坐标系到连杆坐标系的齐次变换矩阵为

$$
{}_{b_{li}}^{B_{li}}\boldsymbol{T}=\begin{bmatrix} & {}_{b_{li}}^{B_{li}}\boldsymbol{R} & & {}^{B_{li}}\boldsymbol{L}_i \\ 0 & 0 & 0 & 1\end{bmatrix}=\begin{bmatrix} \cos\psi_i' & -\sin\psi_i' & 0 & 0 \\ \sin\psi_i' & \cos\psi_i' & 0 & 0 \\ 0 & 0 & 1 & l_i \\ 0 & 0 & 0 & 1\end{bmatrix} \tag{4-52}
$$

2. 支链的齐次变换矩阵方程

根据图 4-1 和式（4-49）～式（4-52），得支链的齐次变换矩阵方程为

$$
{}_D^A\boldsymbol{T}={}_{B_{li}}^A\boldsymbol{T}\,{}_{b_{li}}^{B_{li}}\boldsymbol{T}\,{}_D^{b_{li}}\boldsymbol{T} \tag{4-53}
$$

根据 4.2 节并联机器人的位姿反解和 4.5 节并联机器人的不同坐标系之间的旋转变换，

可求得式（4-50）~式（4-52）中的参数，再由式（4-50）~式（4-52），可分别求得${}^{A}_{B_{li}}\boldsymbol{T}$、${}^{b_{li}}_{D}\boldsymbol{T}$和${}^{B_{li}}_{b_{li}}\boldsymbol{T}$，也可根据式（4-53）求得$\beta_i$、$\gamma_i$、$\beta_i'$、$\gamma_i'$和$\psi'$后，再求得${}^{A}_{B_{li}}\boldsymbol{T}$、${}^{b_{li}}_{D}\boldsymbol{T}$和${}^{B_{li}}_{b_{li}}\boldsymbol{T}$。

根据式（4-53）求β_i、γ_i、β_i'、γ_i'和ψ'的方法如下：根据并联机器人的运动，可获得动平台的进动角ψ、章动角θ和自旋角ϕ，获得动坐标系的原点的长度矢量$\boldsymbol{P}_O$在定坐标系中的位置的列矩阵${}^{A}\boldsymbol{P}_O$，由式（4-49）可求得${}^{A}_{D}\boldsymbol{T}$。根据定平台上铰链B_i在定坐标系下的位置列矩阵${}^{A}\boldsymbol{B}_i$和动平台上铰链b_i在动坐标系下的位置列矩阵${}^{D}\boldsymbol{b}_i$，由式（4-4）可求得l_i，由式（4-27）可求得α_i，由式（4-34）可求得α_i'。这样，式（4-53）中只有β_i、γ_i、β_i'、γ_i'和ψ'5个未知数，将式（4-53）右边矩阵相乘后，让式（4-53）中左右两边矩阵的（1，3）、（2，3）、（3，1）、（3，2）和（3，3）元素分别相等，可解得β_i、γ_i、β_i'、γ_i'和ψ'5个未知数。

习 题

4-1 解释并联机器人的位姿分析、并联机器人的位姿正解和并联机器人的位姿反解。

4-2 图 4-1 中 6-SPS 并联机构的定坐标系 $OXYZ$、动坐标系 $Pxyz$ 和连杆坐标系 $B_ix_iy_iz_i$ 如何建立？

4-3 根据图 4-1，写出第 i 根连杆的长度矢量、长度矢量的列矩阵和长度的计算公式，写出动平台由第 1 位姿运动到第 2 位姿时第 i 根连杆的伸长量的计算公式。

4-4 将表 4-3 中动平台的两个姿态的进动角各增加 5°，动平台的两个位置和其他姿态不变，计算图 4-1 所示的 6-SPS 并联机构的连杆的长度和伸长量。并联机构的铰链 B_i 和 b_i 的位置尺寸分别见表 4-1 和表 4-2。

4-5 并联机器人的位姿正解的数值法的优点和缺点是什么？

4-6 简述数值法求解并联机器人的位姿正解的过程和所用公式。

4-7 简述解析法求解图 4-2 所示的三角平台型 6-SPS 并联机构并联机器人的位姿正解的过程和所用公式。

4-8 根据图 4-1 所示的 6-SPS 并联机构，写出矢量 $\boldsymbol{B}_i$ 与 X 轴之间的夹角、x_i 轴的单位矢量的计算公式。

4-9 根据图 4-1 所示的 6-SPS 并联机构，写出连杆坐标系$\{B_{li}\}$到定坐标系 $\{A\}$ 的旋转变换矩阵和定坐标系 $\{A\}$ 到连杆坐标系$\{B_{li}\}$的旋转变换矩阵。

4-10 根据图 4-1 所示的 6-SPS 并联机构，写出连杆坐标系$\{B_{li}\}$到动坐标系 $\{D\}$ 的旋转变换矩阵和动坐标系 $\{D\}$ 到连杆坐标系$\{B_{li}\}$的旋转变换矩阵。

4-11 在例 4-1 的基础上，计算图 4-1 所示的 6-SPS 并联机构的动平台处于第 2 个位姿时，并联机构的连杆坐标系与定坐标系、连杆坐标系与动坐标系之间的旋转变换矩阵。

4-12 根据图 4-1 和式（4-53）等，写出第 1 个支链的齐次变换矩阵方程及其方程中的齐次变换矩阵。

4-13 根据例 4-1~例 4-5 及式（4-53），写出动平台处于第 1 位姿时，第 2 个支链的齐次变换矩阵方程及其方程中的齐次变换矩阵。

4-14 查找文献，阅读 1~2 篇数值法求解并联机器人的位姿正解的文献，再简述数值法求解并联机器人的位姿正解的过程和所用公式。

4-15 查找文献，阅读1~2篇解析法求解并联机器人的位姿正解的文献，再简述解析法求解并联机器人的位姿正解的过程和所用公式。

4-16 查找文献，阅读1~2篇并联机器人的坐标旋转变换或坐标齐次变换的文献，介绍其坐标旋转变换或坐标齐次变换的过程及其公式。

第5章 并联机器人的速度和加速度的计算

教学目标：通过本章学习，应掌握并联机器人的动平台的速度和加速度、连杆的速度和加速度、速度雅可比矩阵、角速度的坐标旋转变换的计算，了解海森矩阵的计算，为后续并联机器人的力学计算、工作空间分析、奇异位形分析、误差分析、控制和设计等学习打下基础。

5.1 并联机器人的速度和加速度计算的概念

并联机器人的速度和加速度计算的目的是求解并联机器人的并联机构的输入与输出构件之间的速度和加速度关系。在此基础上，可进行并联机器人的速度和加速度分析、动力分析和控制等。

并联机器人的速度和加速度的计算有两类问题，一是支链的速度和加速度的计算的问题，二是整体的速度和加速度的计算的问题。支链的速度和加速度的计算是从动平台上第 i 个铰链的速度和加速度计算开始，利用各支链结构、运动的传递关系、动平台和连杆之间的位姿关系，计算到连杆的速度和加速度。支链的速度和加速度的计算方法是将理论力学中质点移动时的速度和加速度的计算方法、刚体转动时的角速度和角加速度的计算方法用于并联机器人的速度和加速度计算。整体的速度和加速度的计算是从并联机器人的整体角度，根据速度和加速度的定义，获得并联机器人的输出构件和输入构件的速度和加速度的关系，进一步获得速度雅可比矩阵和海森矩阵。动平台是并联机器人的输出构件，连杆是并联机器人的输入构件，动平台与连杆的速度和加速度的关系为并联机器人的输出构件和输入构件的速度和加速度的关系。

下面结合并联机器人的并联机构，介绍并联机器人的速度和加速度计算。

5.2 并联机器人动平台上第 i 个铰链的速度和加速度的计算

并联机器人的动平台上第 i 个铰链的速度和加速度的计算方法主要是根据速度和加速度的定义，利用动平台和连杆之间的位姿关系方程式，对时间 t 求导，得到动平台上第 i 个铰链的速度和加速度，先计算动平台上第 i 个铰链的速度，再计算动平台上第 i 个铰链的加速度。

并联机器人的位姿表示有矢量表示和矩阵表示，相应的并联机器人的速度和加速度也有矢量表示和矩阵表示。矢量表示的速度和加速度便于公式推导，矩阵表示的速度和加速度便于数值计算。矩阵表示的速度和加速度的计算公式可以在矢量表示的速度和加速度的计算公式的基础上获得。

下面以图 4-1 所示的 6-SPS 并联机构为例，介绍并联机器人的速度和加速度的计算。

5.2.1　并联机器人动平台上第 i 个铰链的速度的计算

1. 矢量表示的动平台上第 i 个铰链的速度

在图 4-1 中，动平台和定平台通过 6 根 SPS 的连杆相连。式（4-1）是矢量表示的动平台和第 i 根连杆之间的位姿关系方程式。根据速度的定义，将式（4-1）的等号的两边对时间 t 求导，运用矢量的求导方法，并考虑式（4-1）中矢量 $\boldsymbol{B}_i$ 是常量，对时间 t 的导数为零，再考虑动平台的转动，得矢量表示的动平台上第 i 个铰链 b_i 的速度为

$$\boldsymbol{V}_{bi}=\dot{\boldsymbol{P}}_O+\boldsymbol{\omega}_p\times\boldsymbol{b}_i\quad(i=1,\ 2,\ \cdots,\ 6)\tag{5-1}$$

式（5-1）也是矢量表示的动平台上第 i 个铰链 b_i 的速度与动平台的速度的关系方程式。式（5-1）中，$\boldsymbol{V}_{bi}$ 为矢量表示的动平台上第 i 个铰链 b_i 的速度，也是矢量表示的第 i 根连杆的铰链 b_i 的速度，$\dot{\boldsymbol{P}}_O$ 为矢量表示的动平台上 P 点的速度，$\boldsymbol{\omega}_p$ 为矢量表示的动平台的角速度，下标 P 表示动平台，$\boldsymbol{b}_i$ 为 Pb_i 的长度矢量，$\dot{\boldsymbol{P}}_O$ 和 $\boldsymbol{\omega}_P$ 共同表示了动平台的速度。

2. 矩阵表示的动平台上第 i 个铰链的速度

式（4-2）和式（4-3）是矩阵表示的动平台和第 i 根连杆之间的位姿关系方程式。将式（4-2）或式（4-3）的等号的两边对时间 t 求导，运用矩阵的求导方法，并考虑列矩阵 ${}^D\boldsymbol{b}_i$ 和 ${}^A\boldsymbol{B}_i$ 均是常量，对时间 t 的导数为零，得矩阵表示的动平台上第 i 个铰链 b_i 的速度为

$${}^A\boldsymbol{V}_{bi}={}^A\dot{\boldsymbol{P}}_O+{}^A_D\dot{\boldsymbol{R}}{}^D\boldsymbol{b}_i={}^A\dot{\boldsymbol{P}}_O+{}^A\widetilde{\boldsymbol{\omega}}_P{}^A_D\boldsymbol{R}{}^D\boldsymbol{b}_i\tag{5-2}$$

式（5-2）也是矩阵表示的动平台上第 i 个铰链 b_i 的速度与动平台的速度的关系方程式。根据理论力学中矢量表示的速度与矩阵表示的速度的对应关系及式（3-11）的坐标旋转方程，也可由式（5-1）直接得到式（5-2）的等号的右式。

式（5-2）中，${}^A\boldsymbol{V}_{bi}$ 为第 i 根连杆的铰链 b_i 的速度 $\boldsymbol{V}_{bi}$ 在定坐标系 $OXYZ$ 下的列矩阵，${}^A\boldsymbol{V}_{bi}=\begin{bmatrix}V_{biX} & V_{biY} & V_{biZ}\end{bmatrix}^{\mathrm{T}}=\begin{bmatrix}\dot{X}_{li} & \dot{Y}_{li} & \dot{Z}_{li}\end{bmatrix}^{\mathrm{T}}$，其中，$V_{biX}=\dot{X}_{li}$、$V_{biY}=\dot{Y}_{li}$ 和 $V_{biZ}=\dot{Z}_{li}$，V_{biX}、V_{biY} 和 V_{biZ} 分别是速度 V_{bi} 在定坐标系 $OXYZ$ 的 X、Y 和 Z 轴上的投影，也是速度 V_{bi} 沿 X、Y 和 Z 轴的分量，还分别是第 i 根连杆 B_ib_i 的长度矢量 L_i 在定坐标系 $OXYZ$ 下沿 X、Y 和 Z 轴的分量 X_{li}、Y_{li} 和 Z_{li} 对时间 t 的一阶导数，左上标 A 表示定坐标系 $OXYZ$，下标 bi 表示第 i 个铰链 b_i，X、Y 和 Z 为定坐标系 $OXYZ$ 下的三个坐标分量，下标 li 表示第 i 根连杆；${}^A\dot{\boldsymbol{P}}_O$ 为动平台上 P 点的速度 $\dot{\boldsymbol{P}}_O$ 在定坐标系 $OXYZ$ 下的列矩阵，${}^A\dot{\boldsymbol{P}}_O=\begin{bmatrix}\dot{P}_{OX} & \dot{P}_{OY} & \dot{P}_{OZ}\end{bmatrix}^{\mathrm{T}}=\begin{bmatrix}\dot{X}_P & \dot{Y}_P & \dot{Z}_P\end{bmatrix}^{\mathrm{T}}$，其中，$\dot{P}_{OX}=\dot{X}_P$，$\dot{P}_{OY}=\dot{Y}_P$，$\dot{P}_{OZ}=\dot{Z}_P$，$\dot{P}_{OX}$、$\dot{P}_{OY}$ 和 $\dot{P}_{OZ}$ 分别是速度 $\dot{\boldsymbol{P}}_O$ 在定坐标系 $OXYZ$ 的 X、Y 和 Z 轴上的投影，也是速度 $\dot{\boldsymbol{P}}_O$ 沿 X、Y 和 Z 轴的分量，还分别是 $\boldsymbol{P}_O$ 在定坐标系 $OXYZ$ 下沿 X、Y 和 Z 轴的分量 X_P、Y_P 和 Z_P 对时间 t 的一阶导数，下标 O 表示定坐标系 $OXYZ$ 的原点，下标 P 表示动坐标系 $Pxyz$ 的原点。${}^A_D\dot{\boldsymbol{R}}$ 为 ${}^A_D\boldsymbol{R}$ 对时间 t 的一阶

导数，

$$ {}_D^A\dot{\boldsymbol{R}} = {}^A\widetilde{\boldsymbol{\omega}}_P {}_D^A\boldsymbol{R} \tag{5-3} $$

$$ {}^A\widetilde{\boldsymbol{\omega}}_P = \begin{bmatrix} 0 & -\omega_{PZ} & \omega_{PY} \\ \omega_{PZ} & 0 & -\omega_{PX} \\ -\omega_{PY} & \omega_{PX} & 0 \end{bmatrix} \tag{5-4} $$

${}^A\widetilde{\boldsymbol{\omega}}_P$ 是由动平台的角速度 $\boldsymbol{\omega}_P$ 在定坐标系 $OXYZ$ 下的投影构成的反对称矩阵，ω_{PX}、ω_{PY} 和 ω_{PZ} 分别是动平台的角速度 $\boldsymbol{\omega}_P$ 在定坐标系 $OXYZ$ 的 X、Y 和 Z 轴上的投影，动平台的角速度 $\boldsymbol{\omega}_P$ 在定坐标系 $OXYZ$ 下的列矩阵 ${}^A\boldsymbol{\omega}_P = [\omega_{PX} \quad \omega_{PY} \quad \omega_{PZ}]^{\mathrm{T}}$。

比较式（5-1）和式（5-2），得矢量表示和矩阵表示的动平台上第 i 个铰链 b_i 的速度的对应关系：${}^A\boldsymbol{V}_{bi}$ 与 $\boldsymbol{V}_{bi}$ 对应，${}^A\dot{\boldsymbol{P}}_O$ 与 $\dot{\boldsymbol{P}}_O$ 对应，${}_D^A\dot{\boldsymbol{R}}{}^D\boldsymbol{b}_i = {}^A\widetilde{\boldsymbol{\omega}}_{PD}{}^A\boldsymbol{R}{}^D\boldsymbol{b}_i$ 与 $\boldsymbol{\omega}_P \times \boldsymbol{b}_i$ 对应；$\boldsymbol{\omega}_P \times \boldsymbol{b}_i$ 是由于动平台转动在铰链 b_i 处产生的速度，${}^A\widetilde{\boldsymbol{\omega}}_P {}_D^A\boldsymbol{R}{}^D\boldsymbol{b}_i$ 是由于动平台转动在定坐标系 $OXYZ$ 下铰链 b_i 处产生的速度的列矩阵，${}^A\boldsymbol{b}_i = {}_D^A\boldsymbol{R}{}^D\boldsymbol{b}_i$ 为铰链 b_i 的矢量在定坐标系 $OXYZ$ 下的位置的列矩阵，${}^A\widetilde{\boldsymbol{\omega}}_P {}_D^A\boldsymbol{R}{}^D\boldsymbol{b}_i$ 可表述为：由于动平台转动，在定坐标系 $OXYZ$ 下铰链 b_i 的速度的列矩阵，等于由动平台的角速度 $\boldsymbol{\omega}_P$ 在定坐标系 $OXYZ$ 下的投影构成的反对称矩阵乘以铰链 b_i 在定坐标系 $OXYZ$ 下的位置的列矩阵。知道矢量表示和矩阵表示的动平台上第 i 个铰链 b_i 的速度的对应关系，有助于理解式（5-1）和式（5-2）的关系及由式（5-1）直接得到式（5-2）。

5.2.2 并联机器人动平台上第 *i* 个铰链的加速度的计算

1. 矢量表示的动平台上第 *i* 个铰链的加速度

将式（5-1）的等号两边对时间 t 求导，运用矢量的求导方法，得矢量表示的动平台上第 i 个铰链 b_i 的加速度为

$$ \dot{\boldsymbol{V}}_{bi} = \ddot{\boldsymbol{P}}_O + \dot{\boldsymbol{\omega}}_P \times \boldsymbol{b}_i + \boldsymbol{\omega}_P \times (\boldsymbol{\omega}_P \times \boldsymbol{b}_i) = \ddot{\boldsymbol{P}}_O + \boldsymbol{\varepsilon}_P \times \boldsymbol{b}_i + \boldsymbol{\omega}_P \times (\boldsymbol{\omega}_P \times \boldsymbol{b}_i) \tag{5-5} $$

式（5-5）也是矢量表示的动平台上第 i 个铰链 b_i 的加速度与动平台的加速度的关系方程式。式（5-5）中，$\dot{\boldsymbol{V}}_{bi}$ 为矢量表示的动平台上第 i 个铰链 b_i 的加速度，也是矢量表示的第 i 根连杆的铰链 b_i 的加速度，$\ddot{\boldsymbol{P}}_O$ 为矢量表示的动平台上 P 点的加速度，$\dot{\boldsymbol{\omega}}_P$ 或 $\boldsymbol{\varepsilon}_P$ 为矢量表示的动平台的角加速度，$\boldsymbol{\varepsilon}_P = \dot{\boldsymbol{\omega}}_P = \mathrm{d}\boldsymbol{\omega}_P/\mathrm{d}t$，$\ddot{\boldsymbol{P}}_O$ 和 $\dot{\boldsymbol{\omega}}_P$ 共同表示了动平台的加速度。

2. 矩阵表示的动平台上第 *i* 个铰链的加速度

将式（5-2）的等号两边对时间 t 求导，运用矩阵的求导方法，得矩阵表示的动平台上第 i 个铰链 b_i 的加速度为

$$ {}^A\dot{\boldsymbol{V}}_{bi} = {}^A\ddot{\boldsymbol{P}}_O + {}_D^A\ddot{\boldsymbol{R}}{}^D\boldsymbol{b}_i = {}^A\ddot{\boldsymbol{P}}_O + {}^A\widetilde{\boldsymbol{\varepsilon}}_P {}_D^A\boldsymbol{R}{}^D\boldsymbol{b}_i + {}^A\widetilde{\boldsymbol{\omega}}_P^2 {}_D^A\boldsymbol{R}{}^D\boldsymbol{b}_i \tag{5-6} $$

式（5-6）也是矩阵表示的动平台上第 i 个铰链 b_i 的加速度与动平台的加速度的关系方程式。根据理论力学中矢量表示的速度、加速度与矩阵表示的速度、加速度的对应关系及式（3-11）的坐标旋转方程，也可由式（5-5）直接得到式（5-6）的等号右式。

式（5-6）中，${}^A\dot{\boldsymbol{V}}_{bi}$ 为第 i 根连杆的铰链 b_i 的加速度 $\dot{\boldsymbol{V}}_{bi}$ 在定坐标系 $OXYZ$ 下的列矩阵，

${}^{A}\dot{\boldsymbol{V}}_{bi}=\begin{bmatrix}\dot{V}_{biX} & \dot{V}_{biY} & \dot{V}_{biZ}\end{bmatrix}^{\mathrm{T}}=\begin{bmatrix}\ddot{X}_{li} & \ddot{Y}_{li} & \ddot{Z}_{li}\end{bmatrix}^{\mathrm{T}}$，其中，$\dot{\boldsymbol{V}}_{biX}=\ddot{\boldsymbol{X}}_{li}$、$\dot{\boldsymbol{V}}_{biY}=\ddot{\boldsymbol{Y}}_{li}$和 $\dot{\boldsymbol{V}}_{biZ}=\ddot{\boldsymbol{Z}}_{il}$，$\dot{\boldsymbol{V}}_{biX}$、$\dot{\boldsymbol{V}}_{biY}$ 和 $\dot{\boldsymbol{V}}_{biZ}$ 分别是加速度 $\dot{\boldsymbol{V}}_{bi}$ 在定坐标系 $OXYZ$ 的 X、Y 和 Z 轴上的投影，也是加速度 $\dot{\boldsymbol{V}}_{bi}$ 沿 X、Y 和 Z 轴的分量，还分别是第 i 根连杆 B_ib_i 的长度矢量 $\boldsymbol{L}_i$ 在定坐标系 $OXYZ$ 下沿 X、Y 和 Z 轴的分量 $\boldsymbol{X}_{li}$、$\boldsymbol{Y}_{li}$ 和 $\boldsymbol{Z}_{li}$ 对时间 t 的二阶导数。${}^{A}\ddot{\boldsymbol{P}}_{O}$为动平台上 P 点的加速度$\ddot{\boldsymbol{P}}_{O}$在定坐标系 $OXYZ$ 下的列矩阵，${}^{A}\ddot{\boldsymbol{P}}_{O}=\begin{bmatrix}\ddot{P}_{OX} & \ddot{P}_{OY} & \ddot{P}_{OZ}\end{bmatrix}^{\mathrm{T}}=\begin{bmatrix}\ddot{X}_{P} & \ddot{Y}_{P} & \ddot{Z}_{P}\end{bmatrix}^{\mathrm{T}}$，其中，$\ddot{P}_{OX}=\ddot{X}_{P}$，$\ddot{P}_{OY}=\ddot{Y}_{P}$，$\ddot{P}_{OZ}=\ddot{Z}_{P}$，$\ddot{P}_{OX}$、$\ddot{P}_{OY}$和 $\ddot{P}_{OZ}$分别是加速度 $\ddot{\boldsymbol{P}}_{O}$在定坐标系 $OXYZ$ 的 X、Y 和 Z 轴上的投影，也是加速度 $\ddot{\boldsymbol{P}}_{O}$沿 X、Y 和 Z 轴的分量，还分别是 $\boldsymbol{P}_{O}$ 在定坐标系 $OXYZ$ 下沿 X、Y 和 Z 轴的分量 $\boldsymbol{X}_{P}$、$\boldsymbol{Y}_{P}$ 和 $\boldsymbol{Z}_{P}$ 对时间 t 的二阶导数，${}_{D}^{A}\ddot{\boldsymbol{R}}$ 为${}_{D}^{A}\boldsymbol{R}$ 对时间 t 的二阶导数。

$$
{}_{D}^{A}\ddot{\boldsymbol{R}}={}^{A}\widetilde{\boldsymbol{\varepsilon}}_{P}\,{}_{D}^{A}\boldsymbol{R}+{}^{A}\widetilde{\boldsymbol{\omega}}_{P}^{2}\,{}_{D}^{A}\boldsymbol{R} \tag{5-7}
$$

$$
{}^{A}\widetilde{\boldsymbol{\varepsilon}}_{P}=\begin{bmatrix}0 & -\varepsilon_{PZ} & \varepsilon_{PY}\\ \varepsilon_{PZ} & 0 & -\varepsilon_{PX}\\ -\varepsilon_{PY} & \varepsilon_{PX} & 0\end{bmatrix} \tag{5-8}
$$

$$
{}^{A}\widetilde{\boldsymbol{\omega}}_{P}^{2}={}^{A}\widetilde{\boldsymbol{\omega}}_{P}\,{}^{A}\widetilde{\boldsymbol{\omega}}_{P} \tag{5-9}
$$

其中，${}^{A}\widetilde{\boldsymbol{\varepsilon}}_{P}$ 是由动平台的角加速度 $\boldsymbol{\varepsilon}_{P}$ 在定坐标系 $OXYZ$ 下的投影构成的反对称矩阵，ε_{PX}、ε_{PY} 和 ε_{PZ} 分别是动平台的角加速度 $\boldsymbol{\varepsilon}_{P}$ 在定坐标系 $OXYZ$ 的 X、Y 和 Z 轴上的投影，动平台的角加速度 $\boldsymbol{\varepsilon}_{P}$ 在定坐标系 $OXYZ$ 下的列矩阵${}^{A}\boldsymbol{\varepsilon}_{P}=\begin{bmatrix}\varepsilon_{PX} & \varepsilon_{PY} & \varepsilon_{PZ}\end{bmatrix}^{\mathrm{T}}=\begin{bmatrix}\dot{\omega}_{PX} & \dot{\omega}_{PY} & \dot{\omega}_{PZ}\end{bmatrix}^{\mathrm{T}}$，$\varepsilon_{PX}=\dot{\omega}_{PX}$，$\varepsilon_{PY}=\dot{\omega}_{PY}$，$\varepsilon_{PZ}=\dot{\omega}_{PZ}$。

比较式（5-5）和式（5-6），得矢量表示和矩阵表示的动平台上第 i 个铰链 b_i 的加速度的对应关系：${}^{A}\dot{\boldsymbol{V}}_{bi}$ 与 $\dot{\boldsymbol{V}}_{bi}$ 对应，${}^{A}\ddot{\boldsymbol{P}}_{O}$与 $\ddot{\boldsymbol{P}}_{O}$对应，${}^{A}\widetilde{\boldsymbol{\varepsilon}}_{P}\,{}_{D}^{A}\boldsymbol{R}\,{}^{D}\boldsymbol{b}_i$ 与 $\boldsymbol{\varepsilon}_{P}\times\boldsymbol{b}_i$ 对应，${}^{A}\widetilde{\boldsymbol{\omega}}_{P}^{2}\,{}_{D}^{A}\boldsymbol{R}\,{}^{D}\boldsymbol{b}_i$ 与 $\boldsymbol{\omega}_{P}\times(\boldsymbol{\omega}_{P}\times\boldsymbol{b}_i)$ 对应。理解矢量表示和矩阵表示的动平台上第 i 个铰链 b_i 的加速度的对应关系，有助于理解式（5-5）和式（5-6）的关系及由式（5-5）直接得到式（5-6）。

5.3 并联机器人第 i 根连杆的速度和加速度的计算

连杆由活塞和液压缸组成，连杆的运动是连杆随活塞转动和相对活塞移动的运动合成，可根据连杆结构和运动合成原理，计算并联机器人的第 i 根连杆的速度和加速度。并联机器人的第 i 根连杆的速度和加速度的计算包括连杆的伸长速度和角速度、加速度和角加速度的计算。

5.3.1 并联机器人第 i 根连杆的伸长速度的计算

1. 矢量表示的第 i 根连杆的伸长速度

在图 4-1 中，第 i 根连杆绕铰链 B_i转动，同时连杆伸长，根据运动合成原理，第 i 根连

杆的铰链 b_i 的速度可表示为

$$\boldsymbol{V}_{bi}=\dot{l}_i\boldsymbol{w}_i+l_i\boldsymbol{\omega}_i\times\boldsymbol{w}_i \tag{5-10}$$

式中，$\dot{l}_i$ 为第 i 根连杆的伸长速度，$\dot{l}_i$ 是标量；$\boldsymbol{w}_i$ 为第 i 根连杆的沿连杆轴线的单位矢量，$\boldsymbol{w}_i=\boldsymbol{L}_i/l_i$，$\boldsymbol{w}_i$ 的方向由 B_i 指向 b_i，并在 $B_i\,b_i$ 线上，或者说，$\boldsymbol{w}_i$ 在第 i 根连杆的轴线上；$\boldsymbol{\omega}_i$ 为矢量表示的第 i 根连杆的角速度。

$\boldsymbol{w}_i$ 在第 i 根连杆的轴线上，第 i 根连杆绕其轴线的角速度较小，且第 i 根连杆的活塞杆有相对铰链 b_i 绕其轴线转动的局部自由度，略去第 i 根连杆绕其轴线转动的角速度，则有 $\boldsymbol{\omega}_i$ 的方向垂直于第 i 根连杆的轴线。用 $\boldsymbol{w}_i$ 分别对式（5-1）和式（5-10）的等号两边进行点积，再考虑两式中 $\boldsymbol{w}_i$ 和 $\boldsymbol{V}_{bi}$ 的点积相等，得

$$\dot{l}_i+l_i\boldsymbol{w}_i\cdot(\boldsymbol{\omega}_i\times\boldsymbol{w}_i)=\boldsymbol{w}_i\cdot\dot{\boldsymbol{P}}_O+\boldsymbol{w}_i\cdot(\boldsymbol{\omega}_P\times\boldsymbol{b}_i) \tag{5-11}$$

再对式（5-11）进行三矢量的混合积运算，并考虑 $\boldsymbol{w}_i\times\boldsymbol{w}_i=0$，得矢量表示的第 i 根连杆的伸长速度为

$$\dot{l}_i=\boldsymbol{w}_i\cdot\dot{\boldsymbol{P}}_O+\boldsymbol{w}_i\cdot(\boldsymbol{\omega}_P\times\boldsymbol{b}_i) \tag{5-12}$$

2. 矩阵表示的第 *i* 根连杆的伸长速度

根据式（5-12）、刚体定点转动的角速度计算公式、两矢量点积运算和三矢量的混合积运算的方法，得矩阵表示的第 i 根连杆的伸长速度为

$$\dot{l}_i={}^A\boldsymbol{w}_i^{\mathrm{T}}\,{}^A\dot{\boldsymbol{P}}_O+{}^A\boldsymbol{w}_i^{\mathrm{T}}\,{}^A\widetilde{\boldsymbol{\omega}}_P\,{}^A_D\boldsymbol{R}\,{}^D\boldsymbol{b}_i \tag{5-13}$$

式中，${}^A\boldsymbol{w}_i$ 为第 i 根连杆的沿连杆轴线的单位矢量 $\boldsymbol{w}_i$ 在定坐标系 $OXYZ$ 下的列矩阵，${}^A\boldsymbol{w}_i=[w_{iX}\quad w_{iY}\quad w_{iZ}]^{\mathrm{T}}$，其中，$w_{iX}=X_{li}/l_i$、$w_{iY}=Y_{li}/l_i$ 和 $w_{iZ}=Z_{li}/l_i$，可在式（4-3）和式（4-4）的基础上求得，w_{iX}、w_{iY} 和 w_{iZ} 分别是单位矢量 $\boldsymbol{w}_i$ 在定坐标系 $OXYZ$ 的 X、Y 和 Z 轴上的投影，也是单位矢量 $\boldsymbol{w}_i$ 沿 X、Y 和 Z 轴的分量，${}^A\boldsymbol{w}_i^{\mathrm{T}}$ 为 ${}^A\boldsymbol{w}_i$ 的转置，右上标 T 表示矩阵的转置。

5.3.2 并联机器人第 *i* 根连杆的角速度的计算

1. 矢量表示的第 *i* 根连杆的角速度

用 $\boldsymbol{w}_i$ 分别对式（5-1）和式（5-10）的等号两边叉乘，再考虑两式中 $\boldsymbol{w}_i$ 和 $\boldsymbol{V}_{bi}$ 的叉乘相等，得

$$\boldsymbol{w}_i\times\dot{\boldsymbol{P}}_O+\boldsymbol{w}_i\times(\boldsymbol{\omega}_p\times\boldsymbol{b}_i)=\dot{l}_i\boldsymbol{w}_i\times\boldsymbol{w}_i+l_i\boldsymbol{w}_i\times(\boldsymbol{\omega}_i\times\boldsymbol{w}_i) \tag{5-14}$$

再对式（5-14）进行三矢量的两重叉乘运算，并考虑 $\boldsymbol{w}_i\times\boldsymbol{w}_i=0$，$\boldsymbol{w}_i\cdot\boldsymbol{w}_i=1$，$\boldsymbol{\omega}_i\cdot\boldsymbol{w}_i=0$，$\boldsymbol{w}_i\times(\boldsymbol{\omega}_i\times\boldsymbol{w}_i)=\boldsymbol{\omega}_i(\boldsymbol{w}_i\cdot\boldsymbol{w}_i)-(\boldsymbol{\omega}_i\cdot\boldsymbol{w}_i)\boldsymbol{w}_i=\boldsymbol{\omega}_i$，得矢量表示的第 i 根连杆的角速度为

$$\boldsymbol{\omega}_i=\frac{1}{l_i}\boldsymbol{w}_i\times\dot{\boldsymbol{P}}_O+\frac{1}{l_i}\boldsymbol{w}_i\times(\boldsymbol{\omega}_P\times\boldsymbol{b}_i) \tag{5-15}$$

2. 矩阵表示的第 *i* 根连杆的角速度

根据式（5-15）、刚体定点转动的角速度计算公式、两矢量叉乘运算和三矢量的两重叉乘运算的方法，得第 i 根连杆的角速度的列矩阵为

$${}^A\boldsymbol{\omega}_i=\frac{1}{l_i}\,{}^A\widetilde{\boldsymbol{w}}_i\,{}^A\dot{\boldsymbol{P}}_O+\frac{1}{l_i}\,{}^A\widetilde{\boldsymbol{w}}_i\,{}^A\widetilde{\boldsymbol{\omega}}_P\,{}^A_D\boldsymbol{R}\,{}^D\boldsymbol{b}_i \tag{5-16}$$

式（5-16）中，${}^A\boldsymbol{\omega}_i$ 是矩阵表示的第 i 根连杆的角速度，${}^A\boldsymbol{\omega}_i=[\omega_{iX}\quad \omega_{iY}\quad \omega_{iZ}]^{\mathrm{T}}$，其中，$\omega_{iX}$、$\omega_{iY}$ 和 ω_{iZ} 分别是第 i 根连杆的角速度 $\boldsymbol{\omega}_i$ 在定坐标系 $OXYZ$ 的 X、Y 和 Z 轴上的投影；${}^A\widetilde{\boldsymbol{w}}_i$ 是第 i 根连杆的沿连杆轴线的单位矢量 $\boldsymbol{w}_i$ 在定坐标系 $OXYZ$ 下的投影构成的反对称矩阵，即

$$
{}^A\widetilde{\boldsymbol{w}}_i=\begin{bmatrix} 0 & -w_{iZ} & w_{iY} \\ w_{iZ} & 0 & -w_{iX} \\ -w_{iY} & w_{iX} & 0 \end{bmatrix} \tag{5-17}
$$

5.3.3　并联机器人第 i 根连杆的伸长加速度的计算

1. 矢量表示的第 i 根连杆的伸长加速度

将式（5-10）的等号的两边对时间 t 求导，得另一种表示的第 i 根连杆的铰链 b_i 的加速度为

$$
\dot{\boldsymbol{V}}_{bi}=\ddot{l}_i\boldsymbol{w}_i+2\dot{l}_i\boldsymbol{\omega}_i\times\boldsymbol{w}_i+l_i\boldsymbol{\varepsilon}_i\times\boldsymbol{w}_i+l_i\boldsymbol{\omega}_i\times(\boldsymbol{\omega}_i\times\boldsymbol{w}_i) \tag{5-18}
$$

式中，$\ddot{l}_i$ 为第 i 根连杆的伸长加速度，$\ddot{l}_i$ 是标量，$\boldsymbol{\varepsilon}_i$ 为第 i 根连杆的角加速度，$\boldsymbol{\varepsilon}_i=\dot{\boldsymbol{\omega}}_i$。

用 $\boldsymbol{w}_i$ 分别对式（5-5）和式（5-18）的等号两边进行点积运算，再考虑两式中 $\boldsymbol{w}_i$ 和 $\dot{\boldsymbol{V}}_{bi}$ 的点积相等，得

$$
\begin{aligned}
&\boldsymbol{w}_i\cdot\ddot{\boldsymbol{P}}_O+\boldsymbol{w}_i\cdot(\boldsymbol{\varepsilon}_P\times\boldsymbol{b}_i)+\boldsymbol{w}_i\cdot[\boldsymbol{\omega}_P\times(\boldsymbol{\omega}_P\times\boldsymbol{b}_i)]\\
&=\ddot{l}_i+2\dot{l}_i\boldsymbol{w}_i\cdot(\boldsymbol{\omega}_i\times\boldsymbol{w}_i)+l_i\boldsymbol{w}_i\cdot(\boldsymbol{\varepsilon}_i\times\boldsymbol{w}_i)+l_i\boldsymbol{w}_i\cdot[\boldsymbol{\omega}_i\times(\boldsymbol{\omega}_i\times\boldsymbol{w}_i)]
\end{aligned} \tag{5-19}
$$

再对式（5-19）进行矢量的混合积运算，并考虑 $\boldsymbol{\omega}_i^2=\boldsymbol{\omega}_i\cdot\boldsymbol{\omega}_i$，得矢量表示的第 i 根连杆的伸长加速度为

$$
\ddot{l}_i=\boldsymbol{w}_i\cdot\ddot{\boldsymbol{P}}_O+\boldsymbol{w}_i\cdot(\boldsymbol{\varepsilon}_p\times\boldsymbol{b}_i)+\boldsymbol{w}_i\cdot[\boldsymbol{\omega}_P\times(\boldsymbol{\omega}_P\times\boldsymbol{b}_i)]+l_i\boldsymbol{\omega}_i^2 \tag{5-20}
$$

2. 矩阵表示的第 i 根连杆的伸长加速度

根据式（5-20）、刚体定点转动的角速度计算公式、刚体定点转动的角加速度计算公式、矢量点积运算和矢量的混合积运算的方法，得矩阵表示的第 i 根连杆的伸长加速度为

$$
\ddot{l}_i={}^A\boldsymbol{w}_i^{\mathrm{T}}\,{}^A\ddot{\boldsymbol{P}}_O+{}^A\boldsymbol{w}_i^{\mathrm{T}}\,{}^A\widetilde{\boldsymbol{\varepsilon}}_P\,{}^A_D\boldsymbol{R}\,{}^D\boldsymbol{b}_i+{}^A\boldsymbol{w}_i^{\mathrm{T}}\,{}^A\widetilde{\boldsymbol{\omega}}_P\,{}^A\widetilde{\boldsymbol{\omega}}_P\,{}^A_D\boldsymbol{R}\,{}^D\boldsymbol{b}_i+l_i\,{}^A\boldsymbol{\omega}_i^{\mathrm{T}}\,{}^A\boldsymbol{\omega}_i \tag{5-21}
$$

式中，${}^A\boldsymbol{\omega}_i$ 为第 i 根连杆的角速度 $\boldsymbol{\omega}_i$ 在定坐标系 $OXYZ$ 下的列矩阵，${}^A\boldsymbol{\omega}_i=[\omega_{iX}\quad \omega_{iY}\quad \omega_{iZ}]^{\mathrm{T}}$，$\omega_{iX}$、$\omega_{iY}$ 和 ω_{iZ} 分别是第 i 根连杆的角速度 $\boldsymbol{\omega}_i$ 在定坐标系 $OXYZ$ 的 X、Y 和 Z 轴上的投影，${}^A\boldsymbol{\omega}_i^{\mathrm{T}}$ 为 ${}^A\boldsymbol{\omega}_i$ 的转置。

5.3.4　并联机器人第 i 根连杆的角加速度的计算

1. 矢量表示的第 i 根连杆的角加速度

用 $\boldsymbol{w}_i$ 分别对式（5-5）和式（5-18）的等号两边叉乘，再考虑两式中 $\boldsymbol{w}_i$ 和 $\dot{\boldsymbol{V}}_{bi}$ 的叉乘相等，得

$$
\begin{aligned}
&\boldsymbol{w}_i\times\ddot{\boldsymbol{P}}_O+\boldsymbol{w}_i\times(\boldsymbol{\varepsilon}_P\times\boldsymbol{b}_i)+\boldsymbol{w}_i\times[\boldsymbol{\omega}_P\times(\boldsymbol{\omega}_P\times\boldsymbol{b}_i)]=\\
&2\dot{l}_i\boldsymbol{\omega}_i+l_i\boldsymbol{\varepsilon}_i+l_i\boldsymbol{w}_i\times[\boldsymbol{\omega}_i\times(\boldsymbol{\omega}_i\times\boldsymbol{w}_i)]
\end{aligned} \tag{5-22}
$$

再对式（5-22）进行矢量叉乘运算，并考虑 $\boldsymbol{w}_i\times[\boldsymbol{\omega}_i\times(\boldsymbol{\omega}_i\times\boldsymbol{w}_i)]=0$，得矢量表示的第 i 根连杆的角加速度为

$$\boldsymbol{\varepsilon}_i=\frac{1}{l_i}\{\boldsymbol{w}_i\times\ddot{\boldsymbol{P}}_O+\boldsymbol{w}_i\times(\boldsymbol{\varepsilon}_P\times\boldsymbol{b}_i)+\boldsymbol{w}_i\times[\boldsymbol{\omega}_P\times(\boldsymbol{\omega}_P\times\boldsymbol{b}_i)]-2\dot{l}_i\boldsymbol{\omega}_i\} \tag{5-23}$$

2. 矩阵表示的第 i 根连杆的角加速度

根据式（5-23）、刚体定点转动的角速度计算公式和矢量叉乘运算的方法，得第 i 根连杆的角加速度的列矩阵为

$$^A\boldsymbol{\varepsilon}_i=\frac{1}{l_i}({}^A\widetilde{\boldsymbol{w}}_i{}^A\ddot{\boldsymbol{P}}_O+{}^A\widetilde{\boldsymbol{w}}_i{}^A\widetilde{\boldsymbol{\varepsilon}}_P{}^A_D\boldsymbol{R}^D\boldsymbol{b}_i+{}^A\widetilde{\boldsymbol{w}}_i{}^A\widetilde{\boldsymbol{\omega}}_P{}^A\widetilde{\boldsymbol{\omega}}_P{}^A_D\boldsymbol{R}^D\boldsymbol{b}_i-2\dot{l}_i{}^A\boldsymbol{\omega}_i) \tag{5-24}$$

式中，$^A\boldsymbol{\varepsilon}_i$ 是矩阵表示的第 i 根连杆的角加速度，$^A\boldsymbol{\varepsilon}_i=[\varepsilon_{iX}\quad\varepsilon_{iY}\quad\varepsilon_{iZ}]^{\mathrm{T}}$，$\varepsilon_{iX}$、$\varepsilon_{iY}$ 和 ε_{iZ} 分别是第 i 根连杆的角加速度 $\boldsymbol{\varepsilon}_i$ 在定坐标系 $OXYZ$ 的 X、Y 和 Z 轴上的投影，$^A\widetilde{\boldsymbol{\varepsilon}}_i$ 是第 i 根连杆的角加速度 $\boldsymbol{\varepsilon}_i$ 在定坐标系 $OXYZ$ 下的投影构成的反对称矩阵，即

$$^A\widetilde{\boldsymbol{\varepsilon}}_i=\begin{bmatrix}0&-\varepsilon_{iZ}&\varepsilon_{iY}\\ \varepsilon_{iZ}&0&-\varepsilon_{iX}\\ -\varepsilon_{iY}&\varepsilon_{iX}&0\end{bmatrix} \tag{5-25}$$

5.4 并联机器人的速度雅可比矩阵和海森矩阵

5.4.1 并联机器人的速度雅可比矩阵

1. 速度雅可比矩阵

并联机器人的速度雅可比矩阵是从整个并联机构的角度反映并联机器人的输入构件的速度与输出构件的速度关系的矩阵，也是反映并联机器人的输入构件的变量微分与输出构件的变量微分关系的矩阵。

利用速度雅可比矩阵研究并联机器人的运动，能将并联机器人复杂的速度关系表示成显式，且能获得并联机器人位姿的奇异性。这是研究并联机器人运动的好方法，但速度雅可比矩阵的求解较难。

令 $\boldsymbol{q}$ 表示输入构件变量的列矩阵，$\boldsymbol{X}$ 表示输出构件（动平台）变量的列矩阵，输入构件变量包括输入构件的转动变量和移动变量，输出构件变量包括输出构件的位置变量和姿态变量，可表示成

$$\boldsymbol{q}=[q_1\quad q_2\quad\cdots\quad q_m]^{\mathrm{T}} \tag{5-26}$$

$$\boldsymbol{X}=[x_1\quad x_2\quad\cdots\quad x_n]^{\mathrm{T}} \tag{5-27}$$

这里，$\boldsymbol{q}_i$ 为第 i 个输入构件的旋转角或线位移，$\boldsymbol{x}_i$ 为输出构件的第 i 个旋转角或线位移，m 为输入构件的独立变量数，n 为输出构件的独立变量数；$m=n$ 的并联机器人，为一般驱动的并联机器人；$m>n$ 的并联机器人，为冗余驱动的并联机器人；$m<n$ 的并联机器人，为欠驱动的并联机器人。

输出构件变量的列矩阵是输入构件变量的列矩阵的函数，可以表示为

$$\boldsymbol{X}=\boldsymbol{f}(\boldsymbol{q}) \tag{5-28}$$

式中，$\boldsymbol{f}(\boldsymbol{q}) = [f_1(q) \quad f_2(q) \quad \cdots \quad f_n(q)]^{\mathrm{T}}$。

对式（5-28）求微分，得输出构件变量的列矩阵与输入构件变量的列矩阵的微分关系为

$$\begin{cases} \delta x_1 = \dfrac{\partial f_1}{\partial q_1}\delta q_1 + \dfrac{\partial f_1}{\partial q_2}\delta q_2 + \cdots + \dfrac{\partial f_1}{\partial q_m}\delta q_m \\ \delta x_2 = \dfrac{\partial f_2}{\partial q_1}\delta q_1 + \dfrac{\partial f_2}{\partial q_2}\delta q_2 + \cdots + \dfrac{\partial f_2}{\partial q_m}\delta q_m \\ \vdots \\ \delta x_n = \dfrac{\partial f_n}{\partial q_1}\delta q_1 + \dfrac{\partial f_n}{\partial q_2}\delta q_2 + \cdots + \dfrac{\partial f_n}{\partial q_m}\delta q_m \end{cases} \tag{5-29}$$

进一步可表示为

$$\delta \boldsymbol{X} = \boldsymbol{J}(\boldsymbol{q})\delta \boldsymbol{q} \tag{5-30}$$

式中，$\delta\boldsymbol{X} = [\delta x_1, \delta x_2, \cdots, \delta x_n]^{\mathrm{T}}$，$\delta\boldsymbol{q} = [\delta q_1 \quad \delta q_2 \quad \cdots \quad \delta q_m]^{\mathrm{T}}$，$\boldsymbol{J}(\boldsymbol{q})$ 为速度雅可比矩阵（Jacobian Matrix 或 Jacobian），也称为一阶影响系数，即

$$\boldsymbol{J}(\boldsymbol{q}) = \begin{bmatrix} \dfrac{\partial f_1}{\partial q_1} & \dfrac{\partial f_1}{\partial q_2} & \cdots & \dfrac{\partial f_1}{\partial q_m} \\ \dfrac{\partial f_2}{\partial q_1} & \dfrac{\partial f_2}{\partial q_2} & \cdots & \dfrac{\partial f_2}{\partial q_m} \\ \vdots & \vdots & \vdots & \vdots \\ \dfrac{\partial f_n}{\partial q_1} & \dfrac{\partial f_n}{\partial q_2} & \cdots & \dfrac{\partial f_n}{\partial q_m} \end{bmatrix} \tag{5-31}$$

将式（5-28）对时间 t 求导，得输出构件变量的列矩阵与输入构件变量的列矩阵的速度关系为

$$\dot{\boldsymbol{X}} = \boldsymbol{J}(\boldsymbol{q})\dot{\boldsymbol{q}} \tag{5-32}$$

式中，$\dot{\boldsymbol{X}}$ 是输出构件的广义速度，也是输出构件变量的列矩阵对时间 t 的一阶导数，$\dot{\boldsymbol{X}} = [\dot{x}_1 \quad \dot{x}_2 \quad \cdots \quad \dot{x}_n]^{\mathrm{T}}$；$\dot{\boldsymbol{q}}$ 是输入构件的广义速度，也是输入构件变量的列矩阵对时间 t 的一阶导数，$\dot{\boldsymbol{q}} = [\dot{q}_1 \quad \dot{q}_2 \quad \cdots \quad \dot{q}_m]^{\mathrm{T}}$。

式（5-28）是非线性方程组，不便于输入和输出变量的求解。式（5-29）和式（5-32）是线性方程组，这方便了输入和输出变量的求解。

2. 速度雅可比矩阵的特性

1）根据式（5-30），并联机器人的速度雅可比矩阵是反映并联机器人的输入构件与输出构件的变量微分关系的一个映射矩阵。根据式（5-32），并联机器人的速度雅可比矩阵是反映并联机器人的输入构件与输出构件的速度关系的一个映射矩阵，也是反映并联机器人的输入构件与输出构件的速度的传动比的一个矩阵。

2）由式（5-32），可得

$$\dot{\boldsymbol{q}} = \boldsymbol{J}^{-1}(\boldsymbol{q})\dot{\boldsymbol{X}} = \boldsymbol{J}(\boldsymbol{X})\dot{\boldsymbol{X}} \tag{5-33}$$

式中，$\boldsymbol{J}^{-1}(\boldsymbol{q})$ 或 $\boldsymbol{J}(\boldsymbol{X})$ 为逆速度雅可比矩阵，逆速度雅可比矩阵也是速度雅可比矩阵。由

于并联机器人的位姿反解容易，在并联机器人特性的研究中，更多用到逆速度雅可比矩阵和式（5-33）。

3）速度雅可比矩阵为 $n\times m$ 的矩阵；当 $m=n$ 时，速度雅可比矩阵为方阵，一般驱动的并联机器人的 $m=n$，其速度雅可比矩阵为方阵；当 $m\neq n$ 时，速度雅可比矩阵不是方阵，冗余驱动和欠驱动的并联机器人的 $m\neq n$，其速度雅可比矩阵不是方阵。在并联机构中，动平台最多有 3 个移动和 3 个转动自由度，$n\leqslant 6$；当 $m=n=6$ 时，速度雅可比矩阵为 6×6 的方阵；当 $m=n=5$ 时，速度雅可比矩阵为 5×5 的方阵，并可依此类推，得到 $m=n\neq 6$ 时速度雅可比矩阵的行数和列数。

4）速度雅可比矩阵随并联机器人的位姿变化而变化，并联机器人在不同位姿，其速度雅可比矩阵不同。速度雅可比矩阵仅与机构的运动学尺寸（铰链的位置和移动副的方向、位置）及输入构件的位姿有关，与输入构件的运动无关。

5）速度雅可比矩阵的行列式具有等于零和不等于零两种情况，并且与并联机器人位姿有关；速度雅可比矩阵的行列式等于零时，即

$$|\boldsymbol{J}(\boldsymbol{q})|=0 \tag{5-34}$$

具有这个特性的并联机器人，在其相应的位姿，具有奇异位形。

5.4.2 并联机器人的海森矩阵

并联机器人的海森矩阵是与并联机器人的输入构件的加速度、输出构件的加速度有关的矩阵。

将式（5-32）对时间 t 求导，得输出构件变量的列矩阵与输入构件变量的列矩阵的加速度关系为

$$\ddot{\boldsymbol{X}}=\boldsymbol{J}(\boldsymbol{q})\ddot{\boldsymbol{q}}+\dot{\boldsymbol{q}}^{\mathrm{T}}\boldsymbol{H}(\boldsymbol{q})\dot{\boldsymbol{q}} \tag{5-35}$$

式中，$\ddot{\boldsymbol{X}}$ 为输出构件变量的列矩阵对时间 t 的二阶导数，$\ddot{\boldsymbol{X}}=[\ddot{x}_1 \quad \ddot{x}_2 \quad \cdots \quad \ddot{x}_n]^{\mathrm{T}}$；$\ddot{\boldsymbol{q}}$ 为输入构件变量的列矩阵对时间 t 的二阶导数，$\ddot{\boldsymbol{q}}=[\ddot{q}_1 \quad \ddot{q}_2 \quad \cdots \quad \ddot{q}_m]^{\mathrm{T}}$；$\boldsymbol{H}(\boldsymbol{q})$ 为海森矩阵（Hessian Matrix），也称为二阶影响系数，即

$$\boldsymbol{H}(\boldsymbol{q})=\begin{bmatrix}\dfrac{\partial^2 f}{\partial q_1\partial q_1} & \cdots & \dfrac{\partial^2 f}{\partial q_1\partial q_m}\\ \vdots & & \vdots\\ \dfrac{\partial^2 f}{\partial q_n\partial q_1} & \cdots & \dfrac{\partial^2 f}{\partial q_n\partial q_m}\end{bmatrix} \tag{5-36}$$

在式（5-36）中，每一个元素为一矩阵，第 i 行、第 j 列的元素对应的列矩阵为

$$\boldsymbol{H}_{ij}(\boldsymbol{q})=\frac{\partial^2 f}{\partial q_i\partial q_j}=\begin{bmatrix}\dfrac{\partial^2 f_1}{\partial q_i\partial q_j} & \dfrac{\partial^2 f_2}{\partial q_i\partial q_j} & \cdots & \dfrac{\partial^2 f_n}{\partial q_i\partial q_j}\end{bmatrix}^{\mathrm{T}} \tag{5-37}$$

5.4.3 速度雅可比矩阵和海森矩阵的计算方法

速度雅可比矩阵和海森矩阵的计算方法主要有以下几种。

1. 速度雅可比矩阵和海森矩阵计算的求导法

采用求导法计算速度雅可比矩阵时，首先需要建立机构的位姿方程式，得到第 i 根连杆的长度，如式（4-4），然后对时间 t 求一阶导数和二阶导数，再根据式（5-32）或式（5-33）等，确定速度雅可比矩阵，根据式（5-35）等，确定海森矩阵。这个方法是计算速度雅可比矩阵和海森矩阵的基本方法，但是操作十分麻烦，因为需要建立机构的位姿方程并获得杆长，且要将杆长对时间 t 求导，尤其是求导中要涉及旋转矩阵及位置矢量在坐标轴上投影的变化，这对于复杂的并联机构是不方便的，因此，这种方法应用较少。

2. 速度雅可比矩阵和海森矩阵计算的矢量法

速度雅可比矩阵和海森矩阵计算的矢量法是通过建立并联机构位姿的矢量表达式，再通过求导来建立速度、加速度的关系式，根据式（5-32）或式（5-33），写出速度的关系式，从而获得速度雅可比矩阵，根据式（5-35），书写加速度的关系式，从而获得海森矩阵。速度雅可比矩阵和海森矩阵计算的矢量法是求解并联机构速度雅可比矩阵和海森矩阵的主要方法，可以用于对称和非对称结构的并联机构的速度雅可比矩阵和海森矩阵的求解，也可以用于冗余驱动和欠驱动的并联机构的速度雅可比矩阵和海森矩阵的求解。

【例 5-1】 求图 4-1 所示的 6-SPS 并联机构的速度雅可比矩阵。

解： 图 4-1 所示的 6-SPS 并联机构是对称结构的并联机构，下面用速度雅可比矩阵计算的矢量法求解其速度雅可比矩阵。

由式（5-12）得第 i 根连杆的伸长速度为

$$\dot{l}_i=\boldsymbol{w}_i\cdot\dot{\boldsymbol{P}}_O-\boldsymbol{w}_i\cdot(\boldsymbol{b}_i\times\boldsymbol{\omega}_P) \tag{5-38}$$

参考式（5-13）得

$$\dot{l}_i={}^A\boldsymbol{w}_i^{\mathrm{T}}{}^A\dot{\boldsymbol{P}}_O-{}^A\boldsymbol{w}_i^{\mathrm{T}}{}^A\widetilde{\boldsymbol{b}}_i{}^A\boldsymbol{\omega}_P={}^A\boldsymbol{w}_i^{\mathrm{T}}\begin{bmatrix}\boldsymbol{I} & -{}^A\widetilde{\boldsymbol{b}}_i\end{bmatrix}{}^A\dot{\boldsymbol{X}}={}^A\boldsymbol{w}_i^{\mathrm{T}}{}^A\boldsymbol{G}_{bi}{}^A\dot{\boldsymbol{X}} \tag{5-39}$$

式（5-39）与式（5-13）等价。式（5-39）中，$\boldsymbol{I}$ 为单位矩阵，${}^A\widetilde{\boldsymbol{b}}_i$ 为 ${}^A\boldsymbol{b}_i$ 的反对称矩阵，${}^A\boldsymbol{b}_i$ 为第 i 个铰链 b_i 的长度矢量在定坐标系 $OXYZ$ 下的位置的列矩阵，${}^A\boldsymbol{b}_i={}_D^A\boldsymbol{R}^D\boldsymbol{b}_i$；${}^A\dot{\boldsymbol{X}}$ 为动平台上 P 点的速度 $\dot{\boldsymbol{P}}_O$ 和动平台的角速度 $\boldsymbol{\omega}_P$ 在定坐标系 $OXYZ$ 下的列矩阵，即

$${}^A\dot{\boldsymbol{X}}=\begin{bmatrix}{}^A\dot{\boldsymbol{P}}_O\\ {}^A\boldsymbol{\omega}_P\end{bmatrix}=\begin{bmatrix}\dot{P}_{OX} & \dot{P}_{OY} & \dot{P}_{OZ} & \omega_{PX} & \omega_{PY} & \omega_{PZ}\end{bmatrix}^{\mathrm{T}} \tag{5-40}$$

$${}^A\boldsymbol{G}_{bi}=\begin{bmatrix}\boldsymbol{I} & -{}^A\widetilde{\boldsymbol{b}}_i\end{bmatrix}_{3\times6} \tag{5-41}$$

式中，$\dot{P}_{OX}$、$\dot{P}_{OY}$ 和 $\dot{P}_{OZ}$ 分别是动平台上 P 点的速度 $\dot{\boldsymbol{P}}_O$ 在定坐标系 $OXYZ$ 的 X、Y 和 Z 轴上的投影，也分别是速度 $\dot{\boldsymbol{P}}_O$ 沿 X、Y 和 Z 轴的分量；ω_{PX}、ω_{PY} 和 ω_{PZ} 分别是动平台的角速度 $\boldsymbol{\omega}_P$ 在定坐标系 $OXYZ$ 的 X、Y 和 Z 轴上的投影，也分别是角速度 $\boldsymbol{\omega}_P$ 沿 X、Y 和 Z 轴的分量。

图 4-1 所示的 6-SPS 并联机构有 6 根连杆，将 6 根连杆的伸长速度都写成式（5-39）的形式，则 6 根连杆的伸长速度的列矩阵为

$$\dot{q}=\begin{bmatrix}\dot{l}_1\\ \dot{l}_2\\ \vdots\\ \dot{l}_6\end{bmatrix}=\begin{bmatrix}{}^A\boldsymbol{w}_1^{\mathrm{T}A}\boldsymbol{G}_{b1}\\ {}^A\boldsymbol{w}_2^{\mathrm{T}A}\boldsymbol{G}_{b2}\\ \vdots\\ {}^A\boldsymbol{w}_6^{\mathrm{T}A}\boldsymbol{G}_{b6}\end{bmatrix}{}^A\dot{\boldsymbol{X}}={}^A\boldsymbol{J}^A\dot{\boldsymbol{X}} \tag{5-42}$$

根据式（5-33），由式（5-42）得图 4-1 所示的 6-SPS 并联机构在定坐标系 $OXYZ$ 下的逆速度雅可比矩阵为

$$^A\boldsymbol{J}=\begin{bmatrix}{}^A\boldsymbol{w}_1^{\mathrm{T}A}\boldsymbol{G}_{b1}\\ {}^A\boldsymbol{w}_2^{\mathrm{T}A}\boldsymbol{G}_{b2}\\ \vdots\\ {}^A\boldsymbol{w}_6^{\mathrm{T}A}\boldsymbol{G}_{b6}\end{bmatrix}_{6\times6} \tag{5-43}$$

式（5-42）为速度反解的表达式，6-SPS 并联机构的速度正解的表达式可写成

$$^A\dot{\boldsymbol{X}}={}^A\boldsymbol{J}^{-1}\dot{\boldsymbol{q}} \tag{5-44}$$

【例 5-2】 求图 5-1 所示的肩机械臂的速度雅可比矩阵。

解：

（1）肩机械臂的结构及建立坐标系　图 5-1 所示的肩机械臂是有 1 个冗余驱动的并联机构，动平台 p 有 3 个转动自由度。肩机械臂有 5 个支链，其中，有 4 根连杆支链，连杆的长度为 l_i，$i=1$、2、3、4，第 i 根连杆支链 B_ib_i 的液压缸的两端通过球铰分别与动平台 p、定平台 A 连接，4 根连杆均为驱动臂，动平台在驱动臂作用下运动；另有 1 根支链 OP 为杆，杆的长度为 l_P，杆的上端固定在动平台上，杆的下端通过球铰与定平台连接，或者说，动平台通过球铰与定平台连接，杆为被动臂。

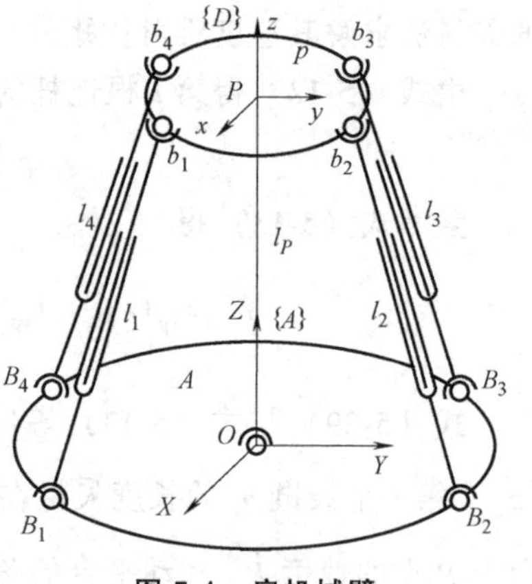

图 5-1　肩机械臂

在肩机械臂的动、定平台上各建立一个坐标系，动坐标系 $Pxyz$ 固定在动平台上，用 $\{D\}$ 表示，定坐标系 $OXYZ$ 固定在定平台上，用 $\{A\}$ 表示。

（2）动平台上 P 点的速度和动平台的角速度的关系　为了得到肩机械臂的速度雅可比矩阵，需要得到动平台上 P 点的速度 $\dot{\boldsymbol{P}}_O$ 在定坐标系 $OXYZ$ 下的列矩阵与动平台的角速度 $\boldsymbol{\omega}_P$ 在定坐标系 $OXYZ$ 下的列矩阵的关系。

根据图 5-1，动平台上 P 点的速度 $\dot{\boldsymbol{P}}_O$ 与动平台的角速度 $\boldsymbol{\omega}_P$ 有关，用矢量表示的动平台上 P 点的速度为

$$\dot{\boldsymbol{P}}_O=\boldsymbol{\omega}_P\times\boldsymbol{L}_P=-\boldsymbol{L}_P\times\boldsymbol{\omega}_P \tag{5-45}$$

式（5-45）也是矢量表示的动平台上 P 点的速度和动平台的角速度的关系式。式

(5-45) 中，$\boldsymbol{L}_P$ 为 O 点指向 P 点的矢量，也是杆的长度矢量。

根据矢量表示的速度与矩阵表示的速度的对应关系，由式（5-45）得矩阵表示的动平台上 P 点的速度为

$$^A\dot{\boldsymbol{P}}_O=-^A\widetilde{\boldsymbol{L}}_P{}^A\boldsymbol{\omega}_P \tag{5-46}$$

式（5-46）也是矩阵表示的动平台上 P 点的速度和动平台的角速度的关系式。式（5-46）中，$^A\boldsymbol{L}_P=[L_{PX}\quad L_{PY}\quad L_{PZ}]^{\mathrm{T}}$ 为杆的长度矢量 $\boldsymbol{L}_P$ 在定坐标系 $OXYZ$ 下的列矩阵，其中，L_{PX}、L_{PY} 和 L_{PZ} 分别是杆的长度矢量 $\boldsymbol{L}_P$ 在定坐标系 $OXYZ$ 的 X、Y 和 Z 轴上的投影；$^A\widetilde{\boldsymbol{L}}_P$ 为杆的长度矢量 $\boldsymbol{L}_P$ 在定坐标系 $OXYZ$ 下的投影构成的反对称矩阵，即

$$^A\widetilde{\boldsymbol{L}}_P=\begin{bmatrix}0 & -L_{PZ} & L_{PY}\\ L_{PZ} & 0 & -L_{PX}\\ -L_{PY} & L_{PX} & 0\end{bmatrix} \tag{5-47}$$

动平台在初始位置时 z 轴与 Z 轴重合，杆的长度矢量 $\boldsymbol{L}_P$ 的初始位置在动坐标系 $Pxyz$ 下的列矩阵$^D\boldsymbol{L}_P=[0\quad 0\quad -l_P]^{\mathrm{T}}$，$l_P$ 为杆的长度。动平台旋转进动角 ψ、章动角 θ 和自旋角 ϕ 后，旋转矩阵$^A_D\boldsymbol{R}=\boldsymbol{R}(z,\psi)\boldsymbol{R}(x,\theta)\boldsymbol{R}(z,\phi)$，根据式（3-11）和式（3-21），得杆的长度矢量 $\boldsymbol{L}_P$ 在定坐标系 $OXYZ$ 下的列矩阵为

$$^A\boldsymbol{L}_P={}^A_D\boldsymbol{R}{}^D\boldsymbol{L}_P \tag{5-48}$$

即

$$\begin{bmatrix}L_{PX}\\ L_{PY}\\ L_{PZ}\end{bmatrix}=\begin{bmatrix}\cos\psi\cos\phi-\sin\psi\cos\theta\sin\phi & -\cos\psi\sin\phi-\sin\psi\cos\theta\cos\phi & \sin\psi\sin\theta\\ \sin\psi\cos\phi+\cos\psi\cos\theta\sin\phi & -\sin\psi\sin\phi+\cos\psi\cos\theta\cos\phi & -\cos\psi\sin\theta\\ \sin\theta\sin\phi & \sin\theta\cos\phi & \cos\theta\end{bmatrix}\begin{bmatrix}0\\ 0\\ -l_P\end{bmatrix} \tag{5-49}$$

由式（5-49）得

$$\begin{cases}L_{PX}=-l_P\sin\psi\sin\theta\\ L_{PY}=l_P\cos\psi\sin\theta\\ L_{PZ}=-l_P\cos\theta\end{cases} \tag{5-50}$$

将式（5-50）代入式（5-47），得

$$^A\widetilde{\boldsymbol{L}}_P=l_P\begin{bmatrix}0 & \cos\theta & \cos\psi\sin\theta\\ -\cos\theta & 0 & \sin\psi\sin\theta\\ -\cos\psi\sin\theta & -\sin\psi\sin\theta & 0\end{bmatrix} \tag{5-51}$$

(3) 肩机械臂的逆速度雅可比矩阵　将式（5-45）代入式（5-12），得矢量表示的第 i 根连杆 B_ib_i 的伸长速度为

$$\dot{l}_i=\boldsymbol{w}_i\cdot\dot{\boldsymbol{P}}_O+\boldsymbol{w}_i\cdot(\boldsymbol{\omega}_P\times\boldsymbol{b}_i)=\boldsymbol{w}_i\cdot(\boldsymbol{\omega}_P\times\boldsymbol{L}_P)+\boldsymbol{w}_i\cdot(\boldsymbol{\omega}_P\times\boldsymbol{b}_i) \tag{5-52}$$

根据矢量表示的速度与矩阵表示的速度的对应关系，由式（5-52）得矩阵表示的第 i 根连杆 B_ib_i 的伸长速度为

$$\dot{l}_i=-^A\boldsymbol{w}_i^{\mathrm{T}}(^A\widetilde{\boldsymbol{L}}_P+^A\widetilde{\boldsymbol{b}}_i)^A\boldsymbol{\omega}_P \tag{5-53}$$

动平台只有转动的自由度，$^A\dot{\boldsymbol{X}}_L={}^A\boldsymbol{\omega}_P$。又因肩机械臂有 4 根连杆，根据式（5-53），得 4

根连杆的伸长速度的列矩阵为

$$\dot{\boldsymbol{q}}=\begin{bmatrix}\dot{l}_1\\ \dot{l}_2\\ \dot{l}_3\\ \dot{l}_4\end{bmatrix}=-\begin{bmatrix}{}^A\boldsymbol{w}_1^{\mathrm{T}}({}^A\widetilde{\boldsymbol{L}}_P+{}^A\widetilde{\boldsymbol{b}}_1)\\ {}^A\boldsymbol{w}_2^{\mathrm{T}}({}^A\widetilde{\boldsymbol{L}}_P+{}^A\widetilde{\boldsymbol{b}}_2)\\ {}^A\boldsymbol{w}_3^{\mathrm{T}}({}^A\widetilde{\boldsymbol{L}}_P+{}^A\widetilde{\boldsymbol{b}}_3)\\ {}^A\boldsymbol{w}_4^{\mathrm{T}}({}^A\widetilde{\boldsymbol{L}}_P+{}^A\widetilde{\boldsymbol{b}}_4)\end{bmatrix}{}^A\boldsymbol{\omega}_P=\boldsymbol{J}{}^A\dot{\boldsymbol{X}}_L \tag{5-54}$$

根据式（5-33），由式（5-54）得图 5-1 所示的肩机械臂的逆速度雅可比矩阵为

$$\boldsymbol{J}=-\begin{bmatrix}{}^A\boldsymbol{w}_1^{\mathrm{T}}({}^A\widetilde{\boldsymbol{L}}_P+{}^A\widetilde{\boldsymbol{b}}_1)\\ {}^A\boldsymbol{w}_2^{\mathrm{T}}({}^A\widetilde{\boldsymbol{L}}_P+{}^A\widetilde{\boldsymbol{b}}_2)\\ {}^A\boldsymbol{w}_3^{\mathrm{T}}({}^A\widetilde{\boldsymbol{L}}_P+{}^A\widetilde{\boldsymbol{b}}_3)\\ {}^A\boldsymbol{w}_4^{\mathrm{T}}({}^A\widetilde{\boldsymbol{L}}_P+{}^A\widetilde{\boldsymbol{b}}_4)\end{bmatrix} \tag{5-55}$$

当已知肩机械臂的尺寸时，给出动平台旋转的进动角 ψ、章动角 θ 和自旋角 ϕ 后，可由式（5-55）计算出肩机械臂的速度雅可比矩阵 $\boldsymbol{J}$。

5.5 角速度的坐标旋转变换

5.5.1 角速度的坐标旋转变换关系

在并联机器人的速度和加速度的计算中，一般给出或已知欧拉角的角速度或别的类型的旋转变换角的角速度，而并联机器人的速度和加速度的计算公式中速度和加速度用动平台的角速度 $\boldsymbol{\omega}_P$ 表达，或用动平台的角速度 $\boldsymbol{\omega}_P$ 在定坐标系 $OXYZ$ 下的列矩阵表达，这就需要知道动平台的角速度 $\boldsymbol{\omega}_P$ 在定坐标系 $OXYZ$ 下的列矩阵与欧拉角的角速度或别的类型的旋转变换角的角速度的关系。

根据刚体动力学，任一刚体的角速度 $\boldsymbol{\omega}$ 在直角坐标系 $\{A\}$ 下的列矩阵 ${}^A\boldsymbol{\omega}$ 不等于该刚体的欧拉角的角速度的列矩阵，即

$${}^A\boldsymbol{\omega}\neq\boldsymbol{\Omega}=\begin{bmatrix}\dot{\psi} & \dot{\theta} & \dot{\phi}\end{bmatrix}^{\mathrm{T}} \tag{5-56}$$

式中，$\dot{\psi}$、$\dot{\theta}$ 和 $\dot{\phi}$ 分别为进动角 ψ、章动角 θ 和自旋角 ϕ 对时间 t 的一阶导数。

任一刚体的角速度 $\boldsymbol{\omega}$ 在直角坐标系 $\{A\}$ 下的列矩阵 ${}^A\boldsymbol{\omega}$ 与该刚体的欧拉角的角速度的列矩阵之间有坐标旋转变换的关系。任一刚体的角速度 $\boldsymbol{\omega}$ 在直角坐标系 $\{A\}$、$\{B\}$ 中如图 5-2 所示，角速度的坐标旋转变换就是要得到任一刚体的角速度 $\boldsymbol{\omega}$ 在坐标系 $\{A\}$ 下的列矩阵 ${}^A\boldsymbol{\omega}$ 与该刚体的欧拉角的角速度的列矩阵的关系，或得到任一刚体的角速度 $\boldsymbol{\omega}$ 在坐标系

$\{B\}$ 下的列矩阵${}^B\boldsymbol{\omega}$与该刚体的欧拉角的角速度的列矩阵的关系，要得到角速度的坐标旋转变换矩阵${}^A_{\boldsymbol{\Omega}}\boldsymbol{R}$或${}^B_{\boldsymbol{\Omega}}\boldsymbol{R}$。角速度的坐标旋转变换关系可表示为

$$ {}^A\boldsymbol{\omega} = {}^A_{\boldsymbol{\Omega}}\boldsymbol{R}\boldsymbol{\Omega} \tag{5-57} $$

$$ {}^B\boldsymbol{\omega} = {}^B_{\boldsymbol{\Omega}}\boldsymbol{R}\boldsymbol{\Omega} \tag{5-58} $$

有了式（5-57）、式（5-58），并知道${}^A_{\boldsymbol{\Omega}}\boldsymbol{R}$和${}^B_{\boldsymbol{\Omega}}\boldsymbol{R}$，在并联机器人的速度和加速度的计算中，给出或已知旋转变换角的角速度，就能进行动平台的角速度 $\boldsymbol{\omega}_P$ 在定坐标系 $OXYZ$ 下的列矩阵的计算。

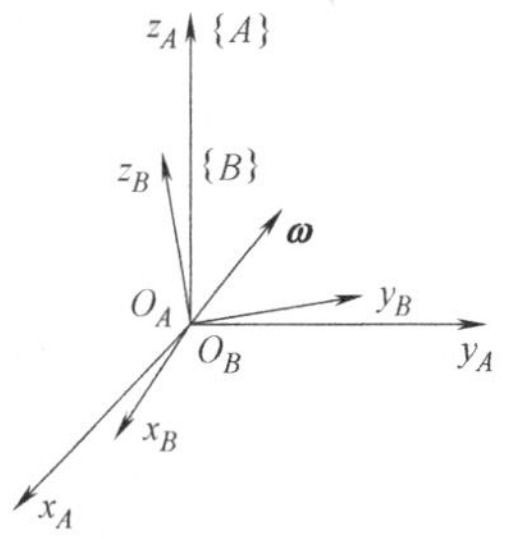

图 5-2 角速度的坐标旋转变换

角速度的坐标旋转变换与坐标旋转变换的类型有关，下面介绍不同类型坐标旋转变换下角速度的坐标旋转变换。

5.5.2 绕动轴 z-x-z 旋转欧拉角下的角速度的坐标旋转变换

1. 角速度在坐标系 {B} 下的列矩阵

将图 3-10 和图 5-2 合并，得图 5-3。由图 5-3 所示的绕动轴 z-x-z 旋转的欧拉角下的角速度的坐标旋转变换可知，坐标系 $\{B\}$ 相对坐标系 $\{A\}$ 的转动分解为连续 3 次绕定轴转动，根据图 5-3，又根据角速度矢量叠加原理，坐标系 $\{B\}$ 相对坐标系 $\{A\}$ 转动的角速度矢量 $\boldsymbol{\omega}$ 等于连续 3 次绕定轴转动的角速度矢量和，即

$$ \boldsymbol{\omega} = \dot{\psi}\boldsymbol{e}_z^A + \dot{\theta}\boldsymbol{e}_x^{C1} + \dot{\phi}\boldsymbol{e}_z^B \tag{5-59} $$

式中，$\boldsymbol{e}_z^A$ 为坐标系 $\{A\}$ 中沿 z_A 轴的单位矢量，A 写在 $\boldsymbol{e}$ 的右上方表示 $\boldsymbol{e}_z^A$ 为矢量；$\boldsymbol{e}_x^{C1}$ 为坐标系 $\{C1\}$ 中沿 x'轴的单位矢量，坐标系 $\{C1\}$ 为坐标系 $\{B\}$ 相对坐标系 $\{A\}$ 绕 z_A 轴转动后的坐标系，坐标系 $\{C1\}$ 在图 5-3 中没有标出；$\boldsymbol{e}_z^B$ 为坐标系 $\{B\}$ 中沿 z_B 轴的单位矢量。

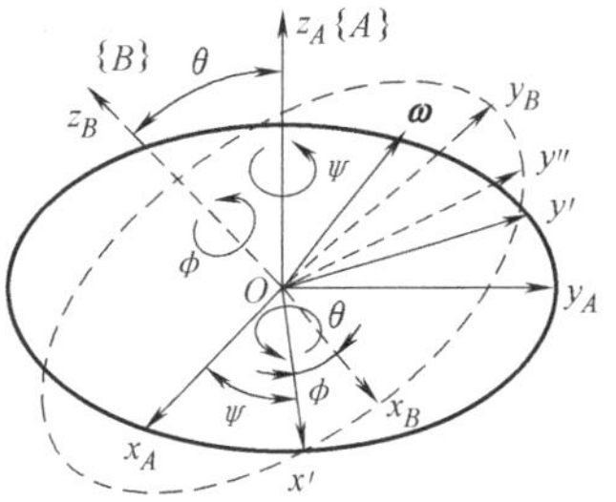

图 5-3 绕动轴 z-x-z 旋转的欧拉角下的角速度的坐标旋转变换

取 $\boldsymbol{e}^B$ 为坐标系 $\{B\}$ 的单位矢量的列阵，$\boldsymbol{e}^B = [\boldsymbol{e}_x^B \quad \boldsymbol{e}_y^B \quad \boldsymbol{e}_z^B]^{\mathrm{T}}$，$\boldsymbol{e}_x^B$、$\boldsymbol{e}_y^B$ 和 $\boldsymbol{e}_z^B$ 分别为坐标系 $\{B\}$ 中沿 x_B、y_B 和 z_B 轴的单位矢量，根据矢量的点积，将式（5-59）对 $\boldsymbol{e}^B$ 进行点积，并考虑式（5-58），得角速度 $\boldsymbol{\omega}$ 在坐标系 $\{B\}$ 中的列矩阵为

$$ \begin{aligned} {}^B\boldsymbol{\omega} &= [{}^B\omega_x \quad {}^B\omega_y \quad {}^B\omega_z]^{\mathrm{T}} = [\boldsymbol{e}_x^B\cdot\boldsymbol{\omega} \quad \boldsymbol{e}_y^B\cdot\boldsymbol{\omega} \quad \boldsymbol{e}_z^B\cdot\boldsymbol{\omega}]^{\mathrm{T}} \\ &= [\boldsymbol{e}_x^B \quad \boldsymbol{e}_y^B \quad \boldsymbol{e}_z^B]^{\mathrm{T}}\cdot\boldsymbol{\omega} = \boldsymbol{e}^B\cdot\boldsymbol{\omega} = \dot{\psi}\boldsymbol{e}^B\cdot\boldsymbol{e}_z^A + \dot{\theta}\boldsymbol{e}^B\cdot\boldsymbol{e}_x^{C1} + \dot{\phi}\boldsymbol{e}^B\cdot\boldsymbol{e}_z^B \\ &= {}^B_{\boldsymbol{\Omega}}\boldsymbol{R}_{zxz}(\psi,\theta,\phi)\boldsymbol{\Omega} \end{aligned} \tag{5-60} $$

式中，${}^B\omega_x$、${}^B\omega_y$ 和 ${}^B\omega_z$ 分别是角速度 $\boldsymbol{\omega}$ 在坐标系 $\{B\}$ 中的 x_B、y_B 和 z_B 轴上的投影，考虑到 $\boldsymbol{\omega} = {}^B\omega_x\boldsymbol{e}_x^B + {}^B\omega_y\boldsymbol{e}_y^B + {}^B\omega_z\boldsymbol{e}_z^B$，又考虑到 y_B 和 z_B 轴分别与 x_B 垂直，$\boldsymbol{e}_y^B$ 和 $\boldsymbol{e}_z^B$ 与 $\boldsymbol{e}_x^B$ 垂直，$\boldsymbol{e}_x^B\cdot\boldsymbol{e}_x^B = 1$，$\boldsymbol{e}_x^B\cdot\boldsymbol{e}_y^B = 0$，$\boldsymbol{e}_x^B\cdot\boldsymbol{e}_z^B = 0$，有 $\boldsymbol{e}_x^B\cdot\boldsymbol{\omega} = \boldsymbol{e}_x^B\cdot({}^B\omega_x\boldsymbol{e}_x^B + {}^B\omega_y\boldsymbol{e}_y^B + {}^B\omega_z\boldsymbol{e}_z^B) = \boldsymbol{e}_x^B\cdot{}^B\omega_x\boldsymbol{e}_x^B = {}^B\omega_x\boldsymbol{e}_x^B\cdot$

$e_x^B = {}^B\omega_x$，即${}^B\omega_x = e_x^B \cdot \omega$，同理，${}^B\omega_y = e_y^B \cdot \omega$，${}^B\omega_z = e_z^B \cdot \omega$；$\Omega = [\dot{\psi} \quad \dot{\theta} \quad \dot{\phi}]^{\mathrm{T}}$，角速度的坐标旋转变换矩阵为

$$ {}_{\Omega}^{B}R_{zxz}(\psi, \theta, \phi) = \begin{bmatrix} e^B \cdot e_z^A & e^B \cdot e_x^{C1} & e^B \cdot e_z^B \end{bmatrix} \tag{5-61} $$

取 e^A 为坐标系 $\{A\}$ 的单位矢量的矩阵，$e^A = \begin{bmatrix} e_x^A & e_y^A & e_z^A \end{bmatrix}^{\mathrm{T}}$，$e_x^A$、$e_y^A$ 和 e_z^A 分别为坐标系 $\{A\}$ 中沿 x_A、y_A 和 z_A 轴的单位矢量。根据式（3-5）、式（3-11）和式（3-21），又根据矢量的点积，并考虑 e_z^A 为坐标系 $\{A\}$ 中沿 z_A 轴的单位矢量，得

$$ \begin{aligned} e^B \cdot e_z^A &= {}_B^A R_{zxz}(\psi, \theta, \phi)^{\mathrm{T}} e^A \cdot e_z^A = {}_B^A R_{zxz}(\psi, \theta, \phi)^{\mathrm{T}} \begin{bmatrix} 0 \\ 0 \\ 1 \end{bmatrix} \\ &= \begin{bmatrix} \cos\psi\cos\phi - \sin\psi\cos\theta\sin\phi & -\cos\psi\sin\phi - \sin\psi\cos\theta\cos\phi & \sin\psi\sin\theta \\ \sin\psi\cos\phi + \cos\psi\cos\theta\sin\phi & -\sin\psi\sin\phi + \cos\psi\cos\theta\cos\phi & -\cos\psi\sin\theta \\ \sin\theta\sin\phi & \sin\theta\cos\phi & \cos\theta \end{bmatrix}^{\mathrm{T}} \begin{bmatrix} 0 \\ 0 \\ 1 \end{bmatrix} \\ &= \begin{bmatrix} \sin\theta\sin\phi \\ \sin\theta\cos\phi \\ \cos\theta \end{bmatrix} \end{aligned} \tag{5-62} $$

根据图 5-3，x'轴与 x''轴重合，$e_x^{C1} = e_x^{C2}$，e_x^{C2} 为坐标系 $\{C2\}$ 中沿 x''轴的单位矢量的矩阵，坐标系 $\{C2\}$ 为坐标系 $\{B\}$ 相对坐标系 $\{A\}$ 的绕 x'轴转动后的坐标系，坐标系 $\{C2\}$ 在图 5-3 中没有标出。取 e^{C2} 为坐标系 $\{C2\}$ 的单位矢量的矩阵，$e^{C2} = \begin{bmatrix} e_x^{C2} & e_y^{C2} & e_z^{C2} \end{bmatrix}^{\mathrm{T}}$，又根据式（3-8）和矢量的点积，得

$$ \begin{aligned} e^B \cdot e_x^{C1} &= e^B \cdot e_x^{C2} = {}_{C2}^{B}R_z e^{C2} \cdot e_x^{C2} = {}_{C2}^{B}R_z \begin{bmatrix} 1 \\ 0 \\ 0 \end{bmatrix} = {}_{B}^{C2}R_z^{\mathrm{T}} \begin{bmatrix} 1 \\ 0 \\ 0 \end{bmatrix} \\ &= \begin{bmatrix} \cos\phi & -\sin\phi & 0 \\ \sin\phi & \cos\phi & 0 \\ 0 & 0 & 1 \end{bmatrix}^{\mathrm{T}} \begin{bmatrix} 1 \\ 0 \\ 0 \end{bmatrix} = \begin{bmatrix} \cos\phi \\ -\sin\phi \\ 0 \end{bmatrix} \end{aligned} \tag{5-63} $$

根据矢量的点积，并考虑 e_z^B 为坐标系 $\{B\}$ 中沿 z_B 轴的单位矢量的矩阵，$e^B = \begin{bmatrix} e_x^B & e_y^B & e_z^B \end{bmatrix}^{\mathrm{T}}$，得

$$ e^B \cdot e_z^B = [0 \quad 0 \quad 1]^{\mathrm{T}} \tag{5-64} $$

将式（5-62）~式（5-64）代入式（5-61）得角速度的坐标旋转变换矩阵为

$$ {}_{\Omega}^{B}R_{zxz}(\psi, \theta, \phi) = \begin{bmatrix} \sin\theta\sin\phi & \cos\phi & 0 \\ \sin\theta\cos\phi & -\sin\phi & 0 \\ \cos\theta & 0 & 1 \end{bmatrix} \tag{5-65} $$

再将式（5-65）代入式（5-60）得角速度 ω 在坐标系 $\{B\}$ 中的列矩阵为

$$
{}^{B}\boldsymbol{\omega}={}^{B}_{\boldsymbol{\Omega}}\boldsymbol{R}_{zxz}(\psi,\ \theta,\ \phi)\boldsymbol{\Omega}=\begin{bmatrix}\sin\theta\sin\phi & \cos\phi & 0\\ \sin\theta\cos\phi & -\sin\phi & 0\\ \cos\theta & 0 & 1\end{bmatrix}\begin{bmatrix}\dot{\psi}\\ \dot{\theta}\\ \dot{\phi}\end{bmatrix} \tag{5-66}
$$

2. 角速度在坐标系 {*A*} 下的列矩阵

类似的方法，取 $\boldsymbol{e}^A$ 为坐标系 {*A*} 的单位矢量的矩阵，$\boldsymbol{e}^A=\begin{bmatrix}\boldsymbol{e}_x^A & \boldsymbol{e}_y^A & \boldsymbol{e}_z^A\end{bmatrix}^{\mathrm{T}}$，$\boldsymbol{e}_x^A$、$\boldsymbol{e}_y^A$ 和 $\boldsymbol{e}_z^A$ 分别为坐标系 {*A*} 中沿 x_A、y_A 和 z_A 轴的单位矢量，根据矢量的点积，将式（5-59）点积 $\boldsymbol{e}^A$，并考虑式（5-57），得角速度 $\boldsymbol{\omega}$ 在坐标系 {*A*} 中的列矩阵为

$$
\begin{aligned}
{}^{A}\boldsymbol{\omega}&=\begin{bmatrix}{}^{A}\omega_x & {}^{A}\omega_y & {}^{A}\omega_z\end{bmatrix}^{\mathrm{T}}=\boldsymbol{e}^A\cdot\boldsymbol{\omega}\\
&=\dot{\psi}\boldsymbol{e}^A\cdot\boldsymbol{e}_z^A+\dot{\theta}\boldsymbol{e}^A\cdot\boldsymbol{e}_x^{C1}+\dot{\phi}\boldsymbol{e}^A\cdot\boldsymbol{e}_z^B={}^{A}_{\boldsymbol{\Omega}}\boldsymbol{R}_{zxz}(\psi,\ \theta,\ \phi)\boldsymbol{\Omega}
\end{aligned} \tag{5-67}
$$

式(5-67)中，${}^{A}\omega_x$、${}^{A}\omega_y$ 和 ${}^{A}\omega_z$ 分别是角速度 $\boldsymbol{\omega}$ 在坐标系{*A*}的 x_A、y_A 和 z_A 轴上的投影，角速度的坐标旋转变换矩阵为

$$
{}^{A}_{\boldsymbol{\Omega}}\boldsymbol{R}_{zxz}(\psi,\theta,\phi)=\begin{bmatrix}\boldsymbol{e}^A\cdot\boldsymbol{e}_z^A & \boldsymbol{e}^A\cdot\boldsymbol{e}_x^{C1} & \boldsymbol{e}^A\cdot\boldsymbol{e}_z^B\end{bmatrix} \tag{5-68}
$$

同样，可得

$$
\boldsymbol{e}^A\cdot\boldsymbol{e}_z^A=\begin{bmatrix}0\\0\\1\end{bmatrix},\quad \boldsymbol{e}^A\cdot\boldsymbol{e}_x^{C1}=\begin{bmatrix}\cos\psi\\ \sin\psi\\ 0\end{bmatrix},\quad \boldsymbol{e}^A\cdot\boldsymbol{e}_z^B=\begin{bmatrix}\sin\theta\sin\psi\\ -\sin\theta\cos\psi\\ \cos\theta\end{bmatrix} \tag{5-69}
$$

将式（5-69）代入式（5-68）得角速度的坐标旋转变换矩阵为

$$
{}^{A}_{\boldsymbol{\Omega}}\boldsymbol{R}_{zxz}(\psi,\theta,\phi)=\begin{bmatrix}0 & \cos\psi & \sin\theta\sin\psi\\ 0 & \sin\psi & -\sin\theta\cos\psi\\ 1 & 0 & \cos\theta\end{bmatrix} \tag{5-70}
$$

再将式（5-70）代入式（5-67）得角速度 $\boldsymbol{\omega}$ 在坐标系 {*A*} 中的列矩阵为

$$
{}^{A}\boldsymbol{\omega}={}^{A}_{\boldsymbol{\Omega}}\boldsymbol{R}_{zxz}(\psi,\theta,\phi)\boldsymbol{\Omega}=\begin{bmatrix}0 & \cos\psi & \sin\theta\sin\psi\\ 0 & \sin\psi & -\sin\theta\cos\psi\\ 1 & 0 & \cos\theta\end{bmatrix}\begin{bmatrix}\dot{\psi}\\ \dot{\theta}\\ \dot{\phi}\end{bmatrix} \tag{5-71}
$$

3. 角速度的大小

角速度 $\boldsymbol{\omega}$ 是矢量，在坐标系 {*B*} 中的 x_B、y_B 和 z_B 轴上的投影为 ${}^{B}\omega_x$、${}^{B}\omega_y$ 和 ${}^{B}\omega_z$，在坐标系 {*A*} 的 x_A、y_A 和 z_A 轴上的投影为 ${}^{A}\omega_x$、${}^{A}\omega_y$ 和 ${}^{A}\omega_z$，根据矢量合成原理和式（5-66）、式（5-71），得角速度 $\boldsymbol{\omega}$ 的大小，也即角速度 $\boldsymbol{\omega}$ 的模为

$$
|\boldsymbol{\omega}|=\sqrt{{}^{B}\omega_x^2+{}^{B}\omega_y^2+{}^{B}\omega_z^2}=\sqrt{{}^{A}\omega_x^2+{}^{A}\omega_y^2+{}^{A}\omega_z^2} \tag{5-72}
$$

角速度只有一个，角速度的模也只有一个。直角坐标系不同，角速度在不同的直角坐标系的坐标轴上的投影及相应的列矩阵分别不同，如角速度在坐标系 {*A*}、{*B*} 的坐标轴上的投影及相应的列矩阵分别不同。

【例 5-3】 已知动平台的进动角 $\psi=55°$，章动角 $\theta=15°$，自旋角 $\phi=-45°$，进动角速度 $\dot{\psi}=5.5\mathrm{rad/s}$，章动角速度 $\dot{\theta}=3\mathrm{rad/s}$，自旋角速度 $\dot{\phi}=-4.9\mathrm{rad/s}$，求动平台的角速度分别在坐标系 $\{B\}$、$\{A\}$ 下的列矩阵及动平台的角速度的大小。

解：根据式（5-66），得动平台的角速度在坐标系 $\{B\}$ 下的列矩阵为

$$^{B}\boldsymbol{\omega}=\begin{bmatrix}^{B}\omega_x\\ ^{B}\omega_y\\ ^{B}\omega_z\end{bmatrix}=\begin{bmatrix}\sin\theta\sin\phi & \cos\phi & 0\\ \sin\theta\cos\phi & -\sin\phi & 0\\ \cos\theta & 0 & 1\end{bmatrix}\begin{bmatrix}\dot{\psi}\\ \dot{\theta}\\ \dot{\phi}\end{bmatrix}=\begin{bmatrix}1.1148\\ 3.1279\\ 0.4126\end{bmatrix}$$

根据式（5-71），得动平台的角速度在坐标系 $\{A\}$ 下的列矩阵为

$$^{A}\boldsymbol{\omega}=\begin{bmatrix}^{A}\omega_x\\ ^{A}\omega_y\\ ^{A}\omega_z\end{bmatrix}=\begin{bmatrix}0 & \cos\psi & \sin\theta\sin\psi\\ 0 & \sin\psi & -\sin\theta\cos\psi\\ 1 & 0 & \cos\theta\end{bmatrix}\begin{bmatrix}\dot{\psi}\\ \dot{\theta}\\ \dot{\phi}\end{bmatrix}=\begin{bmatrix}0.6819\\ 3.1849\\ 0.7670\end{bmatrix}$$

根据式（5-72），得动平台的角速度的大小为

$$|\boldsymbol{\omega}|=\sqrt{^{B}\omega_x^2+{}^{B}\omega_y^2+{}^{B}\omega_z^2}=\sqrt{^{A}\omega_x^2+{}^{A}\omega_y^2+{}^{A}\omega_z^2}$$
$$=\sqrt{1.1148^2+3.1279^2+0.4126^2}\ \mathrm{rad/s}=\sqrt{0.6819^2+3.1849^2+0.7670^2}\ \mathrm{rad/s}=3.3461\mathrm{rad/s}$$

5.5.3 绕动轴 z-y-x 旋转欧拉角下的角速度的坐标旋转变换

1. 角速度在坐标系 $\{B\}$ 下的列矩阵

将图 3-11 和图 5-2 合并，得图 5-4。由图 5-4 所示的绕动轴 z-y-x 旋转的欧拉角下的角速度的坐标旋转变换可知，坐标系 $\{B\}$ 相对坐标系 $\{A\}$ 的转动分解为连续 3 次绕定轴转动，根据图 5-4，又根据角速度矢量叠加原理，坐标系 $\{B\}$ 相对坐标系 $\{A\}$ 转动的角速度矢量 $\boldsymbol{\omega}$ 等于连续 3 次绕定轴转动的角速度矢量和，即

$$\boldsymbol{\omega}=\dot{\alpha}\boldsymbol{e}_z^A+\dot{\beta}\boldsymbol{e}_y^{C1}+\dot{\gamma}\boldsymbol{e}_x^B \tag{5-73}$$

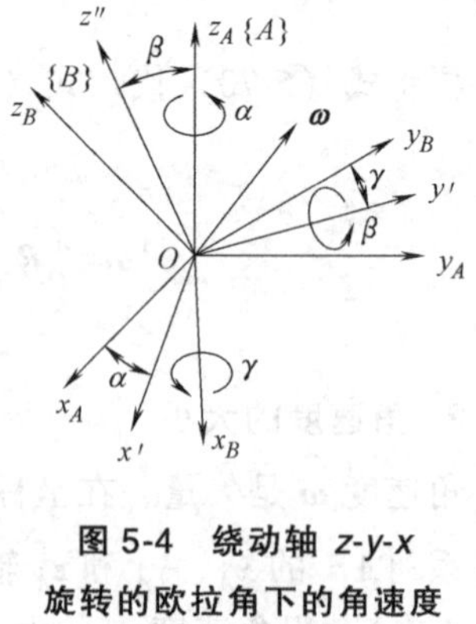

图 5-4 绕动轴 z-y-x 旋转的欧拉角下的角速度的坐标旋转变换

式中，$\dot{\alpha}$、$\dot{\beta}$ 和 $\dot{\gamma}$ 分别为 α、β 和 γ 对时间 t 的一阶导数；$\boldsymbol{e}_z^A$ 为坐标系 $\{A\}$ 中沿 z_A 轴的单位矢量；$\boldsymbol{e}_y^{C1}$ 为坐标系 $\{C1\}$ 中沿 y' 轴的单位矢量，坐标系 $\{C1\}$ 为坐标系 $\{B\}$ 相对坐标系 $\{A\}$ 的绕 z_A 轴转动后的坐标系，坐标系 $\{C1\}$ 在图 5-4 中没有标出，$\boldsymbol{e}_x^B$ 为坐标系 $\{B\}$ 中沿 x_B 轴的单位矢量。

取 $\boldsymbol{e}^B$ 为坐标系 $\{B\}$ 的单位矢量的矩阵，$\boldsymbol{e}^B=\begin{bmatrix}\boldsymbol{e}_x^B & \boldsymbol{e}_y^B & \boldsymbol{e}_z^B\end{bmatrix}^{\mathrm{T}}$，$\boldsymbol{e}_x^B$、$\boldsymbol{e}_y^B$ 和 $\boldsymbol{e}_z^B$ 分别为坐标系 $\{B\}$ 中沿 x_B、y_B 和 z_B 轴的单位矢量。与式（5-60）同理，根据矢量的点积，将式

(5-73) 对 $\boldsymbol{e}^B$ 进行点积，并考虑式 (5-58)，得角速度 $\boldsymbol{\omega}$ 在坐标系 $\{B\}$ 中的列矩阵为

$$
\begin{aligned}
{}^B\boldsymbol{\omega} &= \begin{bmatrix} {}^B\omega_x & {}^B\omega_y & {}^B\omega_z \end{bmatrix}^{\mathrm{T}} = \boldsymbol{e}^B \cdot \boldsymbol{\omega} \\
&= \dot{\alpha}\boldsymbol{e}^B \cdot \boldsymbol{e}_z^A + \dot{\beta}\boldsymbol{e}^B \cdot \boldsymbol{e}_y^{C1} + \dot{\gamma}\boldsymbol{e}^B \cdot \boldsymbol{e}_x^B = {}_{\boldsymbol{\Omega}}^{B}\boldsymbol{R}_{zyx}(\alpha, \beta, \gamma)\boldsymbol{\Omega}
\end{aligned}
\tag{5-74}
$$

式 (5-74) 中，$\boldsymbol{\Omega} = \begin{bmatrix} \dot{\alpha} & \dot{\beta} & \dot{\gamma} \end{bmatrix}^{\mathrm{T}}$，角速度的坐标旋转变换矩阵为

$$
{}_{\boldsymbol{\Omega}}^{B}\boldsymbol{R}_{zyx}(\alpha, \beta, \gamma) = \begin{bmatrix} \boldsymbol{e}^B \cdot \boldsymbol{e}_z^A & \boldsymbol{e}^B \cdot \boldsymbol{e}_y^{C1} & \boldsymbol{e}^B \cdot \boldsymbol{e}_x^B \end{bmatrix} \tag{5-75}
$$

与式 (5-62) 同理，根据式 (3-5)、式 (3-11) 和式 (3-24)，又根据矢量的点积，并考虑 $\boldsymbol{e}_z^A$ 为坐标系 $\{A\}$ 中沿 z_A 轴的单位矢量列矩阵，$\boldsymbol{e}^A = \begin{bmatrix} \boldsymbol{e}_x^A & \boldsymbol{e}_y^A & \boldsymbol{e}_z^A \end{bmatrix}^{\mathrm{T}}$，得

$$
\begin{aligned}
\boldsymbol{e}^B \cdot \boldsymbol{e}_z^A &= {}_B^A\boldsymbol{R}_{zyx}\ (\alpha, \beta, \gamma)^{\mathrm{T}}\boldsymbol{e}^A \cdot \boldsymbol{e}_z^A = {}_B^A\boldsymbol{R}_{zyx}\ (\alpha, \beta, \gamma)^{\mathrm{T}}\begin{bmatrix} 0 \\ 0 \\ 1 \end{bmatrix} \\
&= \begin{bmatrix} \cos\alpha\cos\beta & \cos\alpha\sin\beta\sin\gamma - \sin\alpha\cos\gamma & \cos\alpha\sin\beta\cos\gamma + \sin\alpha\sin\gamma \\ \sin\alpha\cos\beta & \sin\alpha\sin\beta\sin\gamma + \cos\alpha\cos\gamma & \sin\alpha\sin\beta\cos\gamma - \cos\alpha\sin\gamma \\ -\sin\beta & \cos\beta\sin\gamma & \cos\beta\cos\gamma \end{bmatrix}^{T}\begin{bmatrix} 0 \\ 0 \\ 1 \end{bmatrix} \\
&= \begin{bmatrix} -\sin\beta \\ \cos\beta\sin\gamma \\ \cos\beta\cos\gamma \end{bmatrix}
\end{aligned}
\tag{5-76}
$$

根据图 5-4，y'轴与 y''轴重合，$\boldsymbol{e}_y^{C1} = \boldsymbol{e}_y^{C2}$，$\boldsymbol{e}_y^{C2}$ 为坐标系 $\{C2\}$ 中沿 y''轴的单位矢量，坐标系 $\{C2\}$ 为坐标系 $\{B\}$ 相对坐标系 $\{A\}$ 的绕 y'轴转动后的坐标系，坐标系 $\{C2\}$ 在图 5-4 中没有标出；取 $\boldsymbol{e}^{C2}$ 为坐标系 $\{C2\}$ 的单位矢量矩阵，又根据式 (3-6) 和矢量的点积，$\boldsymbol{e}^{C2} = \begin{bmatrix} \boldsymbol{e}_x^{C2} & \boldsymbol{e}_y^{C2} & \boldsymbol{e}_z^{C2} \end{bmatrix}^{\mathrm{T}}$，与式 (5-63) 同理，得

$$
\begin{aligned}
\boldsymbol{e}^B \cdot \boldsymbol{e}_y^{C1} &= \boldsymbol{e}^B \cdot \boldsymbol{e}_y^{C2} = {}_{C2}^{B}\boldsymbol{R}_x\boldsymbol{e}^{C2} \cdot \boldsymbol{e}_y^{C2} = {}_{C2}^{B}\boldsymbol{R}_x\begin{bmatrix} 0 \\ 1 \\ 0 \end{bmatrix} = {}_B^{C2}\boldsymbol{R}_x^{\mathrm{T}}\begin{bmatrix} 0 \\ 1 \\ 0 \end{bmatrix} \\
&= \begin{bmatrix} 1 & 0 & 0 \\ 0 & \cos\gamma & -\sin\gamma \\ 0 & \sin\gamma & \cos\gamma \end{bmatrix}^{\mathrm{T}}\begin{bmatrix} 0 \\ 1 \\ 0 \end{bmatrix} = \begin{bmatrix} 0 \\ \cos\gamma \\ -\sin\gamma \end{bmatrix}
\end{aligned}
\tag{5-77}
$$

根据矢量的点积，与式 (5-64) 同理，得

$$
\boldsymbol{e}^B \cdot \boldsymbol{e}_x^B = [1 \quad 0 \quad 0]^{\mathrm{T}} \tag{5-78}
$$

将式 (5-76) ~ 式 (5-78) 代入式 (5-75)，得角速度的坐标旋转变换矩阵为

$$
{}_{\boldsymbol{\Omega}}^{B}\boldsymbol{R}_{zyx}(\alpha, \beta, \gamma) = \begin{bmatrix} -\sin\beta & 0 & 1 \\ \cos\beta\sin\gamma & \cos\gamma & 0 \\ \cos\beta\cos\gamma & -\sin\gamma & 0 \end{bmatrix} \tag{5-79}
$$

再将式 (5-79) 代入式 (5-74) 得角速度 $\boldsymbol{\omega}$ 在坐标系 $\{B\}$ 中的列矩阵为

$$
{}^B\boldsymbol{\omega} = {}_{\boldsymbol{\Omega}}^{B}\boldsymbol{R}_{zyx}(\alpha, \beta, \gamma)\boldsymbol{\Omega} = \begin{bmatrix} -\sin\beta & 0 & 1 \\ \cos\beta\sin\gamma & \cos\gamma & 0 \\ \cos\beta\cos\gamma & -\sin\gamma & 0 \end{bmatrix}\begin{bmatrix} \dot{\alpha} \\ \dot{\beta} \\ \dot{\gamma} \end{bmatrix} \tag{5-80}
$$

2. 角速度在坐标系 {*A*} 下的列矩阵

类似的方法，取 $\boldsymbol{e}^A$ 为坐标系 {*A*} 的单位矢量矩阵，$\boldsymbol{e}^A=\left[\boldsymbol{e}_x^A \quad \boldsymbol{e}_y^A \quad \boldsymbol{e}_z^A\right]^{\mathrm{T}}$，$\boldsymbol{e}_x^A$、$\boldsymbol{e}_y^A$ 和 $\boldsymbol{e}_z^A$ 分别为坐标系 {*A*} 中沿 x_A、y_A 和 z_A 轴的单位矢量，根据矢量的点积，将式（5-73）点积 $\boldsymbol{e}^A$，并考虑式（5-57），得角速度 $\boldsymbol{\omega}$ 在坐标系 {*A*} 中的列矩阵为

$$\begin{aligned} {}^A\boldsymbol{\omega} &= \left[{}^A\omega_x \quad {}^A\omega_y \quad {}^A\omega_z\right]^{\mathrm{T}} = \boldsymbol{e}^A \cdot \boldsymbol{\omega} \\ &= \dot{\alpha}\boldsymbol{e}^A \cdot \boldsymbol{e}_z^A + \dot{\beta}\boldsymbol{e}^A \cdot \boldsymbol{e}_y^{C1} + \dot{\gamma}\boldsymbol{e}^A \cdot \boldsymbol{e}_x^B = {}_{\boldsymbol{\Omega}}^{A}R_{zyx}(\alpha, \beta, \gamma)\boldsymbol{\Omega} \end{aligned} \tag{5-81}$$

式(5-81)中,角速度的坐标旋转变换矩阵为

$${}_{\boldsymbol{\Omega}}^{A}\boldsymbol{R}_{zyx}(\alpha, \beta, \gamma) = \left[\boldsymbol{e}^A \cdot \boldsymbol{e}_z^A \quad \boldsymbol{e}^A \cdot \boldsymbol{e}_y^{C1} \quad \boldsymbol{e}^A \cdot \boldsymbol{e}_x^B\right] \tag{5-82}$$

同样，可得

$$\boldsymbol{e}^A \cdot \boldsymbol{e}_z^A = \begin{bmatrix} 0 \\ 0 \\ 1 \end{bmatrix}, \quad \boldsymbol{e}^A \cdot \boldsymbol{e}_y^{C1} = \begin{bmatrix} -\sin\alpha \\ \cos\alpha \\ 0 \end{bmatrix}, \quad \boldsymbol{e}^A \cdot \boldsymbol{e}_x^B = \begin{bmatrix} \cos\alpha\cos\beta \\ \sin\alpha\cos\beta \\ -\sin\beta \end{bmatrix} \tag{5-83}$$

将式（5-83）代入式（5-82）得角速度的坐标旋转变换矩阵为

$${}_{\boldsymbol{\Omega}}^{A}\boldsymbol{R}_{zyx}(\alpha, \beta, \gamma) = \begin{bmatrix} 0 & -\sin\alpha & \cos\alpha\cos\beta \\ 0 & \cos\alpha & \sin\alpha\cos\beta \\ 1 & 0 & -\sin\beta \end{bmatrix} \tag{5-84}$$

再将式（5-84）代入式（5-81）得角速度 $\boldsymbol{\omega}$ 在坐标系 {*A*} 中的列矩阵为

$${}^A\boldsymbol{\omega} = {}_{\boldsymbol{\Omega}}^{A}\boldsymbol{R}_{zyx}(\alpha, \beta, \gamma)\boldsymbol{\Omega} = \begin{bmatrix} 0 & -\sin\alpha & \cos\alpha\cos\beta \\ 0 & \cos\alpha & \sin\alpha\cos\beta \\ 1 & 0 & -\sin\beta \end{bmatrix} \begin{bmatrix} \dot{\alpha} \\ \dot{\beta} \\ \dot{\gamma} \end{bmatrix} \tag{5-85}$$

3. 角速度的大小

角速度 $\boldsymbol{\omega}$ 的大小可由式（5-72）计算得到，式中的 ${}^B\omega_x$、${}^B\omega_y$ 和 ${}^B\omega_z$ 由式（5-80）计算得到，式中的 ${}^A\omega_x$、${}^A\omega_y$ 和 ${}^A\omega_z$ 由式（5-85）计算得到。

【例 5-4】 已知动平台的 $\alpha=15°$、$\beta=5°$、$\gamma=12°$，$\dot{\alpha}=5.8\text{rad/s}$、$\dot{\beta}=2.2\text{rad/s}$，$\dot{\gamma}=4.5\text{rad/s}$，求动平台的角速度分别在坐标系 {*B*}、{*A*} 下的列矩阵及动平台的角速度的大小。

解： 根据式（5-80），得动平台的角速度在坐标系 {*B*} 下的列矩阵为

$${}^B\boldsymbol{\omega} = \begin{bmatrix} {}^B\omega_x \\ {}^B\omega_y \\ {}^B\omega_z \end{bmatrix} = \begin{bmatrix} -\sin\beta & 0 & 1 \\ \cos\beta\sin\gamma & \cos\gamma & 0 \\ \cos\beta\cos\gamma & -\sin\gamma & 0 \end{bmatrix} \begin{bmatrix} \dot{\alpha} \\ \dot{\beta} \\ \dot{\gamma} \end{bmatrix} = \begin{bmatrix} 3.9954 \\ 3.3532 \\ 5.1943 \end{bmatrix}$$

根据式（5-85），得动平台的角速度在坐标系 {*A*} 下的列矩阵为

$$
{}^{A}\boldsymbol{\omega}=\begin{bmatrix}{}^{A}\omega_x\\{}^{A}\omega_y\\{}^{A}\omega_z\end{bmatrix}=\begin{bmatrix}0 & -\sin\alpha & \cos\alpha\cos\beta\\0 & \cos\alpha & \sin\alpha\cos\beta\\1 & 0 & -\sin\beta\end{bmatrix}\begin{bmatrix}\dot{\alpha}\\\dot{\beta}\\\dot{\gamma}\end{bmatrix}=\begin{bmatrix}3.7607\\3.2853\\5.4078\end{bmatrix}
$$

根据式（5-72），得动平台的角速度的大小为

$$
|\boldsymbol{\omega}|=\sqrt{{}^{B}\omega_x^2+{}^{B}\omega_y^2+{}^{B}\omega_z^2}=\sqrt{{}^{A}\omega_x^2+{}^{A}\omega_y^2+{}^{A}\omega_z^2}
$$

$$
=\sqrt{3.9954^2+3.3532^2+5.1943^2}\,\text{rad/s}=\sqrt{3.7607^2+3.2853^2+5.4078^2}\,\text{rad/s}=7.3612\text{rad/s}
$$

习　题

5-1　简述并联机器人的速度和加速度计算方法。

5-2　根据图 4-1，写出矢量、矩阵表示的动平台上第 i 个铰链的速度、加速度。

5-3　根据图 4-1，写出矢量、矩阵表示的第 i 根连杆的伸长速度和伸长加速度。

5-4　根据图 4-1，写出矢量、矩阵表示的第 i 根连杆的角速度、角加速度。

5-5　写出并联机器人输出构件变量的列矩阵与输入构件变量的列矩阵的速度关系、加速度关系及其速度雅可比矩阵。

5-6　简述速度雅可比矩阵的特性。

5-7　简述速度雅可比矩阵和海森矩阵的计算方法。

5-8　求图 5-1 所示的肩机械臂的动平台上第 i 个铰链的速度和加速度、连杆的伸长速度和伸长加速度。

5-9　求图 2-1 所示的 2 自由度的 Diamond 并联机器人的动平台上第 i 个铰链的速度和加速度。

5-10　求图 2-2 所示的 3 自由度移动的 Delta 并联机器人的动平台上第 i 个铰链的速度和加速度。

5-11　图 5-5 是在图 5-1 的基础上，将杆改为液压缸，成为具有中间液压缸的肩机械臂，求具有中间液压缸的肩机械臂的速度雅可比矩阵。

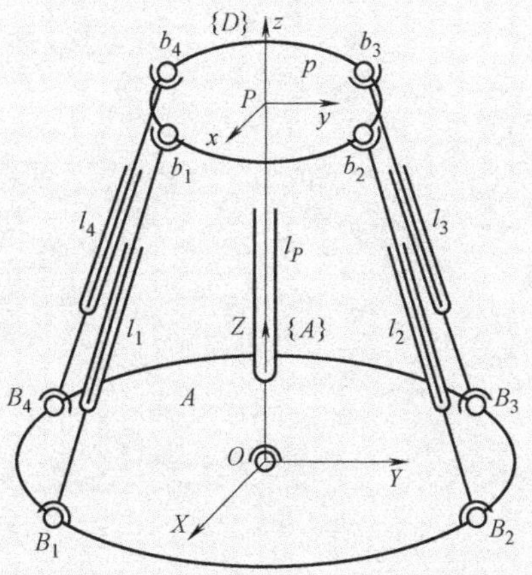

图 5-5　具有中间液压缸的肩机械臂

5-12　求图 2-2 所示的 3 自由度移动的 Delta 并联机器人的速度雅可比矩阵。

5-13　已知动平台的进动角 $\psi=50°$，章动角 $\theta=14°$，自旋角 $\phi=-40°$，进动角速度 $\dot{\psi}=5.1\text{rad/s}$，章动角速度 $\dot{\theta}=3\text{rad/s}$，自旋角速度 $\dot{\phi}=-4.7\text{rad/s}$，求动平台的角速度分别在坐标系 $\{B\}$、$\{A\}$ 下的列矩阵及动平台的角速度的大小。求得动平台的角速度在坐标系 $\{B\}$ 下的列矩阵后，再通过坐标旋转，求动平台的角速度在坐标系 $\{A\}$ 下的列矩阵及动平台的角速度的大小。

5-14　查找文献，阅读 1~2 篇并联机器人的速度和加速度计算的文献，再简述其速度和加速度计算过程。

5-15　查找文献，阅读 1~2 篇并联机器人的速度雅可比矩阵、海森矩阵的求解文献，再简述其求解过程。

第6章 并联机器人的静力学分析

教学目标： 通过本章学习，应掌握基于力平衡方程的并联机器人的静力学分析，并联机器人的静力学方程，力雅可比矩阵和静刚度。能计算并联机器人的驱动力和铰链的径向力、总静刚度、驱动静刚度和运动链静刚度，能进行并联机器人的静刚度比较，了解并联机器人的静力学分析的概念、力雅可比矩阵与速度雅可比矩阵的对偶关系、力雅可比矩阵与速度雅可比矩阵对偶关系下静力和速度的正解和逆解，为并联机器人的静强度计算、静刚度分析及优化打下基础。

6.1 并联机器人的静力学分析的概念

并联机器人的静力学研究并联机器人的并联机构在静止时受力、力的平衡、驱动力、静刚度等问题，目的是要得到并联机构的输出构件与输入构件的静力的关系。

并联机器人的静力学研究方法是将理论力学中质点系受力、受力平衡的分析方法用于并联机构的支链及动平台的静力学分析，将虚位移原理用于并联机构的输出构件与输入构件的静力的关系分析。并联机器人的受力、受力平衡、驱动力、静刚度的分析是静止和低速运动的并联机构的连杆、铰链等强度计算和液压缸的压力计算的基础。在柔顺并联机器人（如图 1-26 所示的 6 自由度的铰链柔顺并联机器人）中，要用并联机器人的静力学进行机构的刚度评判。并联机器人的力学包括静力学和动力学，并联机器人的静力学分析的特点是进行静力学分析时，并联机构的各个构件没有惯性力。

在并联机器人的静力学分析中，根据解的方向有两类问题，一是静力学逆解的问题，二是静力学正解的问题。根据动平台的受力和并联机构的结构，求连杆的驱动力，为静力学逆解。根据连杆的驱动力和并联机构的结构，求动平台的受力，为静力学正解。由于并联机器人的位姿逆解容易，求逆速度雅可比矩阵容易，在并联机器人的静力学正解中要用到逆速度雅可比矩阵，使得并联机器人的静力学正解相对静力学逆解容易。又由于并联机器人有无穷多个位姿且静力学方程求解困难，为获得最大的驱动力，有时要用穷举法。

在并联机器人的静力学分析中，根据解的路线，也有两类问题，一是支链静力学分析的问题，二是整体静力学分析的问题。从连杆受力分析开始，利用各支链结构和力的传递关系，研究并联机器人的受力、力的平衡、驱动力等，为支链静力学分析。从并联机器人的整体角度，获得并联机器人的输出构件和输入构件的力的关系，获得力的雅可比矩阵，再研究并联机器人的静刚度，为整体静力学分析。在整体静力学分析时，不计并联机构的重力，只根据动平台的受力求并联机构的驱动力，采用虚位移原理相对而言更有效，计算复杂程度较小，易学。

下面以图 4-1 所示的 6-SPS 并联机构为例，介绍并联机器人的静力学分析。

6.2 基于力的平衡方程的并联机器人的静力学分析

基于力的平衡方程的并联机器人的静力学分析是根据力的平衡方程，进行并联机器人的静力学分析，包括连杆、动平台的静力学分析，在此基础上，可得并联机器人的驱动力和铰链的径向力。

6.2.1 并联机器人连杆的静力学分析

连杆由液压缸和活塞杆组成，先分析液压缸的受力，再分析活塞杆的受力，最后综合液压缸和活塞杆的受力分析，则完成连杆的静力学分析。

1. 液压缸的静力学分析

（1）液压缸的力的平衡方程　液压缸的受力如图 6-1 所示，根据力的平衡原理和图 6-1，考虑所有力对 C_i 点的力矩，得液压缸的力的平衡方程为

$$\boldsymbol{F}'_{Di}+\boldsymbol{F}'_{Ci}+\boldsymbol{F}_{Bi}+\boldsymbol{G}_{Bi}=0 \tag{6-1}$$

$$-l_{Ci}\boldsymbol{w}_i\times\boldsymbol{F}_{Bi}+(l_{Ci}-l_{BGi})\boldsymbol{w}_i\times\boldsymbol{G}_{Bi}=0 \tag{6-2}$$

式（6-1）和式（6-2）分别为液压缸的力和力矩的平衡方程。式（6-1）和式（6-2）中，$\boldsymbol{F}'_{Di}$为液压缸的驱动力的反力；$\boldsymbol{F}'_{Ci}$为第 i 根连杆的液压缸和活塞杆之间的作用力；$\boldsymbol{F}_{Bi}$ 为铰链 B_i 的径向力；$\boldsymbol{G}_{Bi}$ 为第 i 根连杆的液压缸的重力；l_{Ci} 为第 i 根连杆的液压缸和活塞杆之间的作用力到铰链 B_i 的距离；l_{BGi} 为第 i 根连杆的液压缸的质心 B_{Gi} 到铰链 B_i 的距离；$\boldsymbol{w}_i$ 为第 i 根连杆的沿连杆轴线的单位矢量。

（2）铰链 B_i 的沿第 i 根连杆轴线方向的作用力的大小　令 $\boldsymbol{F}_{Bi}=\boldsymbol{F}_{Biw}+\boldsymbol{F}_{Biuv}$；$\boldsymbol{F}_{Biw}$ 为铰链 B_i 的沿第 i 根连杆轴线方向的作用力，$\boldsymbol{F}_{Biw}=f_{Biw}\boldsymbol{w}_i$，$f_{Biw}$ 为 $\boldsymbol{F}_{Biw}$ 的大小，f_{Biw} 是标量；$\boldsymbol{F}_{Biuv}$ 为铰链 B_i 的垂直于第 i 根连杆轴线的作用力。又令 $\boldsymbol{F}'_{Di}=-f_{Di}\boldsymbol{w}_i$，$f_{Di}$ 为 $\boldsymbol{F}'_{Di}$的大小，f_{Di} 前的“-”号是考虑 $\boldsymbol{w}_i$ 的方向与 $\boldsymbol{F}'_{Di}$的方向相反。

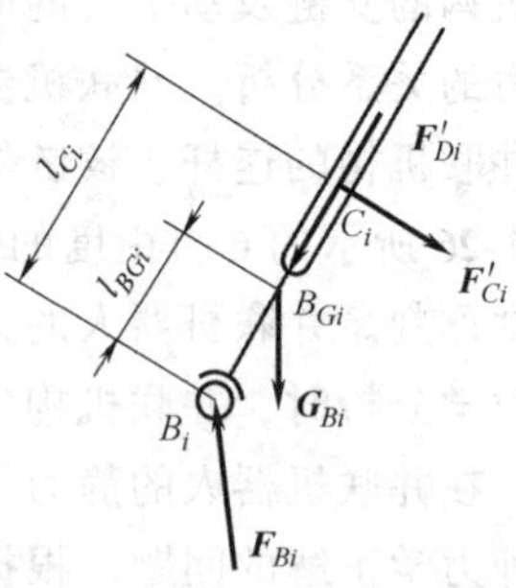

图 6-1　液压缸的受力

用 $\boldsymbol{w}_i$ 点乘式（6-1），并将 $\boldsymbol{F}_{Bi}=\boldsymbol{F}_{Biw}+\boldsymbol{F}_{Biuv}$、$\boldsymbol{F}_{Biw}=f_{Biw}\boldsymbol{w}_i$ 和 $\boldsymbol{F}'_{Di}=-f_{Di}\boldsymbol{w}_i$ 代入式（6-1），考虑 $\boldsymbol{w}_i\perp\boldsymbol{F}'_{Ci}$和 $\boldsymbol{w}_i\perp\boldsymbol{F}_{Biuv}$，$\boldsymbol{w}_i\cdot\boldsymbol{F}'_{Ci}=0$，$\boldsymbol{w}_i\cdot\boldsymbol{F}_{Biuv}=0$，得铰链 B_i 的沿第 i 根连杆轴线方向的作用力 $\boldsymbol{F}_{Biw}$ 的大小为

$$f_{Biw}=f_{Di}-\boldsymbol{w}_i\cdot\boldsymbol{G}_{Bi} \tag{6-3}$$

将式（6-3）写成矩阵形式，再得铰链 B_i 的沿第 i 根连杆轴线方向的作用力 $\boldsymbol{F}_{Biw}$ 的大小为

$$f_{Biw}=f_{Di}-{}^{A}\boldsymbol{w}_i^{\mathrm{T}\,A}\boldsymbol{G}_{Bi} \tag{6-4}$$

式中，${}^{A}\boldsymbol{w}_i$ 为第 i 根连杆的沿连杆轴线的单位矢量 $\boldsymbol{w}_i$ 在定坐标系 $OXYZ$ 下的列矩阵，液压缸的重力 $\boldsymbol{G}_{Bi}$ 在定坐标系 $OXYZ$ 下的列矩阵 ${}^{A}\boldsymbol{G}_{Bi}=[0\quad 0\quad G_{BiZ}]^{\mathrm{T}}$，$G_{BiZ}$ 为 $\boldsymbol{G}_{Bi}$ 在定坐标系 $OXYZ$ 下沿 Z 轴的分量。

(3) 铰链 B_i 的垂直于第 i 根连杆轴线的作用力　用 $\boldsymbol{w}_i$ 叉乘式 (6-2)，并将 $\boldsymbol{F}_{Bi}=\boldsymbol{F}_{Biw}+\boldsymbol{F}_{Biuv}$ 和 $\boldsymbol{F}_{Biw}=f_{Biw}\boldsymbol{w}_i$ 代入式 (6-2)，另考虑 $\boldsymbol{w}_i\times\boldsymbol{F}_{Biw}=0$，提取 l_{Ci} 和 $l_{Ci}-l_{BGi}$，得

$$-l_{Ci}\boldsymbol{w}_i\times(\boldsymbol{w}_i\times\boldsymbol{F}_{Biuv})+(l_{Ci}-l_{BGi})\boldsymbol{w}_i\times(\boldsymbol{w}_i\times\boldsymbol{G}_{Bi})=0 \tag{6-5}$$

再运用三矢量的两重叉乘的运算方法，$l_{Ci}\boldsymbol{w}_i\times(\boldsymbol{w}_i\times\boldsymbol{F}_{Biuv})=-l_{Ci}\boldsymbol{F}_{Biuv}$，由式 (6-5) 得铰链 B_i 的垂直于第 i 根连杆轴线的作用力为

$$\boldsymbol{F}_{Biuv}=-\frac{l_{Ci}-l_{BGi}}{l_{Ci}}\boldsymbol{w}_i\times(\boldsymbol{w}_i\times\boldsymbol{G}_{Bi}) \tag{6-6}$$

将式 (6-6) 写成矩阵形式，得铰链 B_i 的垂直于第 i 根连杆轴线的作用力 $\boldsymbol{F}_{Biuv}$ 在定坐标系 $OXYZ$ 下的列矩阵为

$${}^{A}\boldsymbol{F}_{Biuv}=\begin{bmatrix}F_{BiuvX}\\F_{BiuvY}\\F_{BiuvZ}\end{bmatrix}=-\frac{l_{Ci}-l_{BGi}}{l_{Ci}}{}^{A}\widetilde{\boldsymbol{w}}_i^{2}\,{}^{A}\boldsymbol{G}_{Bi} \tag{6-7}$$

式中，${}^{A}\widetilde{\boldsymbol{w}}_i$ 为第 i 根连杆的沿连杆轴线的单位矢量 $\boldsymbol{w}_i$ 在定坐标系 $OXYZ$ 下的反对称矩阵，F_{BiuvX}、F_{BiuvY} 和 F_{BiuvZ} 分别为 $\boldsymbol{F}_{Biuv}$ 在定坐标系 $OXYZ$ 的 X、Y 和 Z 轴上的投影，也是 $\boldsymbol{F}_{Biuv}$ 沿 X、Y 和 Z 轴的分量。

2. 活塞杆的静力学分析

(1) 活塞杆的力的平衡方程　活塞杆的受力如图 6-2 所示，根据力的平衡原理和图 6-2，考虑所有力对 C_i 点的力矩，得活塞杆的力的平衡方程为

$$\boldsymbol{F}_{Di}+\boldsymbol{F}_{Ci}+\boldsymbol{F}'_{bi}+\boldsymbol{G}_{bi}=0 \tag{6-8}$$

$$(l_i-l_{Ci})\boldsymbol{w}_i\times\boldsymbol{F}'_{bi}+(l_i-l_{Ci}-l_{bGi})\boldsymbol{w}_i\times\boldsymbol{G}_{bi}=0 \tag{6-9}$$

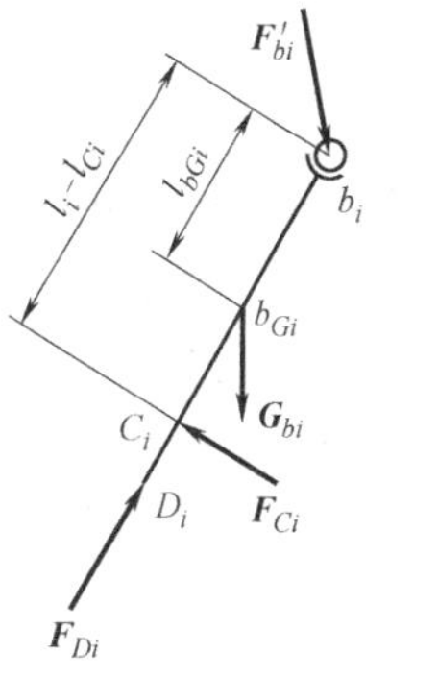

图 6-2　活塞杆的受力

式 (6-8) 和式 (6-9) 分别为活塞杆的力和力矩的平衡方程。式 (6-8) 和式 (6-9) 中，$\boldsymbol{F}'_{bi}$为第 i 根连杆的铰链 b_i 的径向力，$\boldsymbol{G}_{bi}$ 为第 i 根连杆的活塞杆的重力，l_{bGi} 为第 i 根连杆的活塞杆的质心 b_{Gi} 到铰链 b_i 的距离。

(2) 液压缸的驱动力的大小　令 $\boldsymbol{F}'_{bi}=\boldsymbol{F}'_{biw}+\boldsymbol{F}'_{biuv}$；$\boldsymbol{F}'_{biw}$为铰链 b_i 的沿第 i 根连杆轴线方向的作用力，$\boldsymbol{F}'_{biw}=-f_{biw}\boldsymbol{w}_i$，$f_{biw}$ 为铰链 b_i 的沿第 i 根连杆轴线方向的作用力的大小，f_{biw} 是标量，f_{biw} 前的“-”号是考虑 $\boldsymbol{w}_i$ 的方向与 $\boldsymbol{F}'_{biw}$的方向相反；$\boldsymbol{F}'_{biuv}$为铰链 b_i 的垂直于第 i 根连杆轴线的作用力；$\boldsymbol{F}_{Di}$ 是 $\boldsymbol{F}'_{Di}$的反作用力，$\boldsymbol{F}_{Di}=-\boldsymbol{F}'_{Di}=f_{Di}\boldsymbol{w}_i$；$\boldsymbol{F}_{Ci}$ 是 $\boldsymbol{F}'_{Ci}$的反作用力。

用 $\boldsymbol{w}_i$ 点乘式 (6-8)，并将 $\boldsymbol{F}'_{bi}=\boldsymbol{F}'_{biw}+\boldsymbol{F}'_{biuv}$、$\boldsymbol{F}'_{biw}=-f_{biw}\boldsymbol{w}_i$ 和 $\boldsymbol{F}_{Di}=f_{Di}\boldsymbol{w}_i$ 代入式 (6-8)，考虑 $\boldsymbol{w}_i\perp\boldsymbol{F}_{Ci}$ 和 $\boldsymbol{w}_i\perp\boldsymbol{F}'_{biuv}$，$\boldsymbol{w}_i\cdot\boldsymbol{F}'_{biuv}=0$，得第 i 根连杆的液压缸的驱动力 $\boldsymbol{F}_{Di}$ 的大小为

$$f_{Di}=f_{biw}-\boldsymbol{w}_i\cdot\boldsymbol{G}_{bi} \tag{6-10}$$

将式 (6-10) 写成矩阵形式，得液压缸的驱动力 $\boldsymbol{F}_{Di}$ 的大小为

$$f_{Di}=f_{biw}-{}^A\boldsymbol{w}_i^{\mathrm{T}A}\boldsymbol{G}_{bi} \tag{6-11}$$

式中，活塞杆的重力 $\boldsymbol{G}_{bi}$ 在定坐标系 $OXYZ$ 下的列矩阵 ${}^A\boldsymbol{G}_{bi}=[0\quad 0\quad G_{biZ}]^{\mathrm{T}}$，$G_{biZ}$ 为 $\boldsymbol{G}_{bi}$ 在定坐标系 $OXYZ$ 下沿 Z 轴的分量。

（3）铰链 b_i 的垂直于第 i 根连杆轴线的作用力　用 $\boldsymbol{w}_i$ 叉乘式（6-9），并将 $\boldsymbol{F}'_{bi}=\boldsymbol{F}'_{biw}+\boldsymbol{F}'_{biuv}$ 和 $\boldsymbol{F}'_{biw}=-f_{biw}\boldsymbol{w}_i$ 代入式（6-9），另考虑 $\boldsymbol{w}_i\times\boldsymbol{F}'_{biw}=0$，提取（$l_i-l_{Ci}$）和（$l_i-l_{Ci}-l_{bGi}$），得

$$(l_i-l_{Ci})\boldsymbol{w}_i\times(\boldsymbol{w}_i\times\boldsymbol{F}'_{biuv})+(l_i-l_{Ci}-l_{bGi})\boldsymbol{w}_i\times(\boldsymbol{w}_i\times\boldsymbol{G}_{bi})=0 \tag{6-12}$$

再运用三矢量的两重叉积的运算方法，（l_i-l_{Ci}）$\boldsymbol{w}_i\times(\boldsymbol{w}_i\times\boldsymbol{F}'_{biuv})=-(l_i-l_{Ci})\boldsymbol{F}'_{biuv}$，由式（6-12）得铰链 b_i 的垂直于第 i 根连杆轴线的作用力为

$$\boldsymbol{F}'_{biuv}=\frac{l_i-l_{Ci}-l_{bGi}}{l_i-l_{Ci}}\boldsymbol{w}_i\times(\boldsymbol{w}_i\times\boldsymbol{G}_{bi}) \tag{6-13}$$

将式（6-13）写成矩阵形式，得铰链 b_i 的垂直于第 i 根连杆轴线的作用力 $\boldsymbol{F}'_{biuv}$ 在定坐标系 $OXYZ$ 下的列矩阵为

$${}^A\boldsymbol{F}'_{biuv}=\begin{bmatrix}F'_{biuvX}\\F'_{biuvY}\\F'_{biuvZ}\end{bmatrix}=\frac{l_i-l_{Ci}-l_{bGi}}{l_i-l_{Ci}}{}^A\widetilde{\boldsymbol{w}}_i^{2A}\boldsymbol{G}_{bi} \tag{6-14}$$

式中，F'_{biuvX}、F'_{biuvY} 和 F'_{biuvZ} 分别为 $\boldsymbol{F}'_{biuv}$ 在定坐标系 $OXYZ$ 的 X、Y 和 Z 轴上的投影，也是 $\boldsymbol{F}'_{biuv}$ 沿 X、Y 和 Z 轴的分量。

3. 连杆的静力学分析

为求得作用在铰链 B_i 和铰链 b_i 上的力，也可对整个连杆进行静力学分析。

（1）连杆的力的平衡方程　连杆的受力如图 6-3 所示，根据力的平衡原理和图 6-3，考虑所有力对铰链 B_i 的力矩，得连杆的力的平衡方程为

$$\boldsymbol{F}_{Bi}+\boldsymbol{F}'_{bi}+\boldsymbol{G}_{Bi}+\boldsymbol{G}_{bi}=0 \tag{6-15}$$

$$l_i\boldsymbol{w}_i\times\boldsymbol{F}'_{bi}+l_{BGi}\boldsymbol{w}_i\times\boldsymbol{G}_{Bi}+(l_i-l_{bGi})\boldsymbol{w}_i\times\boldsymbol{G}_{bi}=0 \tag{6-16}$$

式（6-15）和式（6-16）分别为连杆的力和力矩的平衡方程。

（2）铰链 B_i 的沿第 i 根连杆轴线方向的作用力的大小　用 $\boldsymbol{w}_i$ 点乘式（6-15），并将 $\boldsymbol{F}'_{bi}=\boldsymbol{F}'_{biw}+\boldsymbol{F}'_{biuv}$、$\boldsymbol{F}'_{biw}=-f_{biw}\boldsymbol{w}_i$ 和 $\boldsymbol{F}_{Bi}=\boldsymbol{F}_{Biw}+\boldsymbol{F}_{Biuv}$、$\boldsymbol{F}_{Biw}=f_{Biw}\boldsymbol{w}_i$ 代入式（6-15），考虑 $\boldsymbol{w}_i\perp\boldsymbol{F}_{Biuv}$ 和 $\boldsymbol{w}_i\perp\boldsymbol{F}'_{biuv}$，得铰链 B_i 的沿第 i 根连杆轴线方向的作用力 $\boldsymbol{F}_{Biw}$ 的大小为

$$f_{Biw}=f_{biw}-\boldsymbol{w}_i\cdot\boldsymbol{G}_{Bi}-\boldsymbol{w}_i\cdot\boldsymbol{G}_{bi} \tag{6-17}$$

将式（6-17）写成矩阵形式，再得铰链 B_i 的沿第 i 根连杆轴线的作用力 $\boldsymbol{F}_{Biw}$ 的大小为

$$f_{Biw}=f_{biw}-{}^A\boldsymbol{w}_i^{\mathrm{T}A}\boldsymbol{G}_{Bi}-{}^A\boldsymbol{w}_i^{\mathrm{T}A}\boldsymbol{G}_{bi} \tag{6-18}$$

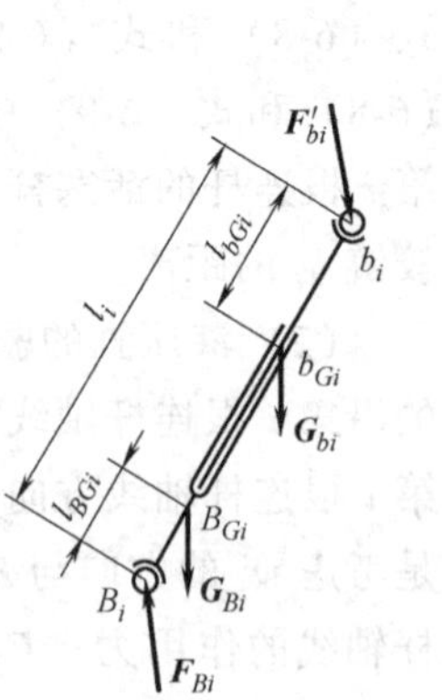

图 6-3　连杆的受力

（3）铰链 b_i 的垂直于第 i 根连杆轴线的作用力　用 $\boldsymbol{w}_i$ 叉乘式（6-16），并将 $\boldsymbol{F}'_{bi}=\boldsymbol{F}'_{biw}+\boldsymbol{F}'_{biuv}$ 代入式（6-16），另考虑 $\boldsymbol{w}_i\times\boldsymbol{F}'_{biw}=0$，提取 l_i、l_{BGi} 和（l_i-l_{bGi}），得

$$l_i\boldsymbol{w}_i\times(\boldsymbol{w}_i\times\boldsymbol{F}'_{biuv})+l_{BGi}\boldsymbol{w}_i\times(\boldsymbol{w}_i\times\boldsymbol{G}_{Bi})+(l_i-l_{bGi})\boldsymbol{w}_i\times(\boldsymbol{w}_i\times\boldsymbol{G}_{bi})=0 \tag{6-19}$$

再运用三矢量的两重叉积的运算方法，$l_i\boldsymbol{w}_i\times(\boldsymbol{w}_i\times\boldsymbol{F}'_{biuv})=-l_i\boldsymbol{F}'_{biuv}$，由式（6-19）得铰链 b_i 的垂直于第 i 根连杆轴线的作用力为

$$\boldsymbol{F}'_{biuv}=\frac{1}{l_i}[l_{BGi}\boldsymbol{w}_i\times(\boldsymbol{w}_i\times\boldsymbol{G}_{Bi})+(l_i-l_{bGi})\boldsymbol{w}_i\times(\boldsymbol{w}_i\times\boldsymbol{G}_{bi})] \tag{6-20}$$

将式（6-20）写成矩阵形式，得铰链 b_i 的垂直于第 i 根连杆轴线的作用力 $\boldsymbol{F}'_{biuv}$在定坐标系 $OXYZ$ 下的列矩阵为

$$^A\boldsymbol{F}'_{biuv}=\begin{bmatrix}F'_{biuvX}\\F'_{biuvY}\\F'_{biuvZ}\end{bmatrix}=\frac{1}{l_i}[l_{BGi}{}^A\widetilde{\boldsymbol{w}}_i^{2A}\boldsymbol{G}_{Bi}+(l_i-l_{bGi}){}^A\widetilde{\boldsymbol{w}}_i^{2A}\boldsymbol{G}_{bi}] \tag{6-21}$$

（4）铰链 B_i 的垂直于第 i 根连杆轴线的作用力　同理，根据力的平衡原理和图 6-3，考虑所有力对铰链 b_i的力矩，再得连杆的力矩平衡方程为

$$-l_i\boldsymbol{w}_i\times\boldsymbol{F}_{Bi}+(l_i-l_{BGi})\boldsymbol{w}_i\times\boldsymbol{G}_{Bi}+l_{bGi}\boldsymbol{w}_i\times\boldsymbol{G}_{bi}=0 \tag{6-22}$$

用 $\boldsymbol{w}_i$ 叉乘式（6-22），并将 $\boldsymbol{F}_{Bi}=\boldsymbol{F}_{Biw}+\boldsymbol{F}_{Biuv}$ 代入式（6-22），另考虑 $\boldsymbol{w}_i\times\boldsymbol{F}_{Biw}=0$，提取 l_i、(l_i-l_{BGi}) 和 l_{bGi}，得

$$-l_i\boldsymbol{w}_i\times(\boldsymbol{w}_i\times\boldsymbol{F}_{Biuv})+(l_i-l_{BGi})\boldsymbol{w}_i\times(\boldsymbol{w}_i\times\boldsymbol{G}_{Bi})+l_{bGi}\boldsymbol{w}_i\times(\boldsymbol{w}_i\times\boldsymbol{G}_{bi})=0 \tag{6-23}$$

再运用三矢量的两重叉积的运算方法，$l_i\boldsymbol{w}_i\times(\boldsymbol{w}_i\times\boldsymbol{F}_{Biuv})=-l_i\boldsymbol{F}_{Biuv}$，由式（6-23）得铰链 B_i 的垂直于第 i 根连杆轴线的作用力为

$$\boldsymbol{F}_{Biuv}=-\frac{1}{l_i}[(l_i-l_{BGi})\boldsymbol{w}_i\times(\boldsymbol{w}_i\times\boldsymbol{G}_{Bi})+l_{bGi}\boldsymbol{w}_i\times(\boldsymbol{w}_i\times\boldsymbol{G}_{bi})] \tag{6-24}$$

将式（6-24）写成矩阵形式，得铰链 B_i 的垂直于第 i 根连杆轴线的作用力 $\boldsymbol{F}_{Biuv}$ 在定坐标系 $OXYZ$ 下的列矩阵为

$$^A\boldsymbol{F}_{Biuv}=\begin{bmatrix}F_{BiuvX}\\F_{BiuvY}\\F_{BiuvZ}\end{bmatrix}=-\frac{1}{l_i}[(l_i-l_{BGi}){}^A\widetilde{\boldsymbol{w}}_i^{2A}\boldsymbol{G}_{Bi}+l_{bGi}{}^A\widetilde{\boldsymbol{w}}_i^{2A}\boldsymbol{G}_{bi}] \tag{6-25}$$

6.2.2　并联机器人动平台的静力学分析

动平台的受力如图 6-4 所示，根据力的平衡原理和图 6-4，考虑所有的力对 P 点的力矩且取力矩的方向一致，得动平台受力后的平衡方程为

$$\sum_{i=1}^{6}\boldsymbol{F}_{bi}+\boldsymbol{F}_P+\boldsymbol{G}_P=0 \tag{6-26}$$

$$\sum_{i=1}^{6}\boldsymbol{b}_i\times\boldsymbol{F}_{bi}+\boldsymbol{M}_P=0 \tag{6-27}$$

式（6-26）和式（6-27）分别为动平台的力和力矩的平衡方程。式（6-26）和式（6-27）中，$\boldsymbol{F}_P$ 为动平台受到的外力，$\boldsymbol{M}_P$ 为动平台受到的外力矩，$\boldsymbol{G}_P$ 为动平台的重力，$\boldsymbol{F}_{bi}$ 是 $\boldsymbol{F}'_{bi}$的反作用力。

令 $\boldsymbol{F}_{bi}=\boldsymbol{F}_{biw}+\boldsymbol{F}_{biuv}$，$\boldsymbol{F}_{biw}$、$\boldsymbol{F}_{biuv}$ 分别为 $\boldsymbol{F}'_{biw}$、$\boldsymbol{F}'_{biuv}$的反作用力，则 $\boldsymbol{F}_{biw}=-\boldsymbol{F}'_{biw}=f_{biw}\boldsymbol{w}_i$，$\boldsymbol{F}_{biuv}=-\boldsymbol{F}'_{biuv}$。

将 $\boldsymbol{F}_{bi}=\boldsymbol{F}_{biw}+\boldsymbol{F}_{biuv}$ 和 $\boldsymbol{F}_{biw}=f_{biw}\boldsymbol{w}_i$ 代入式（6-26）和式（6-27），得

$$\sum_{i=1}^{6} f_{biw}\boldsymbol{w}_i + \sum_{i=1}^{6} \boldsymbol{F}_{biuv} + \boldsymbol{F}_P + \boldsymbol{G}_P = 0 \tag{6-28}$$

$$\sum_{i=1}^{6} \boldsymbol{b}_i \times (f_{biw}\boldsymbol{w}_i) + \sum_{i=1}^{6} \boldsymbol{b}_i \times \boldsymbol{F}_{biuv} + \boldsymbol{M}_P = 0 \tag{6-29}$$

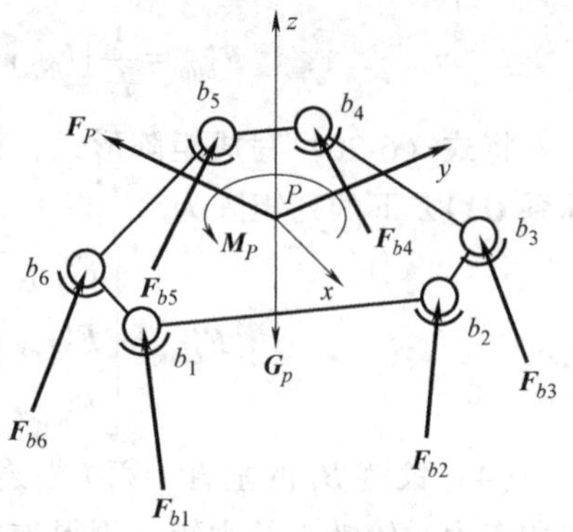

图 6-4 动平台的受力

将（6-13）的 $\boldsymbol{F}'_{biuv}$ 代入式（6-28）和式（6-29），并考虑 $\boldsymbol{F}_{biuv}=-\boldsymbol{F}'_{biuv}$，得动平台受力后的平衡方程为

$$\sum_{i=1}^{6} f_{biw}\boldsymbol{w}_i = \sum_{i=1}^{6} \frac{l_i - l_{Ci} - l_{bGi}}{l_i - l_{Ci}}\boldsymbol{w}_i \times (\boldsymbol{w}_i \times \boldsymbol{G}_{bi}) - \boldsymbol{F}_P - \boldsymbol{G}_P \tag{6-30}$$

$$\sum_{i=1}^{6} \boldsymbol{b}_i \times (f_{biw}\boldsymbol{w}_i) = \sum_{i=1}^{6} \frac{l_i - l_{Ci} - l_{bGi}}{l_i - l_{Ci}}\boldsymbol{b}_i \times [\boldsymbol{w}_i \times (\boldsymbol{w}_i \times \boldsymbol{G}_{bi})] - \boldsymbol{M}_P \tag{6-31}$$

由式（6-30）和式（6-31）得铰链的沿连杆轴线方向的作用力的大小的列矩阵为

$$\boldsymbol{f}_{bw} = \boldsymbol{U}^{-1} \cdot \boldsymbol{W} \tag{6-32}$$

式中，$\boldsymbol{f}_{bw}$ 是由各铰链的沿连杆轴线方向的作用力的大小组成的列矩阵，即

$$\boldsymbol{f}_{bw} = [f_{b1w} \quad f_{b2w} \quad f_{b3w} \quad f_{b4w} \quad f_{b5w} \quad f_{b6w}]^{\mathrm{T}}$$

$$\boldsymbol{U} = \begin{bmatrix} \boldsymbol{w}_1 & \boldsymbol{w}_2 & \boldsymbol{w}_3 & \boldsymbol{w}_4 & \boldsymbol{w}_5 & \boldsymbol{w}_6 \\ \boldsymbol{b}_1 \times \boldsymbol{w}_1 & \boldsymbol{b}_2 \times \boldsymbol{w}_2 & \boldsymbol{b}_3 \times \boldsymbol{w}_3 & \boldsymbol{b}_4 \times \boldsymbol{w}_4 & \boldsymbol{b}_5 \times \boldsymbol{w}_5 & \boldsymbol{b}_6 \times \boldsymbol{w}_6 \end{bmatrix}$$

$$\boldsymbol{W} = \begin{bmatrix} \displaystyle\sum_{i=1}^{6} \frac{l_i - l_{Ci} - l_{bGi}}{l_i - l_{Ci}}\boldsymbol{w}_i \times (\boldsymbol{w}_i \times \boldsymbol{G}_{bi}) - \boldsymbol{F}_P - \boldsymbol{G}_P \\ \displaystyle\sum_{i=1}^{6} \frac{l_i - l_{Ci} - l_{bGi}}{l_i - l_{Ci}}\boldsymbol{b}_i \times [\boldsymbol{w}_i \times (\boldsymbol{w}_i \times \boldsymbol{G}_{bi})] - \boldsymbol{M}_P \end{bmatrix}$$

为方便计算，将式（6-32）进一步写成在定坐标系 $OXYZ$ 下的矩阵形式，得沿连杆轴线方向的铰链的作用力的大小的列矩阵为

$$\boldsymbol{f}_{bw} = {}^A\boldsymbol{U}^{-1}\,{}^A\boldsymbol{W} \tag{6-33}$$

式中，

$$^A\boldsymbol{U} = \begin{bmatrix} ^A\boldsymbol{w}_1 & ^A\boldsymbol{w}_2 & ^A\boldsymbol{w}_3 & ^A\boldsymbol{w}_4 & ^A\boldsymbol{w}_5 & ^A\boldsymbol{w}_6 \\ -^A\widetilde{\boldsymbol{w}}_1{}^A\boldsymbol{b}_1 & -^A\widetilde{\boldsymbol{w}}_2{}^A\boldsymbol{b}_2 & -^A\widetilde{\boldsymbol{w}}_3{}^A\boldsymbol{b}_3 & -^A\widetilde{\boldsymbol{w}}_4{}^A\boldsymbol{b}_4 & -^A\widetilde{\boldsymbol{w}}_5{}^A\boldsymbol{b}_5 & -^A\widetilde{\boldsymbol{w}}_6{}^A\boldsymbol{b}_6 \end{bmatrix}_{6\times6}$$

$$= \begin{bmatrix} ^A\boldsymbol{w}_1 & ^A\boldsymbol{w}_2 & ^A\boldsymbol{w}_3 & ^A\boldsymbol{w}_4 & ^A\boldsymbol{w}_5 & ^A\boldsymbol{w}_6 \\ ^A\widetilde{\boldsymbol{b}}_1{}^A\boldsymbol{w}_1 & ^A\widetilde{\boldsymbol{b}}_2{}^A\boldsymbol{w}_2 & ^A\widetilde{\boldsymbol{b}}_3{}^A\boldsymbol{w}_3 & ^A\widetilde{\boldsymbol{b}}_4{}^A\boldsymbol{w}_4 & ^A\widetilde{\boldsymbol{b}}_5{}^A\boldsymbol{w}_5 & ^A\widetilde{\boldsymbol{b}}_6{}^A\boldsymbol{w}_6 \end{bmatrix}_{6\times6}$$

$$
{}^{A}\boldsymbol{W}=\begin{bmatrix}\displaystyle\sum_{i=1}^{6}\frac{l_i-l_{Ci}-l_{bGi}}{l_i-l_{Ci}}{}^{A}\widetilde{\boldsymbol{w}}_i^{2}\,{}^{A}\boldsymbol{G}_{bi}-{}^{A}\boldsymbol{F}_P-{}^{A}\boldsymbol{G}_P\\ \displaystyle\sum_{i=1}^{6}\frac{l_i-l_{Ci}-l_{bGi}}{l_i-l_{Ci}}{}^{A}\widetilde{\boldsymbol{b}}_i\,{}^{A}\widetilde{\boldsymbol{w}}_i^{2}\,{}^{A}\boldsymbol{G}_{bi}-{}^{A}\boldsymbol{M}_P\end{bmatrix}_{6\times 1}
$$

式中，${}^{A}\boldsymbol{U}$ 是 6×6 的矩阵，${}^{A}\boldsymbol{W}$ 是 6×1 的矩阵；${}^{A}\boldsymbol{b}_i$ 为铰链 b_i 的矢量在定坐标系 $OXYZ$ 下的位置的列矩阵，${}^{A}\widetilde{\boldsymbol{b}}_i$ 为铰链 b_i 的矢量在定坐标系 $OXYZ$ 下的反对称矩阵；动平台受到的外力 $\boldsymbol{F}_P$ 在定坐标系 $OXYZ$ 下的列矩阵 ${}^{A}\boldsymbol{F}_P=[F_{PX}\quad F_{PY}\quad F_{PZ}]^{\mathrm{T}}$，$F_{PX}$、$F_{PY}$ 和 F_{PZ} 分别为 $\boldsymbol{F}_P$ 在定坐标系 $OXYZ$ 的 X、Y 和 Z 轴上的投影，也是 $\boldsymbol{F}_P$ 沿 X、Y 和 Z 轴的分量；动平台受到的外力矩 $\boldsymbol{M}_P$ 在定坐标系 $OXYZ$ 下的列矩阵 ${}^{A}\boldsymbol{M}_P=[M_{PX}\quad M_{PY}\quad M_{PZ}]^{\mathrm{T}}$，$M_{PX}$、$M_{PY}$ 和 M_{PZ} 分别为 $\boldsymbol{M}_P$ 在定坐标系 $OXYZ$ 的 X、Y 和 Z 轴上的投影，也是 $\boldsymbol{M}_P$ 沿 X、Y 和 Z 轴的分量；动平台的重力 $\boldsymbol{G}_P$ 在定坐标系 $OXYZ$ 中的列矩阵 ${}^{A}\boldsymbol{G}_P=[0\quad 0\quad G_{PZ}]^{\mathrm{T}}$，$G_{PZ}$ 为 $\boldsymbol{G}_P$ 在定坐标系 $OXYZ$ 下沿 Z 轴的分量。

6.2.3　并联机器人的驱动力和铰链的径向力

1. 计入重力时的驱动力和铰链的径向力的计算

计算并联机器人的驱动力和铰链的径向力时，须已知并联机构的结构参数及动平台受到的外力和外力矩、动平台和连杆的重力。或者说，在已知并联机构的结构参数及动平台受到的外力和外力矩、动平台和连杆的重力的条件下，进行计算。

计入重力时的驱动力和铰链的径向力的计算步骤如下。

第 1 步：计算各铰链的沿连杆轴线方向的作用力的大小 f_{biw}。

先根据并联机构的结构参数，计算 $\boldsymbol{w}_i$，再根据已知的并联机构的结构参数及动平台受到的外力和外力矩、动平台和连杆的重力，计算 ${}^{A}\boldsymbol{U}$ 和 ${}^{A}\boldsymbol{W}$，由式（6-33），得铰链的沿连杆轴线方向的作用力的大小 $\boldsymbol{f}_{bw}$，$\boldsymbol{f}_{bw}$ 中有各铰链的沿连杆轴线方向的作用力的大小，由 $\boldsymbol{f}_{bw}$，可得 f_{biw}。

第 2 步：计算第 i 根连杆的液压缸的驱动力的大小 f_{Di}。

将计算得到的 f_{biw} 代入式（6-10）或式（6-11），得第 i 根连杆的液压缸的驱动力的大小 f_{Di}。

第 3 步：计算铰链 B_i 的径向力 F_{Bi}。

将计算得到的 f_{Di} 代入式（6-3）或式（6-4），得铰链 B_i 的沿第 i 根连杆轴线方向的作用力的大小 f_{Biw}；根据式（6-7），计算铰链 B_i 的垂直于第 i 根连杆轴线的作用力 $\boldsymbol{F}_{Biuv}$ 在定坐标系 $OXYZ$ 中的列矩阵 ${}^{A}\boldsymbol{F}_{Biuv}$，$\boldsymbol{F}_{Biuv}$ 的大小 $f_{Biuv}=\sqrt{F_{BiuvX}^2+F_{BiuvY}^2+F_{BiuvZ}^2}$；根据 $\boldsymbol{F}_{Bi}=\boldsymbol{F}_{Biw}+\boldsymbol{F}_{Biuv}$、$\boldsymbol{F}_{Biw}=f_{Biw}\boldsymbol{w}_i$ 和 f_{Biuv}，并考虑 $\boldsymbol{F}_{Biw}\perp\boldsymbol{F}_{Biuv}$，计算 $\boldsymbol{F}_{Bi}$，$\boldsymbol{F}_{Bi}$ 的大小 $f_{Bi}=\sqrt{f_{Biw}^2+f_{Biuv}^2}$，$\boldsymbol{F}_{Bi}$ 相对 $\boldsymbol{w}_i$ 的夹角 $\varphi_{Biw}=\arctan(f_{Biuv}/f_{Biw})$。

将 f_{biw} 代入式（6-17）或式（6-18），同样可得 f_{Biw}；根据式（6-25），同样可得 ${}^{A}\boldsymbol{F}_{Biuv}$，由 $f_{Biuv}=\sqrt{F_{BiuvX}^2+F_{BiuvY}^2+F_{BiuvZ}^2}$，进一步得 f_{Biuv}；再根据 $f_{Bi}=\sqrt{f_{Biw}^2+f_{Biuv}^2}$ 和 $\varphi_{Biw}=\arctan(f_{Biuv}/f_{Biw})$，同样可计算 $\boldsymbol{F}_{Bi}$ 的大小 f_{Bi} 和计算 $\boldsymbol{F}_{Bi}$ 相对 $\boldsymbol{w}_i$ 的夹角 φ_{Biw}。

第 4 步：计算铰链 b_i 的径向力 F_{bi}。

根据式（6-14），计算铰链 b_i 的垂直于第 i 根连杆轴线的作用力在定坐标系 $OXYZ$ 中的列矩阵 ${}^{A}\boldsymbol{F}'_{biuv}$，$\boldsymbol{F}_{biuv}$ 为 $\boldsymbol{F}'_{biuv}$的反作用力，则 ${}^{A}\boldsymbol{F}_{biuv}=-{}^{A}\boldsymbol{F}'_{biuv}$，$\boldsymbol{F}_{biuv}$ 的大小 $f_{biuv}=\sqrt{F'^2_{biuvX}+F'^2_{biuvY}+F'^2_{biuvZ}}$；根据 $\boldsymbol{F}_{bi}=\boldsymbol{F}_{biw}+\boldsymbol{F}_{biuv}$、$\boldsymbol{F}_{biw}=f_{biw}\boldsymbol{w}_i$ 和 f_{biuv}，并考虑 $\boldsymbol{F}_{biw}\perp\boldsymbol{F}_{biuv}$，计算 $\boldsymbol{F}_{bi}$，$\boldsymbol{F}_{bi}$ 的大小 $f_{bi}=\sqrt{f^2_{biw}+f^2_{biuv}}$，$\boldsymbol{F}_{bi}$ 相对 $\boldsymbol{w}_i$ 的夹角 $\varphi_{biw}=\arctan\ (f_{biuv}/f_{biw})$。

根据式（6-21），得 ${}^{A}\boldsymbol{F}'_{biuv}$，再根据 ${}^{A}\boldsymbol{F}_{biuv}=-{}^{A}\boldsymbol{F}'_{biuv}$，同样可得 ${}^{A}\boldsymbol{F}_{biuv}$，由 $f_{biuv}=\sqrt{F'^2_{biuvX}+F'^2_{biuvY}+F'^2_{biuvZ}}$，进一步得 f_{biuv}；再根据 $f_{bi}=\sqrt{f^2_{biw}+f^2_{biuv}}$ 和 $\varphi_{biw}=\arctan\ (f_{biuv}/f_{biw})$，同样可计算 $\boldsymbol{F}_{bi}$ 的大小 f_{bi} 和计算 $\boldsymbol{F}_{bi}$ 相对 $\boldsymbol{w}_i$ 的夹角 φ_{biw}。

2. 不计重力时的驱动力和铰链的径向力的计算

如果不计重力，计算驱动力和铰链的径向力时，只需将以上公式中的重力取为零，即可进行驱动力和铰链的径向力的计算，其计算的方法和步骤与计入重力时的驱动力和铰链的径向力的计算步骤相同。计算中要注意，不计液压缸和活塞杆的重力时，$\boldsymbol{F}_{biuv}$ 和 $\boldsymbol{F}_{Biuv}$ 均为零，$\boldsymbol{F}_{bi}$ 和 $\boldsymbol{F}_{Bi}$ 均沿连杆轴线方向，液压缸和活塞杆均为二力杆。

6.3 基于虚位移原理的并联机器人的静力学分析

基于虚位移原理的并联机器人的静力学分析是根据虚位移原理，进行并联机器人的静力学分析，可得到并联机器人的静力学方程及力雅可比矩阵。

6.3.1 并联机器人的静力学方程及力雅可比矩阵

并联机器人的静力学方程从整个并联机构的角度，通过力雅可比矩阵，反映了并联机器人的输入和输出力的静力学关系；并联机器人的力雅可比矩阵是从整个并联机构的角度反映并联机器人的输入构件与输出构件的静力学关系的矩阵。

利用力雅可比矩阵研究并联机器人的静力，能将并联机器人复杂的静力学关系表示成显式，这是求解和研究并联机器人静力的好方法。但力雅可比矩阵的求解较难。

令 $\boldsymbol{\tau}$ 表示输入构件广义静力的列矩阵，$\boldsymbol{F}$ 表示输出构件（动平台）广义静力的列矩阵，输入构件广义静力包括输入构件的驱动力和驱动力矩。输出构件广义静力包括输出构件的外力 $\boldsymbol{F}_P$ 和外力矩 $\boldsymbol{M}_P$，可表示成

$$\boldsymbol{\tau}=[\tau_1\quad \tau_2\quad \cdots\quad \tau_m]^{\mathrm{T}} \tag{6-34}$$

$$\boldsymbol{F}=\begin{bmatrix}\boldsymbol{F}_P\\ \boldsymbol{M}_P\end{bmatrix}_{n\times 1} \tag{6-35}$$

式（6-34）中，m 为输入构件的广义静力数。式（6-35）中，n 为输出构件的广义静力数。

不计并联机构的重力时，根据虚位移原理，输入构件广义静力的虚功等于输出构件广义静力的虚功，即

$$\boldsymbol{\tau}^{\mathrm{T}}\delta\boldsymbol{q}=\boldsymbol{F}^{\mathrm{T}}\delta\boldsymbol{X} \tag{6-36}$$

将式（5-30）代入式（6-36），消除 $\delta\boldsymbol{q}$ 后，得 $\boldsymbol{\tau}^{\mathrm{T}}=F^{\mathrm{T}}\boldsymbol{J}(\boldsymbol{q})$，再对等式两边取转置，得静力的逆解

$$\boldsymbol{\tau}=\boldsymbol{J}^{\mathrm{T}}(\boldsymbol{q})\boldsymbol{F} \tag{6-37}$$

式（6-37）为并联机器人的静力学方程，反映了并联机器人的输出和输入力的静力学关系。式（6-37）中，$\boldsymbol{J}^{\mathrm{T}}(\boldsymbol{q})$ 称为逆力雅可比矩阵，逆力雅可比矩阵是速度雅可比矩阵的转置。逆力雅可比矩阵是在不计并联机构的重力的条件下，反映输出构件广义静力与输入构件广义静力关系的一个映射矩阵，把输出构件广义静力映射为输入构件广义静力，或者说，把输出构件广义静力传递为输入构件广义静力。

$\boldsymbol{J}(\boldsymbol{q})$ 是速度雅可比矩阵，在第 5 章中，已介绍了 $\boldsymbol{J}(\boldsymbol{q})$ 的求解，如能求出并联机器人的速度雅可比矩阵 $\boldsymbol{J}(\boldsymbol{q})$，再求 $\boldsymbol{J}(\boldsymbol{q})$ 的转置，则可根据式（6-37）和输出构件广义静力的列矩阵 $\boldsymbol{F}$，求得输入构件广义静力的列矩阵 $\boldsymbol{\tau}$。

由式（5-30）或将式（5-33）的两边同乘以 $\delta \boldsymbol{t}$，得

$$\delta\boldsymbol{q}=\boldsymbol{J}^{-1}(\boldsymbol{q})\delta\boldsymbol{X}=\boldsymbol{J}(\boldsymbol{X})\delta\boldsymbol{X} \tag{6-38}$$

将式（6-38）代入式（6-36），再对等式两边取转置，得静力的正解

$$\boldsymbol{F}=\boldsymbol{J}^{\mathrm{T}}(\boldsymbol{X})\boldsymbol{\tau} \tag{6-39}$$

式（6-39）为并联机器人的静力学方程的另一种形式，反映了并联机器人的输入和输出力的静力学关系。式（6-39）中，$\boldsymbol{J}^{\mathrm{T}}(\boldsymbol{X})$ 称为力雅可比矩阵，力雅可比矩阵是逆速度雅可比矩阵的转置。力雅可比矩阵是在不计并联机构的重力的条件下，反映输入构件广义静力与输出构件广义静力关系的一个映射矩阵，把输入构件广义静力映射为输出构件广义静力，或者说，把输入构件广义静力传递为输出构件广义静力。

并联机器人的位姿逆解容易求得，使逆速度雅可比矩阵容易求得，再利用力雅可比矩阵与逆速度雅可比矩阵的转置关系，容易求得力雅可比矩阵，再根据式（6-39）和输入构件广义静力的列矩阵 $\boldsymbol{\tau}$，求得输出构件广义静力的列矩阵 $\boldsymbol{F}$，这方便了静力求解。

逆力雅可比矩阵 $\boldsymbol{J}^{\mathrm{T}}(\boldsymbol{q})$ 和力雅可比矩阵 $\boldsymbol{J}^{\mathrm{T}}(\boldsymbol{X})$ 均为力雅可比矩阵。

6.3.2　力雅可比矩阵与速度雅可比矩阵的对偶关系

为了更好地理解力雅可比矩阵与速度雅可比矩阵在静力学和速度分析中的相互作用关系，本节从空间变换的角度进行解释。

根据式（6-37），输出构件的广义静力通过逆力雅可比矩阵转化为输入构件的广义静力。根据式（5-32），输入构件的广义速度通过速度雅可比矩阵转化为输出构件的广义速度。逆力雅可比矩阵是速度雅可比矩阵的转置，将式（6-37）和式（5-32）对应分析可看出两式结构上的对偶性，输出构件的广义静力对应输入构件的广义速度，输入构件的广义静力对应输出构件的广义速度，逆力雅可比矩阵对应速度雅可比矩阵，这个对应关系称为力雅可比矩阵与速度雅可比矩阵的对偶关系。这个对偶关系将输出构件和输入构件的广义静力与输出构件和输入构件的广义速度联系在一起，方便了对广义静力和广义速度的求解，一旦建立了瞬时速度方程或静力学方程，就可进行广义静力和广义速度的求解。由式（6-39）和式（5-33），可得到同样的结论。

输入构件变量的列矩阵 $\boldsymbol{q}=[q_1 \quad q_2 \quad \cdots \quad q_m]^{\mathrm{T}}$，$m$ 为输入构件的独立变量数，输入构件变量构成 m 维向量空间 $\boldsymbol{V}^m$；输出构件变量的列矩阵 $\boldsymbol{X}=[x_1 \quad x_2 \quad \cdots \quad x_n]^{\mathrm{T}}$，$n$ 为输出构件的独立变量数，输出构件变量构成 n 维向量空间 $\boldsymbol{V}^n$；式（6-37）是广义静力从 n 维向量空间 $\boldsymbol{V}^n$ 向 m 维向量空间 $\boldsymbol{V}^m$ 的线性变换，式（5-32）是广义速度从 m 维向量空间 $\boldsymbol{V}^m$ 向 n 维

向量空间 V^n 的线性变换。图 6-5 中用箭头指示了广义静力和广义速度的线性变换的方向。对于一般驱动的并联机器人来说，$m=n$，输入构件变量构成的向量空间的维数等于输出构件变量构成的向量空间的维数；对于冗余驱动的并联机器人来说，$m>n$，输入构件变量构成的向量空间的维数大于输出构件变量构成的向量空间的维数；对于欠驱动的并联机器人来说，$m<n$，输入构件变量构成的向量空间的维数小于输出构件变量构成的向量空间的维数。

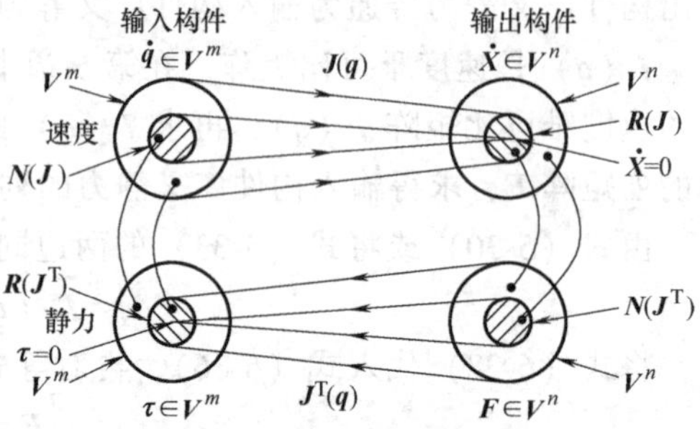

图 6-5　力雅可比矩阵与速度雅可比矩阵的对偶关系

在图 6-5 中，$R(J)$ 是速度线性变换的值域空间，由所有可能的输入构件广义速度所引起的可能的输出构件广义速度的集合；子空间 $N(J)$ 是速度线性变换的核空间，此空间中的任意元经过速度雅可比矩阵 $J(q)$ 变换后，均成为值域空间 $R(J)$ 中的零元，即任给 $\dot{q}\in V^m$，总有 $\dot{X}=J(q)\dot{q}=0$，输出构件广义速度为零，即使输入构件运动，输出构件也不产生运动。如果 $m=n$，速度雅可比矩阵是满秩的，则值域空间 $R(J)$ 覆盖整个 V^n 空间；如果 $m\neq n$，速度雅可比矩阵不是满秩的，则至少存在一个输出构件不能运动的方向，即至少存在一组输入构件的广义速度，使得 $\dot{X}=J(q)\dot{q}=0$，此时核空间 $N(J)$ 为非空空间，且核空间的任意输入构件的广义速度均不能使输出构件产生任何广义速度。

同样，$R(J^T)$ 是静力线性变换的值域空间，由所有可能的输出构件广义静力所引起的可能的输入构件广义静力的集合；子空间 $N(J^T)$ 是静力线性变换的核空间，此空间中的任意元经过力雅可比矩阵 $J^T(q)$ 变换后，均成为值域空间 $R(J^T)$ 中的零元，即任给 $F\in V^n$，总有 $\tau=J^T(q)F=0$。如果 $m=n$，力雅可比矩阵是满秩的，则值域空间 $R(J^T)$ 覆盖整个 V^m 空间；如果 $m\neq n$，力雅可比矩阵不是满秩的，则至少存在一组输出构件的广义力，使得 $\tau=J^T(q)F=0$，此时核空间 $N(J^T)$ 为非空空间，且核空间的任意输出构件的广义力均不需输入构件的任何广义力，或者说，不需要任何输入构件的广义力而能承受所有力输出构件的广义力。

6.3.3　力雅可比矩阵与速度雅可比矩阵对偶关系下静力和速度的正解和逆解

1. 利用速度雅可比矩阵求静力的正解和逆解

力雅可比矩阵与速度雅可比矩阵的对偶关系，将输出构件和输入构件的广义静力与输出构件和输入构件的广义速度联系在一起。根据力雅可比矩阵与速度雅可比矩阵的对偶关系，可利用速度雅可比矩阵求静力的正解和逆解，其求解步骤如下：先进行并联机构的速度分析，求得输入构件的驱动速度与动平台的广义速度的关系，进一步得速度雅可比矩阵和逆速度雅可比矩阵；由速度雅可比矩阵和逆速度雅可比矩阵的转置，建立输入构件的驱动力与作用在动平台上外力的关系，进一步得静力的正解和逆解。

【例 6-1】 利用速度雅可比矩阵，求图 4-1 所示的 6-SPS 并联机构的静力的正解和逆解。

解：在例 5-1 中，已经得到图 4-1 所示的 6-SPS 并联机构的速度雅可比矩阵 ${}^{A}J$，见式

(5-43)，由式（5-42）可知，$\dot{q}$ 在等号的左边，${}^A\dot{X}$ 在等号的右边，由输出量${}^A\dot{X}$ 可直接求得输入量 $\dot{q}$，因此，这个速度雅可比矩阵${}^A\boldsymbol{J}$ 实际上是 6-SPS 并联机构的逆速度雅可比矩阵，考虑${}^A\widetilde{\boldsymbol{b}}_i$ 是反对称矩阵，$-{}^A\widetilde{\boldsymbol{b}}_i^{\mathrm{T}}={}^A\widetilde{\boldsymbol{b}}_i$，对式（5-43）中的${}^A\boldsymbol{J}$ 求转置，得

$$
{}^A\boldsymbol{J}^{\mathrm{T}}=\begin{bmatrix} {}^A\boldsymbol{w}_1 & {}^A\boldsymbol{w}_2 & {}^A\boldsymbol{w}_3 & {}^A\boldsymbol{w}_4 & {}^A\boldsymbol{w}_5 & {}^A\boldsymbol{w}_6 \\ {}^A\widetilde{\boldsymbol{b}}_1{}^A\boldsymbol{w}_1 & {}^A\widetilde{\boldsymbol{b}}_2{}^A\boldsymbol{w}_2 & {}^A\widetilde{\boldsymbol{b}}_3{}^A\boldsymbol{w}_3 & {}^A\widetilde{\boldsymbol{b}}_4{}^A\boldsymbol{w}_4 & {}^A\widetilde{\boldsymbol{b}}_5{}^A\boldsymbol{w}_5 & {}^A\widetilde{\boldsymbol{b}}_6{}^A\boldsymbol{w}_6 \end{bmatrix} \tag{6-40}
$$

根据图 6-2，f_{Di} 为第 i 根连杆的液压缸的驱动力的大小，则连杆的液压缸的驱动力大小的列矩阵 $\boldsymbol{f}_D=[f_{D1}\quad f_{D2}\quad f_{D3}\quad f_{D4}\quad f_{D5}\quad f_{D6}]^{\mathrm{T}}$，又根据图 6-1～图 6-4，$\boldsymbol{f}_D$ 为 6-SPS 并联机构的驱动力大小的列矩阵，也是输入构件广义静力的列矩阵，则有 $\boldsymbol{\tau}=\boldsymbol{f}_D$，${}^A\boldsymbol{F}_P$ 和${}^A\boldsymbol{M}_P$ 分别是动平台受到的外力 $\boldsymbol{F}_P$ 和外力矩 $\boldsymbol{M}_P$ 在定坐标系 $OXYZ$ 下的列矩阵，将${}^A\boldsymbol{F}_P$ 和${}^A\boldsymbol{M}_P$ 组成列矩阵 $[F_{PX}\quad F_{PY}\quad F_{PZ}\quad M_{PX}\quad M_{PY}\quad M_{PZ}]^{\mathrm{T}}$，则输出构件广义静力在定坐标系 $OXYZ$ 下的列矩阵 ${}^A\boldsymbol{F}=-[F_{PX}\quad F_{PY}\quad F_{PZ}\quad M_{PX}\quad M_{PY}\quad M_{PZ}]^{\mathrm{T}}$，其中的“-”是由于${}^A\boldsymbol{F}_P$ 和${}^A\boldsymbol{M}_P$ 分别为阻力和阻力矩，${}^A\boldsymbol{F}_P$ 和${}^A\boldsymbol{M}_P$ 组成列矩阵的方向与定坐标系 $OXYZ$ 的坐标方向相反。将式（6-40）代入式（6-39），得 6-SPS 并联机构的静力的正解为

$$
{}^A\boldsymbol{F}={}^A\boldsymbol{J}^{\mathrm{T}}\boldsymbol{f}_D=\begin{bmatrix} {}^A\boldsymbol{w}_1 & {}^A\boldsymbol{w}_2 & {}^A\boldsymbol{w}_3 & {}^A\boldsymbol{w}_4 & {}^A\boldsymbol{w}_5 & {}^A\boldsymbol{w}_6 \\ {}^A\widetilde{\boldsymbol{b}}_1{}^A\boldsymbol{w}_1 & {}^A\widetilde{\boldsymbol{b}}_2{}^A\boldsymbol{w}_2 & {}^A\widetilde{\boldsymbol{b}}_3{}^A\boldsymbol{w}_3 & {}^A\widetilde{\boldsymbol{b}}_4{}^A\boldsymbol{w}_4 & {}^A\widetilde{\boldsymbol{b}}_5{}^A\boldsymbol{w}_5 & {}^A\widetilde{\boldsymbol{b}}_6{}^A\boldsymbol{w}_6 \end{bmatrix}\boldsymbol{f}_D \tag{6-41}
$$

将式（6-40）求逆，代入式（6-37），得 6-SPS 并联机构的静力的逆解，或由式（6-41）两边乘以${}^A\boldsymbol{J}^{-\mathrm{T}}$，${}^A\boldsymbol{J}^{-\mathrm{T}}$ 为${}^A\boldsymbol{J}^{-1}$ 的转置，得 6-SPS 并联机构的静力的逆解为

$$
\boldsymbol{f}_D={}^A\boldsymbol{J}^{-\mathrm{T}\,A}\boldsymbol{F} \tag{6-42}
$$

注意，式（6-41）和式（6-42）中，没有计入并联机构的重力。

---

2. 利用力雅可比矩阵求速度的正解和逆解

根据力雅可比矩阵与速度雅可比矩阵的对偶关系，可利用力雅可比矩阵求速度的正解和逆解，其求解步骤如下：先进行并联机构的静力学分析，在不计并联机构的重力的条件下，求得输入构件的驱动力与作用在动平台上外力的关系，进一步得力雅可比矩阵和逆力雅可比矩阵；由力雅可比矩阵和逆力雅可比矩阵的转置，建立输入构件的驱动速度与动平台的速度的关系，进一步得速度的正解和逆解。

【例 6-2】 由图 4-1 所示的 6-SPS 并联机构，说明利用力雅可比矩阵，可求得速度的正解和逆解。

解： 在 6.2.2 节中，已经得到图 4-1 所示的 6-SPS 并联机构沿连杆轴线方向的铰链的作用力的大小的列矩阵 $\boldsymbol{f}_{bw}$，见式（6-33）。不计并联机构的重力时，取重力为零，${}^A\boldsymbol{W}$ 变为${}^A\boldsymbol{F}$，将${}^A\boldsymbol{W}={}^A\boldsymbol{F}$ 代入式（6-33），对等式两边求逆，得静力的正解

$$
\begin{aligned}
{}^A\boldsymbol{F} &= {}^A\boldsymbol{U}\boldsymbol{f}_{bw} \\
&= \begin{bmatrix} {}^A\boldsymbol{w}_1 & {}^A\boldsymbol{w}_2 & {}^A\boldsymbol{w}_3 & {}^A\boldsymbol{w}_4 & {}^A\boldsymbol{w}_5 & {}^A\boldsymbol{w}_6 \\ {}^A\widetilde{\boldsymbol{b}}_1{}^A\boldsymbol{w}_1 & {}^A\widetilde{\boldsymbol{b}}_2{}^A\boldsymbol{w}_2 & {}^A\widetilde{\boldsymbol{b}}_3{}^A\boldsymbol{w}_3 & {}^A\widetilde{\boldsymbol{b}}_4{}^A\boldsymbol{w}_4 & {}^A\widetilde{\boldsymbol{b}}_5{}^A\boldsymbol{w}_5 & {}^A\widetilde{\boldsymbol{b}}_6{}^A\boldsymbol{w}_6 \end{bmatrix}\boldsymbol{f}_{bw}
\end{aligned} \tag{6-43}
$$

取重力为零，由式（6-11）得

$$f_D = f_{bw} \tag{6-44}$$

将式（6-44）代入式（6-43），得静力的正解为

$$^A\boldsymbol{F} = {}^A\boldsymbol{U}\boldsymbol{f}_D = \begin{bmatrix} ^A\boldsymbol{w}_1 & ^A\boldsymbol{w}_2 & ^A\boldsymbol{w}_3 & ^A\boldsymbol{w}_4 & ^A\boldsymbol{w}_5 & ^A\boldsymbol{w}_6 \\ ^A\widetilde{\boldsymbol{b}}_1{}^A\boldsymbol{w}_1 & ^A\widetilde{\boldsymbol{b}}_2{}^A\boldsymbol{w}_2 & ^A\widetilde{\boldsymbol{b}}_3{}^A\boldsymbol{w}_3 & ^A\widetilde{\boldsymbol{b}}_4{}^A\boldsymbol{w}_4 & ^A\widetilde{\boldsymbol{b}}_5{}^A\boldsymbol{w}_5 & ^A\widetilde{\boldsymbol{b}}_6{}^A\boldsymbol{w}_6 \end{bmatrix}\boldsymbol{f}_D \tag{6-45}$$

比较式（6-45）和式（6-41），可知$^A\boldsymbol{U} = {}^A\boldsymbol{J}^T$，$^A\boldsymbol{U}$是力雅可比矩阵，力雅可比矩阵与逆速度雅可比矩阵的转置相同。进一步说明，有了力雅可比矩阵，可得逆速度雅可比矩阵，再由式（5-42）和式（5-44）求得6-SPS并联机构的速度的逆解和正解，再进一步说，利用力雅可比矩阵，可求并联机构的速度的逆解和正解。

由式（5-42），得6-SPS并联机构的速度的逆解为

$$\dot{\boldsymbol{q}} = {}^A\boldsymbol{J}{}^A\dot{\boldsymbol{X}} = {}^A\boldsymbol{U}^{\mathrm{T}A}\dot{\boldsymbol{X}}$$

再由式（5-44），得6-SPS并联机构的速度的正解为

$$^A\dot{\boldsymbol{X}} = {}^A\boldsymbol{J}^{-1}\dot{\boldsymbol{q}} = {}^A\boldsymbol{U}^{-\mathrm{T}}\dot{\boldsymbol{q}}$$

式中，$\dot{\boldsymbol{q}}$为6根连杆的伸长速度的列矩阵，$\dot{\boldsymbol{q}} = \begin{bmatrix} \dot{l}_1 & \dot{l}_2 & \cdots & \dot{l}_6 \end{bmatrix}^{\mathrm{T}}$，$\dot{l}_i$为第$i$根连杆的伸长速度；$^A\dot{\boldsymbol{X}}$为动平台上$P$点的速度$\dot{\boldsymbol{P}}_O$和动平台的角速度$\boldsymbol{\omega}_P$在定坐标系$OXYZ$下的列矩阵，$^A\dot{\boldsymbol{X}} = \begin{bmatrix} ^A\dot{\boldsymbol{P}}_O \\ ^A\boldsymbol{\omega}_P \end{bmatrix} = \begin{bmatrix} \dot{P}_{OX} & \dot{P}_{OY} & \dot{P}_{OZ} & \omega_{PX} & \omega_{PY} & \omega_{PZ} \end{bmatrix}^{\mathrm{T}}$，$\dot{P}_{OX}$、$\dot{P}_{OY}$和$\dot{P}_{OZ}$分别为动平台上$P$点的速度$\dot{\boldsymbol{P}}_O$在定坐标系$OXYZ$的$X$、$Y$和$Z$轴上的投影，$\omega_{PX}$、$\omega_{PY}$和$\omega_{PZ}$分别为动平台的角速度$\boldsymbol{\omega}_P$在定坐标系$OXYZ$的$X$、$Y$和$Z$轴上的投影。

6.4 并联机器人的静刚度分析

6.4.1 并联机器人的总静刚度矩阵

并联机器人在外力作用下会产生变形，变形的大小与并联机器人的总静刚度矩阵、驱动力和作用在动平台上的外力有关。并联机器人的总静刚度矩阵反映并联机器人的静刚度，影响并联机器人的动态特性和定位精度。并联机器人的静刚度是并联机器人的固有性质。

并联机器人的静刚度是指输出构件（动平台）的刚度，并联机器人的总静刚度矩阵为作用在输出构件上的广义静力与输出构件变量的变化的比，可表述为

$$\boldsymbol{F} = \boldsymbol{K}_X\delta\boldsymbol{X} \tag{6-46}$$

式中，$\boldsymbol{F}$为作用在输出构件上的广义静力，$\boldsymbol{K}_X$为并联机器人的总静刚度矩阵，$\delta\boldsymbol{X}$为输出构件变量的微分。

并联机器人的总静刚度矩阵可以根据并联机器人驱动系统的刚度、并联机构的刚度、并联机器人的输入构件广义静力与输出构件的广义静力的关系导出，下面导出并联机器人的总

静刚度矩阵。

并联机器人的驱动系统为液压缸或电动机驱动的系统，电动机驱动的系统中还会有减速装置，使驱动系统非刚性，并联机器人驱动系统的刚度主要与液压缸的软管、减速装置和伺服系统的变形有关，第 i 个驱动的刚度用 k_{Di} 表示。并联机构由定平台、动平台和多条运动链组成，运动链有连杆和柔索形式，均非刚性。运动链为连杆时，并联机构的刚度主要与连杆和铰链的变形有关，连杆的变形与连杆的截面和材料有关。运动链为柔索时，并联机构的刚度主要与柔索的变形有关，柔索的变形主要与柔索的截面、材料和柔索受拉后形成的悬链线有关。并联机构的第 i 条运动链的刚度用 k_{li} 表示。并联机构的第 i 个驱动和第 i 条运动链串联，根据两个串联弹簧的刚度计算公式，得第 i 条运动链及其驱动的静刚度为

$$k_{qi}=\frac{k_{Di}k_{li}}{k_{Di}+k_{li}} \tag{6-47}$$

输入构件是运动链上一部分，并联机器人的第 i 个输入构件的广义静力为

$$\tau_i=k_{qi}\delta q_i \tag{6-48}$$

式中，δq_i 为第 i 个输入构件的旋转角或线位移 q_i 由于 τ_i 产生的变形量。

并联机器人有 m 个输入构件，根据式（6-34）和式（6-48），可得并联机器人的输入构件的广义静力为

$$\boldsymbol{\tau}=\boldsymbol{K}_q\delta\boldsymbol{q} \tag{6-49}$$

式中，$\boldsymbol{K}_q$ 为并联机器人的输入构件的总静刚度矩阵，是一个对角阵，即

$$\boldsymbol{K}_q=\mathrm{diag}(k_{q1}\quad k_{q2}\quad\cdots\quad k_{qm}) \tag{6-50}$$

式（6-39）是静力的正解公式，也是并联机器人的输入构件广义静力与输出构件广义静力的关系式。式（5-33）是输入构件与输出构件的速度关系式，用 $\delta\boldsymbol{t}$ 乘以式（5-33）的两边，得 $\delta\boldsymbol{q}=\boldsymbol{J}^{-1}(\boldsymbol{q})\delta\boldsymbol{X}=\boldsymbol{J}(\boldsymbol{X})\delta\boldsymbol{X}$。将式（6-49）代入式（6-39），再将 $\delta\boldsymbol{q}=\boldsymbol{J}(\boldsymbol{X})\delta\boldsymbol{X}$ 代入式（6-39），得输出构件广义静力与输出构件变量的微分关系为

$$\boldsymbol{F}=\boldsymbol{J}^{\mathrm{T}}(\boldsymbol{X})\boldsymbol{\tau}=\boldsymbol{J}^{\mathrm{T}}(\boldsymbol{X})\boldsymbol{K}_q\delta\boldsymbol{q}=\boldsymbol{J}^{\mathrm{T}}(\boldsymbol{X})\boldsymbol{K}_q\boldsymbol{J}(\boldsymbol{X})\delta\boldsymbol{X} \tag{6-51}$$

将式（6-51）与式（6-46）比较，得并联机器人的总静刚度矩阵为

$$\boldsymbol{K}_X=\boldsymbol{J}^{\mathrm{T}}(\boldsymbol{X})\boldsymbol{K}_q\boldsymbol{J}(\boldsymbol{X}) \tag{6-52}$$

由式（6-52），得并联机器人的总静柔度矩阵为

$$\boldsymbol{C}_X=\boldsymbol{J}^{-1}(\boldsymbol{X})\boldsymbol{K}_q^{-1}\boldsymbol{J}^{-\mathrm{T}}(\boldsymbol{X}) \tag{6-53}$$

6.4.2　并联机器人的驱动静刚度矩阵

并联机器人的驱动静刚度矩阵是与雅可比矩阵和驱动系统的弹性性能有关的矩阵。不计并联机构的运动链的刚度时，并联机器人的输入构件的驱动刚度矩阵为

$$\boldsymbol{K}_D=\mathrm{diag}(k_{D1}\quad k_{D2}\quad\cdots\quad k_{Dm}) \tag{6-54}$$

用 $\boldsymbol{K}_D$ 代替式（6-52）中的 $\boldsymbol{K}_q$，得并联机器人的驱动静刚度矩阵为

$$\boldsymbol{K}_{X-D}=\boldsymbol{J}^{\mathrm{T}}(\boldsymbol{X})\boldsymbol{K}_D\boldsymbol{J}(\boldsymbol{X}) \tag{6-55}$$

由式（6-55），得并联机器人的驱动静柔度矩阵为

$$\boldsymbol{C}_{X-D}=\boldsymbol{J}^{-1}(\boldsymbol{X})\boldsymbol{K}_D^{-1}\boldsymbol{J}^{-\mathrm{T}}(\boldsymbol{X}) \tag{6-56}$$

6.4.3 并联机器人的运动链静刚度矩阵

并联机器人的运动链静刚度矩阵是与雅可比矩阵和运动链的弹性性能有关的矩阵。如运动链为连杆，运动链静刚度矩阵则为连杆静刚度矩阵；如运动链为柔索，运动链静刚度矩阵则为柔索静刚度矩阵。不计并联机构的驱动系统的刚度时，并联机器人的输入构件的运动链刚度矩阵为

$$\boldsymbol{K}_l=\mathrm{diag}(k_{l1} \quad k_{l2} \quad \cdots \quad k_{lm}) \tag{6-57}$$

运动链为连杆或柔索时，杆或柔索的刚度为

$$k_{li}=\frac{E_{li}A_{li}}{l_i} \tag{6-58}$$

式中，E_{li} 为第 i 根连杆或柔索材料的拉压弹性模量；A_{li} 为第 i 根连杆或柔索的横截面的面积；l_i 为第 i 根连杆或柔索的拉压长度。

用 $\boldsymbol{K}_l$ 代替式（6-52）中的 $\boldsymbol{K}_q$，得并联机器人的运动链静刚度矩阵为

$$\boldsymbol{K}_{X\text{-}l}=\boldsymbol{J}^{\mathrm{T}}(\boldsymbol{X})\boldsymbol{K}_l\boldsymbol{J}(\boldsymbol{X}) \tag{6-59}$$

由式（6-59），得并联机器人的运动链静柔度矩阵为

$$\boldsymbol{C}_{X\text{-}l}=\boldsymbol{J}^{-1}(\boldsymbol{X})\boldsymbol{K}_l^{-1}\boldsymbol{J}^{-\mathrm{T}}(\boldsymbol{X}) \tag{6-60}$$

注意：由于并联机构的第 i 个驱动和第 i 条运动链串联，并联机器人的总静刚度矩阵不等于运动链静刚度矩阵与驱动静刚度矩阵之和。

6.4.4 并联机器人的静刚度比较

并联机器人的静刚度与机构的位姿有关，为了比较静刚度，选择动平台和定平台上对应坐标平行的一个位姿作为基准位姿，以基准位姿的静刚度为基础，比较静刚度的变化。

在进行静刚度比较时，取输出构件的变量在定坐标系 $OXYZ$ 下的微分列矩阵为

$$\delta^A\boldsymbol{X}=[\delta x_{1X} \quad \delta x_{2Y} \quad \delta x_{3Z} \quad \delta x_{4X} \quad \delta x_{5Y} \quad \delta x_{6Z}]^{\mathrm{T}}=[1 \quad 1 \quad 1 \quad 1 \quad 1 \quad 1]^{\mathrm{T}} \tag{6-61}$$

再由式（6-51）求得输出构件广义静力在定坐标系 $OXYZ$ 下的列矩阵为

$${}^A\boldsymbol{F}=-[F_{PX} \quad F_{PY} \quad F_{PZ} \quad M_{PX} \quad M_{PY} \quad M_{PZ}]^{\mathrm{T}} \tag{6-62}$$

式（6-61）、（6-62）中，δx_{1X}、δx_{2Y}、δx_{3Z}、δx_{4X}、δx_{5Y} 和 δx_{6Z} 分别是输出构件的变量的微分在定坐标系 $OXYZ$ 下的投影，F_{PX}、F_{PY}、F_{PZ}、M_{PX}、M_{PY} 和 M_{PZ} 分别与 δx_{1X}、δx_{2Y}、δx_{3Z}、δx_{4X}、δx_{5Y} 和 δx_{6Z} 对应，但 F_{PX}、F_{PY}、F_{PZ}、M_{PX}、M_{PY} 和 M_{PZ} 分别与 δx_{1X}、δx_{2Y}、δx_{3Z}、δx_{4X}、δx_{5Y} 和 δx_{6Z} 均有关，如 F_{PX} 与 δx_{1X}、δx_{2Y}、δx_{3Z}、δx_{4X}、δx_{5Y} 和 δx_{6Z} 均有关。在式（6-61）中，取 $\delta^A\boldsymbol{X}$ 中各项均为 1，是为了统一 $\delta^A\boldsymbol{X}$ 中各个微变量的尺度，便于并联机构的静刚度的分析和比较。

由式（6-62）计算所得的输出构件广义静力在定坐标系 $OXYZ$ 下的列矩阵 ${}^A\boldsymbol{F}$ 反映了机构的刚度。${}^A\boldsymbol{F}$ 大，并联机构的刚度高，${}^A\boldsymbol{F}$ 小，并联机构的刚度低。${}^A\boldsymbol{F}$ 中的某个分量增大，与该分量对应的刚度变大，如并联机构的位置变化后，F_{PX} 增大，则沿 F_{PX} 方向的线刚度增大，进一步说，根据式（6-62）所得的输出构件广义静力在定坐标系 $OXYZ$ 下的列矩阵 ${}^A\boldsymbol{F}$，可进行并联机构的刚度分析和比较。

在进行并联机构的刚度分析和比较时，要分为线刚度和角刚度的分析和比较。式

(6-62) 中，F_{PX}、F_{PY} 和 F_{PZ} 是作用在输出构件上的静力，F_{PX}、F_{PY} 和 F_{PZ} 的大小，反映并联机构的线刚度；M_{PX}、M_{PY} 和 M_{PZ} 是作用在输出构件上的静力矩，M_{PX}、M_{PY} 和 M_{PZ} 的大小，反映并联机构的角刚度。在进行并联机构的刚度分析和比较时，只能在线刚度或角刚度之间进行分析和比较，只能用式 (6-62) 的前 3 个静力进行对应的线刚度的分析和比较，即只能用 F_{PX}、F_{PY} 和 F_{PZ} 进行对应的线刚度的分析和比较，只能用式 (6-62) 的后 3 个静力矩进行对应的角刚度的分析和比较，即只能用 M_{PX}、M_{PY} 和 M_{PZ} 进行对应的角刚度的分析和比较。不能在线刚度和角刚度之间进行分析和比较，不能用式 (6-62) 的前 3 个静力对应的线刚度与后 3 个静力矩对应的角刚度进行刚度的分析和比较，即不能用 F_{PX}、F_{PY} 和 F_{PZ} 对应的线刚度与 M_{PX}、M_{PY} 和 M_{PZ} 对应的角刚度进行刚度的分析和比较，因为，静力和静力矩的力的类型不同，静力和静力矩的量纲不同。

在进行并联机构的刚度比较时，有三种情况：一是并联机构在同一位置的刚度比较，F_{PX}、F_{PY} 和 F_{PZ} 中的最大者，对应的线刚度最大，M_{PX}、M_{PY} 和 M_{PZ} 中的最大者，对应的角刚度最大；二是并联机构在不同位置的刚度比较，对应的 F_{PX}、F_{PY} 和 F_{PZ} 增大，则相应的线刚度增大，对应的 M_{PX}、M_{PY} 和 M_{PZ} 增大，则相应的角刚度增大；三是并联机构不同，动平台的结构和位姿分别相同的刚度比较，对应的 F_{PX}、F_{PY} 和 F_{PZ} 越大，则相应的线刚度越大，对应的 M_{PX}、M_{PY} 和 M_{PZ} 越大，则相应的角刚度越大。

习 题

6-1 试述并联机器人的静力学的研究内容和研究方法。

6-2 不计重力，求图 4-1 所示的 6-SPS 并联机构的驱动力。

6-3 不计重力，求图 1-13 所示的 2 自由度的 Diamond 并联机器人的驱动力。

6-4 不计并联机构的重力时，根据虚位移原理，求图 4-1 所示的 6-SPS 并联机构的静力的正解。

6-5 根据图 6-5，简述力雅可比矩阵与速度雅可比矩阵的对偶关系。

6-6 利用速度雅可比矩阵，求图 4-1 所示的 6-SPS 并联机构的静力的正解。

6-7 简述并联机器人的总静柔度矩阵、驱动静刚度矩阵和运动链静刚度矩阵。

6-8 求图 1-3 所示的 2-PRR 的 2 自由度并联机构的总静柔度矩阵、驱动静刚度矩阵和运动链静刚度矩阵。

6-9 求图 1-13 所示的 2 自由度的 Diamond 并联机器人的总静柔度矩阵、驱动静刚度矩阵和运动链静刚度矩阵。

6-10 求图 5-5 所示的具有中间液压缸的肩机械臂的总静柔度矩阵、驱动静刚度矩阵和运动链静刚度矩阵。

6-11 查找文献，阅读 1~2 篇并联机器人的静力学分析的文献，简述并联机构的驱动力的计算过程。

6-12 查找文献，阅读 1~2 篇并联机器人的静力学分析的文献，简述并联机构的总静柔度矩阵、驱动静刚度矩阵和运动链静刚度矩阵的计算过程。

第7章 并联机器人的动力学分析

教学目标：通过本章学习，应掌握并联机器人动力学分析的基本方法，包括基于牛顿-欧拉方程、达朗伯原理-虚位移原理进行并联机器人动力学分析的方法，求解出并联机器人的驱动力，了解并联机器人动力学分析的概念及并联机器人的各构件的虚位移求解，为并联机器人的强度分析、动力学优化及控制打下基础。

7.1 并联机器人动力学分析的概念

并联机器人动力学研究并联机器人的并联机构在运动时受力、振动和动刚度等问题，目的是得到并联机构的输出构件与输入构件的力的关系。并联机器人的动力学研究方法有牛顿-欧拉（Newton-Euler）方程、达朗伯原理-虚位移原理、拉格朗日（Lagrange）方程、高斯（Gauss）方法、凯恩（Kane）方法、螺旋理论等。并联机器人的受力及驱动力的分析是并联机构的连杆、铰链等强度计算和液压缸的压力计算的基础，也是并联机器人动平台振动分析的基础，还是并联机器人动力学控制的基础。并联机器人的动力学分析的关键点是进行动力学分析时，要考虑并联机构各个构件的惯性力。

在并联机器人的动力学分析中，根据解的结果，有两类问题，一是力的求解问题，二是动态特性分析的问题。根据并联机构的结构、连杆的驱动力或作用在动平台上的力，求解各构件的受力，为力的求解问题，主要用牛顿-欧拉方程、达朗伯原理-虚位移原理求解。根据并联机构的结构、作用在动平台上的力，分析得到并联机构的振动、动刚度等动态特性，为动态特性分析问题，主要用拉格朗日方程求解。

在并联机器人的动力学分析中，根据解的方向，有两类问题，一是动力学逆解的问题，二是动力学正解的问题。根据动平台的受力和并联机构的结构，求出连杆的驱动力，为动力学逆解。根据连杆的驱动力和并联机构的结构，求出动平台的受力，为动力学正解。由于并联机器人的位姿逆解容易，使得并联机器人的动力学逆解相对动力学正解容易。又由于并联机器人的动力学方程是二阶强非线性微分方程组，并联机器人有无穷多个位置，使并联机器人的动力学方程求解困难，为获得并联机构的最大的驱动力，有时要用穷举法。

在并联机器人的动力学分析中，根据解的路线，也有两类问题，一是支链动力学分析的问题，二是整体动力学分析的问题。从连杆受力分析开始，利用各支链结构和力的传递关系，研究并联机器人的受力及驱动力等，为支链动力学分析，常用牛顿-欧拉方程，即根据牛顿方程和欧拉方程求解。从并联机器人的整体角度，获得并联机器人的输出构件与输入构件的力的关系，为整体动力学分析，常用达朗伯原理—虚位移原理和拉格朗日方程求解。

下面以 6-SPS 并联机构为例，基于牛顿-欧拉方程、达朗伯原理—虚位移原理和拉格朗日方程，介绍并联机器人的动力学分析。

7.2 基于牛顿-欧拉方程的并联机器人动力学分析

7.2.1 基于牛顿-欧拉方程的连杆动力学分析

1. 液压缸的动力学分析

（1）液压缸的动力学方程　液压缸的受力如图 7-1 所示，取铰链 B_i 为坐标原点，建立连杆坐标系 $B_ix_iy_iz_i$，并用$\{B_{li}\}$表示，图 7-1 与图 4-1 中的连杆坐标系相同。在图 4-1 中，液压缸和活塞杆有绕其轴线相对转动的局部自由度，绕其轴线相对转动的角速度和角加速度较小，在动力学分析中，略去液压缸和活塞杆绕其轴线相对转动的角速度和角加速度，另略去液压缸和活塞杆之间绕其轴线相对转动和移动产生的摩擦力。根据图 7-1 和牛顿方程，得式（7-1）；根据图 7-1 和欧拉方程，并考虑所有力对 B_i 点的力矩，得式（7-2）；式（7-1）和式（7-2）即为液压缸的动力学方程。

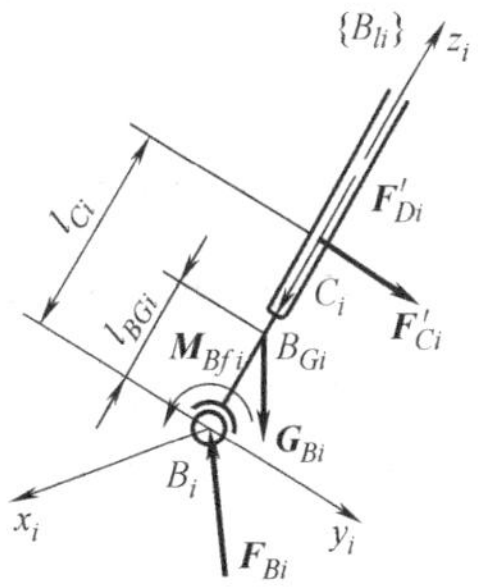

图 7-1　液压缸的受力

$$m_{Bi}\boldsymbol{a}_{BGi}=\boldsymbol{F}'_{Di}+\boldsymbol{F}'_{Ci}+\boldsymbol{F}_{Bi}+\boldsymbol{G}_{Bi}\qquad i=1,2,\cdots,6 \tag{7-1}$$

$$\boldsymbol{I}_{Bi}\cdot\dot{\boldsymbol{\omega}}_i+\boldsymbol{\omega}_i\times(\boldsymbol{I}_{Bi}\cdot\boldsymbol{\omega}_i)=l_{Ci}\boldsymbol{w}_i\times\boldsymbol{F}'_{Ci}-\boldsymbol{M}_{Bfi}+l_{BGi}\boldsymbol{w}_i\times\boldsymbol{G}_{Bi} \tag{7-2}$$

式中，m_{Bi} 为第 i 根连杆的液压缸的质量；$\boldsymbol{a}_{BGi}$ 为第 i 根连杆的液压缸的质心 B_{Gi} 的加速度；$\boldsymbol{F}'_{Di}$为第 i 根连杆的液压缸的驱动力的反力；$\boldsymbol{F}'_{Ci}$为第 i 根连杆的液压缸和活塞杆之间的作用力；$\boldsymbol{F}_{Bi}$ 为第 i 根连杆的铰链 B_i 的径向力；$\boldsymbol{G}_{Bi}$ 为第 i 根连杆的液压缸的重力；$\boldsymbol{I}_{Bi}$ 为第 i 根连杆的液压缸对 B_i点的惯量张量；$\dot{\boldsymbol{\omega}}_i$为第 i 根连杆的角加速度；$\boldsymbol{\omega}_i$ 为第 i 根连杆的角速度；l_{Ci} 为第 i 根连杆的液压缸和活塞杆之间的作用力到铰链 B_i 的距离；$\boldsymbol{w}_i$ 为第 i 根连杆的沿连杆轴线的单位矢量；$\boldsymbol{M}_{Bfi}$ 为第 i 根连杆的液压缸的铰链 B_i的摩擦力矩；l_{BGi} 为第 i 根连杆的液压缸的质心 B_{Gi} 到铰链 B_i 的距离。

（2）求液压缸和活塞杆之间的作用力　用 $\boldsymbol{w}_i$ 叉乘式（7-2），再提取 l_{Ci} 和 l_{BGi}，得

$$\begin{aligned}&\boldsymbol{w}_i\times(\boldsymbol{I}_{Bi}\cdot\dot{\boldsymbol{\omega}}_i)+\boldsymbol{w}_i\times[\boldsymbol{\omega}_i\times(\boldsymbol{I}_{Bi}\cdot\boldsymbol{\omega}_i)]=\\&l_{Ci}\boldsymbol{w}_i\times(\boldsymbol{w}_i\times\boldsymbol{F}'_{Ci})-\boldsymbol{w}_i\times\boldsymbol{M}_{Bfi}+l_{BGi}\boldsymbol{w}_i\times(\boldsymbol{w}_i\times\boldsymbol{G}_{Bi})\end{aligned} \tag{7-3}$$

运用三矢量的两重叉积的运算方法，并考虑 $\boldsymbol{w}_i\perp\boldsymbol{F}'_{Ci}$，得 $l_{Ci}\boldsymbol{w}_i\times(\boldsymbol{w}_i\times\boldsymbol{F}'_{Ci})=-l_{Ci}\boldsymbol{F}'_{Ci}$；再由式（7-3），得矢量表示的第 i 根连杆的液压缸和活塞杆之间的作用力为

$$\begin{aligned}\boldsymbol{F}'_{Ci}&=\frac{1}{l_{Ci}}\{l_{BGi}\boldsymbol{w}_i\times(\boldsymbol{w}_i\times\boldsymbol{G}_{Bi})-\boldsymbol{w}_i\times\boldsymbol{M}_{Bfi}-\boldsymbol{w}_i\times(\boldsymbol{I}_{Bi}\cdot\dot{\boldsymbol{\omega}}_i)-\boldsymbol{w}_i\times[\boldsymbol{\omega}_i\times(\boldsymbol{I}_{Bi}\cdot\boldsymbol{\omega}_i)]\}\\&=\frac{1}{l_{Ci}}\boldsymbol{w}_i\times[l_{BGi}\boldsymbol{w}_i\times\boldsymbol{G}_{Bi}-\boldsymbol{M}_{Bfi}-\boldsymbol{I}_{Bi}\cdot\dot{\boldsymbol{\omega}}_i-\boldsymbol{\omega}_i\times(\boldsymbol{I}_{Bi}\cdot\boldsymbol{\omega}_i)]\end{aligned} \tag{7-4}$$

将式（7-4）写成矩阵形式，得第 i 根连杆的液压缸和活塞杆之间的作用力 $\boldsymbol{F}'_{Ci}$在连杆坐

标系 $B_ix_iy_iz_i$ 下的列矩阵为

$$^{B_{li}}\boldsymbol{F}'_{Ci}=\begin{bmatrix}F'_{Cixi}\\F'_{Ciyi}\\F'_{Cizi}\end{bmatrix}=\frac{1}{l_{Ci}}{}^{B_{li}}\widetilde{\boldsymbol{w}}_i(l_{BGi}{}^{B_{li}}\widetilde{\boldsymbol{w}}_i{}^{B_{li}}\boldsymbol{G}_{Bi}-{}^{B_{li}}\boldsymbol{M}_{Bfi}-{}^{B_{li}}\boldsymbol{I}_{Bi}{}^{B_{li}}\dot{\boldsymbol{\omega}}_i-{}^{B_{li}}\widetilde{\boldsymbol{\omega}}_i{}^{B_{li}}\boldsymbol{I}_{Bi}{}^{B_{li}}\boldsymbol{\omega}_i) \tag{7-5}$$

式中，F'_{Cixi}、F'_{Ciyi}和 F'_{Cizi}分别为 $\boldsymbol{F}'_{Ci}$在连杆坐标系 $B_ix_iy_iz_i$ 的 x_i、y_i 和 z_i 轴上的投影，也是 $\boldsymbol{F}'_{Ci}$沿 x_i、y_i 和 z_i 轴的分量；$^{B_{li}}\widetilde{\boldsymbol{w}}_i$ 为第 i 根连杆的沿连杆轴线的单位矢量 $\boldsymbol{w}_i$在连杆坐标系 $B_ix_iy_iz_i$ 下的反对称矩阵；$^{B_{li}}\boldsymbol{G}_{Bi}$ 为第 i 根连杆的液压缸的重力 $\boldsymbol{G}_{Bi}$ 在连杆坐标系 $B_ix_iy_iz_i$ 下的列矩阵；$^{B_{li}}\boldsymbol{M}_{Bfi}$ 为第 i 根连杆的液压缸的铰链 B_i的摩擦力矩 $\boldsymbol{M}_{Bfi}$ 在连杆坐标系 $B_ix_iy_iz_i$ 下的列矩阵；$^{B_{li}}\boldsymbol{I}_{Bi}$ 为第 i 根连杆的液压缸对 B_i点的惯量张量 $\boldsymbol{I}_{Bi}$ 在连杆坐标系 $B_ix_iy_iz_i$ 下的惯量阵；$^{B_{li}}\dot{\boldsymbol{\omega}}_i$为第 i 根连杆的角加速度 $\dot{\boldsymbol{\omega}}_i$在连杆坐标系 $B_ix_iy_iz_i$ 下的列矩阵；$^{B_{li}}\widetilde{\boldsymbol{\omega}}_i$ 为第 i 根连杆的角速度 $\boldsymbol{\omega}_i$ 在连杆坐标系 $B_ix_iy_iz_i$ 下的反对称矩阵；$^{B_{li}}\omega_i$ 为第 i 根连杆的角速度 $\boldsymbol{\omega}_i$ 在连杆坐标系 $B_ix_iy_iz_i$ 下的列矩阵。

$\boldsymbol{w}_i$是第 i 根连杆的沿连杆轴线的单位矢量。第 i 根连杆的沿连杆轴线的单位矢量 $\boldsymbol{w}_i$在连杆坐标系 $B_ix_iy_iz_i$ 下的列矩阵为$^{B_{li}}\boldsymbol{w}_i=[0\quad 0\quad 1]^{\mathrm{T}}$，根据反对称矩阵的定义，$\boldsymbol{w}_i$ 在连杆坐标系 $B_ix_iy_iz_i$ 下的反对称矩阵为

$$^{B_{li}}\widetilde{\boldsymbol{w}}_i=\begin{bmatrix}0&-1&0\\1&0&0\\0&0&0\end{bmatrix} \tag{7-6}$$

（3）求铰链 B_i的径向力　令 $\boldsymbol{F}'_{Di}=-f_{Di}\boldsymbol{w}_i$，$f_{Di}$ 为 F'_{Di}的大小，f_{Di} 前的"-"号是考虑 $\boldsymbol{F}'_{Di}$ 的方向与 $\boldsymbol{w}_i$ 的方向相反。将式（7-4）和 $\boldsymbol{F}'_{Di}=-f_{Di}\boldsymbol{w}_i$ 代入式（7-1），得矢量表示的第 i 根连杆的铰链 B_i 的径向力为

$$\boldsymbol{F}_{Bi}=m_{Bi}\boldsymbol{a}_{BGi}+f_{Di}\boldsymbol{w}_i-\frac{1}{l_{Ci}}\boldsymbol{w}_i\times[l_{BGi}\boldsymbol{w}_i\times\boldsymbol{G}_{Bi}-\boldsymbol{M}_{Bfi}-\boldsymbol{I}_{Bi}\cdot\dot{\omega}_i-\omega_i\times(\boldsymbol{I}_{Bi}\cdot\omega_i)]-\boldsymbol{G}_{Bi} \tag{7-7}$$

将式（7-7）写成矩阵形式，得第 i 根连杆的铰链 B_i 的径向力 $\boldsymbol{F}_{Bi}$ 在连杆坐标系 $B_ix_iy_iz_i$ 下的列矩阵为

$$^{B_{li}}\boldsymbol{F}_{Bi}=\begin{bmatrix}F_{Bixi}\\F_{Biyi}\\F_{Bizi}\end{bmatrix}=m_{Bi}{}^{B_{li}}\boldsymbol{a}_{BGi}+f_{Di}{}^{B_{li}}\boldsymbol{w}_i-\frac{1}{l_{Ci}}{}^{B_{li}}\widetilde{\boldsymbol{w}}_i(l_{BGi}{}^{B_{li}}\widetilde{\boldsymbol{w}}_i{}^{B_{li}}\boldsymbol{G}_{Bi}-{}^{B_{li}}\boldsymbol{M}_{Bfi}-{}^{B_{li}}\boldsymbol{I}_{Bi}{}^{B_{li}}\dot{\boldsymbol{\omega}}_i-{}^{B_{li}}\widetilde{\boldsymbol{\omega}}_i{}^{B_{li}}\boldsymbol{I}_{Bi}{}^{B_{li}}\boldsymbol{\omega}_i)-{}^{B_{li}}\boldsymbol{G}_{Bi} \tag{7-8}$$

式中，F_{Bixi}、F_{Biyi} 和 F_{Bizi} 分别是 $\boldsymbol{F}_{Bi}$ 在连杆坐标系 $B_ix_iy_iz_i$ 的 x_i、y_i 和 z_i 轴上的投影，也分别是 $\boldsymbol{F}_{Bi}$ 沿 x_i、y_i 和 z_i 轴的分量；$^{B_{li}}\boldsymbol{a}_{BGi}$ 为第 i 根连杆的液压缸的质心 B_{Gi} 的加速度 a_{BGi} 在连杆坐标系 $B_ix_iy_iz_i$ 下的列矩阵。

2. 活塞杆的动力学分析

（1）活塞杆的动力学方程　活塞杆的受力如图 7-2 所示，取铰链 b_i 为坐标原点，建立活塞杆坐标系 $b_i x_i' y_i' z_i'$，并用$\{b_{li}\}$表示，图 7-2 与图 4-1 中的活塞杆坐标系相同。略去液压缸和活塞杆之间的摩擦力，根据图 7-2 和牛顿方程，得式（7-9）；根据图 7-2 和欧拉方程，并考虑所有力对 C_i 点的力矩，得式（7-10）；式（7-9）和式（7-10）为活塞杆的动力学方程。

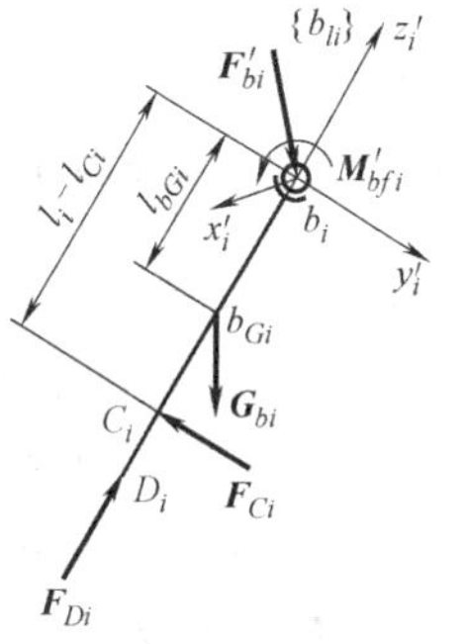

图 7-2　活塞杆的受力

$$m_{bi}\boldsymbol{a}_{bGi}=\boldsymbol{F}_{Di}+\boldsymbol{F}_{Ci}+\boldsymbol{F}_{bi}'+\boldsymbol{G}_{bi} \tag{7-9}$$

$$\boldsymbol{I}_{Ci-b}\cdot\dot{\boldsymbol{\omega}}_i+\boldsymbol{\omega}_i\times(\boldsymbol{I}_{Ci-b}\cdot\boldsymbol{\omega}_i)=(l_i-l_{Ci})\boldsymbol{w}_i\times\boldsymbol{F}_{bi}'-\boldsymbol{M}_{bfi}'+(l_i-l_{Ci}-l_{bGi})\boldsymbol{w}_i\times\boldsymbol{G}_{bi} \tag{7-10}$$

式中，m_{bi} 为第 i 根连杆的活塞杆的质量；$\boldsymbol{a}_{bGi}$ 为第 i 根连杆的活塞杆的质心 b_{Gi} 的加速度；$\boldsymbol{I}_{Ci-b}$ 为第 i 根连杆的活塞杆对 C_i 点的惯量张量；$\boldsymbol{F}_{Di}$ 为第 i 根连杆的驱动力；$\boldsymbol{F}_{Ci}$ 为 $\boldsymbol{F}_{Ci}'$反作用力；$\boldsymbol{F}_{bi}'$为第 i 根连杆的铰链 b_i 的径向力；$\boldsymbol{M}_{Bfi}'$为第 i 根连杆的活塞杆的铰链 b_i 的摩擦力矩；$\boldsymbol{G}_{bi}$ 为第 i 根连杆的活塞杆的重力；l_{bGi} 为第 i 根连杆的活塞杆的质心 b_{Gi} 到铰链 b_i 的距离。

（2）求铰链 b_i 的垂直于连杆轴线的作用力　用 $\boldsymbol{w}_i$ 叉乘式（7-10），再提取（l_i-l_{Ci}）和（$l_i-l_{Ci}-l_{bGi}$），得

$$\begin{gathered}\boldsymbol{w}_i\times(\boldsymbol{I}_{Ci-b}\cdot\dot{\boldsymbol{\omega}}_i)+\boldsymbol{w}_i\times[\boldsymbol{\omega}_i\times(\boldsymbol{I}_{Ci-b}\cdot\boldsymbol{\omega}_i)]=\\(l_i-l_{Ci})\boldsymbol{w}_i\times(\boldsymbol{w}_i\times\boldsymbol{F}_{bi}')-\boldsymbol{w}_i\times\boldsymbol{M}_{bfi}'+(l_i-l_{Ci}-l_{bGi})\boldsymbol{w}_i\times(\boldsymbol{w}_i\times\boldsymbol{G}_{bi})\end{gathered} \tag{7-11}$$

令 $\boldsymbol{F}_{bi}'=\boldsymbol{F}_{biw}'+\boldsymbol{F}_{biuv}'$；$\boldsymbol{F}_{biw}'$为铰链 b_i 的沿第 i 根连杆轴线方向的作用力，$\boldsymbol{F}_{biw}'=-f_{biw}\boldsymbol{w}_i$，$f_{biw}$ 为铰链 b_i 的沿第 i 根连杆轴线方向的作用力的大小，f_{biw} 是标量，f_{biw} 前的“-”号是考虑 $\boldsymbol{F}_{biw}'$的方向与 $\boldsymbol{w}_i$ 的方向相反；$\boldsymbol{F}_{biuv}'$为铰链 b_i 的垂直于第 i 根连杆轴线的作用力，$\boldsymbol{F}_{biw}'\perp\boldsymbol{F}_{biuv}'$。

将 $\boldsymbol{F}_{bi}'=\boldsymbol{F}_{biw}'+\boldsymbol{F}_{biuv}'$代入式（7-11），另考虑 $\boldsymbol{w}_i$ 与 $\boldsymbol{F}_{biw}$ 共轴线，$\boldsymbol{w}_i\times\boldsymbol{F}_{biw}=0$，得

$$\begin{gathered}\boldsymbol{w}_i\times(\boldsymbol{I}_{Ci-b}\cdot\dot{\boldsymbol{\omega}}_i)+\boldsymbol{w}_i\times[\boldsymbol{\omega}_i\times(\boldsymbol{I}_{Ci-b}\cdot\boldsymbol{\omega}_i)]=\\(l_i-l_{Ci})\boldsymbol{w}_i\times(\boldsymbol{w}_i\times\boldsymbol{F}_{biuv}')-\boldsymbol{w}_i\times\boldsymbol{M}_{bfi}'+(l_i-l_{Ci}-l_{bGi})\boldsymbol{w}_i\times(\boldsymbol{w}_i\times\boldsymbol{G}_{bi})\end{gathered} \tag{7-12}$$

再运用三矢量的两重叉积的运算方法，并考虑 $\boldsymbol{w}_i\perp\boldsymbol{F}_{biuv}'$，得（$l_i-l_{Ci}$）$\boldsymbol{w}_i\times$（$\boldsymbol{w}_i\times\boldsymbol{F}_{biuv}'$）=-（$l_i-l_{Ci}$）$\boldsymbol{F}_{biuv}'$；再由式（7-12），得矢量表示的铰链 b_i 的垂直于第 i 根连杆轴线的作用力为

$$\boldsymbol{F}_{biuv}'=\frac{1}{l_i-l_{Ci}}\boldsymbol{w}_i\times[(l_i-l_{Ci}-l_{bGi})\boldsymbol{w}_i\times\boldsymbol{G}_{bi}-\boldsymbol{M}_{bfi}'-\boldsymbol{I}_{Ci-b}\cdot\dot{\boldsymbol{\omega}}_i-\boldsymbol{\omega}_i\times(\boldsymbol{I}_{Ci-b}\cdot\boldsymbol{\omega}_i)] \tag{7-13}$$

将式（7-13）写成矩阵形式，得铰链 b_i 的垂直于第 i 根连杆轴线的作用力 $\boldsymbol{F}_{biuv}'$在活塞杆坐标系 $b_i x_i' y_i' z_i'$下的列矩阵为

$$\begin{aligned}{}^{b_{li}}\boldsymbol{F}_{biuv}'&=\begin{bmatrix}F_{bixi}'\\F_{biyi}'\\0\end{bmatrix}\\&=\frac{1}{l_i-l_{Ci}}{}^{b_{li}}\widetilde{\boldsymbol{w}}_i[(l_i-l_{Ci}-l_{bGi}){}^{b_{li}}\widetilde{\boldsymbol{w}}_i{}^{b_{li}}\boldsymbol{G}_{bi}-{}^{b_{li}}\boldsymbol{M}_{bfi}'-{}^{b_{li}}\boldsymbol{I}_{Ci-b}{}^{b_{li}}\dot{\boldsymbol{\omega}}_i-{}^{b_{li}}\widetilde{\boldsymbol{\omega}}_i{}^{b_{li}}\boldsymbol{I}_{Ci-b}{}^{b_{li}}\boldsymbol{\omega}_i]\end{aligned} \tag{7-14}$$

式中，F'_{bixi}和F'_{biyi}分别是$\boldsymbol{F}'_{biuv}$或$\boldsymbol{F}'_{bi}$在活塞杆坐标系$b_ix'_iy'_iz'_i$的x'_i和y'_i轴上的投影，也分别是$\boldsymbol{F}'_{biuv}$或$\boldsymbol{F}'_{bi}$沿x'_i和y'_i轴的分量；${}^{b_{li}}\widetilde{\boldsymbol{w}}_i$为第$i$根连杆的沿连杆轴线的单位矢量$\boldsymbol{w}_i$在活塞杆坐标系$b_ix'_iy'_iz'_i$下的反对称矩阵；${}^{b_{li}}\boldsymbol{G}_{bi}$为第$i$根连杆的活塞杆的重力$\boldsymbol{G}_{bi}$在活塞杆坐标系$b_ix'_iy'_iz'_i$下的列矩阵；${}^{b_{li}}\boldsymbol{M}'_{bfi}$为第$i$根连杆的活塞杆的铰链$b_i$的摩擦力矩$\boldsymbol{M}'_{bfi}$在活塞杆坐标系$b_ix'_iy'_iz'_i$下的列矩阵；${}^{b_{li}}\boldsymbol{I}_{Ci-b}$为第$i$根连杆的活塞杆对$C_i$点的惯量张量$\boldsymbol{I}_{Ci-b}$在活塞杆坐标系$b_ix'_iy'_iz'_i$下的惯量矩阵；${}^{b_{li}}\dot{\boldsymbol{\omega}}_i$为第$i$根连杆的角加速度$\dot{\boldsymbol{\omega}}_i$在活塞杆坐标系$b_ix'_iy'_iz'_i$下的列矩阵；${}^{b_{li}}\widetilde{\boldsymbol{\omega}}_i$为第$i$根连杆的角速度$\boldsymbol{\omega}_i$在活塞杆坐标系$b_ix'_iy'_iz'_i$下的反对称矩阵；${}^{b_{li}}\boldsymbol{\omega}_i$为第$i$根连杆的角速度$\boldsymbol{\omega}_i$在活塞杆坐标系$b_ix'_iy'_iz'_i$下的列矩阵。

（3）求液压缸的驱动力的大小　$\boldsymbol{F}_{Di}$是第i根连杆的驱动力，也是$\boldsymbol{F}'_{Di}$的反作用力，$\boldsymbol{F}_{Di}=-\boldsymbol{F}'_{Di}=f_{Di}\boldsymbol{w}_i$；$\boldsymbol{F}_{Ci}$是$\boldsymbol{F}'_{Ci}$的反作用力。

用$\boldsymbol{w}_i$点乘式（7-9），并将$\boldsymbol{F}'_{bi}=\boldsymbol{F}'_{biw}+\boldsymbol{F}'_{biuv}$、$\boldsymbol{F}'_{biw}=-f_{biw}\boldsymbol{w}_i$和$\boldsymbol{F}_{Di}=f_{Di}\boldsymbol{w}_i$代入式（7-9），考虑$\boldsymbol{w}_i\perp\boldsymbol{F}_{Ci}$和$\boldsymbol{w}_i\perp\boldsymbol{F}'_{biuv}$，$\boldsymbol{w}_i\cdot\boldsymbol{F}_{Ci}=0$，$\boldsymbol{w}_i\cdot\boldsymbol{F}'_{biuv}=0$，得矢量表示的第$i$根连杆的液压缸的驱动力$\boldsymbol{F}_{Di}$的大小为

$$f_{Di}=m_{bi}\boldsymbol{w}_i\cdot\boldsymbol{a}_{bGi}+f_{biw}-\boldsymbol{w}_i\cdot\boldsymbol{G}_{bi}\tag{7-15}$$

将式（7-15）写成矩阵形式，再得第i根连杆的液压缸的驱动力$\boldsymbol{F}_{Di}$的大小为

$$f_{Di}=m_{bi}{}^{b_{li}}\boldsymbol{w}_i^{\mathrm{T}}\,{}^{b_{li}}\boldsymbol{a}_{bGi}+f_{biw}-{}^{b_{li}}\boldsymbol{w}_i^{\mathrm{T}}\,{}^{b_{li}}\boldsymbol{G}_{bi}\tag{7-16}$$

式中，${}^{b_{li}}\boldsymbol{w}_i$为第$i$根连杆的沿连杆轴线的单位矢量$\boldsymbol{w}_i$在活塞杆坐标系$b_ix'_iy'_iz'_i$下的列矩阵，${}^{b_{li}}\boldsymbol{w}_i=[0\quad 0\quad 1]^{\mathrm{T}}$；${}^{b_{li}}\boldsymbol{a}_{bGi}$为活塞杆的质心$b_{Gi}$的加速度在活塞杆坐标系$b_ix'_iy'_iz'_i$下的列矩阵；${}^{b_{li}}\boldsymbol{G}_{bi}$为活塞杆的重力$\boldsymbol{G}_{bi}$在活塞杆坐标系$b_ix'_iy'_iz'_i$下的列矩阵。

7.2.2　基于牛顿-欧拉方程的动平台动力学分析

动平台的受力如图 7-3 所示，取动平台的质心P为坐标原点，建立动平台的坐标系$Pxyz$。根据图 7-3 和牛顿方程，得式（7-17）；根据图 7-3 和欧拉方程，考虑所有力对P点的力矩，并取力矩的方向一致，得式（7-18）；式（7-17）和式（7-18）即为动平台的动力学方程。

$$m_P\ddot{\boldsymbol{P}}_O=\sum_{i=1}^{6}\boldsymbol{F}_{bi}+\boldsymbol{F}_P+\boldsymbol{G}_P\tag{7-17}$$

$$\boldsymbol{I}_P\cdot\dot{\boldsymbol{\omega}}_P+\boldsymbol{\omega}_P\times(\boldsymbol{I}_P\cdot\boldsymbol{\omega}_P)=\sum_{i=1}^{6}\boldsymbol{b}_i\times\boldsymbol{F}_{bi}+\boldsymbol{M}_P-\sum_{i=1}^{6}\boldsymbol{M}_{bfi}\tag{7-18}$$

式中，m_P为动平台的质量；$\ddot{\boldsymbol{P}}_O$为动平台上P点的加速度；$\boldsymbol{F}_{bi}$是$\boldsymbol{F}'_{bi}$的反作用力；$\boldsymbol{F}_P$为动平台受到的外力；$\boldsymbol{G}_P$为动平台的重力；$\boldsymbol{I}_P$为动平台对坐标原点P的惯量张量；$\dot{\boldsymbol{\omega}}_P$动平台的角加速度；$\boldsymbol{\omega}_P$为动平台的角速度；$\boldsymbol{M}_P$为动平台受到的外力矩，$\boldsymbol{M}_{bfi}$为$\boldsymbol{M}'_{bfi}$的反摩擦力矩，$\boldsymbol{M}'_{bfi}=-\boldsymbol{M}_{bfi}$。

令$\boldsymbol{F}_{bi}=\boldsymbol{F}_{biw}+\boldsymbol{F}_{biuv}$，$\boldsymbol{F}_{biw}$、$\boldsymbol{F}_{biuv}$分别为$\boldsymbol{F}'_{biw}$、$\boldsymbol{F}'_{biuv}$的反作用力，则$\boldsymbol{F}_{biw}\perp\boldsymbol{F}_{biuv}$，$\boldsymbol{F}_{biw}=-\boldsymbol{F}'_{biw}=f_{biw}\boldsymbol{w}_i$，$\boldsymbol{F}_{biuv}=-\boldsymbol{F}'_{biuv}$。

将$\boldsymbol{F}_{bi}=\boldsymbol{F}_{biw}+\boldsymbol{F}_{biuv}$和$\boldsymbol{F}_{biw}=f_{biw}\boldsymbol{w}_i$代入式（7-17）和式（7-18），得

$$m_P\ddot{\boldsymbol{P}}_O=\sum_{i=1}^{6}f_{biw}\boldsymbol{w}_i+\sum_{i=1}^{6}\boldsymbol{F}_{biuv}+\boldsymbol{F}_P+\boldsymbol{G}_P \tag{7-19}$$

$$\boldsymbol{I}_P\cdot\dot{\boldsymbol{\omega}}_P+\boldsymbol{\omega}_P\times(\boldsymbol{I}_P\cdot\boldsymbol{\omega}_P)=\sum_{i=1}^{6}[\boldsymbol{b}_i\times(f_{biw}\boldsymbol{w}_i)]+\sum_{i=1}^{6}(\boldsymbol{b}_i\times\boldsymbol{F}_{biuv})+\boldsymbol{M}_P-\sum_{i=1}^{6}\boldsymbol{M}_{bfi} \tag{7-20}$$

将 $\boldsymbol{F}_{biuv}=-\boldsymbol{F}'_{biuv}$ 代入式（7-19）和式（7-20），得动平台的动力学方程为

$$\sum_{i=1}^{6}f_{biw}\boldsymbol{w}_i=m_P\ddot{\boldsymbol{P}}_O+\sum_{i=1}^{6}\boldsymbol{F}'_{biuv}-\boldsymbol{F}_P-\boldsymbol{G}_P \tag{7-21}$$

$$\sum_{i=1}^{6}[\boldsymbol{b}_i\times(f_{biw}\boldsymbol{w}_i)]=\boldsymbol{I}_P\cdot\dot{\boldsymbol{\omega}}_P+\boldsymbol{\omega}_P\times(\boldsymbol{I}_P\cdot\boldsymbol{\omega}_P)+\sum_{i=1}^{6}(\boldsymbol{b}_i\times\boldsymbol{F}'_{biuv})-\boldsymbol{M}_P+\sum_{i=1}^{6}\boldsymbol{M}_{bfi} \tag{7-22}$$

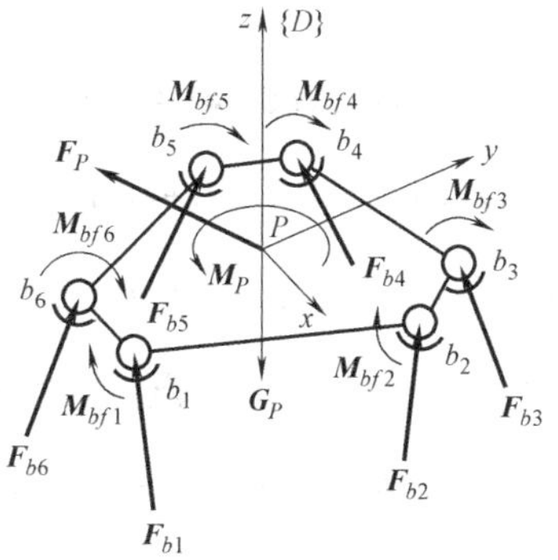

图 7-3　动平台的受力

由式（7-21）和式（7-22）得矢量表示的铰链 b_i 的沿连杆轴线方向的作用力的大小的列矩阵为

$$\boldsymbol{f}_{bw}=\boldsymbol{U}^{-1}\cdot\boldsymbol{W} \tag{7-23}$$

式中，

$$\boldsymbol{F}_{bw}=[f_{b1w}\quad f_{b2w}\quad f_{b3w}\quad f_{b4w}\quad f_{b5w}\quad f_{b6w}]^{\mathrm{T}}$$

$$\boldsymbol{U}=\begin{bmatrix}\boldsymbol{w}_1 & \boldsymbol{w}_2 & \boldsymbol{w}_3 & \boldsymbol{w}_4 & \boldsymbol{w}_5 & \boldsymbol{w}_6\\ \boldsymbol{b}_1\times\boldsymbol{w}_1 & \boldsymbol{b}_2\times\boldsymbol{w}_2 & \boldsymbol{b}_3\times\boldsymbol{w}_3 & \boldsymbol{b}_4\times\boldsymbol{w}_4 & \boldsymbol{b}_5\times\boldsymbol{w}_5 & \boldsymbol{b}_6\times\boldsymbol{w}_6\end{bmatrix}$$

$$\boldsymbol{W}=\begin{bmatrix} m_P\dot{\boldsymbol{P}}_O+\sum_{i=1}^{6}\boldsymbol{F}'_{biuv}-\boldsymbol{F}_P-\boldsymbol{G}_P\\ \boldsymbol{I}_P\cdot\dot{\boldsymbol{\omega}}_P+\boldsymbol{\omega}_P\times(\boldsymbol{I}_P\cdot\boldsymbol{\omega}_P)+\sum_{i=1}^{6}(\boldsymbol{b}_i\times\boldsymbol{F}'_{biuv})-\boldsymbol{M}_P+\sum_{i=1}^{6}\boldsymbol{M}_{bfi}\end{bmatrix}$$

为方便计算，将式(7-23)进一步写成在动坐标系 $Pxyz$ 下的矩阵形式，再得沿连杆轴线方向的铰链的作用力的大小的列矩阵为

$$\boldsymbol{f}_{bw}={}^{D}\boldsymbol{U}^{-1\,D}\boldsymbol{W} \tag{7-24}$$

式中，

$$
{}^{D}\boldsymbol{U}=\begin{bmatrix} {}^{D}\boldsymbol{w}_1 & {}^{D}\boldsymbol{w}_2 & {}^{D}\boldsymbol{w}_3 & {}^{D}\boldsymbol{w}_4 & {}^{D}\boldsymbol{w}_5 & {}^{D}\boldsymbol{w}_6 \\ -{}^{D}\widetilde{\boldsymbol{w}}_1{}^{D}\boldsymbol{b}_1 & -{}^{D}\widetilde{\boldsymbol{w}}_2{}^{D}\boldsymbol{b}_2 & -{}^{D}\widetilde{\boldsymbol{w}}_3{}^{D}\boldsymbol{b}_3 & -{}^{D}\widetilde{\boldsymbol{w}}_4{}^{D}\boldsymbol{b}_4 & -{}^{D}\widetilde{\boldsymbol{w}}_5{}^{D}\boldsymbol{b}_5 & -{}^{D}\widetilde{\boldsymbol{w}}_6{}^{D}\boldsymbol{b}_6 \end{bmatrix}_{6\times6}
$$

$$
=\begin{bmatrix} {}^{D}\boldsymbol{w}_1 & {}^{D}\boldsymbol{w}_2 & {}^{D}\boldsymbol{w}_3 & {}^{D}\boldsymbol{w}_4 & {}^{D}\boldsymbol{w}_5 & {}^{D}\boldsymbol{w}_6 \\ {}^{D}\widetilde{\boldsymbol{b}}_1{}^{D}\boldsymbol{w}_1 & {}^{D}\widetilde{\boldsymbol{b}}_2{}^{D}\boldsymbol{w}_2 & {}^{D}\widetilde{\boldsymbol{b}}_3{}^{D}\boldsymbol{w}_3 & {}^{D}\widetilde{\boldsymbol{b}}_4{}^{D}\boldsymbol{w}_4 & {}^{D}\widetilde{\boldsymbol{b}}_5{}^{D}\boldsymbol{w}_5 & {}^{D}\widetilde{\boldsymbol{b}}_6{}^{D}\boldsymbol{w}_6 \end{bmatrix}_{6\times6}
$$

$$
{}^{D}\boldsymbol{W}=\begin{bmatrix} m_P{}^{D}\ddot{\boldsymbol{P}}_O+\sum_{i=1}^{6}{}^{D}\boldsymbol{F}'_{biuv}-{}^{D}\boldsymbol{F}_P-{}^{D}\boldsymbol{G}_P \\ {}^{D}\boldsymbol{I}_P{}^{D}\dot{\boldsymbol{\omega}}_P+{}^{D}\widetilde{\boldsymbol{\omega}}_P{}^{D}\boldsymbol{I}_P{}^{D}\boldsymbol{\omega}_P+\sum_{i=1}^{6}({}^{D}\widetilde{\boldsymbol{b}}_i{}^{D}\boldsymbol{F}'_{biuv})-{}^{D}\boldsymbol{M}_P+\sum_{i=1}^{6}{}^{D}\boldsymbol{M}_{bfi} \end{bmatrix}_{6\times1}
$$

$$
{}^{D}\boldsymbol{F}'_{biuv}={}^{D}_{A}\boldsymbol{R}{}^{A}_{b_{li}}\boldsymbol{R}{}^{b_{li}}\boldsymbol{F}'_{biuv}
$$

${}^{D}\boldsymbol{U}$ 是 6×6 的矩阵，${}^{D}\boldsymbol{W}$ 是 6×1 的矩阵；${}^{D}\boldsymbol{w}_i$ 是第 i 根连杆的沿连杆轴线的单位矢量 $\boldsymbol{w}_i$ 在动坐标系 $Pxyz$ 下的列矩阵；${}^{D}\widetilde{\boldsymbol{w}}_i$ 是第 i 根连杆的沿连杆轴线的单位矢量 $\boldsymbol{w}_i$ 在动坐标系 $Pxyz$ 下的反对称矩阵；${}^{D}\boldsymbol{b}_i$ 为铰链 b_i 的矢量在动坐标系 $Pxyz$ 下的位置的列矩阵；${}^{D}\widetilde{\boldsymbol{b}}_i$ 为铰链 b_i 的矢量在动坐标系 $Pxyz$ 下的反对称矩阵；${}^{D}\ddot{\boldsymbol{P}}_O$ 为动平台上 P 点的加速度 $\ddot{\boldsymbol{P}}_O$ 在动坐标系 $Pxyz$ 下的列矩阵，${}^{D}\ddot{\boldsymbol{P}}_O=[\ddot{P}_{Ox} \quad \ddot{P}_{Oy} \quad \ddot{P}_{Oz}]^{\mathrm{T}}$，$\ddot{P}_{Ox}$、$\ddot{P}_{Oy}$ 和 $\ddot{P}_{Oz}$ 分别是动平台上 P 点的加速度 $\ddot{\boldsymbol{P}}_O$ 在动坐标系 $Pxyz$ 的 x、y 和 z 轴上的投影，也分别是加速度 $\ddot{\boldsymbol{P}}_O$ 沿 x、y 和 z 轴的分量；${}^{D}\boldsymbol{F}'_{biuv}$ 为铰链 b_i 的垂直于第 i 根连杆轴线的作用力 $\boldsymbol{F}'_{biuv}$ 在动坐标系 $Pxyz$ 下的列矩阵，可由 ${}^{D}_{A}\boldsymbol{R}$、${}^{A}_{b_{li}}\boldsymbol{R}$ 和 ${}^{b_{li}}\boldsymbol{F}'_{biuv}$ 求得，${}^{D}_{A}\boldsymbol{R}$ 是定坐标系 $OXYZ$ 到动坐标系 $Pxyz$ 的旋转矩阵，${}^{A}_{b_{li}}\boldsymbol{R}$ 是活塞杆坐标系 $b_ix'_iy'_iz'_i$ 到定坐标系 $OXYZ$ 的旋转矩阵，${}^{A}_{b_{li}}\boldsymbol{R}={}^{A}_{B_{li}}\boldsymbol{R}{}^{B_{li}}_{b_{li}}\boldsymbol{R}$，${}^{A}_{B_{li}}\boldsymbol{R}$、${}^{B_{li}}_{b_{li}}\boldsymbol{R}$ 分别见式（4-32）和式（4-42）；${}^{D}\boldsymbol{F}_P$ 为动平台受到的外力 $\boldsymbol{F}_P$ 在动坐标系 $Pxyz$ 下的列矩阵，${}^{D}\boldsymbol{F}_P=[F_{Px} \quad F_{Py} \quad F_{Pz}]^{\mathrm{T}}$，$F_{Px}$、$F_{Py}$ 和 F_{Pz} 分别为 $\boldsymbol{F}_P$ 在动坐标系 $Pxyz$ 的 x、y 和 z 轴上的投影，也分别是 $\boldsymbol{F}_P$ 沿 x、y 和 z 轴的分量；${}^{D}\boldsymbol{G}_P$ 为动平台的重力 $\boldsymbol{G}_P$ 在动坐标系 $Pxyz$ 下的列矩阵；${}^{D}\boldsymbol{I}_P$ 为动平台对坐标原点 P 的惯量张量 $\boldsymbol{I}_P$ 在动坐标系 $Pxyz$ 下的惯量阵；${}^{D}\dot{\boldsymbol{\omega}}_P$ 为动平台的角加速度 $\dot{\boldsymbol{\omega}}_P$ 在动坐标系 $Pxyz$ 下的列矩阵；${}^{D}\widetilde{\boldsymbol{\omega}}_P$ 为动平台的角速度 $\boldsymbol{\omega}_P$ 在动坐标系 $Pxyz$ 下的反对称矩阵，${}^{D}\boldsymbol{\omega}_P$ 为动平台的角速度 $\boldsymbol{\omega}_P$ 在动坐标系 $Pxyz$ 下的列矩阵；${}^{D}\boldsymbol{M}_P$ 为动平台受到的外力矩 $\boldsymbol{M}_P$ 在动坐标系 $Pxyz$ 下的列矩阵，${}^{D}\boldsymbol{M}_P=[M_{Px} \quad M_{Py} \quad M_{Pz}]^{\mathrm{T}}$，$M_{Px}$、$M_{Py}$ 和 M_{Pz} 分别为 $\boldsymbol{M}_P$ 在动坐标系 $Pxyz$ 的 x、y 和 z 轴上的投影，也是 $\boldsymbol{M}_P$ 沿 x、y 和 z 轴的分量；${}^{D}\boldsymbol{M}_{bfi}$ 为 $\boldsymbol{M}_{bfi}$ 在动坐标系 $Pxyz$ 下的列矩阵。

为方便计算，还可将式（7-23）进一步写成在定坐标系 $OXYZ$ 下的矩阵形式，再得沿连杆轴线方向的铰链的作用力的大小的列矩阵为

$$
\boldsymbol{f}_{bw}={}^{A}\boldsymbol{U}^{-1}{}^{A}\boldsymbol{W} \tag{7-25}
$$

式中，

$$
{}^{A}\boldsymbol{U}=\begin{bmatrix} {}^{A}\boldsymbol{w}_1 & {}^{A}\boldsymbol{w}_2 & {}^{A}\boldsymbol{w}_3 & {}^{A}\boldsymbol{w}_4 & {}^{A}\boldsymbol{w}_5 & {}^{A}\boldsymbol{w}_6 \\ -{}^{A}\widetilde{\boldsymbol{w}}_1{}^{A}\boldsymbol{b}_1 & -{}^{A}\widetilde{\boldsymbol{w}}_2{}^{A}\boldsymbol{b}_2 & -{}^{A}\widetilde{\boldsymbol{w}}_3{}^{A}\boldsymbol{b}_3 & -{}^{A}\widetilde{\boldsymbol{w}}_4{}^{A}\boldsymbol{b}_4 & -{}^{A}\widetilde{\boldsymbol{w}}_5{}^{A}\boldsymbol{b}_5 & -{}^{A}\widetilde{\boldsymbol{w}}_6{}^{A}\boldsymbol{b}_6 \end{bmatrix}_{6\times6}
$$

$$
=\begin{bmatrix} {}^{A}\boldsymbol{w}_1 & {}^{A}\boldsymbol{w}_2 & {}^{A}\boldsymbol{w}_3 & {}^{A}\boldsymbol{w}_4 & {}^{A}\boldsymbol{w}_5 & {}^{A}\boldsymbol{w}_6 \\ {}^{A}\widetilde{\boldsymbol{b}}_1{}^{A}\boldsymbol{w}_1 & {}^{A}\widetilde{\boldsymbol{b}}_2{}^{A}\boldsymbol{w}_2 & {}^{A}\widetilde{\boldsymbol{b}}_3{}^{A}\boldsymbol{w}_3 & {}^{A}\widetilde{\boldsymbol{b}}_4{}^{A}\boldsymbol{w}_4 & {}^{A}\widetilde{\boldsymbol{b}}_5{}^{A}\boldsymbol{w}_5 & {}^{A}\widetilde{\boldsymbol{b}}_6{}^{A}\boldsymbol{w}_6 \end{bmatrix}_{6\times6}
$$

$$
{}^{A}\boldsymbol{W}=\begin{bmatrix} m_P{}^{A}\ddot{\boldsymbol{P}}_O+\sum_{i=1}^{6}{}^{A}\boldsymbol{F}'_{biuv}-{}^{A}\boldsymbol{F}_P-{}^{A}\boldsymbol{G}_P \\ {}^{A}\boldsymbol{I}_P{}^{A}\dot{\boldsymbol{\omega}}_P+{}^{A}\widetilde{\boldsymbol{\omega}}_P{}^{A}\boldsymbol{I}_P{}^{A}\boldsymbol{\omega}_P+\sum_{i=1}^{6}({}^{A}\widetilde{\boldsymbol{b}}_i{}^{A}\boldsymbol{F}'_{biuv})-{}^{A}\boldsymbol{M}_P+\sum_{i=1}^{6}{}^{A}\boldsymbol{M}_{bfi} \end{bmatrix}_{6\times1}
$$

$$
{}^{A}\boldsymbol{I}_P={}_{D}^{A}\boldsymbol{R}\,{}^{D}\boldsymbol{I}_P\,{}_{D}^{A}\boldsymbol{R}^{\mathrm{T}}
$$

$$
{}^{A}\boldsymbol{F}'_{biuv}={}_{b_{li}}^{A}\boldsymbol{R}\,{}^{b_{li}}\boldsymbol{F}'_{biuv}
$$

${}^{A}\boldsymbol{U}$ 是 6×6 的矩阵，${}^{A}\boldsymbol{W}$ 是 6×1 的矩阵；${}^{A}\boldsymbol{w}_i$ 是第 i 根连杆的沿连杆轴线的单位矢量 $\boldsymbol{w}_i$ 在定坐标系 $OXYZ$ 下的列矩阵，${}^{A}\widetilde{\boldsymbol{w}}_i$ 是第 i 根连杆的沿连杆轴线的单位矢量 $\boldsymbol{w}_i$ 在定坐标系 $OXYZ$ 下的反对称矩阵；${}^{A}\boldsymbol{b}_i$ 为铰链 b_i 的矢量在定坐标系 $OXYZ$ 下的位置的列矩阵，${}^{A}\boldsymbol{b}_i={}_{D}^{A}\boldsymbol{R}^{D}\boldsymbol{b}_i$，${}^{A}\widetilde{\boldsymbol{b}}_i$ 为铰链 b_i 的矢量在定坐标系 $OXYZ$ 下的反对称矩阵；${}^{A}\ddot{\boldsymbol{P}}_O$为动平台上 P 点的加速度 $\ddot{\boldsymbol{P}}_O$在定坐标系 $OXYZ$ 下的列矩阵，${}^{A}\ddot{\boldsymbol{P}}_O=[\ddot{P}_{OX}\quad \ddot{P}_{OY}\quad \ddot{P}_{OZ}]^{\mathrm{T}}$，$\ddot{P}_{OX}$、$\ddot{P}_{OY}$和 $\ddot{P}_{OZ}$分别是动平台上 P 点的加速度 $\ddot{\boldsymbol{P}}_O$在定坐标系 $OXYZ$ 的 X、Y 和 Z 轴上的投影，也分别是加速度 $\ddot{\boldsymbol{P}}_O$沿 X、Y 和 Z 轴的分量；${}^{A}\boldsymbol{F}'_{biuv}$为铰链 b_i 的垂直于第 i 根连杆轴线的作用力 $\boldsymbol{F}'_{biuv}$在定坐标系 $OXYZ$ 下的列矩阵，可由${}_{b_{li}}^{A}\boldsymbol{R}$ 和 ${}^{b_{li}}\boldsymbol{F}'_{biuv}$求得；${}^{A}\boldsymbol{F}_P$ 为动平台受到的外力 $\boldsymbol{F}_P$ 在定坐标系 $OXYZ$ 下的列矩阵，${}^{A}\boldsymbol{F}_P=[F_{PX}\quad F_{PY}\quad F_{PZ}]^{\mathrm{T}}$，$F_{PX}$、$F_{PY}$ 和 F_{PZ} 分别为 $\boldsymbol{F}_P$ 在定坐标系 $OXYZ$ 的 X、Y 和 Z 轴上的投影，也分别是 $\boldsymbol{F}_P$ 沿 X、Y 和 Z 轴的分量；${}^{A}\boldsymbol{G}_P$ 为动平台的重力 $\boldsymbol{G}_P$ 在定坐标系 $OXYZ$ 中的列矩阵，${}^{A}\boldsymbol{G}_P=[0\quad 0\quad G_{PZ}]^{\mathrm{T}}$，$G_{PZ}$ 为 $\boldsymbol{G}_p$ 在定坐标系 $OXYZ$ 下沿 Z 轴的分量；${}^{A}\boldsymbol{I}_P$ 为动平台对原点 P 的惯量张量 $\boldsymbol{I}_P$ 在定坐标系 $OXYZ$ 下的惯量阵，可由${}_{D}^{A}\boldsymbol{R}$ 和${}^{D}\boldsymbol{I}_P$ 求得，${}_{D}^{A}\boldsymbol{R}$ 是动坐标系 $Pxyz$ 到定坐标系 $OXYZ$ 的旋转矩阵；${}^{A}\dot{\boldsymbol{\omega}}_P$为动平台的角加速度 $\dot{\boldsymbol{\omega}}_P$在定坐标系 $OXYZ$ 下的列矩阵，${}^{A}\widetilde{\boldsymbol{\omega}}_P$ 为动平台的角速度 $\boldsymbol{\omega}_P$ 在定坐标系 $OXYZ$ 下的反对称矩阵，${}^{A}\boldsymbol{\omega}_P$ 为动平台的角速度 $\boldsymbol{\omega}_P$ 在定坐标系 $OXYZ$ 下的列矩阵；${}^{A}\boldsymbol{M}_P$ 为动平台受到的外力矩 $\boldsymbol{M}_P$ 在定坐标系 $OXYZ$ 下的列矩阵，${}^{A}\boldsymbol{M}_P=[M_{PX}\quad M_{PY}\quad M_{PZ}]^{\mathrm{T}}$，$M_{PX}$、$M_{PY}$ 和 M_{PZ} 分别为 $\boldsymbol{M}_P$ 在定坐标系 $OXYZ$ 的 X、Y 和 Z 轴上的投影，也是 $\boldsymbol{M}_P$ 沿 X、Y 和 Z 轴的分量；${}^{A}\boldsymbol{M}_{bfi}$ 为 $\boldsymbol{M}_{bfi}$ 在定坐标系 $OXYZ$ 下的列矩阵。

7.2.3　基于牛顿-欧拉方程的并联机器人驱动力和各铰链径向力的计算

在进行并联机器人的动力学分析前，先进行并联机构的结构参数、位置、速度和加速度分析，再进行并联机构的动平台受到的外力和外力矩、动平台和连杆的重力分析。这样，计算并联机器人的驱动力和铰链的径向力前，已知并联机构的结构参数、速度、加速度及动平台受到的外力和外力矩、动平台和连杆的重力，或者说，在已知并联机构的结构参数、速度、加速度及动平台受到的外力和外力矩、动平台和连杆的重力的条件下，进行并联机器人的驱动力和各铰链的径向力的计算。驱动力和铰链的径向力的计算步骤如下。

第 1 步：计算式（7-8）、式（7-14）、式（7-16）、式（7-24）或式（7-25）中等号右边的可计算的量。

根据并联机构的结构参数、连杆的重力及作用在动平台的力和力矩，先确定并联机器人的质量、位置、速度、加速度等，得到 m_{Bi}、m_{bi}、m_P、$\boldsymbol{w}_i$、${}^{A}_{b_{li}}\boldsymbol{R}$、${}^{D}_{A}\boldsymbol{R}$、$\boldsymbol{\omega}_i$、$\dot{\boldsymbol{\omega}}_i$、$\boldsymbol{a}_{BGi}$、$\boldsymbol{a}_{bGi}$、$\ddot{\boldsymbol{P}}_O$ 等，如动平台的运动用进动角 ψ、章动角 θ 和自旋角 ϕ 给出，要按第 4 章的介绍，进行角速度的坐标旋转变换，再求 ${}^{B_{li}}\widetilde{\boldsymbol{w}}_i$、${}^{B_{li}}\boldsymbol{\omega}_i$、${}^{B_{li}}\widetilde{\boldsymbol{\omega}}_i$、${}^{B_{li}}\dot{\boldsymbol{\omega}}_i$、${}^{B_{li}}\boldsymbol{a}_{BGi}$、${}^{B_{li}}\boldsymbol{G}_{Bi}$、${}^{B_{li}}\boldsymbol{I}_{Bi}$、${}^{b_{li}}\boldsymbol{w}_i$、${}^{b_{li}}\widetilde{\boldsymbol{w}}_i$、${}^{b_{li}}\widetilde{\boldsymbol{\omega}}_i$、${}^{b_{li}}\boldsymbol{\omega}_i$、${}^{b_{li}}\dot{\boldsymbol{\omega}}_i$、${}^{b_{li}}\boldsymbol{a}_{bGi}$、${}^{b_{li}}\boldsymbol{G}_{bi}$、${}^{b_{li}}\boldsymbol{I}_{Ci-b}$；取 $\boldsymbol{M}_{Bfi}=-c_{Bi}\boldsymbol{\omega}_i$ 和 $\boldsymbol{M}_{bfi}=-c_{bi}(\boldsymbol{\omega}_i-\boldsymbol{\omega}_P)$，$\boldsymbol{c}_{Bi}$ 和 $\boldsymbol{c}_{bi}$ 分别为铰链 B_i 和铰链 b_i 的摩擦阻尼系数，计算 ${}^{B_{li}}\boldsymbol{M}_{Bfi}$ 和 ${}^{b_{li}}\boldsymbol{M}'_{bfi}$；用式（7-24）求 $\boldsymbol{f}_{bw}$ 时，先求 ${}^{D}\boldsymbol{w}_i$、${}^{D}\widetilde{\boldsymbol{w}}_i$、${}^{D}\boldsymbol{b}_i$、${}^{D}\widetilde{\boldsymbol{b}}_i$、${}^{D}\boldsymbol{\omega}_P$、${}^{D}\widetilde{\boldsymbol{\omega}}_P$、${}^{D}\dot{\boldsymbol{\omega}}_P$、${}^{D}\ddot{\boldsymbol{P}}_O$、${}^{D}\boldsymbol{I}_P$、${}^{D}\boldsymbol{G}_P$、${}^{D}\boldsymbol{F}_P$、${}^{D}\boldsymbol{M}_P$、${}^{D}\boldsymbol{M}_{bfi}$ 等；用式（7-25）求 $\boldsymbol{f}_{bw}$ 时，先求 ${}^{A}\boldsymbol{w}_i$、${}^{A}\widetilde{\boldsymbol{w}}_i$、${}^{A}\boldsymbol{b}_i$、${}^{A}\widetilde{\boldsymbol{b}}_i$、${}^{A}\boldsymbol{\omega}_P$、${}^{A}\widetilde{\boldsymbol{\omega}}_P$、${}^{A}\dot{\boldsymbol{\omega}}_P$、${}^{A}\ddot{\boldsymbol{P}}_O$、${}^{A}\boldsymbol{I}_P$、${}^{A}\boldsymbol{G}_P$、${}^{A}\boldsymbol{F}_P$、${}^{A}\boldsymbol{M}_P$、${}^{A}\boldsymbol{M}_{bfi}$ 等；最后，要得到式（7-8）、式（7-14）、式（7-16）、式（7-24）或式（7-25）中等号右边的可计算的量。

第 2 步：计算 ${}^{b_{li}}\boldsymbol{F}'_{biuv}$。

根据式（7-14），计算铰链 b_i 的垂直于第 i 根连杆轴线的作用力 $\boldsymbol{F}'_{biuv}$ 在活塞杆坐标系 $b_ix'_iy'_iz'_i$ 下的列矩阵 ${}^{b_{li}}\boldsymbol{F}'_{biuv}$。

第 3 步：计算 $\boldsymbol{F}_{biw}$。

先根据式（7-24），计算 ${}^{D}\boldsymbol{U}$ 和 ${}^{D}\boldsymbol{W}$，由式（7-24），得铰链的沿连杆轴线方向的作用力的大小 $\boldsymbol{f}_{bw}$；或根据式（7-25），计算 ${}^{A}\boldsymbol{U}$ 和 ${}^{A}\boldsymbol{W}$，由式（7-25），得铰链的沿连杆轴线方向的作用力的大小 $\boldsymbol{f}_{bw}$；$\boldsymbol{f}_{bw}$ 中有铰链 b_i 的沿连杆轴线方向的作用力的大小的列矩阵，由 $\boldsymbol{f}_{bw}$，可得 f_{biw}。

第 4 步：计算第 i 根连杆的驱动力的大小 f_{Di}

将计算得到的 f_{biw} 代入式（7-16），得第 i 根连杆的驱动力的大小 f_{Di}。

第 5 步：计算铰链 b_i 的径向力 $\boldsymbol{F}_{bi}$。

由式（7-14）得到的 ${}^{b_{li}}\boldsymbol{F}'_{biuv}$，再由 ${}^{b_{li}}\boldsymbol{F}'_{biuv}$，得到其分量 F'_{bixi} 和 F'_{biyi}；$\boldsymbol{w}_i$ 为第 i 根连杆的沿连杆轴线的单位矢量，$\boldsymbol{F}_{biw}=f_{biw}\boldsymbol{w}_i$ 且与 $\boldsymbol{w}_i$ 的方向一致，并考虑 $\boldsymbol{F}_{bizi}$ 为 $\boldsymbol{F}'_{bizi}$ 的反力，则有 $F'_{bizi}=-f_{biw}$；由 F'_{bixi}、F'_{biyi} 和 F'_{bizi}，可得第 i 根连杆的铰链 b_i 的径向力 $\boldsymbol{F}_{bi}$ 的大小 $f_{bi}=\sqrt{(F'_{bixi})^2+(F'_{biyi})^2+(F'_{bizi})^2}=\sqrt{(F'_{bixi})^2+(F'_{biyi})^2+f_{biw}^2}$，$\boldsymbol{F}_{bi}$ 在活塞杆坐标系 $b_ix'_iy'_iz'_i$ 下的方向余弦角：$\psi_{bi}=\arccos(-F'_{bixi}/f_{bi})$，$\theta_{bi}=\arccos(-F'_{biyi}/f_{bi})$，$\phi_{bi}=\arccos(-F'_{bizi}/f_{bi})$。

第 6 步：计算铰链 B_i 的径向力 $\boldsymbol{F}_{Bi}$。

根据式（7-8），计算第 i 根连杆的铰链 B_i 的径向力 $\boldsymbol{F}_{Bi}$ 在连杆坐标系 $B_ix_iy_iz_i$ 下的列矩

阵 ${}^{B_{li}}\boldsymbol{F}_{Bi}$，$\boldsymbol{F}_{Bi}$ 的大小 $f_{Bi}=\sqrt{F_{Bixi}^2+F_{Biyi}^2+F_{Bizi}^2}$；$\boldsymbol{F}_{Bi}$ 在连杆坐标系 $B_ix_iy_iz_i$ 下的方向余弦角：$\psi_{Bi}=\arccos$（F_{Bixi}/f_{Bi}），$\theta_{Bi}=\arccos$（F_{Biyi}/f_{Bi}），$\phi_{Bi}=\arccos$（F_{Bizi}/f_{Bi}）。

7.3 基于达朗伯原理-虚位移原理的并联机器人动力学分析

达朗伯原理-虚位移原理也称为动力学普遍方程。基于达朗伯原理-虚位移原理进行并联机器人的动力学分析，是并联机器人的动力分析方法之一。在这个方法中，先计算出每个刚体的惯性力和惯性力矩，根据达朗伯原理，将惯性力和惯性力矩用于相应的刚体上，则并联机构处于平衡状态，这将并联机器人的动力学问题转化为静力学问题，再根据虚位移原理可得并联机器人的虚位移方程，进一步可得并联机器人的动力学方程，从中可解出并联机器人的驱动力。由于不需要计算约束力和力矩，与牛顿-欧拉方程的计算方法相比，该方法更快，复杂程度较小，是相对易学的方法。

7.3.1 并联机器人的连杆及其构件的虚位移

为了求解并联机器人的虚位移方程，将连杆及其构件的虚位移，通过各自的逆雅可比矩阵，与动平台的虚位移关联，这样，可获得并联机器人的动力学方程，进一步可进行力的求解。下面先求连杆及其构件的逆雅可比矩阵，再得到连杆及其构件的虚位移。

1. 连杆伸长的逆速度雅可比矩阵及虚位移

在例 5-1 中，已经得到图 4-1 的连杆伸长速度的雅可比矩阵。为有利于本节中并联机器人的动力学分析，统一有关表达符号，下面对连杆伸长速度的雅可比矩阵再次求解。

根据三矢量的混合积，由式（5-12）得第 i 根连杆的伸长速度为

$$\dot{l}_i=\boldsymbol{w}_i\cdot\dot{\boldsymbol{P}}_O+(\boldsymbol{b}_i\times\boldsymbol{w}_i)\cdot\boldsymbol{\omega}_P \qquad i=1,2,\cdots,6 \tag{7-26}$$

图 4-1 所示的 6-SPS 并联机构有 6 根连杆，由式（7-26）得 6 根连杆的伸长速度的列矩阵为

$$\dot{\boldsymbol{q}}=\begin{bmatrix}\dot{l}_1\\\dot{l}_2\\\vdots\\\dot{l}_6\end{bmatrix}=\begin{bmatrix}\boldsymbol{w}_1 & \boldsymbol{b}_1\times\boldsymbol{w}_1\\\boldsymbol{w}_2 & \boldsymbol{b}_2\times\boldsymbol{w}_2\\\vdots & \vdots\\\boldsymbol{w}_6 & \boldsymbol{b}_6\times\boldsymbol{w}_6\end{bmatrix}\cdot\begin{bmatrix}\dot{\boldsymbol{P}}_O\\\boldsymbol{\omega}_P\end{bmatrix}=\begin{bmatrix}{}^A\boldsymbol{w}_1^{\mathrm{T}} & ({}^A\tilde{\boldsymbol{b}}_1{}^A\boldsymbol{w}_1)^{\mathrm{T}}\\{}^A\boldsymbol{w}_2^{\mathrm{T}} & ({}^A\tilde{\boldsymbol{b}}_2{}^A\boldsymbol{w}_2)^{\mathrm{T}}\\\vdots & \vdots\\{}^A\boldsymbol{w}_6^{\mathrm{T}} & ({}^A\tilde{\boldsymbol{b}}_6{}^A\boldsymbol{w}_6)^{\mathrm{T}}\end{bmatrix}\begin{bmatrix}{}^A\dot{\boldsymbol{P}}_O\\{}^A\boldsymbol{\omega}_P\end{bmatrix}={}^A\boldsymbol{J}_l{}^A\dot{\boldsymbol{X}} \tag{7-27}$$

式（7-27）与式（5-42）的表达形式不同，但可由式（7-27）导出式（5-42）。由式（7-27），可得在定坐标系 $OXYZ$ 下的连杆伸长的逆速度雅可比矩阵为

$${}^A\boldsymbol{J}_l=\begin{bmatrix}{}^A\boldsymbol{w}_1^{\mathrm{T}} & ({}^A\tilde{\boldsymbol{b}}_1{}^A\boldsymbol{w}_1)^{\mathrm{T}}\\{}^A\boldsymbol{w}_2^{\mathrm{T}} & ({}^A\tilde{\boldsymbol{b}}_2{}^A\boldsymbol{w}_2)^{\mathrm{T}}\\\vdots & \vdots\\{}^A\boldsymbol{w}_6^{\mathrm{T}} & ({}^A\tilde{\boldsymbol{b}}_6{}^A\boldsymbol{w}_6)^{\mathrm{T}}\end{bmatrix} \tag{7-28}$$

在式（7-27）中，${}^{A}\dot{\boldsymbol{X}}=\begin{bmatrix}{}^{A}\dot{\boldsymbol{P}}_O\\{}^{A}\boldsymbol{\omega}_P\end{bmatrix}=\begin{bmatrix}\dot{P}_{OX} & \dot{P}_{OY} & \dot{P}_{OZ} & \omega_{PX} & \omega_{PY} & \omega_{PZ}\end{bmatrix}^{\mathrm{T}}$，${}^{A}\dot{\boldsymbol{X}}$ 是在定坐标系 $OXYZ$ 下的动平台的 $\dot{\boldsymbol{P}}_O$ 和 $\boldsymbol{\omega}_P$ 的广义速度；$\dot{P}_{OX}$、$\dot{P}_{OY}$ 和 $\dot{P}_{OZ}$ 分别是动平台上 P 点的速度 $\dot{\boldsymbol{P}}_O$ 在定坐标系 $OXYZ$ 的 X、Y 和 Z 轴上的投影，也分别是速度 $\dot{\boldsymbol{P}}_O$ 沿 X、Y 和 Z 轴的分量；ω_{PX}、ω_{PY} 和 ω_{PZ} 分别是动平台的角速度 $\boldsymbol{\omega}_P$ 在定坐标系 $OXYZ$ 的 X、Y 和 Z 轴上的投影，也分别是角速度 $\boldsymbol{\omega}_P$ 沿 X、Y 和 Z 轴的分量。

将式（7-27）两边同乘以 $\mathrm{d}t$，得连杆伸长量 $\boldsymbol{q}$ 的微分 $\mathrm{d}\boldsymbol{q}=\mathrm{d}\boldsymbol{l}$，根据虚位移原理，连杆伸长量的微分是连杆的伸长量的虚位移，通常，用微分符号 d 表示真实位移的微分变化，用符号 δ 表示虚位移的微分变化，将式（7-27）两边同乘以 $\mathrm{d}t$ 后，得连杆伸长量 $\boldsymbol{q}$ 的微分，$\mathrm{d}\boldsymbol{q}$ 变为 $\delta\boldsymbol{q}$，这样，在定坐标系下，得连杆伸长的虚位移为

$$\delta\boldsymbol{q}={}^{A}\boldsymbol{J}_l\delta^{A}\boldsymbol{X} \tag{7-29}$$

式中，连杆伸长量 $\boldsymbol{q}=\begin{bmatrix}q_1 & q_2 & \cdots & q_6\end{bmatrix}^{\mathrm{T}}$，$q_1$、$q_2$、…、$q_6$ 为各杆的伸长量；在定坐标系 $OXYZ$ 下，动平台的虚位移 $\delta^{A}\boldsymbol{X}=\begin{bmatrix}{}^{A}\dot{\boldsymbol{P}}_O\\{}^{A}\boldsymbol{\omega}_P\end{bmatrix}\mathrm{d}t=\begin{bmatrix}\dot{P}_{OX} & \dot{P}_{OY} & \dot{P}_{OZ} & \omega_{PX} & \omega_{PY} & \omega_{PZ}\end{bmatrix}^{\mathrm{T}}\mathrm{d}t$。

2. 连杆转角的逆角速度雅可比矩阵及虚位移

根据式（5-15），第 i 根连杆的角速度为

$$\boldsymbol{\omega}_i=\frac{1}{l_i}\boldsymbol{w}_i\times\dot{\boldsymbol{P}}_O+\frac{1}{l_i}\boldsymbol{w}_i\times(\boldsymbol{\omega}_P\times\boldsymbol{b}_i)=\frac{1}{l_i}\boldsymbol{w}_i\times\dot{\boldsymbol{P}}_O-\frac{1}{l_i}\boldsymbol{w}_i\times(\boldsymbol{b}_i\times\boldsymbol{\omega}_P) \tag{7-30}$$

根据式（7-30），在定坐标系 $OXYZ$ 下，第 i 根连杆的角速度的列矩阵为

$${}^{A}\boldsymbol{\omega}_i=\begin{bmatrix}\omega_{iX}\\\omega_{iY}\\\omega_{iZ}\end{bmatrix}=\frac{1}{l_i}{}^{A}\widetilde{\boldsymbol{w}}_i{}^{A}\dot{\boldsymbol{P}}_O-\frac{1}{l_i}{}^{A}\widetilde{\boldsymbol{w}}_i{}^{A}\widetilde{\boldsymbol{b}}_i{}^{A}\boldsymbol{\omega}_P=\frac{1}{l_i}\begin{bmatrix}{}^{A}\widetilde{\boldsymbol{w}}_i & -{}^{A}\widetilde{\boldsymbol{w}}_i{}^{A}\widetilde{\boldsymbol{b}}_i\end{bmatrix}\begin{bmatrix}{}^{A}\dot{\boldsymbol{P}}_O\\{}^{A}\boldsymbol{\omega}_P\end{bmatrix}={}^{A}\boldsymbol{J}_{\Theta i}{}^{A}\dot{\boldsymbol{X}} \tag{7-31}$$

式中，ω_{iX}、ω_{iY} 和 ω_{iZ} 分别是第 i 根连杆的角速度 $\boldsymbol{\omega}_i$ 在定坐标系 $OXYZ$ 的 X、Y 和 Z 轴上的投影；在定坐标系 $OXYZ$ 下，第 i 根连杆的逆角速度雅可比矩阵为

$${}^{A}\boldsymbol{J}_{\Theta i}=\frac{1}{l_i}\begin{bmatrix}{}^{A}\widetilde{\boldsymbol{w}}_i & -{}^{A}\widetilde{\boldsymbol{w}}_i{}^{A}\widetilde{\boldsymbol{b}}_i\end{bmatrix} \tag{7-32}$$

将式（7-31）两边同乘以 $\mathrm{d}t$，在定坐标系下，得第 i 根连杆转角的虚位移为

$$\delta^{A}\boldsymbol{\Theta}_i={}^{A}\boldsymbol{J}_{\Theta i}\delta^{A}\boldsymbol{X} \tag{7-33}$$

式中，$\delta^{A}\boldsymbol{\Theta}_i={}^{A}\boldsymbol{\omega}_i\mathrm{d}t$，${}^{A}\boldsymbol{\Theta}_i$ 为在定坐标系 $OXYZ$ 下第 i 根连杆的转角。

3. 液压缸质心的逆速度雅可比矩阵及虚位移

根据图 7-1，液压缸绕铰链 B_i 转动，略去液压缸和活塞杆绕其轴线相对转动的角速度，根据圆周上一点的线速度求解公式和式（7-30），得第 i 根连杆的液压缸质心的速度为

$$\boldsymbol{V}_{BGi}=l_{BGi}\boldsymbol{\omega}_i\times\boldsymbol{w}_i=-l_{BGi}\boldsymbol{w}_i\times\boldsymbol{\omega}_i=-\frac{l_{BGi}}{l_i}\boldsymbol{w}_i\times[\boldsymbol{w}_i\times\dot{\boldsymbol{P}}_O-\boldsymbol{w}_i\times(\boldsymbol{b}_i\times\boldsymbol{\omega}_P)] \tag{7-34}$$

根据式（7-34）和式（7-31），在定坐标系下，第 i 根连杆的液压缸质心的速度的列矩阵为

$$ {}^{A}\boldsymbol{V}_{BGi}=\begin{bmatrix} V_{BGiX} \\ V_{BGiY} \\ V_{BGiZ} \end{bmatrix}=-\frac{l_{BGi}}{l_i}({}^{A}\widetilde{\boldsymbol{w}}_i{}^{A}\widetilde{\boldsymbol{w}}_i{}^{A}\dot{\boldsymbol{P}}_O-{}^{A}\widetilde{\boldsymbol{w}}_i{}^{A}\widetilde{\boldsymbol{w}}_i{}^{A}\widetilde{\boldsymbol{b}}_i{}^{A}\boldsymbol{\omega}_P) $$

$$ =-\frac{l_{BGi}}{l_i}\left[{}^{A}\widetilde{\boldsymbol{w}}_i{}^{A}\widetilde{\boldsymbol{w}}_i \quad -{}^{A}\widetilde{\boldsymbol{w}}_i{}^{A}\widetilde{\boldsymbol{w}}_i{}^{A}\widetilde{\boldsymbol{b}}_i\right]\begin{bmatrix} {}^{A}\dot{\boldsymbol{P}}_O \\ {}^{A}\boldsymbol{\omega}_P \end{bmatrix}={}^{A}\boldsymbol{J}_{BGi}{}^{A}\dot{\boldsymbol{X}} \tag{7-35} $$

式（7-35）中，V_{BGiX}、V_{BGiY} 和 V_{BGiZ} 分别是第 i 根连杆的液压缸质心的速度 $\boldsymbol{V}_{BGi}$ 在定坐标系 $OXYZ$ 的 X、Y 和 Z 轴上的投影；在定坐标系 $OXYZ$ 下，第 i 根连杆的液压缸质心的逆速度雅可比矩阵为

$$ {}^{A}\boldsymbol{J}_{BGi}=-\frac{l_{BGi}}{l_i}\left[{}^{A}\widetilde{\boldsymbol{w}}_i{}^{A}\widetilde{\boldsymbol{w}}_i \quad -{}^{A}\widetilde{\boldsymbol{w}}_i{}^{A}\widetilde{\boldsymbol{w}}_i{}^{A}\widetilde{\boldsymbol{b}}_i\right] \tag{7-36} $$

将式（7-35）两边同乘以 $\mathrm{d}t$，在定坐标系 $OXYZ$ 下，得第 i 根连杆的液压缸质心的虚位移为

$$ \delta^{A}\boldsymbol{L}_{BGi}={}^{A}\boldsymbol{J}_{BGi}\delta^{A}\boldsymbol{X} \tag{7-37} $$

式中，$\delta^{A}\boldsymbol{L}_{BGi}={}^{A}\boldsymbol{V}_{BGi}\mathrm{d}t$，${}^{A}\boldsymbol{L}_{BGi}=(X_{BGi} \quad Y_{BGi} \quad Z_{BGi})^{\mathrm{T}}$ 为在定坐标系 $OXYZ$ 下第 i 根连杆的液压缸质心的位置矢量 $\boldsymbol{L}_{BGi}$ 的列矩阵，其中，X_{BGi}、Y_{BGi} 和 Z_{BGi} 分别是第 i 根连杆的液压缸质心的位置矢量 $\boldsymbol{L}_{BGi}$ 在定坐标系 $OXYZ$ 的 X、Y 和 Z 轴上的投影。

4. 活塞杆质心的逆速度雅可比矩阵及虚位移

式（5-10）是第 i 根连杆的铰链 b_i 的速度的表达式，也是第 i 根连杆的活塞杆上铰链 b_i 的速度的表达式，铰链 b_i 到铰链 B_i 的距离为 l_i。根据图 7-2，活塞杆的质心 b_{Gi} 在活塞杆上，活塞杆的质心 b_{Gi} 到铰链 b_i 的距离为 l_{bGi}，活塞杆的质心到铰链 B_i 的距离为 l_i-l_{bGi}。l_{bGi} 为常数，$\dot{l}_{bGi}=0$。参考式（5-10），并引入式（5-12）中的 $\dot{l}_i$ 和式（5-15）中的 $\boldsymbol{\omega}_i$，再改变三矢量的混合积的形式，得第 i 根连杆的活塞杆质心 b_{Gi} 的速度为

$$ \begin{aligned} \boldsymbol{V}_{bGi} &=(\dot{l}_i-\dot{l}_{bGi})\boldsymbol{w}_i+(l_i-l_{bGi})\boldsymbol{\omega}_i\times\boldsymbol{w}_i \\ &=\dot{l}_i\boldsymbol{w}_i-(l_i-l_{bGi})\boldsymbol{w}_i\times\boldsymbol{\omega}_i \\ &=[\boldsymbol{w}_i\cdot\dot{\boldsymbol{P}}_O-\boldsymbol{w}_i\cdot(\boldsymbol{b}_i\times\boldsymbol{\omega}_P)]\boldsymbol{w}_i-\frac{l_i-l_{bGi}}{l_i}\boldsymbol{w}_i\times[\boldsymbol{w}_i\times\dot{\boldsymbol{P}}_O-\boldsymbol{w}_i\times(\boldsymbol{b}_i\times\boldsymbol{\omega}_P)] \\ &=(\boldsymbol{w}_i\cdot\dot{\boldsymbol{P}}_O)\boldsymbol{w}_i-[(\boldsymbol{w}_i\times\boldsymbol{b}_i)\cdot\boldsymbol{\omega}_P]\boldsymbol{w}_i-\frac{l_i-l_{bGi}}{l_i}\boldsymbol{w}_i\times[\boldsymbol{w}_i\times\dot{\boldsymbol{P}}_O-\boldsymbol{w}_i\times(\boldsymbol{b}_i\times\boldsymbol{\omega}_P)] \end{aligned} \tag{7-38} $$

为了求解${}^{A}\boldsymbol{V}_{bGi}$，先分别求解式（7-38）等号右边第 1、2 项在定坐标系 $OXYZ$ 下的投影。式（7-38）等号右边第 1 项在定坐标系 $OXYZ$ 下的投影为

$$ [{}^{A}\boldsymbol{w}_i^{\mathrm{T}}{}^{A}\dot{\boldsymbol{P}}_O]{}^{A}\boldsymbol{w}_i=\begin{bmatrix} w_{iX} \\ w_{iY} \\ w_{iZ} \end{bmatrix}^{\mathrm{T}}\begin{bmatrix} \dot{P}_{OX} \\ \dot{P}_{OY} \\ \dot{P}_{OZ} \end{bmatrix}{}^{A}\boldsymbol{w}_i=(w_{iX}\dot{P}_{OX}+w_{iY}\dot{P}_{OY}+w_{iZ}\dot{P}_{OZ}){}^{A}\boldsymbol{w}_i $$

$$=(w_{iX}\dot{P}_{OX}+w_{iY}\dot{P}_{OY}+w_{iZ}\dot{P}_{OZ})\begin{bmatrix}w_{iX}\\w_{iY}\\w_{iZ}\end{bmatrix}=\begin{bmatrix}w_{iX}w_{iX}\dot{P}_{OX}+w_{iY}w_{iX}\dot{P}_{OY}+w_{iZ}w_{iX}\dot{P}_{OZ}\\w_{iX}w_{iY}\dot{P}_{OX}+w_{iY}w_{iY}\dot{P}_{OY}+w_{iZ}w_{iY}\dot{P}_{OZ}\\w_{iX}w_{iZ}\dot{P}_{OX}+w_{iY}w_{iZ}\dot{P}_{OY}+w_{iZ}w_{iZ}\dot{P}_{OZ}\end{bmatrix}$$

$$=\begin{bmatrix}w_{iX}w_{iX}&w_{iY}w_{iX}&w_{iZ}w_{iX}\\w_{iX}w_{iY}&w_{iY}w_{iY}&w_{iZ}w_{iY}\\w_{iX}w_{iZ}&w_{iY}w_{iZ}&w_{iZ}w_{iZ}\end{bmatrix}\begin{bmatrix}\dot{P}_{OX}\\\dot{P}_{OY}\\\dot{P}_{OZ}\end{bmatrix}=\begin{bmatrix}w_{iX}\\w_{iY}\\w_{iZ}\end{bmatrix}\begin{bmatrix}w_{iX}\\w_{iY}\\w_{iZ}\end{bmatrix}^{\mathrm{T}}\begin{bmatrix}\dot{P}_{OX}\\\dot{P}_{OY}\\\dot{P}_{OZ}\end{bmatrix}={}^{A}\boldsymbol{w}_{i}{}^{A}\boldsymbol{w}_{i}^{\mathrm{T}A}\dot{\boldsymbol{P}}_{O}\tag{7-39}$$

同理可得式（7-38）等号右边第 2 项在定坐标系 $OXYZ$ 下的投影为

$$[({}^{A}\widetilde{\boldsymbol{w}}_{i}{}^{A}\boldsymbol{b}_{i})^{\mathrm{T}A}\boldsymbol{\omega}_{P}]{}^{A}\boldsymbol{w}_{i}={}^{A}\boldsymbol{w}_{i}({}^{A}\widetilde{\boldsymbol{w}}_{i}{}^{A}\boldsymbol{b}_{i})^{\mathrm{T}A}\boldsymbol{\omega}_{P}\tag{7-40}$$

根据式（7-38）、式（7-39）和式（7-40），在定坐标系 $OXYZ$ 下，第 i 根连杆的活塞杆质心速度的列矩阵为

$$\begin{aligned}{}^{A}\boldsymbol{V}_{bGi}&=\begin{bmatrix}V_{bGiX}\\V_{bGiY}\\V_{bGiZ}\end{bmatrix}\\&=({}^{A}\boldsymbol{w}_{i}^{\mathrm{T}A}\dot{\boldsymbol{P}}_{O}){}^{A}\boldsymbol{w}_{i}-[({}^{A}\widetilde{\boldsymbol{w}}_{i}{}^{A}\boldsymbol{b}_{i})^{\mathrm{T}A}\boldsymbol{\omega}_{P}]{}^{A}\boldsymbol{w}_{i}-\frac{l_i-l_{bGi}}{l_i}({}^{A}\widetilde{\boldsymbol{w}}_{i}{}^{A}\widetilde{\boldsymbol{w}}_{i}{}^{A}\dot{\boldsymbol{P}}_{O}-{}^{A}\widetilde{\boldsymbol{w}}_{i}{}^{A}\widetilde{\boldsymbol{w}}_{i}{}^{A}\widetilde{\boldsymbol{b}}_{i}{}^{A}\boldsymbol{\omega}_{P})\\&={}^{A}\boldsymbol{w}_{i}{}^{A}\boldsymbol{w}_{i}^{\mathrm{T}A}\dot{\boldsymbol{P}}_{O}-{}^{A}\boldsymbol{w}_{i}({}^{A}\widetilde{\boldsymbol{w}}_{i}{}^{A}\boldsymbol{b}_{i})^{\mathrm{T}A}\boldsymbol{\omega}_{P}-\frac{l_i-l_{bGi}}{l_i}({}^{A}\widetilde{\boldsymbol{w}}_{i}{}^{A}\widetilde{\boldsymbol{w}}_{i}{}^{A}\dot{\boldsymbol{P}}_{O}-{}^{A}\widetilde{\boldsymbol{w}}_{i}{}^{A}\widetilde{\boldsymbol{w}}_{i}{}^{A}\widetilde{\boldsymbol{b}}_{i}{}^{A}\boldsymbol{\omega}_{P})\\&=\left({}^{A}\boldsymbol{w}_{i}{}^{A}\boldsymbol{w}_{i}^{\mathrm{T}}-\frac{l_i-l_{bGi}}{l_i}{}^{A}\widetilde{\boldsymbol{w}}_{i}{}^{A}\widetilde{\boldsymbol{w}}_{i}\right){}^{A}\dot{\boldsymbol{P}}_{O}-\left[{}^{A}\boldsymbol{w}_{i}({}^{A}\widetilde{\boldsymbol{w}}_{i}{}^{A}\boldsymbol{b}_{i})^{\mathrm{T}}-\frac{l_i-l_{bGi}}{l_i}{}^{A}\widetilde{\boldsymbol{w}}_{i}{}^{A}\widetilde{\boldsymbol{w}}_{i}{}^{A}\widetilde{\boldsymbol{b}}_{i}\right]{}^{A}\boldsymbol{\omega}_{P}\\&=\begin{bmatrix}{}^{A}\boldsymbol{w}_{i}{}^{A}\boldsymbol{w}_{i}^{\mathrm{T}}-\frac{l_i-l_{bGi}}{l_i}{}^{A}\widetilde{\boldsymbol{w}}_{i}{}^{A}\widetilde{\boldsymbol{w}}_{i} & -{}^{A}\boldsymbol{w}_{i}({}^{A}\widetilde{\boldsymbol{w}}_{i}{}^{A}\boldsymbol{b}_{i})^{\mathrm{T}}+\frac{l_i-l_{bGi}}{l_i}{}^{A}\widetilde{\boldsymbol{w}}_{i}{}^{A}\widetilde{\boldsymbol{w}}_{i}{}^{A}\widetilde{\boldsymbol{b}}_{i}\end{bmatrix}\begin{bmatrix}{}^{A}\dot{\boldsymbol{P}}_{O}\\{}^{A}\boldsymbol{\omega}_{P}\end{bmatrix}\\&={}^{A}\boldsymbol{J}_{bGi}{}^{A}\dot{\boldsymbol{X}}\end{aligned}\tag{7-41}$$

式（7-41）中，V_{bGiX}、V_{bGiY} 和 V_{bGiZ} 分别是第 i 根连杆的活塞杆质心的速度 $\boldsymbol{V}_{bGi}$ 在定坐标系 $OXYZ$ 的 X、Y 和 Z 轴上的投影；在定坐标系下，第 i 根连杆的活塞杆质心的逆速度雅可比矩阵为

$${}^{A}\boldsymbol{J}_{bGi}=\begin{bmatrix}{}^{A}\boldsymbol{w}_{i}{}^{A}\boldsymbol{w}_{i}^{\mathrm{T}}-\frac{l_i-l_{bGi}}{l_i}{}^{A}\widetilde{\boldsymbol{w}}_{i}{}^{A}\widetilde{\boldsymbol{w}}_{i} & -{}^{A}\boldsymbol{w}_{i}({}^{A}\widetilde{\boldsymbol{w}}_{i}{}^{A}\boldsymbol{b}_{i})^{\mathrm{T}}+\frac{l_i-l_{bGi}}{l_i}{}^{A}\widetilde{\boldsymbol{w}}_{i}{}^{A}\widetilde{\boldsymbol{w}}_{i}{}^{A}\widetilde{\boldsymbol{b}}_{i}\end{bmatrix}\tag{7-42}$$

将式（7-41）两边同乘以 dt，在定坐标系下，得第 i 根连杆的活塞杆质心的虚位移为

$$\delta^{A}\boldsymbol{L}_{bGi}={}^{A}\boldsymbol{J}_{bGi}\delta^{A}\boldsymbol{X}\tag{7-43}$$

式（7-43）中，$\delta^{A}\boldsymbol{L}_{bGi}={}^{A}\boldsymbol{V}_{bGi}\mathrm{d}t$，${}^{A}\boldsymbol{L}_{bGi}=[X_{bGi}\quad Y_{bGi}\quad Z_{bGi}]^{\mathrm{T}}$ 为在定坐标系 $OXYZ$ 下第 i 根连杆的活塞杆质心的位置矢量 $\boldsymbol{L}_{bGi}$ 的列矩阵，其中，X_{bGi}、Y_{bGi} 和 Z_{bGi} 分别是第 i 根连杆的活塞杆质心的位置矢量 $\boldsymbol{L}_{bGi}$ 在定坐标系 $OXYZ$ 的 X、Y 和 Z 轴上的投影。

7.3.2　基于达朗伯原理-虚位移原理的并联机器人动力学方程

1. 作用于并联机构上的外力、外力矩、惯性力和惯性力矩的虚功

作用于动平台上的外力为动平台受到的外力 $\boldsymbol{F}_P$ 和动平台的重力 $\boldsymbol{G}_P$，作用于动平台上的外力矩为动平台受到的外力矩 $\boldsymbol{M}_P$；在定坐标系 $OXYZ$ 下，这些外力和外力矩的虚功为

$$\begin{bmatrix} {}^A\boldsymbol{F}_P + {}^A\boldsymbol{G}_P \\ {}^A\boldsymbol{M}_P \end{bmatrix}^{\mathrm{T}} \delta^A\boldsymbol{X}$$

作用于动平台上的惯性力为 $-m_P\ddot{\boldsymbol{P}}_O$，作用于动平台上的惯性力矩为 $-\boldsymbol{I}_P\cdot\dot{\boldsymbol{\omega}}_P-\boldsymbol{\omega}_P\times(\boldsymbol{I}_P\cdot\boldsymbol{\omega}_P)$；在定坐标系下，这些惯性力和惯性力矩的虚功为

$$\begin{bmatrix} -m_P{}^A\ddot{\boldsymbol{P}}_O \\ -{}^A\boldsymbol{I}_P{}^A\dot{\boldsymbol{\omega}}_P-{}^A\widetilde{\boldsymbol{\omega}}_P{}^A\boldsymbol{I}_P{}^A\boldsymbol{\omega}_P \end{bmatrix}^{\mathrm{T}} \delta^A\boldsymbol{X}$$

考虑 $\boldsymbol{w}_i\cdot\boldsymbol{w}_i=1$，$\boldsymbol{F}_{Di}=f_{Di}\boldsymbol{w}_i$，可得第 i 根连杆的液压缸的驱动力 $\boldsymbol{F}_{Di}$ 的虚功为

$$\boldsymbol{F}_{Di}\cdot\delta\boldsymbol{q}_i\boldsymbol{w}_i=f_{Di}\delta\boldsymbol{q}_i\boldsymbol{w}_i\cdot\boldsymbol{w}_i=f_{Di}\delta\boldsymbol{q}_i$$

作用于第 i 根连杆的活塞杆质心上的外力和惯性力有：第 i 根连杆的活塞杆的重力 $\boldsymbol{G}_{bi}$ 和第 i 根连杆的活塞杆的惯性力 $-m_{bi}\boldsymbol{a}_{bGi}$。在定坐标系 $OXYZ$ 下，这两个力的虚功为

$$({}^A\boldsymbol{G}_{bi}-m_{bi}{}^A\boldsymbol{a}_{bGi})\delta^A\boldsymbol{L}_{bGi}$$

作用于第 i 根连杆的活塞杆上的惯性力矩为 $-\boldsymbol{I}_{Ci-b}\cdot\dot{\boldsymbol{\omega}}_i-\boldsymbol{\omega}_i\times(\boldsymbol{I}_{Ci-b}\cdot\boldsymbol{\omega}_i)$，在定坐标系下，作用于第 i 根连杆的活塞杆上的惯性力矩的虚功为

$$(-{}^A\boldsymbol{I}_{Ci-b}{}^A\dot{\boldsymbol{\omega}}_i-{}^A\widetilde{\boldsymbol{\omega}}_i{}^A\boldsymbol{I}_{Ci-b}{}^A\boldsymbol{\omega}_i)\delta^A\boldsymbol{\Theta}_i$$

作用于第 i 根连杆的液压缸质心上的外力和惯性力有：第 i 根连杆的液压缸的重力 $\boldsymbol{G}_{Bi}$ 和第 i 根连杆的液压缸的惯性力 $-m_{Bi}\boldsymbol{a}_{BGi}$。在定坐标系 $OXYZ$ 下，这两个力的虚功为

$$({}^A\boldsymbol{G}_{Bi}-m_{Bi}{}^A\boldsymbol{a}_{BGi})\delta^A\boldsymbol{L}_{BGi}$$

作用于第 i 根连杆的液压缸上的惯性力矩为 $-\boldsymbol{I}_{Bi}\cdot\dot{\boldsymbol{\omega}}_i-\boldsymbol{\omega}_i\times(\boldsymbol{I}_{Bi}\cdot\boldsymbol{\omega}_i)$，在定坐标系 $OXYZ$ 下，作用于第 i 根连杆的液压缸上的惯性力矩的虚功为

$$(-{}^A\boldsymbol{I}_{Bi}{}^A\dot{\boldsymbol{\omega}}_i-{}^A\widetilde{\boldsymbol{\omega}}_i{}^A\boldsymbol{I}_{Bi}{}^A\boldsymbol{\omega}_i)\delta^A\boldsymbol{\Theta}_i$$

考虑第 i 根连杆的液压缸沿其轴线方向不可压缩，因此，作用于第 i 根连杆的液压缸的驱动力的反力 $\boldsymbol{F}'_{Di}$ 的虚功为零。

2. 并联机器人的动力学方程

根据达朗伯原理和图 7-1~图 7-3，将并联机构所受的外力、外力矩、惯性力和惯性力矩作用于并联机构上，则并联机构处于平衡状态。再根据虚位移原理和图 7-1~图 7-3，不计铰链 B_i 和铰链 b_i 处的摩擦力矩，略去液压缸和活塞杆之间的摩擦力，略去液压缸和活塞杆绕其轴线相对转动的角速度，作用于并联机构上的外力、外力矩、惯性力和惯性力矩的虚功之和等于零，得并联机器人的虚位移方程为

$$\sum_{i=1}^{6} f_{Di}\delta\boldsymbol{q}_i + \begin{bmatrix} {}^A\boldsymbol{F}_P + {}^A\boldsymbol{G}_P \\ {}^A\boldsymbol{M}_P \end{bmatrix}^{\mathrm{T}} \delta^A\boldsymbol{X} + \begin{bmatrix} -m_P{}^A\ddot{\boldsymbol{P}}_O \\ -{}^A\boldsymbol{I}_P{}^A\dot{\boldsymbol{\omega}}_P-{}^A\widetilde{\boldsymbol{\omega}}_P{}^A\boldsymbol{I}_P{}^A\boldsymbol{\omega}_P \end{bmatrix}^{\mathrm{T}} \delta^A\boldsymbol{X} +$$

$$\sum_{i=1}^{6}({}^{A}\boldsymbol{G}_{bi}-m_{bi}{}^{A}\boldsymbol{a}_{bGi})\delta^{A}\boldsymbol{L}_{bGi}+\sum_{i=1}^{6}(-{}^{A}\boldsymbol{I}_{Ci-b}{}^{A}\dot{\boldsymbol{\omega}}_{i}-{}^{A}\widetilde{\boldsymbol{\omega}}_{i}{}^{A}\boldsymbol{I}_{Ci-b}{}^{A}\boldsymbol{\omega}_{i})\delta^{A}\boldsymbol{\Theta}_{i}+$$
$$\sum_{i=1}^{6}({}^{A}\boldsymbol{G}_{Bi}-m_{Bi}{}^{A}\boldsymbol{a}_{BGi})\delta^{A}\boldsymbol{L}_{BGi}+\sum_{i=1}^{6}(-{}^{A}\boldsymbol{I}_{Bi}{}^{A}\dot{\boldsymbol{\omega}}_{i}-{}^{A}\widetilde{\boldsymbol{\omega}}_{i}{}^{A}\boldsymbol{I}_{Bi}{}^{A}\omega_{i})\delta^{A}\boldsymbol{\Theta}_{i}=0 \tag{7-44}$$

令连杆的液压缸的驱动力的大小的列矩阵 $\boldsymbol{f}_D=[f_{D1}\quad f_{D2}\quad\cdots\quad f_{D6}]^{\mathrm{T}}$，则有

$$\sum_{i=1}^{6}f_{Di}\delta\boldsymbol{q}_i=\boldsymbol{f}_D^{\mathrm{T}}\delta\boldsymbol{q} \tag{7-45}$$

式（7-44）和式（7-45）中的虚位移 $\delta\boldsymbol{q}$、$\delta^{A}\boldsymbol{L}_{bGi}$、$\delta^{A}\boldsymbol{L}_{BGi}$ 和 $\delta^{A}\boldsymbol{\Theta}_i$ 均与 $\delta^{A}\boldsymbol{X}$ 有关，并通过各自的雅可比矩阵联系，将式（7-29）、式（7-33）、式（7-37）、式（7-43）表示的虚位移代入式（7-44），再将式（7-45）代入式（7-44），提取 $\delta^{A}\boldsymbol{X}$，得

$$\left\{\boldsymbol{f}_D^{\mathrm{T}A}\boldsymbol{J}_l+\begin{bmatrix}{}^{A}\boldsymbol{F}_P+{}^{A}\boldsymbol{G}_P\\{}^{A}\boldsymbol{M}_P\end{bmatrix}^{\mathrm{T}}+\begin{bmatrix}-m_P{}^{A}\ddot{\boldsymbol{P}}_O\\-{}^{A}\boldsymbol{I}_P{}^{A}\dot{\boldsymbol{\omega}}_P-{}^{A}\widetilde{\boldsymbol{\omega}}_P{}^{A}\boldsymbol{I}_P{}^{A}\boldsymbol{\omega}_P\end{bmatrix}^{\mathrm{T}}+\right.$$
$$\sum_{i=1}^{6}({}^{A}\boldsymbol{G}_{bi}-m_{bi}{}^{A}\boldsymbol{a}_{bGi}){}^{A}\boldsymbol{J}_{bGi}+\sum_{i=1}^{6}(-{}^{A}\boldsymbol{I}_{Ci-b}{}^{A}\dot{\boldsymbol{\omega}}_{i}-{}^{A}\widetilde{\boldsymbol{\omega}}_{i}{}^{A}\boldsymbol{I}_{Ci-b}{}^{A}\boldsymbol{\omega}_{i}){}^{A}\boldsymbol{J}_{\Theta i}+$$
$$\left.\sum_{i=1}^{6}({}^{A}\boldsymbol{G}_{Bi}-m_{Bi}{}^{A}\boldsymbol{a}_{BGi}){}^{A}\boldsymbol{J}_{BGi}+\sum_{i=1}^{6}(-{}^{A}\boldsymbol{I}_{Bi}{}^{A}\dot{\boldsymbol{\omega}}_{i}-{}^{A}\widetilde{\boldsymbol{\omega}}_{i}{}^{A}\boldsymbol{I}_{Bi}{}^{A}\boldsymbol{\omega}_{i}){}^{A}\boldsymbol{J}_{\Theta i}\right\}\delta^{A}\boldsymbol{X}=0 \tag{7-46}$$

由于式（7-46）对于动平台的任意虚位移或可能位移 $\delta^{A}\boldsymbol{X}$ 均有效，$\delta^{A}\boldsymbol{X}\neq0$，可得

$$\boldsymbol{f}_D^{\mathrm{T}A}J_l+\begin{bmatrix}{}^{A}\boldsymbol{F}_P+{}^{A}\boldsymbol{G}_P\\{}^{A}M_P\end{bmatrix}^{\mathrm{T}}+\begin{bmatrix}-m_P{}^{A}\ddot{\boldsymbol{P}}_O\\-{}^{A}\boldsymbol{I}_P{}^{A}\dot{\boldsymbol{\omega}}_P-{}^{A}\widetilde{\boldsymbol{\omega}}_P{}^{A}\boldsymbol{I}_P{}^{A}\boldsymbol{\omega}_P\end{bmatrix}^{\mathrm{T}}+$$
$$\sum_{i=1}^{6}({}^{A}\boldsymbol{G}_{bi}-m_{bi}{}^{A}\boldsymbol{a}_{bGi}){}^{A}\boldsymbol{J}_{bGi}+\sum_{i=1}^{6}(-{}^{A}\boldsymbol{I}_{Ci-b}{}^{A}\dot{\boldsymbol{\omega}}_{i}-{}^{A}\widetilde{\boldsymbol{\omega}}_{i}{}^{A}\boldsymbol{I}_{Ci-b}{}^{A}\boldsymbol{\omega}_{i}){}^{A}\boldsymbol{J}_{\Theta i}+$$
$$\sum_{i=1}^{6}({}^{A}\boldsymbol{G}_{Bi}-m_{Bi}{}^{A}\boldsymbol{a}_{BGi}){}^{A}\boldsymbol{J}_{BGi}+\sum_{i=1}^{6}(-{}^{A}\boldsymbol{I}_{Bi}{}^{A}\dot{\boldsymbol{\omega}}_{i}-{}^{A}\widetilde{\boldsymbol{\omega}}_{i}{}^{A}\boldsymbol{I}_{Bi}{}^{A}\boldsymbol{\omega}_{i}){}^{A}\boldsymbol{J}_{\Theta i}=0 \tag{7-47}$$

对式（7-47）的等号两边求转置，逆速度雅可比矩阵的转置为力雅可比矩阵，得

$${}^{A}\boldsymbol{J}_l^{\mathrm{T}}\boldsymbol{f}_D+\begin{bmatrix}{}^{A}\boldsymbol{F}_P+{}^{A}\boldsymbol{G}_P\\{}^{A}\boldsymbol{M}_P\end{bmatrix}+\begin{bmatrix}-m_P{}^{A}\ddot{\boldsymbol{P}}_O\\-{}^{A}\boldsymbol{I}_P{}^{A}\dot{\boldsymbol{\omega}}_P-{}^{A}\widetilde{\boldsymbol{\omega}}_P{}^{A}\boldsymbol{I}_P{}^{A}\boldsymbol{\omega}_P\end{bmatrix}+$$
$$\sum_{i=1}^{6}{}^{A}\boldsymbol{J}_{bGi}^{\mathrm{T}}[{}^{A}\boldsymbol{G}_{bi}-m_{bi}{}^{A}\boldsymbol{a}_{bGi}]^{\mathrm{T}}+\sum_{i=1}^{6}{}^{A}\boldsymbol{J}_{\Theta i}^{\mathrm{T}}[-{}^{A}\boldsymbol{I}_{Ci-b}{}^{A}\dot{\boldsymbol{\omega}}_{i}-{}^{A}\widetilde{\boldsymbol{\omega}}_{i}{}^{A}\boldsymbol{I}_{Ci-b}{}^{A}\boldsymbol{\omega}_{i}]^{\mathrm{T}}+$$
$$\sum_{i=1}^{6}{}^{A}\boldsymbol{J}_{BGi}^{\mathrm{T}}[{}^{A}\boldsymbol{G}_{Bi}-m_{Bi}{}^{A}\boldsymbol{a}_{BGi}]^{\mathrm{T}}+\sum_{i=1}^{6}{}^{A}\boldsymbol{J}_{\Theta i}^{\mathrm{T}}[-{}^{A}\boldsymbol{I}_{Bi}{}^{A}\dot{\boldsymbol{\omega}}_{i}-{}^{A}\widetilde{\boldsymbol{\omega}}_{i}{}^{A}\boldsymbol{I}_{Bi}{}^{A}\boldsymbol{\omega}_{i}]^{\mathrm{T}}=0 \tag{7-48}$$

式（7-47）是利用达朗伯原理-虚位移原理得到的与逆速度雅可比矩阵关联的并联机器人的动力学方程。式（7-48）是利用达朗伯原理-虚位移原理得到的与力雅可比矩阵关联的并联机器人的动力学方程，均为基于达朗伯原理-虚位移原理的并联机器人的动力学方程。

在式（7-47）和式（7-48）中，等号左边的第 2 项是作用于动平台上的外力和外力矩的列矩阵，等号左边的第 3 项是作用于动平台上的惯性力和惯性力矩的列矩阵，等号左边的其他项中的外力、外力矩、惯性力和惯性力矩的列矩阵均与连杆有关，并包含各自的雅可比矩

阵，式（7-47）包含各自的逆速度雅可比矩阵，式（7-48）包含各自的力雅可比矩阵，也可以认为，等号左边的其他项是作用于连杆上的外力、外力矩、惯性力和惯性力矩当量到动平台上的外力、外力矩、惯性力和惯性力矩的列矩阵；这样，式（7-47）和式（7-48）可表述为：作用于动平台上的外力、外力矩、惯性力和惯性力矩的列矩阵，与作用于连杆上的外力、外力矩、惯性力和惯性力矩当量到动平台上的外力、外力矩、惯性力和惯性力矩的列矩阵的和等于零。

在式（7-47）和式（7-48）中，没有计入铰链 B_i 和铰链 b_i 处的摩擦力矩，没有计入液压缸和活塞杆之间的摩擦力。如果计入这些摩擦力矩和摩擦力，可将这些摩擦力矩和摩擦力视为外力和外力矩，进行求解，其结果，仍是通过相应的雅可比矩阵加入到式（7-47）和式（7-48）中。

7.3.3　基于达朗伯原理-虚位移原理的并联机器人驱动力的计算

1. 并联机器人的驱动力的大小的列矩阵

将式（7-48）等式的两边同乘以 ${}^A\boldsymbol{J}_l^{-\mathrm{T}}$，${}^A\boldsymbol{J}_l^{-\mathrm{T}}$ 为 ${}^A\boldsymbol{J}_l^{\mathrm{T}}$ 的逆，得并联机器人的驱动力的大小的列矩阵为

$$
\begin{aligned}
\boldsymbol{f}_D = & -{}^A\boldsymbol{J}_l^{-\mathrm{T}}\begin{bmatrix} {}^A\boldsymbol{F}_P+{}^A\boldsymbol{G}_P \\ {}^A\boldsymbol{M}_P \end{bmatrix}+{}^A\boldsymbol{J}_l^{-\mathrm{T}}\begin{bmatrix} m_P{}^A\ddot{\boldsymbol{P}}_O \\ {}^A\boldsymbol{I}_P{}^A\dot{\boldsymbol{\omega}}_P+{}^A\widetilde{\boldsymbol{\omega}}_P{}^A\boldsymbol{I}_P{}^A\boldsymbol{\omega}_P \end{bmatrix}- \\
& {}^A\boldsymbol{J}_l^{-\mathrm{T}}\sum_{i=1}^{6}{}^A\boldsymbol{J}_{bGi}^{\mathrm{T}}[{}^A\boldsymbol{G}_{bi}-m_{bi}{}^A\boldsymbol{a}_{bGi}]^{\mathrm{T}}+{}^A\boldsymbol{J}_l^{-\mathrm{T}}\sum_{i=1}^{6}{}^A\boldsymbol{J}_{\Theta i}^{\mathrm{T}}[{}^A\boldsymbol{I}_{Ci-b}{}^A\dot{\boldsymbol{\omega}}_i+{}^A\widetilde{\boldsymbol{\omega}}_i{}^A\boldsymbol{I}_{Ci-b}{}^A\boldsymbol{\omega}_i]^{\mathrm{T}}- \\
& {}^A\boldsymbol{J}_l^{-\mathrm{T}}\sum_{i=1}^{6}{}^A\boldsymbol{J}_{BGi}^{\mathrm{T}}[{}^A\boldsymbol{G}_{Bi}-m_{Bi}{}^A\boldsymbol{a}_{BGi}]^{\mathrm{T}}+{}^A\boldsymbol{J}_l^{-\mathrm{T}}\sum_{i=1}^{6}{}^A\boldsymbol{J}_{\Theta i}^{\mathrm{T}}[{}^A\boldsymbol{I}_{Bi}{}^A\dot{\boldsymbol{\omega}}_i+{}^A\widetilde{\boldsymbol{\omega}}_i{}^A\boldsymbol{I}_{Bi}{}^A\boldsymbol{\omega}_i]^{\mathrm{T}}
\end{aligned} \tag{7-49}
$$

2. 并联机器人的驱动力的计算步骤

计算并联机器人的驱动力时，须已知并联机构的结构参数、速度、加速度及动平台受到的外力和外力矩、动平台和连杆的重力，或者说，在已知并联机构的结构参数、速度、加速度及动平台受到的外力和外力矩、动平台和连杆的重力的条件下，进行计算。并联机器人的驱动力的计算步骤如下。

第 1 步：计算式（7-49）中等号右边的参数。

根据并联机构的结构参数、连杆的重力及作用在动平台的力和力矩，先进行并联机器人的质量、位置、速度、加速度等计算，求得 m_{Bi}、m_{bi}、m_P、$\boldsymbol{w}_i$、${}_{b_{li}}^{A}\boldsymbol{R}$、${}_{D}^{A}\boldsymbol{R}$、$l_i$、$\boldsymbol{\omega}_i$、$\dot{\boldsymbol{\omega}}_i$、$\boldsymbol{a}_{BGi}$、$\boldsymbol{a}_{bGi}$、$\ddot{\boldsymbol{P}}_O$等，如动平台的运动用进动角 ψ、章动角 θ 和自旋角 ϕ 给出，要进行角速度的坐标旋转变换，再求${}^A\boldsymbol{F}_P$、${}^A\boldsymbol{G}_P$、${}^A\boldsymbol{M}_P$、${}^A\ddot{\boldsymbol{P}}_O$、${}^A\boldsymbol{I}_P$、${}^A\boldsymbol{\omega}_P$、${}^A\widetilde{\boldsymbol{\omega}}_P$、${}^A\boldsymbol{G}_{bi}$、${}^A\boldsymbol{a}_{bGi}$、${}^A\boldsymbol{I}_{Ci-b}$、${}^A\dot{\boldsymbol{\omega}}_i$、${}^A\widetilde{\boldsymbol{\omega}}_i$、${}^A\boldsymbol{\omega}_i$、${}^A\boldsymbol{G}_{Bi}$、${}^A\boldsymbol{a}_{BGi}$、${}^A\boldsymbol{I}_{Bi}$ 等，计算${}^A\boldsymbol{w}_i$、${}^A\widetilde{\boldsymbol{w}}_i$，再根据式（7-28）、式（7-32）、式（7-36）和式（7-42），计算速度雅可比矩阵${}^A\boldsymbol{J}_l$、${}^A\boldsymbol{J}_{\Theta i}$、${}^A\boldsymbol{J}_{BGi}$ 和${}^A\boldsymbol{J}_{bGi}$，再计算${}^A\boldsymbol{J}_l^{-\mathrm{T}}$、${}^A\boldsymbol{J}_{\Theta i}^{\mathrm{T}}$、${}^A\boldsymbol{J}_{BGi}^{\mathrm{T}}$ 和${}^A\boldsymbol{J}_{bGi}^{\mathrm{T}}$。

第 2 步：计算并联机器人的驱动力的大小的列矩阵 $\boldsymbol{f}_D$。

根据式（7-49），计算并联机器人的驱动力的大小的列矩阵 $\boldsymbol{f}_D$，再根据 $\boldsymbol{f}_D = [f_{D1} \quad f_{D2} \quad \cdots \quad f_{D6}]^{\mathrm{T}}$，可得各连杆的驱动力的大小 f_{Di}。

7.4 基于拉格朗日方程的并联机器人动力学分析

在基于拉格朗日方程的并联机器人的动力学分析中，为了获得基于拉格朗日方程的并联机器人的动力学方程，根据图 4-1 所示的 6-SPS 并联机构和图 7-1～图 7-3，先求解并联机器人的动力学方程中的各项，依次求解第 i 根连杆的动能及其导数、动平台的动能及其导数和并联机构的广义力，再根据拉格朗日方程，导出基于拉格朗日方程的并联机器人的动力学方程。

在导出基于拉格朗日方程的并联机器人的动力学方程中，要与输出构件的位姿等参数关联。取动平台的位姿参数的列矩阵为广义坐标 $\boldsymbol{X}$，$\boldsymbol{X}=\begin{bmatrix}\boldsymbol{P}_O & \boldsymbol{\Theta}_P\end{bmatrix}^{\mathrm{T}}=\begin{bmatrix}\dot{\boldsymbol{P}}_O & \boldsymbol{\omega}_P\end{bmatrix}^{\mathrm{T}}\mathrm{d}t=\dot{\boldsymbol{X}}\mathrm{d}t$，$\boldsymbol{P}_O$ 为 OP 的长度矢量，反映动平台上的 P 点在定坐标系 $OXYZ$ 中的位置；$\boldsymbol{\Theta}_P$ 为动平台的转角，反映动平台的姿态。取动平台的广义速度为 $\dot{\boldsymbol{X}}$，广义加速度为 $\ddot{\boldsymbol{X}}$。$\dot{\boldsymbol{X}}=\begin{bmatrix}\dot{\boldsymbol{P}}_O & \boldsymbol{\omega}_P\end{bmatrix}^{\mathrm{T}}$，$\dot{\boldsymbol{P}}_O$ 为矢量表示的动平台上 P 点的速度，与 $\boldsymbol{P}_O$ 对应；$\boldsymbol{\omega}_P$ 为矢量表示的动平台的角速度，与 $\boldsymbol{\Theta}_P$ 对应，$\boldsymbol{\omega}_P=\mathrm{d}\boldsymbol{\Theta}_P/\mathrm{d}t$。$\ddot{\boldsymbol{X}}=\begin{bmatrix}\ddot{\boldsymbol{P}}_O & \dot{\boldsymbol{\omega}}_P\end{bmatrix}^{\mathrm{T}}$，$\ddot{\boldsymbol{P}}_O$为矢量表示的动平台上 P 点的加速度，$\ddot{\boldsymbol{P}}_O=\mathrm{d}\dot{\boldsymbol{P}}_O/\mathrm{d}t$，$\dot{\boldsymbol{\omega}}_P$为矢量表示的动平台的角加速度，$\boldsymbol{\varepsilon}_P=\dot{\boldsymbol{\omega}}_P=\mathrm{d}\boldsymbol{\omega}_P/\mathrm{d}t$。

在导出基于拉格朗日方程的并联机器人的动力学方程中，用矢量矩阵进行运算，矢量矩阵为矢量组成的矩阵。广义坐标及与广义坐标对应的广义速度、广义加速度均为矢量矩阵，为矢量列阵。用矢量矩阵进行运算，并取广义坐标、广义速度、广义加速度为矢量矩阵的形式，以便于运算。此外，由于动能是标量，动能对广义坐标及广义速度求导后是矢量，为避免动能对广义坐标及广义速度求导的表达中，产生的标量向矢量转换的歧义，用矢量矩阵进行运算；另外，在运算过程中，还涉及张量及张量矩阵，张量矩阵为张量组成的矩阵，张量为矢量的并，这样，将张量矩阵也归纳在矢量矩阵下。

7.4.1 第 i 根连杆的动能及其导数

1. 第 i 根连杆的动能

根据图 4-1、图 7-1 和图 7-2，第 i 根连杆由液压缸和活塞杆组成，液压缸和活塞杆绕铰链 B_i 转动，同时，活塞杆相对液压缸沿其轴线伸长，液压缸的质心在连杆轴线上的 B_{Gi} 处，活塞杆的质心在连杆轴线上的 b_{Gi} 处。

第 i 根连杆的动能由两部分组成：第 i 根连杆的液压缸绕铰链 B_i 转动的动能和第 i 根连杆的活塞杆随其质心移动的动能和绕其质心转动的动能。根据图 7-1、图 7-2 和附录中的刚体的动能的计算公式，略去第 i 根连杆的活塞杆相对第 i 根连杆的液压缸轴线转动的角速度和角加速度，得第 i 根连杆的动能为

$$\begin{aligned}T_{li}&=\frac{1}{2}\boldsymbol{\omega}_i\cdot\boldsymbol{I}_{Bi}\cdot\boldsymbol{\omega}_i+\frac{1}{2}m_{bi}\boldsymbol{V}_{bGi}\cdot\boldsymbol{V}_{bGi}+\frac{1}{2}\boldsymbol{\omega}_i\cdot\boldsymbol{I}_{bGi}\cdot\boldsymbol{\omega}_i\\&=\frac{1}{2}\begin{bmatrix}\boldsymbol{V}_{bGi}\\\boldsymbol{\omega}_i\end{bmatrix}^{\mathrm{T}}\cdot\begin{bmatrix}m_{bi}\boldsymbol{I} & 0\\0 & \boldsymbol{I}_{Bi}+\boldsymbol{I}_{bGi}\end{bmatrix}\cdot\begin{bmatrix}\boldsymbol{V}_{bGi}\\\boldsymbol{\omega}_i\end{bmatrix}\qquad i=1,2,\cdots,6\end{aligned}\tag{7-50}$$

式中，第一个等号右边的第一项为第 i 根连杆的液压缸绕铰链 B_i 转动的动能，$\boldsymbol{\omega}_i$ 是第 i 根

连杆的角速度，$\boldsymbol{I}_{Bi}$ 为第 i 根连杆的液压缸对铰链 B_i 点的惯量张量。第一个等号右边的第二项为第 i 根连杆的活塞杆随其质心移动的动能，右边的第三项为第 i 根连杆的活塞杆绕其质心转动的动能。$\boldsymbol{m}_{bi}$ 为第 i 根连杆的活塞杆的质量，$\boldsymbol{V}_{BGi}$ 为第 i 根连杆的活塞杆的质心的速度；$\boldsymbol{I}_{bGi}$ 为第 i 根连杆的活塞杆对其质心的惯量张量；$\boldsymbol{I}$ 为单位张量。

式（7-30）给出了矢量表示的第 i 根连杆的角速度。由式（7-30）可得矢量表示的第 i 根连杆的角速度为

$$
\begin{aligned}
\boldsymbol{\omega}_i &= \frac{1}{l_i}\boldsymbol{w}_i\times\dot{\boldsymbol{P}}_O-\frac{1}{l_i}\boldsymbol{w}_i\times(\boldsymbol{b}_i\times\boldsymbol{\omega}_P)\\
&=\frac{1}{l_i}[\boldsymbol{w}_i\times\boldsymbol{I}\cdot\dot{\boldsymbol{P}}_O-\boldsymbol{b}_i\boldsymbol{w}_i\cdot\boldsymbol{\omega}_P+(\boldsymbol{b}_i\cdot\boldsymbol{w}_i)\boldsymbol{I}\cdot\boldsymbol{\omega}_P]\\
&=\frac{1}{l_i}[\boldsymbol{w}_i\times\boldsymbol{I}\quad(\boldsymbol{b}_i\cdot\boldsymbol{w}_i)\boldsymbol{I}-\boldsymbol{b}_i\boldsymbol{w}_i]\cdot\begin{bmatrix}\dot{\boldsymbol{P}}_O\\ \boldsymbol{\omega}_P\end{bmatrix}=\boldsymbol{J}_{\Theta i}\cdot\dot{\boldsymbol{X}}
\end{aligned}
\tag{7-51}
$$

式中，$\dot{\boldsymbol{X}}$ 为动平台的广义速度 $\dot{\boldsymbol{P}}_O$ 和 $\boldsymbol{\omega}_P$ 的列矩阵，$\dot{\boldsymbol{X}}=\begin{bmatrix}\dot{\boldsymbol{P}}_O & \boldsymbol{\omega}_P\end{bmatrix}^{\mathrm{T}}$；$\boldsymbol{J}_{\Theta i}$ 为矢量表示的第 i 根连杆的逆角速度雅可比矩阵。

根据式（7-51），得矢量表示的第 i 根连杆的逆角速度雅可比矩阵为

$$
\boldsymbol{J}_{\Theta i}=\frac{1}{l_i}[\boldsymbol{w}_i\times\boldsymbol{I}\quad(\boldsymbol{b}_i\cdot\boldsymbol{w}_i)\boldsymbol{I}-\boldsymbol{b}_i\boldsymbol{w}_i\quad]
\tag{7-52}
$$

在定坐标系 $OXYZ$ 下，由式（7-51）可得 ${}^A J_{\Theta i}\cdot{}^A\dot{\boldsymbol{X}}$，再与式（7-31）比较，可得在定坐标系 $OXYZ$ 下第 i 根连杆的逆角速度雅可比矩阵 ${}^A\boldsymbol{J}_{\Theta i}$ 就是式（7-32）。

式（7-38）给出了矢量表示的第 i 根连杆的活塞杆质心的速度。由式（7-30），并代入式（7-51），可得第 i 根连杆的活塞杆质心 b_{Gi} 的速度为

$$
\begin{aligned}
\boldsymbol{V}_{bGi} &=(\boldsymbol{w}_i\cdot\dot{\boldsymbol{P}}_O)\boldsymbol{w}_i-[(\boldsymbol{w}_i\times\boldsymbol{b}_i)\cdot\boldsymbol{\omega}_P]\boldsymbol{w}_i-\frac{l_i-l_{bGi}}{l_i}\boldsymbol{w}_i\times[\boldsymbol{w}_i\times\dot{\boldsymbol{P}}_O-\boldsymbol{w}_i\times(\boldsymbol{b}_i\times\boldsymbol{\omega}_P)]\\
&=(\dot{\boldsymbol{P}}_O\cdot\boldsymbol{w}_i)\boldsymbol{w}_i+[\boldsymbol{\omega}_P\cdot(\boldsymbol{b}_i\times\boldsymbol{w}_i)]\boldsymbol{w}_i-\frac{l_i-l_{bGi}}{l_i}\boldsymbol{w}_i\times[\boldsymbol{w}_i\times\boldsymbol{I}\cdot\dot{\boldsymbol{P}}_O-\boldsymbol{b}_i\boldsymbol{w}_i\cdot\boldsymbol{\omega}_P+(\boldsymbol{b}_i\cdot\boldsymbol{w}_i)\boldsymbol{I}\cdot\boldsymbol{\omega}_P]\\
&=\dot{\boldsymbol{P}}_O\cdot\boldsymbol{w}_i\boldsymbol{w}_i+\boldsymbol{w}_i(\boldsymbol{b}_i\times\boldsymbol{w}_i)\cdot\boldsymbol{\omega}_P-\frac{l_i-l_{bGi}}{l_i}\boldsymbol{w}_i\times[\boldsymbol{w}_i\times\boldsymbol{I}\cdot\dot{\boldsymbol{P}}_O-\boldsymbol{b}_i\boldsymbol{w}_i\cdot\boldsymbol{\omega}_P+(\boldsymbol{b}_i\cdot\boldsymbol{w}_i)\boldsymbol{I}\cdot\boldsymbol{\omega}_P]\\
&=\dot{\boldsymbol{P}}_O\cdot\boldsymbol{w}_i\boldsymbol{w}_i-\boldsymbol{w}_i\boldsymbol{w}_i\times\boldsymbol{b}_i\cdot\boldsymbol{\omega}_P-\frac{l_i-l_{bGi}}{l_i}\boldsymbol{w}_i\times[\boldsymbol{w}_i\times\boldsymbol{I}\cdot\dot{\boldsymbol{P}}_O-\boldsymbol{b}_i\boldsymbol{w}_i\cdot\boldsymbol{\omega}_P+(\boldsymbol{b}_i\cdot\boldsymbol{w}_i)\boldsymbol{I}\cdot\boldsymbol{\omega}_P]\\
&=\dot{\boldsymbol{P}}_O\cdot\boldsymbol{D}_{wi}-\boldsymbol{D}_{wi}\times\boldsymbol{b}_i\cdot\boldsymbol{\omega}_P-\frac{l_i-l_{bGi}}{l_i}\boldsymbol{w}_i\times[\boldsymbol{w}_i\times\boldsymbol{I}\cdot\dot{\boldsymbol{P}}_O-\boldsymbol{b}_i\boldsymbol{w}_i\cdot\boldsymbol{\omega}_P+(\boldsymbol{b}_i\cdot\boldsymbol{w}_i)\boldsymbol{I}\cdot\boldsymbol{\omega}_P]\\
&=\overset{\wedge}{\boldsymbol{D}}_{wi}\cdot\dot{\boldsymbol{P}}_O-\boldsymbol{D}_{wi}\times\boldsymbol{b}_i\cdot\boldsymbol{\omega}_P-\frac{l_i-l_{bGi}}{l_i}\boldsymbol{w}_i\times[\boldsymbol{w}_i\times\boldsymbol{I}\cdot\dot{\boldsymbol{P}}_O-\boldsymbol{b}_i\boldsymbol{w}_i\cdot\boldsymbol{\omega}_P+(\boldsymbol{b}_i\cdot\boldsymbol{w}_i)\boldsymbol{I}\cdot\boldsymbol{\omega}_P]\\
&=\begin{bmatrix}\boldsymbol{D}_{wi}-\frac{l_i-l_{bGi}}{l_i}\boldsymbol{w}_i\times(\boldsymbol{w}_i\times\boldsymbol{I}) & -\boldsymbol{D}_{wi}\times\boldsymbol{b}_i-\frac{l_i-l_{bGi}}{l_i}\boldsymbol{w}_i\times[(\boldsymbol{b}_i\cdot\boldsymbol{w}_i)\boldsymbol{I}-\boldsymbol{b}_i\boldsymbol{w}_i]\end{bmatrix}\cdot\begin{bmatrix}\dot{\boldsymbol{P}}_O\\ \boldsymbol{\omega}_P\end{bmatrix}\\
&=\boldsymbol{J}_{bGi}\cdot\dot{\boldsymbol{X}}
\end{aligned}
\tag{7-53}
$$

式中，$\boldsymbol{D}_{wi}$ 为 $\boldsymbol{w}_i$ 的张量，$\hat{\boldsymbol{D}}_{wi}$ 为 $\boldsymbol{D}_{wi}$ 的共轭张量或共轭并矢，$\boldsymbol{D}_{wi}=\boldsymbol{w}_i\boldsymbol{w}_i=\hat{\boldsymbol{D}}_{wi}$；$\boldsymbol{w}_i$ 为第 i 根连杆的沿连杆轴线的单位矢量；$\boldsymbol{J}_{bGi}$ 为矢量表示的第 i 根连杆的活塞杆质心的逆速度雅可比矩阵。

由式（7-53），得矢量表示的第 i 根连杆的活塞杆质心的逆速度雅可比矩阵为

$$\boldsymbol{J}_{bGi}=\left[\boldsymbol{D}_{wi}-\frac{l_i-l_{bGi}}{l_i}\boldsymbol{w}_i\times(\boldsymbol{w}_i\times\boldsymbol{I})\quad -\boldsymbol{D}_{wi}\times\boldsymbol{b}_i-\frac{l_i-l_{bGi}}{l_i}\boldsymbol{w}_i\times[(\boldsymbol{b}_i\cdot\boldsymbol{w}_i)\boldsymbol{I}-\boldsymbol{b}_i\boldsymbol{w}_i]\right] \tag{7-54}$$

在定坐标系 $OXYZ$ 下，由式（7-53）可得 ${}^{A}\boldsymbol{J}_{bGi}{}^{A}\dot{\boldsymbol{X}}$，再与式（7-41）比较，可得在定坐标系 $OXYZ$ 下第 i 根连杆的活塞杆质心的逆速度雅可比矩阵 ${}^{A}\boldsymbol{J}_{bGi}$ 就是式（7-42）。

根据式（7-51）和式（7-53），得

$$\begin{bmatrix}\boldsymbol{V}_{bGi}\\ \boldsymbol{\omega}_i\end{bmatrix}=\begin{bmatrix}\boldsymbol{J}_{bGi}\cdot\dot{\boldsymbol{X}}\\ \boldsymbol{J}_{\Theta i}\cdot\dot{\boldsymbol{X}}\end{bmatrix}=\begin{bmatrix}\boldsymbol{J}_{bGi}\\ \boldsymbol{J}_{\Theta i}\end{bmatrix}\cdot\dot{\boldsymbol{X}} \tag{7-55}$$

取 $\boldsymbol{I}_{li}$ 为第 i 根连杆的惯量张量，$\boldsymbol{I}_{li}=\boldsymbol{I}_{Bi}+\boldsymbol{I}_{bGi}$，将式（7-55）代入式（7-50），并进一步得第 i 根连杆的动能为

$$\begin{aligned}T_{li}&=\frac{1}{2}[\boldsymbol{V}_{bGi}\quad\boldsymbol{\omega}_i]\cdot\begin{bmatrix}m_{bi}\boldsymbol{I} & 0\\ 0 & \boldsymbol{I}_{Bi}+\boldsymbol{I}_{bGi}\end{bmatrix}\cdot\begin{bmatrix}\boldsymbol{V}_{bGi}\\ \boldsymbol{\omega}_i\end{bmatrix}\\&=\frac{1}{2}\dot{\boldsymbol{X}}^{\mathrm{T}}\cdot[\boldsymbol{J}_{bGi}\quad\boldsymbol{J}_{\Theta i}]\cdot\begin{bmatrix}m_{bi}\boldsymbol{I} & 0\\ 0 & \boldsymbol{I}_{li}\end{bmatrix}\cdot\begin{bmatrix}\boldsymbol{J}_{bGi}\\ \boldsymbol{J}_{\Theta i}\end{bmatrix}\cdot\dot{\boldsymbol{X}}\\&=\frac{1}{2}\dot{\boldsymbol{X}}^{\mathrm{T}}\cdot[\boldsymbol{J}_{bGi}\quad\boldsymbol{J}_{\Theta i}]\cdot\boldsymbol{M}_{li}\cdot\begin{bmatrix}\boldsymbol{J}_{bGi}\\ \boldsymbol{J}_{\Theta i}\end{bmatrix}\cdot\dot{\boldsymbol{X}}\\&=\frac{1}{2}\dot{\boldsymbol{X}}^{\mathrm{T}}\cdot\boldsymbol{M}_{li-P}\cdot\dot{\boldsymbol{X}}\end{aligned} \tag{7-56}$$

式中，$\boldsymbol{M}_{li}$ 为矢量表示的第 i 根连杆的广义质量矩阵；$\boldsymbol{M}_{li-P}$ 为矢量表示的第 i 根连杆的广义当量质量矩阵。

根据式（7-56），得矢量表示的第 i 根连杆的广义质量矩阵为

$$\boldsymbol{M}_{li}=\begin{bmatrix}m_{bi}\boldsymbol{I} & 0\\ 0 & \boldsymbol{I}_{li}\end{bmatrix}=\begin{bmatrix}m_{bi}\boldsymbol{I} & 0\\ 0 & \boldsymbol{I}_{Bi}+\boldsymbol{I}_{bGi}\end{bmatrix} \tag{7-57}$$

根据式（7-57），得在定坐标系 $OXYZ$ 下第 i 根连杆的广义质量矩阵为

$${}^{A}\boldsymbol{M}_{li}=\begin{bmatrix}m_{bi}{}^{A}\boldsymbol{I} & 0\\ 0 & {}^{A}\boldsymbol{I}_{li}\end{bmatrix}=\begin{bmatrix}m_{bi}{}^{A}\boldsymbol{I} & 0\\ 0 & {}^{A}\boldsymbol{I}_{Bi}+{}^{A}\boldsymbol{I}_{bGi}\end{bmatrix} \tag{7-58}$$

式中，${}^{A}\boldsymbol{I}$ 为单位阵；${}^{A}\boldsymbol{I}_{Bi}$ 为在定坐标系 $OXYZ$ 下第 i 根连杆的液压缸对铰链 B_i 点的惯量张量 $\boldsymbol{I}_{Bi}$ 的惯量矩阵；${}^{A}\boldsymbol{I}_{bGi}$ 为在定坐标系 $OXYZ$ 下第 i 根连杆的活塞杆对其质心的惯量张量 $\boldsymbol{I}_{bGi}$ 的惯量矩阵。

根据式（7-56），得矢量表示的第 i 根连杆的广义当量质量矩阵为

$$\boldsymbol{M}_{li-P}=[\boldsymbol{J}_{bGi}\quad\boldsymbol{J}_{\Theta i}]\cdot\begin{bmatrix}m_{bi}\boldsymbol{I} & 0\\ 0 & \boldsymbol{I}_{li}\end{bmatrix}\cdot\begin{bmatrix}\boldsymbol{J}_{bGi}\\ \boldsymbol{J}_{\Theta i}\end{bmatrix}=[\boldsymbol{J}_{bGi}\quad\boldsymbol{J}_{\Theta i}]\cdot\boldsymbol{M}_{li}\cdot\begin{bmatrix}\boldsymbol{J}_{bGi}\\ \boldsymbol{J}_{\Theta i}\end{bmatrix} \tag{7-59}$$

根据式（7-59），得在定坐标系 $OXYZ$ 下第 i 根连杆的广义当量质量矩阵为

$$
{}^{A}\boldsymbol{M}_{li-P}=\begin{bmatrix}{}^{A}\boldsymbol{J}_{bGi} & {}^{A}\boldsymbol{J}_{\Theta i}\end{bmatrix}{}^{A}\boldsymbol{M}_{li}\begin{bmatrix}{}^{A}\boldsymbol{J}_{bGi}\\ {}^{A}\boldsymbol{J}_{\Theta i}\end{bmatrix} \tag{7-60}
$$

2. 第 i 根连杆的动能 T_{li} 对 $\dot{\boldsymbol{X}}$ 的偏导数及再对时间 t 的导数

$\dot{\boldsymbol{X}}$ 为动平台的速度 $\dot{\boldsymbol{P}}_O$ 和角速度 $\boldsymbol{\omega}_P$ 的列矩阵，$\dot{\boldsymbol{X}}=\begin{bmatrix}\dot{\boldsymbol{P}}_O & \boldsymbol{\omega}_P\end{bmatrix}^{\mathrm{T}}$。根据式（7-59），第 i 根连杆的广义当量质量矩阵与第 i 根连杆的质量、并联机构的结构和位姿有关，与动平台的广义速度的列矩阵无关。根据式（7-56），考虑 $\partial\dot{\boldsymbol{X}}^{\mathrm{T}}/\partial\dot{\boldsymbol{X}}=\boldsymbol{I}$，得第 i 根连杆的动能 T_{li} 对 $\dot{\boldsymbol{X}}$ 的偏导数及再对时间 t 的导数为

$$
\begin{aligned}
\frac{\mathrm{d}}{\mathrm{d}t}\frac{\partial T_{li}}{\partial\dot{\boldsymbol{X}}}&=\frac{\mathrm{d}}{\mathrm{d}t}\frac{\partial}{\partial\dot{\boldsymbol{X}}}\left(\frac{1}{2}\dot{\boldsymbol{X}}^{\mathrm{T}}\cdot\boldsymbol{M}_{li-P}\cdot\dot{\boldsymbol{X}}\right)=\frac{1}{2}\frac{\mathrm{d}}{\mathrm{d}t}\left(\boldsymbol{M}_{li-P}\cdot\dot{\boldsymbol{X}}+\boldsymbol{M}_{li-P}^{\mathrm{T}}\cdot\dot{\boldsymbol{X}}\right)\\
&=\frac{1}{2}\frac{\mathrm{d}}{\mathrm{d}t}\left[\left(\boldsymbol{M}_{li-P}+\boldsymbol{M}_{li-P}^{\mathrm{T}}\right)\cdot\dot{\boldsymbol{X}}\right]=\frac{1}{2}\left(\boldsymbol{M}_{li-P}+\boldsymbol{M}_{li-P}^{\mathrm{T}}\right)\cdot\ddot{\boldsymbol{X}}+\frac{1}{2}\left(\dot{\boldsymbol{M}}_{li-P}+\dot{\boldsymbol{M}}_{li-P}^{\mathrm{T}}\right)\cdot\dot{\boldsymbol{X}}
\end{aligned} \tag{7-61}
$$

式中，$\ddot{\boldsymbol{X}}$ 为动平台的加速度 $\ddot{\boldsymbol{P}}_O$ 和角加速度 $\dot{\boldsymbol{\omega}}_P$ 的矢量列矩阵，$\ddot{\boldsymbol{X}}=\begin{bmatrix}\ddot{\boldsymbol{P}}_O & \dot{\boldsymbol{\omega}}_P\end{bmatrix}^{\mathrm{T}}$；$\dot{\boldsymbol{M}}_{li-P}$ 为 $\boldsymbol{M}_{li-P}$ 对时间 t 的导数；$\boldsymbol{M}_{li-P}^{\mathrm{T}}$ 为 $\boldsymbol{M}_{li-P}$ 的转置；$\dot{\boldsymbol{M}}_{li-P}^{T}$ 为 $\dot{\boldsymbol{M}}_{li-P}$ 的转置；$\boldsymbol{M}_{li-P}$ 为非对称矩阵，由于液压缸和活塞杆、过各自质心的结构不对称，使得 $\boldsymbol{M}_{li}$ 为非对称矩阵，进一步使得 $\boldsymbol{M}_{li-P}$ 为非对称矩阵。

根据式（7-59），得 $\boldsymbol{M}_{li-P}$ 对时间 t 的导数为

$$
\begin{aligned}
\dot{\boldsymbol{M}}_{li-P}&=\frac{\mathrm{d}\boldsymbol{M}_{li-P}}{\mathrm{d}t}=\frac{\mathrm{d}}{\mathrm{d}t}\left\{\begin{bmatrix}\boldsymbol{J}_{bGi} & \boldsymbol{J}_{\Theta i}\end{bmatrix}\cdot\boldsymbol{M}_{li}\cdot\begin{bmatrix}\boldsymbol{J}_{bGi}\\ \boldsymbol{J}_{\Theta i}\end{bmatrix}\right\}\\
&=\frac{\mathrm{d}\begin{bmatrix}\boldsymbol{J}_{bGi} & \boldsymbol{J}_{\Theta i}\end{bmatrix}}{\mathrm{d}t}\cdot\boldsymbol{M}_{li}\cdot\begin{bmatrix}\boldsymbol{J}_{bGi}\\ \boldsymbol{J}_{\Theta i}\end{bmatrix}+\begin{bmatrix}\boldsymbol{J}_{bGi} & \boldsymbol{J}_{\Theta i}\end{bmatrix}\cdot\frac{\mathrm{d}\boldsymbol{M}_{li}}{\mathrm{d}t}\cdot\begin{bmatrix}\boldsymbol{J}_{bGi}\\ \boldsymbol{J}_{\Theta i}\end{bmatrix}+\begin{bmatrix}\boldsymbol{J}_{bGi} & \boldsymbol{J}_{\Theta i}\end{bmatrix}\cdot\boldsymbol{M}_{li}\cdot\frac{\mathrm{d}}{\mathrm{d}t}\begin{bmatrix}\boldsymbol{J}_{bGi}\\ \boldsymbol{J}_{\Theta i}\end{bmatrix}\\
&=\begin{bmatrix}\dot{\boldsymbol{J}}_{bGi} & \dot{\boldsymbol{J}}_{\Theta i}\end{bmatrix}\cdot\boldsymbol{M}_{li}\cdot\begin{bmatrix}\boldsymbol{J}_{bGi}\\ \boldsymbol{J}_{\Theta i}\end{bmatrix}+\begin{bmatrix}\boldsymbol{J}_{bGi} & \boldsymbol{J}_{\Theta i}\end{bmatrix}\cdot\dot{\boldsymbol{M}}_{li}\cdot\begin{bmatrix}\boldsymbol{J}_{bGi}\\ \boldsymbol{J}_{\Theta i}\end{bmatrix}+\begin{bmatrix}\boldsymbol{J}_{bGi} & \boldsymbol{J}_{\Theta i}\end{bmatrix}\cdot\boldsymbol{M}_{li}\cdot\begin{bmatrix}\dot{\boldsymbol{J}}_{bGi}\\ \dot{\boldsymbol{J}}_{\Theta i}\end{bmatrix}
\end{aligned} \tag{7-62}
$$

式中，$\dot{\boldsymbol{J}}_{bGi}$ 为矢量表示的第 i 根连杆的活塞杆质心的逆速度雅可比矩阵 $\boldsymbol{J}_{bGi}$ 对时间 t 的导数；$\dot{\boldsymbol{J}}_{\Theta i}$ 为矢量表示的第 i 根连杆的逆角速度雅可比矩阵 $\boldsymbol{J}_{\Theta i}$ 对时间 t 的导数；$\dot{\boldsymbol{M}}_{li}$ 为 $\boldsymbol{M}_{li}$ 对时间 t 的导数。

根据式（7-62），得在定坐标系 $OXYZ$ 下 $\boldsymbol{M}_{li-P}$ 对时间 t 的导数为

$$
\begin{aligned}
{}^{A}\dot{\boldsymbol{M}}_{li-P}=&\begin{bmatrix}{}^{A}\dot{\boldsymbol{J}}_{bGi} & {}^{A}\dot{\boldsymbol{J}}_{\Theta i}\end{bmatrix}{}^{A}\boldsymbol{M}_{li}\begin{bmatrix}{}^{A}\boldsymbol{J}_{bGi}\\ {}^{A}\boldsymbol{J}_{\Theta i}\end{bmatrix}+\\
&\begin{bmatrix}{}^{A}\boldsymbol{J}_{bGi} & {}^{A}\boldsymbol{J}_{\Theta i}\end{bmatrix}{}^{A}\dot{\boldsymbol{M}}_{li}\begin{bmatrix}{}^{A}\boldsymbol{J}_{bGi}\\ {}^{A}\boldsymbol{J}_{\Theta i}\end{bmatrix}+\begin{bmatrix}{}^{A}\boldsymbol{J}_{bGi} & {}^{A}\boldsymbol{J}_{\Theta i}\end{bmatrix}{}^{A}\boldsymbol{M}_{li}\begin{bmatrix}{}^{A}\dot{\boldsymbol{J}}_{bGi}\\ {}^{A}\dot{\boldsymbol{J}}_{\Theta i}\end{bmatrix}
\end{aligned} \tag{7-63}
$$

根据式（7-52），得矢量表示的第 i 根连杆的逆角速度雅可比矩阵 $\boldsymbol{J}_{\Theta i}$ 对时间 t 的导数为

$$
\dot{\boldsymbol{J}}_{\Theta i}=\frac{\mathrm{d}\boldsymbol{J}_{\Theta i}}{\mathrm{d}t}=\frac{\mathrm{d}}{\mathrm{d}t}\left(\frac{1}{l_i}\begin{bmatrix}\boldsymbol{w}_i\times\boldsymbol{I} & (\boldsymbol{b}_i\cdot\boldsymbol{w}_i)\boldsymbol{I}-\boldsymbol{b}_i\boldsymbol{w}_i\end{bmatrix}\right)=\begin{bmatrix}\dot{\boldsymbol{J}}_{\Theta i-11} & \dot{\boldsymbol{J}}_{\Theta i-12}\end{bmatrix} \tag{7-64}
$$

式（7-64）中，有

$$\dot{\boldsymbol{J}}_{\Theta i-11}=\frac{\mathrm{d}}{\mathrm{d}t}\left[\frac{1}{l_i}(\boldsymbol{w}_i\times\boldsymbol{I})\right]=-\frac{1}{l_i^2}\boldsymbol{w}_i\times\boldsymbol{I}+\frac{1}{l_i}(\boldsymbol{\omega}_i\times\boldsymbol{w}_i)\times\boldsymbol{I}$$

$$\dot{\boldsymbol{J}}_{\Theta i-12}=\frac{\mathrm{d}}{\mathrm{d}t}\left\{\frac{1}{l_i}[(\boldsymbol{b}_i\cdot\boldsymbol{w}_i)\boldsymbol{I}-\boldsymbol{b}_i\boldsymbol{w}_i]\right\}=-\frac{1}{l_i^2}[(\boldsymbol{b}_i\cdot\boldsymbol{w}_i)\boldsymbol{I}-\boldsymbol{b}_i\boldsymbol{w}_i]+$$

$$\frac{1}{l_i}\{[(\boldsymbol{\omega}_P\times\boldsymbol{b}_i)\cdot\boldsymbol{w}_i+\boldsymbol{b}_i\cdot(\boldsymbol{\omega}_i\times\boldsymbol{w}_i)]\boldsymbol{I}-(\boldsymbol{\omega}_P\times\boldsymbol{b}_i)\boldsymbol{w}_i-\boldsymbol{b}_i(\boldsymbol{\omega}_i\times\boldsymbol{w}_i)\}$$

根据式（7-64），得在定坐标系 $OXYZ$ 下第 i 根连杆的逆角速度雅可比矩阵 $\boldsymbol{J}_{\Theta i}$ 对时间 t 的导数为

$$^{A}\dot{\boldsymbol{J}}_{\Theta i}=\left[{}^{A}\dot{\boldsymbol{J}}_{\Theta i-11}\quad {}^{A}\dot{\boldsymbol{J}}_{\Theta i-12}\right] \tag{7-65}$$

式中，

$$^{A}\dot{\boldsymbol{J}}_{\Theta i-11}=-\frac{1}{l_i^2}{}^{A}\widetilde{\boldsymbol{w}}_i+\frac{1}{l_i}{}^{A}\widetilde{\boldsymbol{\omega}}_i{}^{A}\widetilde{\boldsymbol{w}}_i$$

$$^{A}\dot{\boldsymbol{J}}_{\Theta i-12}=-\frac{1}{l_i^2}({}^{A}\boldsymbol{b}_i^{\mathrm{T}A}\boldsymbol{w}_i{}^{A}\boldsymbol{I}-{}^{A}\boldsymbol{b}_i{}^{A}\boldsymbol{w}_i^{\mathrm{T}})+$$

$$\frac{1}{l_i}\{[({}^{A}\widetilde{\boldsymbol{\omega}}_P{}^{A}\boldsymbol{b}_i)^{\mathrm{T}A}\boldsymbol{w}_i+{}^{A}\boldsymbol{b}_i^{\mathrm{T}}({}^{A}\widetilde{\boldsymbol{\omega}}_i{}^{A}\boldsymbol{w}_i)]^{A}\boldsymbol{I}-({}^{A}\widetilde{\boldsymbol{\omega}}_P{}^{A}\boldsymbol{b}_i){}^{A}\boldsymbol{w}_i^{\mathrm{T}}-{}^{A}\boldsymbol{b}_i({}^{A}\widetilde{\boldsymbol{\omega}}_i{}^{A}\boldsymbol{w}_i)^{\mathrm{T}}\}$$

根据式（7-54），得矢量表示的第 i 根连杆的活塞杆质心的逆速度雅可比矩阵 $\boldsymbol{J}_{bGi}$ 对时间 t 的导数为

$$\begin{aligned}\dot{\boldsymbol{J}}_{bGi}&=\frac{\mathrm{d}\boldsymbol{J}_{bGi}}{\mathrm{d}t}\\&=\frac{\mathrm{d}}{\mathrm{d}t}\left[\boldsymbol{D}_{wi}-\frac{l_i-l_{bGi}}{l_i}\boldsymbol{w}_i\times(\boldsymbol{w}_i\times\boldsymbol{I})\quad -\boldsymbol{D}_{wi}\times\boldsymbol{b}_i-\frac{l_i-l_{bGi}}{l_i}\boldsymbol{w}_i\times[(\boldsymbol{b}_i\cdot\boldsymbol{w}_i)\boldsymbol{I}-\boldsymbol{b}_i\boldsymbol{w}_i]\right]\\&=\left[\dot{\boldsymbol{J}}_{bGi-11}\quad \dot{\boldsymbol{J}}_{bGi-12}\right]\end{aligned} \tag{7-66}$$

式（7-66）中，考虑 $\boldsymbol{\omega}_i\times\boldsymbol{D}_{wi}-\boldsymbol{D}_{wi}\times\boldsymbol{\omega}_i=\hat{\boldsymbol{D}}_{wi}\times\boldsymbol{\omega}_i-\boldsymbol{D}_{wi}\times\boldsymbol{\omega}_i=\boldsymbol{D}_{wi}\times\boldsymbol{\omega}_i-\boldsymbol{D}_{wi}\times\boldsymbol{\omega}_i=0$，有

$$\begin{aligned}\dot{\boldsymbol{J}}_{bGi-11}&=\frac{\mathrm{d}}{\mathrm{d}t}\left[\boldsymbol{D}_{wi}-\frac{l_i-l_{bGi}}{l_i}\boldsymbol{w}_i\times(\boldsymbol{w}_i\times\boldsymbol{I})\right]=\frac{\mathrm{d}}{\mathrm{d}t}\left[\boldsymbol{w}_i\boldsymbol{w}_i-\frac{l_i-l_{bGi}}{l_i}\boldsymbol{w}_i\times(\boldsymbol{w}_i\times\boldsymbol{I})\right]\\&=(\boldsymbol{\omega}_i\times\boldsymbol{w}_i)\boldsymbol{w}_i+\boldsymbol{w}_i(\boldsymbol{\omega}_i\times\boldsymbol{w}_i)-\frac{l_{bGi}}{l_i^2}\boldsymbol{w}_i\times(\boldsymbol{w}_i\times\boldsymbol{I})-\\&\quad\frac{l_i-l_{bGi}}{l_i}[(\boldsymbol{\omega}_i\times\boldsymbol{w}_i)\times(\boldsymbol{w}_i\times\boldsymbol{I})+\boldsymbol{w}_i\times(\boldsymbol{\omega}_i\times\boldsymbol{w}_i\times\boldsymbol{I})]\\&=\boldsymbol{\omega}_i\times\boldsymbol{D}_{wi}-\boldsymbol{D}_{wi}\times\boldsymbol{\omega}_i-\frac{l_{bGi}}{l_i^2}\boldsymbol{w}_i\times(\boldsymbol{w}_i\times\boldsymbol{I})-\\&\quad\frac{l_i-l_{bGi}}{l_i}\{(\boldsymbol{\omega}_i\times\boldsymbol{w}_i)\times(\boldsymbol{w}_i\times\boldsymbol{I})+\boldsymbol{w}_i\times[(\boldsymbol{\omega}_i\times\boldsymbol{w}_i)\times\boldsymbol{I}]\}\\&=-\frac{l_{bGi}}{l_i^2}\boldsymbol{w}_i\times(\boldsymbol{w}_i\times\boldsymbol{I})-\frac{l_i-l_{bGi}}{l_i}\{(\boldsymbol{\omega}_i\times\boldsymbol{w}_i)\times(\boldsymbol{w}_i\times\boldsymbol{I})+\boldsymbol{w}_i\times[(\boldsymbol{\omega}_i\times\boldsymbol{w}_i)\times\boldsymbol{I}]\}\end{aligned}$$

$$\dot{\boldsymbol{J}}_{bGi-12}=\frac{\mathrm{d}}{\mathrm{d}t}\left\{-\boldsymbol{D}_{wi}\times\boldsymbol{b}_i-\frac{l_i-l_{bGi}}{l_i}\boldsymbol{w}_i\times[(\boldsymbol{b}_i\cdot\boldsymbol{w}_i)\boldsymbol{I}-\boldsymbol{b}_i\boldsymbol{w}_i]\right\}$$

$$=-(\boldsymbol{\omega}_i\times\boldsymbol{D}_{wi}-\boldsymbol{D}_{wi}\times\boldsymbol{\omega}_i)\times\boldsymbol{b}_i-\boldsymbol{D}_{wi}\times(\boldsymbol{\omega}_P\times\boldsymbol{b}_i)-\frac{l_{bGi}}{l_i^2}\boldsymbol{w}_i\times[(\boldsymbol{b}_i\cdot\boldsymbol{w}_i)\boldsymbol{I}-\boldsymbol{b}_i\boldsymbol{w}_i]-$$

$$\frac{l_i-l_{bGi}}{l_i}\Big\{(\boldsymbol{\omega}_i\times\boldsymbol{w}_i)\times[(\boldsymbol{b}_i\cdot\boldsymbol{w}_i)\boldsymbol{I}-\boldsymbol{b}_i\boldsymbol{w}_i]+$$

$$\boldsymbol{w}_i\times\{[(\boldsymbol{\omega}_P\times\boldsymbol{b}_i)\cdot\boldsymbol{w}_i+\boldsymbol{b}_i\cdot(\boldsymbol{\omega}_i\times\boldsymbol{w}_i)]\boldsymbol{I}-\boldsymbol{\omega}_P\times\boldsymbol{b}_i\boldsymbol{w}_i+\boldsymbol{b}_i\boldsymbol{w}_i\times\boldsymbol{\omega}_i\}\Big\}$$

$$=-\boldsymbol{D}_{wi}\times(\boldsymbol{\omega}_P\times\boldsymbol{b}_i)-\frac{l_{bGi}}{l_i^2}\boldsymbol{w}_i\times[(\boldsymbol{b}_i\cdot\boldsymbol{w}_i)\boldsymbol{I}-\boldsymbol{b}_i\boldsymbol{w}_i]-\frac{l_i-l_{bGi}}{l_i}\Big\{(\boldsymbol{\omega}_i\times\boldsymbol{w}_i)\times[(\boldsymbol{b}_i\cdot\boldsymbol{w}_i)\boldsymbol{I}-\boldsymbol{b}_i\boldsymbol{w}_i]+$$

$$\boldsymbol{w}_i\times\{[(\boldsymbol{\omega}_P\times\boldsymbol{b}_i)\cdot\boldsymbol{w}_i+\boldsymbol{b}_i\cdot(\boldsymbol{\omega}_i\times\boldsymbol{w}_i)]\boldsymbol{I}-\boldsymbol{\omega}_P\times\boldsymbol{b}_i\boldsymbol{w}_i+\boldsymbol{b}_i\boldsymbol{w}_i\times\boldsymbol{\omega}_i\}\Big\}$$

根据式（7-66），得在定坐标系 $OXYZ$ 下第 i 根连杆的活塞杆质心的逆速度雅可比矩阵 $\boldsymbol{J}_{bGi}$ 对时间 t 的导数为

$$^{A}\dot{\boldsymbol{J}}_{bGi}=\begin{bmatrix}^{A}\dot{\boldsymbol{J}}_{bGi-11} & ^{A}\dot{\boldsymbol{J}}_{bGi-12}\end{bmatrix}\tag{7-67}$$

式中，

$$^{A}\dot{\boldsymbol{J}}_{bGi-11}=-\frac{l_{bGi}}{l_i^2}{}^{A}\widetilde{\boldsymbol{w}}_i{}^{A}\widetilde{\boldsymbol{w}}_i-\frac{l_i-l_{bGi}}{l_i}({}^{A}\widetilde{\boldsymbol{\omega}}_{wi}{}^{A}\widetilde{\boldsymbol{w}}_i+{}^{A}\widetilde{\boldsymbol{w}}_i{}^{A}\widetilde{\boldsymbol{\omega}}_{wi})$$

$$^{A}\dot{\boldsymbol{J}}_{bGi-12}=-{}^{A}\boldsymbol{D}_{wi}{}^{A}\widetilde{\boldsymbol{\omega}}_{Pbi}-\frac{l_{bGi}}{l_i^2}{}^{A}\widetilde{\boldsymbol{w}}_i[({}^{A}\boldsymbol{b}_i^{\mathrm{T}}{}^{A}\boldsymbol{w}_i){}^{A}\boldsymbol{I}-{}^{A}\boldsymbol{b}_i{}^{A}\boldsymbol{w}_i^{\mathrm{T}}]-$$

$$\frac{l_i-l_{bGi}}{l_i}\{{}^{A}\widetilde{\boldsymbol{\omega}}_{wi}[({}^{A}\boldsymbol{b}_i^{\mathrm{T}}{}^{A}\boldsymbol{w}_i){}^{A}\boldsymbol{I}-{}^{A}\boldsymbol{b}_i{}^{A}\boldsymbol{w}_i^{\mathrm{T}}]+$$

$${}^{A}\widetilde{\boldsymbol{w}}_i[({}^{A}\boldsymbol{w}_i^{\mathrm{T}}{}^{A}\widetilde{\boldsymbol{\omega}}_{Pbi}+{}^{A}\boldsymbol{b}_i^{\mathrm{T}}{}^{A}\widetilde{\boldsymbol{\omega}}_i{}^{A}\boldsymbol{w}_i){}^{A}\boldsymbol{I}-{}^{A}\widetilde{\boldsymbol{\omega}}_P{}^{A}\boldsymbol{b}_i{}^{A}\boldsymbol{w}_i^{\mathrm{T}}+{}^{A}\boldsymbol{b}_i{}^{A}\boldsymbol{w}_i^{\mathrm{T}}{}^{A}\widetilde{\boldsymbol{\omega}}_i]\}$$

其中，${}^{A}\widetilde{\boldsymbol{\omega}}_{wi}={}^{A}\widetilde{\boldsymbol{\omega}}_i{}^{A}\boldsymbol{w}_i$，${}^{A}\widetilde{\boldsymbol{\omega}}_{Pbi}={}^{A}\widetilde{\boldsymbol{\omega}}_P{}^{A}\boldsymbol{b}_i$。

根据式（7-57），得矢量表示的第 i 根连杆的广义质量矩阵 $\boldsymbol{M}_{li}$ 对时间 t 的导数为

$$\dot{\boldsymbol{M}}_{li}=\frac{\mathrm{d}\boldsymbol{M}_{li}}{\mathrm{d}t}=\frac{\mathrm{d}}{\mathrm{d}t}\begin{bmatrix}m_{bi}\boldsymbol{I} & 0\\ 0 & \boldsymbol{I}_{li}\end{bmatrix}=\begin{bmatrix}0_{3\times3} & 0_{3\times3}\\ 0_{3\times3} & \dot{\boldsymbol{I}}_{li}\end{bmatrix}\tag{7-68}$$

式（7-68）中，$\dot{\boldsymbol{I}}_{li}$ 为第 i 根连杆的惯量张量 $\boldsymbol{I}_{li}$ 对时间 t 的导数。

$\boldsymbol{I}_{li}$ 为第 i 根连杆的惯量张量，是二阶张量。根据二阶张量的定义，设 $\boldsymbol{a}_{Ili}$ 和 $\boldsymbol{b}_{Ili}$ 为矢量，$\boldsymbol{I}_{li}=\boldsymbol{a}_{Ili}\boldsymbol{b}_{Ili}$；又根据矢量对时间 t 的导数，得$\frac{\mathrm{d}\boldsymbol{a}_{Ili}}{\mathrm{d}t}=\boldsymbol{\omega}_i\times\boldsymbol{a}_{Ili}$ 及$\frac{\mathrm{d}\boldsymbol{b}_{Ili}}{\mathrm{d}t}=\boldsymbol{\omega}_i\times\boldsymbol{b}_{Ili}=-\boldsymbol{b}_{Ili}\times\boldsymbol{\omega}_i$；进一步得第 i 根连杆的惯量张量 $\boldsymbol{I}_{li}$ 对时间 t 的导数为

$$\dot{\boldsymbol{I}}_{li}=\frac{\mathrm{d}\boldsymbol{I}_{li}}{\mathrm{d}t}=\frac{\mathrm{d}}{\mathrm{d}t}(\boldsymbol{a}_{Ili}\boldsymbol{b}_{Ili})=\frac{\mathrm{d}\boldsymbol{a}_{Ili}}{\mathrm{d}t}\boldsymbol{b}_{Ili}+\boldsymbol{a}_{Ili}\frac{\mathrm{d}\boldsymbol{b}_{Ili}}{\mathrm{d}t}$$

$$=\boldsymbol{\omega}_i\times\boldsymbol{a}_{Ili}\boldsymbol{b}_{Ili}-\boldsymbol{a}_{Ili}\boldsymbol{b}_{Ili}\times\boldsymbol{\omega}_i=\boldsymbol{\omega}_i\times\boldsymbol{I}_{li}-\boldsymbol{I}_{li}\times\boldsymbol{\omega}_i\tag{7-69}$$

将式（7-69）代入式（7-68），得矢量表示的第 i 根连杆的广义质量矩阵 $\boldsymbol{M}_{li}$ 对时间 t 的

导数为

$$\dot{\boldsymbol{M}}_{li}=\begin{bmatrix}0_{3\times3} & 0_{3\times3}\\ 0_{3\times3} & \dot{\boldsymbol{I}}_{li}\end{bmatrix}=\begin{bmatrix}0_{3\times3} & 0_{3\times3}\\ 0_{3\times3} & \boldsymbol{\omega}_i\times\boldsymbol{I}_{li}-\boldsymbol{I}_{li}\times\boldsymbol{\omega}_i\end{bmatrix} \tag{7-70}$$

根据式（7-70），得在定坐标系 $OXYZ$ 下第 i 根连杆的广义质量矩阵 $\boldsymbol{M}_{li}$ 对时间 t 的导数为

$${}^A\dot{\boldsymbol{M}}_{li}=\begin{bmatrix}0_{3\times3} & 0_{3\times3}\\ 0_{3\times3} & {}^A\widetilde{\boldsymbol{\omega}}_i{}^A\boldsymbol{I}_{li}-{}^A\boldsymbol{I}_{li}{}^A\widetilde{\boldsymbol{\omega}}_i\end{bmatrix} \tag{7-71}$$

式中，${}^A\boldsymbol{I}_{li}$ 为第 i 根连杆的惯量张量 $\boldsymbol{I}_{li}$ 在定坐标系 $OXYZ$ 下惯量阵，${}^A\boldsymbol{I}_{li}={}^A\boldsymbol{I}_{Bi}+{}^A\boldsymbol{I}_{bGi}$，${}^A\boldsymbol{I}_{Bi}$ 为第 i 根连杆的液压缸对铰链 B_i点的惯量张量 $\boldsymbol{I}_{Bi}$ 在定坐标系 $OXYZ$ 下的惯量矩阵，${}^A\boldsymbol{I}_{bGi}$ 为第 i 根连杆的活塞杆对其质心的惯量张量 $\boldsymbol{I}_{bGi}$ 在定坐标系 $OXYZ$ 下惯量矩阵，${}^A\boldsymbol{I}_{Bi}$ 和 ${}^A\boldsymbol{I}_{bGi}$ 可通过附录中的惯量矩阵计算公式计算得到。

3. 第 i 根连杆的动能 T_{li} 对 X 的偏导数

$\boldsymbol{X}$ 为动平台的 $\boldsymbol{P}_O$ 和 $\boldsymbol{\Theta}_P$ 的列矩阵，$\boldsymbol{X}=[\boldsymbol{P}_O\quad \boldsymbol{\Theta}_P]^{\mathrm{T}}=[\dot{\boldsymbol{P}}_O\quad \boldsymbol{\omega}_P]^{\mathrm{T}}\mathrm{d}t=\dot{\boldsymbol{X}}\mathrm{d}t$，$\boldsymbol{P}_O$ 为 OP 的长度矢量；$\boldsymbol{\Theta}_P$ 为动平台的转角。

根据式（7-56），考虑 $\dot{\boldsymbol{X}}$ 不是 $\boldsymbol{X}$ 的函数，$\dot{\boldsymbol{X}}^{\mathrm{T}}=\dfrac{\partial \boldsymbol{X}^{\mathrm{T}}}{\partial t}$，$\dfrac{\partial \boldsymbol{X}^{\mathrm{T}}}{\partial \boldsymbol{X}}=\boldsymbol{I}$，$\dot{\boldsymbol{M}}_{li-P}=\dfrac{\partial \boldsymbol{M}_{li-P}}{\partial t}$，得第 i 根连杆的动能 T_{li} 对 $\boldsymbol{X}$ 的偏导数：

$$\begin{aligned}\frac{\partial T_{li}}{\partial X}&=\frac{\partial}{\partial \boldsymbol{X}}\left(\frac{1}{2}\dot{\boldsymbol{X}}^{\mathrm{T}}\cdot\boldsymbol{M}_{li-P}\cdot\dot{\boldsymbol{X}}\right)=\frac{1}{2}\frac{\dot{\boldsymbol{X}}^{\mathrm{T}}\cdot\partial\boldsymbol{M}_{li-P}}{\partial \boldsymbol{X}}\cdot\dot{\boldsymbol{X}}=\frac{1}{2}\frac{\partial\boldsymbol{X}^{\mathrm{T}}\partial\boldsymbol{M}_{li-P}}{\partial t\partial\boldsymbol{X}}\cdot\dot{\boldsymbol{X}}\\&=\frac{1}{2}\frac{\partial\boldsymbol{X}^{\mathrm{T}}\partial\boldsymbol{M}_{li-P}}{\partial\boldsymbol{X}\partial t}\cdot\dot{\boldsymbol{X}}=\frac{1}{2}\frac{\partial\boldsymbol{M}_{li-P}}{\partial t}\cdot\dot{\boldsymbol{X}}=\frac{1}{2}\dot{\boldsymbol{M}}_{li-P}\cdot\dot{\boldsymbol{X}}\end{aligned} \tag{7-72}$$

4. 第 i 根连杆的 $\dfrac{\mathrm{d}}{\mathrm{d}t}\dfrac{\partial T_{li}}{\partial\dot{X}}-\dfrac{\partial T_{li}}{\partial X}$

根据式（7-61）和式（7-72），得

$$\begin{aligned}\frac{\mathrm{d}}{\mathrm{d}t}\frac{\partial T_{li}}{\partial\dot{\boldsymbol{X}}}-\frac{\partial T_{li}}{\partial\boldsymbol{X}}&=\frac{1}{2}(\boldsymbol{M}_{li-P}+\boldsymbol{M}_{li-P}^{\mathrm{T}})\cdot\ddot{\boldsymbol{X}}+\frac{1}{2}(\dot{\boldsymbol{M}}_{li-P}+\dot{\boldsymbol{M}}_{li-P}^{\mathrm{T}})\cdot\dot{\boldsymbol{X}}-\frac{1}{2}\dot{\boldsymbol{M}}_{li-P}\cdot\dot{\boldsymbol{X}}\\&=\frac{1}{2}(\boldsymbol{M}_{li-P}+\boldsymbol{M}_{li-P}^{\mathrm{T}})\cdot\ddot{\boldsymbol{X}}+\frac{1}{2}\dot{\boldsymbol{M}}_{li-P}^{\mathrm{T}}\cdot\dot{\boldsymbol{X}}\end{aligned} \tag{7-73}$$

7.4.2 动平台的动能及其导数

1. 动平台的动能 T_P

动平台的动能由动平台随其质心移动的动能和绕其质心转动的动能组成。将动坐标系 $Pxyz$ 的原点 P 建在动平台的质心，根据附录中的刚体的动能计算公式和图 4-1、图 7-3，得动平台的动能为

$$T_P=\frac{1}{2}m_P\dot{\boldsymbol{P}}_O\cdot\dot{\boldsymbol{P}}_O+\frac{1}{2}\boldsymbol{\omega}_P\cdot\boldsymbol{I}_P\cdot\boldsymbol{\omega}_P=\frac{1}{2}\begin{bmatrix}\dot{\boldsymbol{P}}_O\\ \boldsymbol{\omega}_P\end{bmatrix}^{\mathrm{T}}\cdot\begin{bmatrix}m_P\boldsymbol{I} & 0\\ 0 & \boldsymbol{I}_P\end{bmatrix}\cdot\begin{bmatrix}\dot{\boldsymbol{P}}_O\\ \boldsymbol{\omega}_P\end{bmatrix}=\frac{1}{2}\dot{\boldsymbol{X}}^{\mathrm{T}}\cdot\boldsymbol{M}_P\cdot\dot{\boldsymbol{X}} \tag{7-74}$$

式中，第一个等号右边的第一项为动平台随其质心移动的动能，右边的第二项为动平台绕其质心转动的动能；$\dot{\boldsymbol{X}}$ 为动平台的速度 $\dot{\boldsymbol{P}}_O$ 和角速度 $\boldsymbol{\omega}_P$ 的矢量列矩阵，$\dot{\boldsymbol{P}}_O$ 为动平台上 P 点的速度；$\boldsymbol{\omega}_P$ 是动平台的角速度；$\boldsymbol{M}_P$ 为张量形式的动平台的广义质量矩阵，m_P 为动平台的质量；$\boldsymbol{I}$ 为单位张量；$\boldsymbol{I}_P$ 为动平台对坐标原点 P 的惯量张量。

根据式（7-74），得张量形式的动平台的广义质量矩阵为

$$\boldsymbol{M}_P=\begin{bmatrix} m_P\boldsymbol{I} & 0 \\ 0 & \boldsymbol{I}_P \end{bmatrix} \tag{7-75}$$

根据式（7-75），得在定坐标系 $OXYZ$ 下动平台的广义质量矩阵为

$${}^A\boldsymbol{M}_P=\begin{bmatrix} m_P{}^A\boldsymbol{I} & 0 \\ 0 & {}^A\boldsymbol{I}_P \end{bmatrix} \tag{7-76}$$

式中，${}^A\boldsymbol{I}$ 为单位阵，${}^A\boldsymbol{I}_P$ 为动平台对坐标原点 P 的惯量张量 $\boldsymbol{I}_P$ 在定坐标系 $OXYZ$ 下的惯量矩阵，可通过附录中的惯量矩阵计算公式计算得到。

2. 动平台的动能 T_P 对 $\dot{X}$ 的偏导数及再对时间 t 的导数

根据式（7-74），将动平台的动能 T_P 对 $\dot{\boldsymbol{X}}$ 求偏导数，考虑 m_P、$\boldsymbol{I}_P$ 不随 $\dot{\boldsymbol{P}}_O$ 和 $\boldsymbol{\omega}_P$ 变化，对 $\dot{\boldsymbol{X}}$ 的导数为零，得动平台的动能 T_P 对 $\dot{\boldsymbol{X}}$ 的偏导数及再对时间 t 的导数为

$$\begin{aligned}\frac{\mathrm{d}}{\mathrm{d}t}\frac{\partial T_P}{\partial \dot{\boldsymbol{X}}}&=\frac{\mathrm{d}}{\mathrm{d}t}\frac{\partial}{\partial \dot{\boldsymbol{X}}}\left(\frac{1}{2}\dot{\boldsymbol{X}}^{\mathrm{T}}\cdot\boldsymbol{M}_P\cdot\dot{\boldsymbol{X}}\right)=\frac{1}{2}\frac{\mathrm{d}}{\mathrm{d}t}(\boldsymbol{M}_P\cdot\dot{\boldsymbol{X}}+\boldsymbol{M}_P^{\mathrm{T}}\cdot\dot{\boldsymbol{X}})\\&=\frac{1}{2}\frac{\mathrm{d}}{\mathrm{d}t}[(\boldsymbol{M}_P+\boldsymbol{M}_P^{\mathrm{T}})\cdot\dot{\boldsymbol{X}}]=\frac{1}{2}(\boldsymbol{M}_P+\boldsymbol{M}_P^{\mathrm{T}})\cdot\ddot{\boldsymbol{X}}+\frac{1}{2}(\dot{\boldsymbol{M}}_P+\dot{\boldsymbol{M}}_P^{\mathrm{T}})\cdot\dot{\boldsymbol{X}}\end{aligned} \tag{7-77}$$

式中，$\dot{\boldsymbol{M}}_P$ 为 $\boldsymbol{M}_P$ 对时间 t 的导数；$\boldsymbol{M}_P^{\mathrm{T}}$ 为 $\boldsymbol{M}_P$ 的转置；$\dot{\boldsymbol{M}}_P^{\mathrm{T}}$ 为 $\dot{\boldsymbol{M}}_P$ 的转置。动平台的结构对称时，$\boldsymbol{M}_P$ 为对称矩阵，$\boldsymbol{M}_P=\boldsymbol{M}_P^{\mathrm{T}}$，$\dot{\boldsymbol{M}}_P=\dot{\boldsymbol{M}}_P^{\mathrm{T}}$；动平台的结构不对称时，$\boldsymbol{M}_P$ 为非对称矩阵，$\boldsymbol{M}_P\neq\boldsymbol{M}_P^{\mathrm{T}}$，$\dot{\boldsymbol{M}}_P\neq\dot{\boldsymbol{M}}_P^{\mathrm{T}}$。为所推导的动力学方程不失一般性，取 $\boldsymbol{M}_P$ 为非对称矩阵，并用于基于拉格朗日方程的并联机器人的动力学方程的推导。

根据式（7-75），得 $\boldsymbol{M}_P$ 对时间 t 的导数为

$$\dot{\boldsymbol{M}}_P=\frac{\mathrm{d}\boldsymbol{M}_P}{\mathrm{d}t}=\frac{\mathrm{d}}{\mathrm{d}t}\begin{bmatrix} m_P\boldsymbol{I} & 0 \\ 0 & \boldsymbol{I}_P \end{bmatrix}=\begin{bmatrix} 0_{3\times3} & 0_{3\times3} \\ 0_{3\times3} & \dot{\boldsymbol{I}}_P \end{bmatrix} \tag{7-78}$$

式中，$\boldsymbol{I}_P$ 为动平台对坐标原点 P 的惯量张量，是二阶张量。根据二阶张量的定义，设 $\boldsymbol{a}_{IP}$ 和 $\boldsymbol{b}_{IP}$ 为矢量，$\boldsymbol{I}_P=\boldsymbol{a}_{IP}\boldsymbol{b}_{IP}$；又根据矢量对时间 t 的导数，得 $\dfrac{\mathrm{d}\boldsymbol{a}_{IP}}{\mathrm{d}t}=\boldsymbol{\omega}_P\times\boldsymbol{a}_{IP}$ 及 $\dfrac{\mathrm{d}\boldsymbol{b}_{IP}}{\mathrm{d}t}=\boldsymbol{\omega}_P\times\boldsymbol{b}_{IP}=-\boldsymbol{b}_{IP}\times\boldsymbol{\omega}_P$；进一步得

$$\begin{aligned}\dot{\boldsymbol{I}}_P&=\frac{\mathrm{d}\boldsymbol{I}_P}{\mathrm{d}t}=\frac{\mathrm{d}}{\mathrm{d}t}(\boldsymbol{a}_{IP}\boldsymbol{b}_{IP})=\frac{\mathrm{d}\boldsymbol{a}_{IP}}{\mathrm{d}t}\boldsymbol{b}_{IP}+\boldsymbol{a}_{IP}\frac{\mathrm{d}\boldsymbol{b}_{IP}}{\mathrm{d}t}\\&=\boldsymbol{\omega}_P\times\boldsymbol{a}_{IP}\boldsymbol{b}_{IP}-\boldsymbol{a}_{IP}\boldsymbol{b}_{IP}\times\boldsymbol{\omega}_P=\boldsymbol{\omega}_P\times\boldsymbol{I}_P-\boldsymbol{I}_P\times\boldsymbol{\omega}_P\end{aligned} \tag{7-79}$$

将式（7-79）代入式（7-78），可得 $\dot{\boldsymbol{M}}_P$ 对时间 t 的导数为

$$\dot{\boldsymbol{M}}_P=\begin{bmatrix}0_{3\times3} & 0_{3\times3}\\ 0_{3\times3} & \boldsymbol{\omega}_P\times\boldsymbol{I}_P-\boldsymbol{I}_P\times\boldsymbol{\omega}_P\end{bmatrix} \tag{7-80}$$

根据式（7-80），得在定坐标系 $OXYZ$ 下 $\boldsymbol{M}_P$ 对时间 t 的导数为

$$^A\dot{\boldsymbol{M}}_P=\begin{bmatrix}0_{3\times3} & 0_{3\times3}\\ 0_{3\times3} & ^A\widetilde{\boldsymbol{\omega}}_P{}^A\boldsymbol{I}_P-{}^A\boldsymbol{I}_P{}^A\widetilde{\boldsymbol{\omega}}_P\end{bmatrix} \tag{7-81}$$

式中，$^A\widetilde{\boldsymbol{\omega}}_P$ 为 $\boldsymbol{\omega}_P$ 在定坐标系 $OXYZ$ 下的反对称矩阵。

3. 动平台的动能 T_P 对 X 的偏导数

根据式（7-74），考虑 $\dot{\boldsymbol{X}}$ 不是 $\boldsymbol{X}$ 的函数，$\dot{\boldsymbol{X}}^{\mathrm{T}}=\dfrac{\partial \boldsymbol{X}^{\mathrm{T}}}{\partial t}$，$\dfrac{\partial \boldsymbol{X}^{\mathrm{T}}}{\partial \boldsymbol{X}}=\boldsymbol{I}$，$\dot{\boldsymbol{M}}_P=\dfrac{\partial \boldsymbol{M}_P}{\partial t}$，得动平台的动能 T_P 对 $\boldsymbol{X}$ 的偏导数为

$$\begin{aligned}\frac{\partial T_P}{\partial \boldsymbol{X}}&=\frac{\partial}{\partial \boldsymbol{X}}\left(\frac{1}{2}\dot{\boldsymbol{X}}^{\mathrm{T}}\cdot\boldsymbol{M}_P\cdot\dot{\boldsymbol{X}}\right)=\frac{1}{2}\frac{\dot{\boldsymbol{X}}^{\mathrm{T}}\cdot\partial\boldsymbol{M}_P}{\partial \boldsymbol{X}}\cdot\dot{\boldsymbol{X}}=\frac{1}{2}\frac{\partial\boldsymbol{X}^{\mathrm{T}}\cdot\partial\boldsymbol{M}_P}{\partial t\partial \boldsymbol{X}}\cdot\dot{\boldsymbol{X}}\\&=\frac{1}{2}\frac{\partial\boldsymbol{X}^{\mathrm{T}}\partial\boldsymbol{M}_P}{\partial \boldsymbol{X}\partial t}\cdot\dot{\boldsymbol{X}}=\frac{1}{2}\frac{\partial\boldsymbol{M}_P}{\partial t}\cdot\dot{\boldsymbol{X}}=\frac{1}{2}\dot{\boldsymbol{M}}_P\cdot\dot{\boldsymbol{X}}\end{aligned} \tag{7-82}$$

4. 动平台的 $\dfrac{\mathrm{d}}{\mathrm{d}t}\dfrac{\partial T_P}{\partial \dot{X}}-\dfrac{\partial T_P}{\partial X}$

根据式（7-77）和式（7-82），得

$$\begin{aligned}\frac{\mathrm{d}}{\mathrm{d}t}\frac{\partial T_P}{\partial \dot{\boldsymbol{X}}}-\frac{\partial T_P}{\partial \boldsymbol{X}}&=\frac{1}{2}(\boldsymbol{M}_P+\boldsymbol{M}_P^{\mathrm{T}})\cdot\ddot{\boldsymbol{X}}+\frac{1}{2}(\dot{\boldsymbol{M}}_P+\dot{\boldsymbol{M}}_P^{\mathrm{T}})\cdot\dot{\boldsymbol{X}}-\frac{1}{2}\dot{\boldsymbol{M}}_P\cdot\dot{\boldsymbol{X}}\\&=\frac{1}{2}(\boldsymbol{M}_P+\boldsymbol{M}_P^{\mathrm{T}})\cdot\ddot{\boldsymbol{X}}+\frac{1}{2}\dot{\boldsymbol{M}}_P^{\mathrm{T}}\cdot\dot{\boldsymbol{X}}\end{aligned} \tag{7-83}$$

7.4.3 并联机构的广义力

作用在并联机构上的外力包括：重力、驱动力和作用在动平台上的外力，作用在并联机构上的外力矩为作用在动平台上的外力矩。作用在并联机构上的外力和外力矩不是并联机构的广义力，要与广义坐标关联，才能成为广义力。

在基于拉格朗日方程的并联机器人的动力学方程中，用到作用在并联机构上的广义力。重力势能对广义坐标求导后的力为广义重力。驱动力向动平台的坐标原点平移后，成为广义驱动力和驱动力矩。作用在动平台上的外力和外力矩向动平台的坐标原点简化后，成为作用在动平台上的广义外力。

作用在并联机构上的广义力分为保守广义力和非保守广义力。保守广义力为有势力，在保守广义力作用下，并联机构的机械能守恒。广义重力是保守广义力。非保守广义力为非有势力，在非保守广义力作用下，并联机构的机械能不守恒。广义驱动力和驱动力矩、作用在动平台上的广义外力均为非保守广义力。

1. 并联机构的广义重力

（1）第 i 根连杆的广义重力　第 i 根连杆的重力势能由第 i 根连杆的重力产生。根据图 4-1、图 7-1 和图 7-2，得第 i 根连杆的重力势能为

$$
\begin{aligned}
U_{li} &= -m_{Bi} g l_{BGi} \boldsymbol{w}_i \cdot \boldsymbol{e}_3 - m_{bi} g (l_i - l_{bGi}) \boldsymbol{w}_i \cdot \boldsymbol{e}_3 \\
&= -[m_{Bi} g l_{BGi} + m_{bi} g (l_i - l_{bGi})] \boldsymbol{w}_i \cdot \boldsymbol{e}_3 \qquad i = 1, 2, \cdots, 6
\end{aligned} \tag{7-84}
$$

式中，第一个等号右边的第一项为第 i 根连杆的液压缸的重力势能，右边的第二项为第 i 根连杆的活塞杆的重力势能；m_{Bi} 为第 i 根连杆的液压缸的质量；m_{bi} 为第 i 根连杆的活塞杆的质量；g 为重力加速度；l_{BGi} 为第 i 根连杆的液压缸的质心 B_{Gi} 到铰链 B_i 的距离；l_{bGi} 为第 i 根连杆的活塞杆的质心 b_{Gi} 到铰链 b_i 的距离；l_i 为第 i 根连杆的长度；$\boldsymbol{e}_3$ 为 Z 轴的单位矢量；$\boldsymbol{w}_i$ 为第 i 根连杆沿其轴线的单位矢量。

式（5-12）为第 i 根连杆的伸长速度的计算公式，将式（5-12）的两边同乘以 $\boldsymbol{w}_i$，并考虑 $\boldsymbol{D}_{wi} = \boldsymbol{w}_i \boldsymbol{w}_i$，得

$$
\begin{aligned}
\dot{l}_i \boldsymbol{w}_i &= \boldsymbol{w}_i (\boldsymbol{w}_i \cdot \dot{\boldsymbol{P}}_O) - \boldsymbol{w}_i [(\boldsymbol{w}_i \times \boldsymbol{b}_i) \cdot \boldsymbol{\omega}_P] \\
&= \boldsymbol{w}_i \boldsymbol{w}_i \cdot \dot{\boldsymbol{P}}_O - \boldsymbol{w}_i (\boldsymbol{w}_i \times \boldsymbol{b}_i) \cdot \boldsymbol{\omega}_P \\
&= \boldsymbol{D}_{wi} \cdot \dot{\boldsymbol{P}}_O - \boldsymbol{D}_{wi} \times \boldsymbol{b}_i \cdot \boldsymbol{\omega}_P \\
&= \begin{bmatrix} \boldsymbol{D}_{wi} \\ -\boldsymbol{D}_{wi} \times \boldsymbol{b}_i \end{bmatrix}^{\mathrm{T}} \cdot \begin{bmatrix} \dot{\boldsymbol{P}}_O \\ \boldsymbol{\omega}_P \end{bmatrix} = \begin{bmatrix} \boldsymbol{D}_{wi} \\ -\boldsymbol{D}_{wi} \times \boldsymbol{b}_i \end{bmatrix}^{\mathrm{T}} \cdot \dot{\boldsymbol{X}}
\end{aligned} \tag{7-85}
$$

式（5-15）为第 i 根连杆的角速度的计算公式，将式（5-15）的两边叉乘 $\boldsymbol{w}_i$，并考虑矢量两重叉积的运算及 $\boldsymbol{D}_{wi} = \boldsymbol{w}_i \boldsymbol{w}_i$，得

$$
\begin{aligned}
\boldsymbol{\omega}_i \times \boldsymbol{w}_i &= -\frac{1}{l_i} \boldsymbol{w}_i \times (\boldsymbol{w}_i \times \dot{\boldsymbol{P}}_O) - \frac{1}{l_i} \boldsymbol{w}_i \times [\boldsymbol{w}_i \times (\boldsymbol{\omega}_P \times \boldsymbol{b}_i)] \\
&= -\frac{1}{l_i} \boldsymbol{w}_i \times (\boldsymbol{w}_i \times \dot{\boldsymbol{P}}_O) - \frac{1}{l_i} \boldsymbol{w}_i \times [(\boldsymbol{w}_i \cdot \boldsymbol{b}_i) \boldsymbol{\omega}_P] + \frac{1}{l_i} \boldsymbol{w}_i \times [\boldsymbol{b}_i (\boldsymbol{w}_i \cdot \boldsymbol{\omega}_P)] \\
&= -\frac{1}{l_i} [\boldsymbol{w}_i \boldsymbol{w}_i - (\boldsymbol{w}_i \cdot \boldsymbol{w}_i) \boldsymbol{I}] \cdot \dot{\boldsymbol{P}}_O - \frac{1}{l_i} (\boldsymbol{b}_i \cdot \boldsymbol{w}_i) \boldsymbol{w}_i \times \boldsymbol{\omega}_P + \frac{1}{l_i} \boldsymbol{w}_i \times \boldsymbol{b}_i (\boldsymbol{w}_i \cdot \boldsymbol{\omega}_P) \\
&= -\frac{1}{l_i} (\boldsymbol{D}_{wi} - \boldsymbol{I}) \cdot \dot{\boldsymbol{P}}_O - \frac{1}{l_i} \boldsymbol{b}_i \cdot \boldsymbol{D}_{wi} \times \boldsymbol{I} \cdot \boldsymbol{\omega}_P + \frac{1}{l_i} \boldsymbol{w}_i \times \boldsymbol{b}_i \boldsymbol{w}_i \cdot \boldsymbol{\omega}_P \\
&= -\frac{1}{l_i} \begin{bmatrix} \boldsymbol{D}_{wi} - \boldsymbol{I} \\ \boldsymbol{b}_i \cdot \boldsymbol{D}_{wi} \times \boldsymbol{I} - \boldsymbol{w}_i \times \boldsymbol{b}_i \boldsymbol{w}_i \end{bmatrix}^{T} \cdot \begin{bmatrix} \dot{\boldsymbol{P}}_O \\ \boldsymbol{\omega}_P \end{bmatrix} = -\frac{1}{l_i} \begin{bmatrix} \boldsymbol{D}_{wi} - \boldsymbol{I} \\ \boldsymbol{b}_i \cdot \boldsymbol{D}_{wi} \times \boldsymbol{I} - \boldsymbol{w}_i \times \boldsymbol{b}_i \boldsymbol{w}_i \end{bmatrix}^{\mathrm{T}} \cdot \dot{\boldsymbol{X}}
\end{aligned} \tag{7-86}
$$

根据式（7-84），将第 i 根连杆的重力势能对广义坐标 $\boldsymbol{X}$ 求导，$\boldsymbol{X} = [\boldsymbol{P}_O \quad \boldsymbol{\Theta}_P]^{\mathrm{T}}$，并考虑 $\partial \boldsymbol{X}^{\mathrm{T}} / \partial \boldsymbol{X} = \boldsymbol{I}$，再代入式（7-85）和式（7-86），得第 i 根连杆的广义重力为

$$
\begin{aligned}
\boldsymbol{G}_{Uli} &= \frac{\partial U_{li}}{\partial \boldsymbol{X}} = \frac{\partial U_{li}}{\dot{\boldsymbol{X}} \partial t} = \frac{\mathrm{d}}{\dot{\boldsymbol{X}} \mathrm{d}t} \{-[m_{Bi} g l_{BGi} + m_{bi} g (l_i - l_{bGi})] \boldsymbol{w}_i \cdot \boldsymbol{e}_3\} \\
&= -\frac{1}{\dot{\boldsymbol{X}}} \cdot \{m_{bi} g \dot{l}_i \boldsymbol{w}_i \cdot \boldsymbol{e}_3 + [m_{Bi} g l_{BGi} + m_{bi} g (l_i - l_{bGi})] (\boldsymbol{\omega}_i \times \boldsymbol{w}_i) \cdot \boldsymbol{e}_3\} \\
&= -\frac{1}{\dot{\boldsymbol{X}}} \cdot \left\{ m_{bi} g \dot{\boldsymbol{X}}^{\mathrm{T}} \cdot \begin{bmatrix} \boldsymbol{D}_{wi} \\ -\boldsymbol{D}_{wi} \times \boldsymbol{b}_i \end{bmatrix} \cdot \boldsymbol{e}_3 \right.
\end{aligned}
$$

$$
-\frac{1}{l_i}[m_{Bi}gl_{BGi}+m_{bi}g(l_i-l_{bGi})]\dot{\boldsymbol{X}}^{\mathrm{T}}\cdot\begin{bmatrix}\boldsymbol{D}_{wi}-\boldsymbol{I}\\ \boldsymbol{b}_i\cdot\boldsymbol{D}_{wi}\times\boldsymbol{I}-\boldsymbol{w}_i\times\boldsymbol{b}_i\boldsymbol{w}_i\end{bmatrix}\cdot\boldsymbol{e}_3\Bigg\}
$$

$$
=-\frac{\dot{\boldsymbol{X}}^{\mathrm{T}}}{\dot{\boldsymbol{X}}}\cdot\Bigg\{m_{bi}g\begin{bmatrix}\boldsymbol{D}_{wi}\\ -\boldsymbol{D}_{wi}\times\boldsymbol{b}_i\end{bmatrix}\cdot\boldsymbol{e}_3
$$

$$
-\frac{1}{l_i}[m_{Bi}gl_{BGi}+m_{bi}g(l_i-l_{bGi})]\begin{bmatrix}\boldsymbol{D}_{wi}-\boldsymbol{I}\\ \boldsymbol{b}_i\cdot\boldsymbol{D}_{wi}\times\boldsymbol{I}-\boldsymbol{w}_i\times\boldsymbol{b}_i\boldsymbol{w}_i\end{bmatrix}\cdot\boldsymbol{e}_3\Bigg\}
$$

$$
=-m_{bi}g\begin{bmatrix}\boldsymbol{D}_{wi}\\ -\boldsymbol{D}_{wi}\times\boldsymbol{b}_i\end{bmatrix}\cdot\boldsymbol{e}_3+\frac{1}{l_i}[m_{Bi}gl_{BGi}+m_{bi}g(l_i-l_{bGi})]\begin{bmatrix}\boldsymbol{D}_{wi}-\boldsymbol{I}\\ \boldsymbol{b}_i\cdot\boldsymbol{D}_{wi}\times\boldsymbol{I}-\boldsymbol{w}_i\times\boldsymbol{b}_i\boldsymbol{w}_i\end{bmatrix}\cdot\boldsymbol{e}_3 \tag{7-87}
$$

（2）动平台的广义重力　动平台的重力势能由动平台的重力产生。根据图 4-1 和图 7-3，得动平台的重力势能为

$$
U_P=-m_Pg\boldsymbol{P}_O\cdot\boldsymbol{e}_3=-m_Pg\begin{bmatrix}\boldsymbol{P}_O\\ 0\end{bmatrix}^{\mathrm{T}}\cdot\begin{bmatrix}\boldsymbol{e}_3\\ \boldsymbol{e}_3\end{bmatrix} \tag{7-88}
$$

式中，m_P 为动平台的质量；$\boldsymbol{P}_O$ 为 OP 的长度矢量。

根据式（7-88），将动平台的重力势能对广义坐标 $\boldsymbol{X}$ 求导，并考虑$\partial\boldsymbol{X}^{\mathrm{T}}/\partial\boldsymbol{X}=\boldsymbol{I}$，得动平台的广义重力为

$$
\boldsymbol{G}_{UP}=\frac{\partial U_P}{\partial\boldsymbol{X}}=\frac{\partial}{\partial\boldsymbol{X}}\left\{-m_Pg\begin{bmatrix}\boldsymbol{P}_O\\ 0\end{bmatrix}^{\mathrm{T}}\cdot\begin{bmatrix}\boldsymbol{e}_3\\ \boldsymbol{e}_3\end{bmatrix}\right\}=-m_Pg\begin{bmatrix}1&0\\0&0\end{bmatrix}\begin{bmatrix}\boldsymbol{e}_3\\ \boldsymbol{e}_3\end{bmatrix}=-m_Pg\begin{bmatrix}\boldsymbol{e}_3\\ 0\end{bmatrix} \tag{7-89}
$$

2. 第 i 根连杆的广义驱动力

第 i 根连杆的广义驱动力由第 i 根连杆的驱动力产生。根据图 4-1 和图 7-2，又根据力的平移定理，将第 i 根连杆的驱动力平移到动平台上的 P 点，得第 i 根连杆的广义驱动力为

$$
\boldsymbol{F}_{FDi}=\begin{bmatrix}\boldsymbol{F}_{Di}\\ \boldsymbol{b}_i\times\boldsymbol{F}_{Di}\end{bmatrix}=\begin{bmatrix}f_{Di}\boldsymbol{w}_i\\ f_{Di}\boldsymbol{b}_i\times\boldsymbol{w}_i\end{bmatrix}\qquad i=1,2,\cdots,6 \tag{7-90}
$$

式中，$\boldsymbol{F}_{Di}$ 为第 i 根连杆的驱动力，$\boldsymbol{F}_{Di}=f_{Di}\boldsymbol{w}_i$，$f_{Di}$ 为 $\boldsymbol{F}_{Di}$ 的大小。

3. 动平台的广义力

动平台的广义力为作用在动平台上的外力的主矢和主矩。根据图 4-1 和图 7-3，又根据力的平移定理，将作用在动平台上的外力平移到动平台上的 P 点，将作用在动平台上的外力矩也平移到动平台上的 P 点，并求其合力和合力矩，得动平台的广义力为

$$
\boldsymbol{F}_{FMP}=\begin{bmatrix}\boldsymbol{F}_P\\ \boldsymbol{M}_P\end{bmatrix} \tag{7-91}
$$

式中，$\boldsymbol{F}_P$ 为动平台受到的外力，也是作用在动平台上的外力的合力；$\boldsymbol{M}_P$ 为动平台受到的外力矩，也是作用在动平台上的外力和外力矩平移到动平台上的 P 点，形成的合力矩。

7.4.4　基于拉格朗日方程的并联机器人动力学方程

1. 并联机构的动能

并联机构的活动构件才有动能。根据图 4-1，并联机构的动能为连杆和动平台的动能的

和，可得并联机构的动能为

$$T = \sum_{i=1}^{6} T_{li} + T_P \tag{7-92}$$

2. **并联机器人的动力学方程**

根据拉格朗日方程和图 4-1、图 7-1～图 7-3，不计铰链 B_i 和铰链 b_i 处的摩擦力矩，略去第 i 根连杆的液压缸和第 i 根连杆的活塞杆之间的摩擦力，略去第 i 根连杆的液压缸和第 i 根连杆的活塞杆绕其轴线相对转动的角速度和角加速度，考虑并联机器人有 i 根连杆，得矢量形式的基于拉格朗日方程的并联机器人的动力学方程为

$$\frac{\mathrm{d}}{\mathrm{d}t}\frac{\partial T}{\partial \dot{\boldsymbol{X}}} - \frac{\partial T}{\partial \boldsymbol{X}} = \sum_{i=1}^{6} \boldsymbol{G}_{Uli} + \boldsymbol{G}_{UP} + \sum_{i=1}^{6} \boldsymbol{F}_{FDi} + \boldsymbol{F}_{FMP} \tag{7-93}$$

式中，等号左边为并联机构的动能的导数，等号右边为并联机构的广义力。等号右边的第一项为连杆的广义重力，第二项为动平台的广义重力，第三项为连杆的广义驱动力，第四项为动平台的广义力，其中，等号右边的第一、二项为保守广义力，第三、四项为非保守广义力。

将式（7-92）代入式（7-93），并考虑并联机器人的 6 根连杆，再得矢量形式的基于拉格朗日方程的并联机器人的动力学方程为

$$\sum_{i=1}^{6}\left(\frac{\mathrm{d}}{\mathrm{d}t}\frac{\partial T_{li}}{\partial \dot{\boldsymbol{X}}} - \frac{\partial T_{li}}{\partial \boldsymbol{X}}\right) + \frac{\mathrm{d}}{\mathrm{d}t}\frac{\partial T_P}{\partial \dot{\boldsymbol{X}}} - \frac{\partial T_P}{\partial \boldsymbol{X}} = \sum_{i=1}^{6} \boldsymbol{G}_{Uli} + \boldsymbol{G}_{UP} + \sum_{i=1}^{6} \boldsymbol{F}_{FDi} + \boldsymbol{F}_{FMP} \tag{7-94}$$

将式（7-73）、式（7-83）、式（7-87）、式（7-89）、式（7-90）和式（7-91）代入式（7-94），再得矢量形式的基于拉格朗日方程的并联机器人的动力学方程为

$$\begin{gathered}\left\{\left[\frac{1}{2}\sum_{i=1}^{6}(\boldsymbol{M}_{li-P} + \boldsymbol{M}_{li-P}^{\mathrm{T}})\right] + \frac{1}{2}(\boldsymbol{M}_P + \boldsymbol{M}_P^{\mathrm{T}})\right\} \cdot \ddot{\boldsymbol{X}} + \left[\left(\frac{1}{2}\sum_{i=1}^{6}\dot{\boldsymbol{M}}_{li-P}^{\mathrm{T}}\right) + \frac{1}{2}\dot{\boldsymbol{M}}_P^{\mathrm{T}}\right] \cdot \dot{\boldsymbol{X}} + \\ \sum_{i=1}^{6}\left\{m_{bi}g\begin{bmatrix}\boldsymbol{D}_{wi}\\ -\boldsymbol{D}_{wi}\times\boldsymbol{b}_i\end{bmatrix}\cdot\boldsymbol{e}_3 - \frac{1}{l_i}[m_{Bi}gl_{BGi} + m_{bi}g(l_i - l_{bGi})]\right. \\ \left.\begin{bmatrix}\boldsymbol{D}_{wi} - \boldsymbol{I}\\ \boldsymbol{b}_i\cdot\boldsymbol{D}_{wi}\times\boldsymbol{I} - \boldsymbol{w}_i\times\boldsymbol{b}_i\boldsymbol{w}_i\end{bmatrix}\cdot\boldsymbol{e}_3\right\} + m_Pg\begin{bmatrix}\boldsymbol{e}_3\\0\end{bmatrix} = \sum_{i=1}^{6}\begin{bmatrix}f_{Di}\boldsymbol{w}_i\\ f_{Di}\boldsymbol{b}_i\times\boldsymbol{w}_i\end{bmatrix} + \begin{bmatrix}\boldsymbol{F}_P\\ \boldsymbol{M}_P\end{bmatrix}\end{gathered} \tag{7-95}$$

令 $\boldsymbol{M}$ 为并联机器人的广义质量，$\boldsymbol{C}$ 为并联机器人的广义科里奥利力和离心力矩阵，$\boldsymbol{G}$ 为并联机器人的广义重力，$\boldsymbol{F}_D$ 为并联机器人的广义驱动力，由式（7-95），可得矢量形式的基于拉格朗日方程的并联机器人的动力学方程为

$$\boldsymbol{M}\cdot\ddot{\boldsymbol{X}}+\boldsymbol{C}\cdot\dot{\boldsymbol{X}}+\boldsymbol{G}=\boldsymbol{F}_D+\boldsymbol{F}_{FMP} \tag{7-96}$$

比较式（7-95）和式（7-96），得

$$\boldsymbol{M}=\left[\frac{1}{2}\sum_{i=1}^{6}(\boldsymbol{M}_{li-P}+\boldsymbol{M}_{li-P}^{\mathrm{T}})\right]+\frac{1}{2}(\boldsymbol{M}_P+\boldsymbol{M}_P^{\mathrm{T}})$$

$$\boldsymbol{C}=\left(\frac{1}{2}\sum_{i=1}^{6}\dot{\boldsymbol{M}}_{li-P}^{\mathrm{T}}\right)+\frac{1}{2}\dot{\boldsymbol{M}}_P^{\mathrm{T}}$$

$$\boldsymbol{G}=\sum_{i=1}^{6}\left\{m_{bi}g\begin{bmatrix}\boldsymbol{D}_{wi}\\ -\boldsymbol{D}_{wi}\times\boldsymbol{b}_i\end{bmatrix}\cdot\boldsymbol{e}_3-\frac{1}{l_i}[m_{Bi}gl_{BGi}+m_{bi}g(l_i-l_{bGi})]\begin{bmatrix}\boldsymbol{D}_{wi}-\boldsymbol{I}\\ \boldsymbol{b}_i\cdot\boldsymbol{D}_{wi}\times\boldsymbol{I}-\boldsymbol{w}_i\times\boldsymbol{b}_i\boldsymbol{w}_i\end{bmatrix}\cdot\boldsymbol{e}_3\right\}+m_Pg\begin{bmatrix}\boldsymbol{e}_3\\0\end{bmatrix}$$

$$\boldsymbol{F}_D=\sum_{i=1}^{6}\begin{bmatrix}f_{Di}\boldsymbol{w}_i\\f_{Di}\boldsymbol{b}_i\times\boldsymbol{w}_i\end{bmatrix}=\begin{bmatrix}\boldsymbol{w}_1&\boldsymbol{w}_2&\cdots&\boldsymbol{w}_6\\\boldsymbol{b}_1\times\boldsymbol{w}_1&\boldsymbol{b}_2\times\boldsymbol{w}_2&\cdots&\boldsymbol{b}_6\times\boldsymbol{w}_6\end{bmatrix}\boldsymbol{f}_D=\boldsymbol{J}_l^{\mathrm{T}}\boldsymbol{f}_D$$

从式（7-27）和式（7-28）可知，$\boldsymbol{J}_l$ 为矢量表示的连杆伸长的逆速度雅可比矩阵，$\boldsymbol{J}_l^{\mathrm{T}}$ 为 $\boldsymbol{J}_l$ 的转置。并联机器人的驱动力的大小的列矩阵 $\boldsymbol{f}_D=[f_{D1}\quad f_{D2}\quad\cdots\quad f_{D6}]^{\mathrm{T}}$，$f_{Di}$ 为各连杆的驱动力的大小。从 $\boldsymbol{F}_D$ 的表达式可知，并联机器人的广义驱动力 $\boldsymbol{F}_D$ 可通过并联机器人的驱动力的大小的列矩阵和连杆伸长的逆速度雅可比矩阵求得。

由式（7-96），得在定坐标系 $OXYZ$ 下矩阵形式的基于拉格朗日方程的并联机器人的动力学方程为

$$^A\boldsymbol{M}^A\ddot{\boldsymbol{X}}+{}^A\boldsymbol{C}^A\dot{\boldsymbol{X}}+{}^A\boldsymbol{G}={}^A\boldsymbol{F}_D+{}^A\boldsymbol{F}_{FMP}\tag{7-97}$$

式（7-97）中，有

$$^A\boldsymbol{M}=\left[\frac{1}{2}\sum_{i=1}^{6}({}^A\boldsymbol{M}_{li-P}+{}^A\boldsymbol{M}_{li-P}^{\mathrm{T}})\right]+\frac{1}{2}({}^A\boldsymbol{M}_P+{}^A\boldsymbol{M}_P^{\mathrm{T}})$$

$$^A\boldsymbol{C}=(\frac{1}{2}\sum_{i=1}^{6}{}^A\dot{\boldsymbol{M}}_{li-P}^{\mathrm{T}})+\frac{1}{2}{}^A\dot{\boldsymbol{M}}_P^{\mathrm{T}}$$

$$^A\boldsymbol{G}=\sum_{i=1}^{6}\left\{m_{bi}g\begin{bmatrix}{}^A\boldsymbol{D}_{wi}\\-{}^A\boldsymbol{D}_{wi}{}^A\widetilde{\boldsymbol{b}}_i\end{bmatrix}{}^A\boldsymbol{e}_3-\frac{1}{l_i}[m_{Bi}gl_{BGi}+m_{bi}g(l_i-l_{bGi})]\begin{bmatrix}{}^A\boldsymbol{D}_{wi}-{}^A\boldsymbol{I}\\{}^A\boldsymbol{D}_{wi}^{\mathrm{T}}{}^A\boldsymbol{b}_i-{}^A\widetilde{\boldsymbol{w}}_i{}^A\boldsymbol{b}_i{}^A\boldsymbol{w}_i^{\mathrm{T}}\end{bmatrix}{}^A\boldsymbol{e}_3\right\}+m_Pg\begin{bmatrix}{}^A\boldsymbol{e}_3\\0\end{bmatrix}$$

$$^A\boldsymbol{F}_D=\sum_{i=1}^{6}\begin{bmatrix}f_{Di}{}^A\boldsymbol{w}_i\\f_{Di}{}^A\widetilde{\boldsymbol{b}}_i{}^A\boldsymbol{w}_i\end{bmatrix}=\begin{bmatrix}{}^A\boldsymbol{w}_1&{}^A\boldsymbol{w}_2&\cdots&{}^A\boldsymbol{w}_6\\{}^A\widetilde{\boldsymbol{b}}_1{}^A\boldsymbol{w}_1&{}^A\widetilde{\boldsymbol{b}}_2{}^A\boldsymbol{w}_2&\cdots&{}^A\widetilde{\boldsymbol{b}}_6{}^A\boldsymbol{w}_6\end{bmatrix}\boldsymbol{f}_{\mathrm{D}}={}^A\boldsymbol{J}_l^{\mathrm{T}}\boldsymbol{f}_D$$

$$^A\boldsymbol{F}_{FMP}=\begin{bmatrix}{}^A\boldsymbol{F}_P\\{}^A\boldsymbol{M}_P\end{bmatrix}$$

式中，$^A\boldsymbol{M}$ 为在定坐标系 $OXYZ$ 下并联机器人的广义质量；$^A\boldsymbol{C}$ 为在定坐标系 $OXYZ$ 下并联机器人的广义科里奥利力和离心力矩阵；$^A\boldsymbol{G}$ 为在定坐标系 $OXYZ$ 下并联机器人的广义重力；$^A\boldsymbol{F}_D$ 为在定坐标系 $OXYZ$ 下并联机器人的广义驱动力；$^A\dot{\boldsymbol{X}}$ 为在定坐标系 $OXYZ$ 下动平台的广义速度的列矩阵，$^A\dot{\boldsymbol{X}}=[{}^A\dot{\boldsymbol{P}}_O\quad{}^A\boldsymbol{\omega}_P]^{\mathrm{T}}$；$^A\ddot{\boldsymbol{X}}$ 为在定坐标系 $OXYZ$ 下动平台的广义加速度的列矩阵，$^A\ddot{\boldsymbol{X}}=[{}^A\ddot{\boldsymbol{P}}_O\quad{}^A\dot{\boldsymbol{\omega}}_P]^{\mathrm{T}}$，$^A\ddot{\boldsymbol{P}}_O$ 为动平台上 P 点的加速度 $\ddot{\boldsymbol{P}}_O$ 在定坐标系 $OXYZ$ 下的列矩阵；$^A\dot{\boldsymbol{\omega}}_P$ 为动平台的角加速度 $\dot{\boldsymbol{\omega}}_P$ 在定坐标系 $OXYZ$ 下的列矩阵；$^A\boldsymbol{F}_{FMP}$ 为在定坐标系 $OXYZ$ 下动平台的广义力，$^A\boldsymbol{F}_P$ 为在定坐标系 $OXYZ$ 下动平台受到的外力的列矩阵，$^A\boldsymbol{M}_P$ 为在定坐标系 $OXYZ$ 下动平台受到的外力矩的列矩阵；$^A\boldsymbol{J}_l^{\mathrm{T}}$ 为 $^A\boldsymbol{J}_l$ 的转置。

在式（7-96）和式（7-97）中，没有计入铰链 B_i 和铰链 b_i 处的摩擦力矩，没有计入液压缸和活塞杆之间的摩擦力。如果计入这些摩擦力矩和摩擦力，可将这些摩擦力矩和摩擦力

视为外力和外力矩，进行求解。

式（7-96）和式（7-97）是强非线性动力学方程。在已知并联机构的结构参数的条件下，已知作用在并联机构上的重力、驱动力和作用在动平台上的外力、外力矩时，不能获得动平台的位姿参数或广义坐标 $\boldsymbol{X}$ 的解析解，只能获得其数值解，用式（7-96）或式（7-97）进行并联机器人的振动分析时，要注意这一点。在已知并联机构的结构参数、动平台的位姿参数和运动参数的条件下，已知作用在并联机构上的重力和作用在动平台上的外力、外力矩时，能获得作用在并联机构上的驱动力的解析解。

7.4.5 基于拉格朗日方程的并联机器人驱动力的计算

1. 并联机器人的驱动力的大小的列矩阵

将 ${}^{A}\boldsymbol{F}_{D}={}^{A}\boldsymbol{J}_{l}^{\mathrm{T}}\boldsymbol{f}_{D}$ 代入式（7-97），等式的两边再同乘以 ${}^{A}\boldsymbol{J}_{l}^{-\mathrm{T}}$，${}^{A}\boldsymbol{J}_{l}^{-\mathrm{T}}$ 为 ${}^{A}\boldsymbol{J}_{l}^{\mathrm{T}}$ 的逆，得并联机器人的驱动力的大小的列矩阵为

$$\boldsymbol{f}_{D}={}^{A}\boldsymbol{J}_{l}^{-\mathrm{T}}({}^{A}\boldsymbol{M}^{A}\ddot{\boldsymbol{X}}+{}^{A}\boldsymbol{C}^{A}\dot{\boldsymbol{X}}+{}^{A}\boldsymbol{G}-{}^{A}\boldsymbol{F}_{FMP}) \tag{7-98}$$

2. 并联机器人的驱动力的计算步骤

在已知并联机构的结构参数、速度、加速度及动平台受到的外力和外力矩、动平台和连杆的重力的条件下，进行并联机器人的驱动力计算。并联机器人的驱动力的计算步骤如下。

第 1 步：计算式（7-98）中等号右边的参数。

根据并联机构的结构参数、连杆的重力及作用在动平台的力和力矩，先进行并联机器人的质量、位置、速度、加速度等计算，再由 ${}^{A}\boldsymbol{M}$、${}^{A}\boldsymbol{C}$、${}^{A}\boldsymbol{G}$、${}^{A}\boldsymbol{F}_{D}$ 及式（7-60）、式（7-65）、式（7-67）、式（7-71）和式（7-81）等，确定式（7-98）中等号右边的参数。

第 2 步：计算并联机器人的驱动力的大小的列矩阵 $\boldsymbol{f}_{D}$。

根据式（7-98），计算并联机器人的驱动力的大小的列矩阵 $\boldsymbol{f}_{D}$，再根据 $\boldsymbol{f}_{D}=[f_{D1}\quad f_{D2}\quad \cdots\quad f_{D6}]^{\mathrm{T}}$，可得各连杆的驱动力的大小 f_{Di}。

至此，基于牛顿-欧拉方程、达朗伯原理-虚位移原理和拉格朗日方法，得到图 4-1 所示的 6-SPS 并联机构的动力学方程，这些动力学方程的表达形式不同，但具有等价性，在应用中，有不同的方便性，要根据求解对象选用。

习　题

7-1 试述并联机器人的动力学的研究内容和研究方法。

7-2 在并联机器人的动力学分析中，根据解的结果、方向和路线，分别简述动力学问题的类型。

7-3 不计重力，求图 4-1 所示的 6-SPS 并联机构的驱动力。

7-4 基于牛顿-欧拉方程，不计运动副的摩擦力，求图 1-13 所示的 2 自由度的 Diamond 并联机器人的驱动力。

7-5 基于达朗伯原理-虚位移原理，不计运动副的摩擦力，求图 1-13 所示的 2 自由度的 Diamond 并联机器人的驱动力。

7-6 基于牛顿-欧拉方程，分别写出图 4-1 所示的 6-SPS 并联机构的液压缸、活塞杆和动平台的动力学方程。

7-7　根据式（7-16），写出 6-SPS 并联机构的驱动力的计算步骤。

7-8　根据图 4-1 所示的 6-SPS 并联机构，求连杆的逆角速度雅可比矩阵及连杆转角的虚位移。

7-9　根据图 4-1 所示的 6-SPS 并联机构，求活塞杆质心的逆速度雅可比矩阵及活塞杆质心的虚位移。

7-10　根据图 4-1 所示的 6-SPS 并联机构，写出其虚位移方程。

7-11　根据图 4-1 所示的 6-SPS 并联机构，利用达朗伯原理-虚位移原理，分别写出与逆速度、力雅可比矩阵关联的并联机器人的动力学方程。

7-12　根据式（7-49），写出 6-SPS 并联机构的驱动力的计算步骤。

7-13　分别写出 6-SPS 并联机构的液压缸、活塞杆和动平台的动能。

7-14　写出 6-SPS 并联机构的矢量形式和矩阵形式的基于拉格朗日方程的并联机器人的动力学方程。

7-15　查找文献，阅读 1~2 篇基于牛顿-欧拉方程的并联机器人的动力学分析的文献，简述并联机构的驱动力的计算过程。

7-16　查找文献，阅读 1~2 篇基于达朗伯原理-虚位移原理的并联机器人的动力学分析的文献，简述并联机构的驱动力的计算过程。

7-17　查找文献，阅读 1~2 篇基于拉格朗日方程的并联机器人的动力学分析的文献，简述并联机构的驱动力的计算过程。

第8章 并联机器人的工作空间分析

教学目标：通过本章学习，应掌握并联机器人的工作空间的计算和工作轨迹的校核计算，掌握并联机器人的工作空间的优化设计，了解并联机器人的工作空间的定义、分类及操作器的方位表示，了解并联机器人的工作空间设计的一般方法，为并联机器人的奇异位形分析、设计和应用打下基础。

8.1 并联机器人工作空间的概念

1. 工作空间的定义

并联机器人的工作空间是动平台上操作器的工作区域，或者说是动平台上操作器工作的有界区域。它的大小是衡量并联机器人性能的重要指标。并联机器人的工作空间既与并联机构有关，又与动平台上的操作器有关。

2. 工作空间的分类

（1）根据动平台上操作器工作时的位姿特点分类　根据动平台上操作器工作时的位姿特点，工作空间可分为定方位工作空间、可达工作空间、定点工作空间、灵巧工作空间，其中，定方位工作空间、可达工作空间和灵巧工作空间为在操作器姿态条件下的位置工作空间，定点工作空间为在操作器上工作点的位置条件下的姿态工作空间。操作器上的工作点是指操作器的端部工作位置的中心点，操作器为指状铣刀时，操作器上的工作点为铣刀的轴线与端部的交点。

1）定方位工作空间。定方位工作空间又称为平移工作空间或定姿态工作空间，是指操作器的方位固定时，通过位置变化，能到达的所有可能的位置，或者说，操作器的姿态一定时，动平台平移运动的最大工作空间。在定方位工作空间中，操作器的姿态一定，动平台做平移运动。

2）可达工作空间。可达工作空间又称为最大工作空间，是指操作器上的工作点可以到达的所有点的集合，或者说，在可达操作空间内的任意位置点，操作器以一定的姿态可以到达，再或者说，在操作器允许的姿态范围内，操作器的最大工作空间。可达工作空间不要求操作器的姿态角最大，只要求在操作器允许的姿态范围内，操作器的位置空间最大。定方位工作空间在可达操作空间内。

3）定点工作空间。定点工作空间又称为方位工作空间，或姿态工作空间，是指操作器上的工作点的位置固定时，通过姿态变化，能到达的所有可能的方位，或者说，操作器上工作点的位置一定时，动平台定点运动具有最大方位角（姿态角）的工作空间。在定点工作空间中，操作器的位置一定，动平台做定点运动。

4）灵巧工作空间。灵巧工作空间又称为灵活工作空间，是指操作器可以从任何方向到达的点的集合，或者说，在灵巧工作空间内的任意位置点，操作器能从所有方位到达，再或者说，在操作器全方位空间下，操作器具有最大位置的工作空间。灵巧工作空间不要求操作器的位置最大，只要求操作器具有全方位，对于进动角来说，进动角为0~360°。

灵巧工作空间是可达工作空间的一部分，进一步说，灵巧工作空间中的位置空间是可达位置工作空间的一部分，因此并联机器人的灵巧工作空间又称为并联机器人的可达工作空间的一级子空间。而可达工作空间的其余部分称为可达工作空间的二级子空间。在二级子空间内操作器只能在一定的姿态范围内到达某一点，也就是说，这时操作器的姿态是受限制的。操作器的姿态大小，反映了操作器的灵巧程度。

并联机构的结构对称时，定点工作空间、可达工作空间和灵巧工作空间的结构分别对称。

（2）根据动平台上操作器的运动范围分类　根据动平台上操作器的运动范围，可分为工作平面和工作空间。操作器的运动在平面内，操作器的运动范围为工作平面，相应的机构为平面并联机构。操作器的运动在空间内，操作器的运动范围为工作空间，相应的机构为空间并联机构。

3. 操作器的方位表示

最常用的操作器的方位参数或姿态参数是欧拉角中的进动角 ψ、章动角 θ 和自旋角 ϕ，也有用其他形式的欧拉角或用 RPY 角。操作器固定在动平台上，动平台与操作器的方位参数相同。

4. 工作空间的表示

工作空间的边界在二维平面上表现为曲线，在三维空间中表现为曲面，在大于三维的超空间中，用曲面表示三维工作空间的边界，且用文字、色彩等表示第四、五和六维的工作空间。工作空间等于或大于三维时，可绘出工作空间曲面的截面，这可清楚表达工作空间内部的结构。可以用直角坐标表示工作空间的曲线和曲面，也可以用极坐标表示工作空间的曲线和曲面。用何种形式的坐标表示工作空间的曲线和曲面，以清楚和方便地表达工作空间为原则。

5. 工作空间的计算方法

并联机器人的工作空间的计算方法主要有数值法和解析法。求解工作空间的数值法建立在并联机器人的位姿反解的基础之上，由于并联机器人的位姿反解容易，使并联机器人的工作空间的计算较易。求解工作空间的解析法建立在并联机器人的位姿正解的基础之上，由于并联机器人的位姿正解困难，加上并联机构的结构、运动等求解限制条件（或称约束条件）较多，并有奇异位形问题，使得求解并联机器人工作空间的解析解的问题成为一个非常复杂的问题，求解难度大。

下面结合具有操作器的 6-SPS 并联机构，介绍并联机器人的工作空间分析。

8.2 并联机器人工作空间的计算

8.2.1　具有操作器的 6-SPS 并联机构及操作器的位姿分析

1. 具有操作器的 6-SPS 并联机构

图 8-1 所示的具有操作器的 6-SPS 并联机构是在图 4-1 所示的 6-SPS 并联机构的动平台上增加操作器 C 形成的。操作器固定在动平台上，与图 4-1 所示的 6-SPS 并联机构一样，建立定坐标系 $OXYZ$ 并用$\{A\}$表示，建立动坐标系 $Pxyz$ 并用$\{D\}$表示，建立连杆坐标系 $B_ix_iy_iz_i$ 并用$\{B_{li}\}$表示，d 点为操作器的工作点，在动坐标系 $Pxyz$ 的 z 轴上。由于图 8-1 和图 4-1 所示的并联机构及建立的坐标系相同，因此，第 4 章中与 6-SPS 并联机构相关的计算公式及分析结论可用于图 8-1 所示的具有操作器的 6-SPS 并联机构。又由于动平台上有操作器 C，因此，涉及操作器 C 的公式需要导出。

2. 操作器的位姿分析

并联机器人的工作空间与操作器及操作器在动平台上的位置有关，在工作空间的分析中，要用到操作器的位姿。

根据图 8-1，O 点到操作器上 d 点的长度矢量为

$$\boldsymbol{Od}=\boldsymbol{P}_O+\boldsymbol{P}_d \tag{8-1}$$

式中，$\boldsymbol{P}_O$ 为 O 点到 P 点的长度矢量；$\boldsymbol{P}_d$ 为 P 点到 d 点的长度矢量。

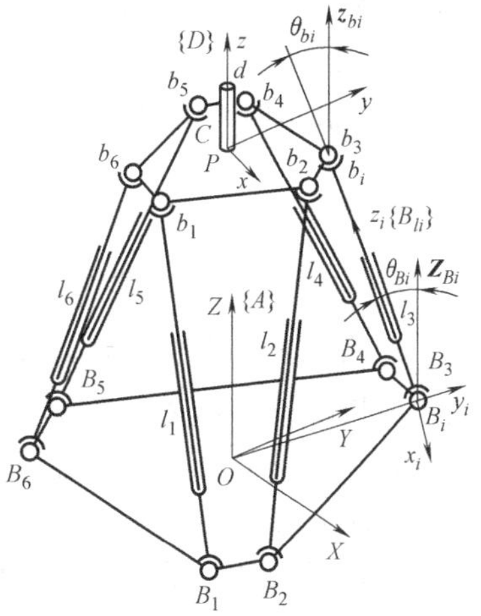

图 8-1　具有操作器的 6-SPS 并联机构

根据式（8-1）和式（3-12），得操作器上 d 点在定坐标系 $OXYZ$ 下的位置的列矩阵为

$$^A\boldsymbol{d}={}^A\boldsymbol{P}_O+{}^A\boldsymbol{d}_P={}^A\boldsymbol{P}_O+{}^A_D\boldsymbol{R}\,{}^D\boldsymbol{d} \tag{8-2}$$

式中，$^A\boldsymbol{d}$ 为 O 点到操作器上 d 点的长度矢量 $\boldsymbol{Od}$ 在定坐标系 $OXYZ$ 下的位置的列矩阵，$^A\boldsymbol{d}=[X_d\quad Y_d\quad Z_d]^{\mathrm{T}}$，$X_d$、$Y_d$ 和 Z_d 分别为操作器上 d 点在定坐标系 $OXYZ$ 的 X、Y 和 Z 轴上的坐标；$^A\boldsymbol{P}_O$ 为长度矢量 $\boldsymbol{P}_O$ 在定坐标系 $OXYZ$ 下的位置的列矩阵；$^A\boldsymbol{d}_P$ 为矢量 $\boldsymbol{P}_d$ 在定坐标系 $OXYZ$ 下的位置的列矩阵，$^A\boldsymbol{d}_P=[X_{Pd}\quad Y_{Pd}\quad Z_{Pd}]^{\mathrm{T}}={}^A_D\boldsymbol{R}\,{}^D\boldsymbol{d}$，$X_{Pd}$、$Y_{Pd}$ 和 Z_{Pd} 分别为矢量 $\boldsymbol{P}_d$ 在定坐标系 $OXYZ$ 的 X、Y 和 Z 轴上的坐标，$^A_D\boldsymbol{R}$ 为动坐标系 $Pxyz$ 相对于定坐标系 $OXYZ$ 的旋转变换矩阵，$^D\boldsymbol{d}$ 为矢量 $\boldsymbol{P}_d$ 在动坐标系 $Pxyz$ 下的位置的列矩阵，$^D\boldsymbol{d}=[x_d\quad y_d\quad z_d]^{\mathrm{T}}$，其中，$x_d$、$y_d$ 和 z_d 为矢量 $\boldsymbol{P}_d$ 在动坐标系 $Pxyz$ 的 x、y 和 z 轴上的三个坐标分量。

下面以图 8-1 所示的具有操作器的 6-SPS 并联机构为例，介绍并联机器人的工作空间的计算。

8.2.2　并联机器人工作空间的限制条件

根据图 8-1，并联机器人的工作空间受到杆长、铰链转角和连杆间距的限制，计算并联

机器人的工作空间要满足这些限制条件。

1. 杆长的限制条件

各连杆的杆长变化受到并联机构结构尺寸的限制，存在极限杆长，第 i 根连杆的杆长 l_i 满足

$$l_{i-\min} \leqslant l_i \leqslant l_{i-\max} \quad i=1,2,\cdots,6 \tag{8-3}$$

式中，$l_{i-\min}$ 为第 i 根连杆的最小杆长，$l_{i-\max}$ 为第 i 根连杆的最大杆长。在工作空间的计算中，要给出 $l_{i-\min}$ 和 $l_{i-\max}$，第 i 根连杆的杆长 l_i 由式（4-4）计算得到。

当某一杆长达到其极限时，动平台上给定的参考点也就到达了工作空间的边界。

2. 铰链转角的限制条件

在图 8-1 中，动、定平台通过 6 根可伸缩的连杆相连，每根连杆的两端是两个球铰。当动平台在其工作空间内运动时，动、定平台与各连杆相连的铰链的转角是受到其结构限制的，由此产生铰链转角的限制条件。

铰链 B_i 的转角受其最大转角的限制。在图 8-1 中，过铰链 B_i 的中心作平行于 Z 轴的矢量 Z_{Bi}，第 i 根连杆的 z_i 轴与矢量 $\boldsymbol{Z}_{Bi}$ 夹角为 θ_{Bi}。Z 轴与矢量 Z_{Bi} 平行，其单位矢量相等，e_3 为 Z 轴的单位矢量，$\boldsymbol{w}_i$ 为第 i 根连杆的单位矢量，也是第 i 根连杆的 z_i 轴的单位矢量，$\boldsymbol{w}_i=\boldsymbol{L}_i/l_i$；根据两矢量之间的夹角计算公式及铰链 B_i 的最大转角，得铰链 B_i 的转角的限制条件为

$$\theta_{Bi}=\arccos(\boldsymbol{e}_3\cdot\boldsymbol{w}_i)=\arccos\left(\frac{{}^A\boldsymbol{e}_3^{\mathrm{T}}\,{}^A\boldsymbol{L}_i}{l_i}\right)\leqslant\theta_{Bi-\max} \tag{8-4}$$

式中，${}^A\boldsymbol{e}_3$ 为 Z 轴的单位矢量 $\boldsymbol{e}_3$ 在定坐标系 $OXYZ$ 下的位置的列矩阵，${}^A\boldsymbol{e}_3=[0\quad 0\quad 1]^{\mathrm{T}}$；第 i 根连杆的长度矢量 $\boldsymbol{L}_i$ 在定坐标系 $OXYZ$ 下的列矩阵 ${}^A\boldsymbol{L}_i$ 由式（4-2）计算得到，第 i 根连杆的长度 l_i 由式（4-4）计算得到；$\theta_{Bi-\max}$ 为铰链 B_i 的最大转角，取决于铰链 B_i 的转动结构。在工作空间的计算中，要给出 $\theta_{Bi-\max}$。

铰链 b_i 的转角也受其最大转角的限制。在图 8-1 中，过铰链 b_i 的中心作平行于 z 轴的矢量 z_{bi}，第 i 根连杆的 z_i 轴与矢量 z_{bi} 夹角为 θ_{bi}。z 轴与矢量 z_{bi} 平行，其单位矢量相等，$\boldsymbol{e}_6$ 为 z 轴的单位矢量，$\boldsymbol{w}_i$ 为第 i 根连杆的单位矢量，根据两矢量之间的夹角计算公式及铰链 b_i 的最大转角，得铰链 b_i 的转角的限制条件为

$$\theta_{bi}=\arccos(\boldsymbol{e}_6\cdot\boldsymbol{w}_i)=\arccos\left(\frac{{}^A\boldsymbol{e}_6^{\mathrm{T}}\,{}^A\boldsymbol{L}_i}{l_i}\right)=\arccos\left(\frac{{}^A_D\boldsymbol{R}\,{}^D\boldsymbol{e}_6^{\mathrm{T}}\,{}^A\boldsymbol{L}_i}{l_i}\right)\leqslant\theta_{bi-\max} \tag{8-5}$$

式中，${}^A\boldsymbol{e}_6$ 为 z 轴的单位矢量 $\boldsymbol{e}_6$ 在定坐标系 $OXYZ$ 下的位置的列矩阵，${}^A\boldsymbol{e}_6={}^A_D\boldsymbol{R}\,{}^D\boldsymbol{e}_6$，${}^D\boldsymbol{e}_6$ 为 z 轴的单位矢量 $\boldsymbol{e}_6$ 在动坐标系 $Pxyz$ 下的位置的列矩阵，${}^D\boldsymbol{e}_6=[0\quad 0\quad 1]^{\mathrm{T}}$；$\theta_{bi-\max}$ 为铰链 b_i 的最大转角，取决于铰链 b_i 的转动结构。在工作空间的计算中，要给出 $\theta_{bi-\max}$。

3. 杆间距的限制条件

并联机构运动时，相邻两连杆之间可能发生干涉，相邻两连杆轴线之间的最短距离为杆间距 Δ_i（$i=1$，2，…，6），保证相邻两连杆不发生干涉的杆间距条件为

$$\Delta_i \geqslant \Delta_{\min} \tag{8-6}$$

式中，Δ_i 为相邻两连杆间的杆间距；$\Delta_{\min}$ 为相邻两连杆间的最小杆间距，6 根连杆均为圆柱体，连杆的直径为 D，$\Delta_{\min}=D+\Delta_n$，Δ_n 为杆间距安全值，可取 $\Delta_n=3\sim5\mathrm{mm}$。

相邻两连杆间的杆间距 Δ_i 为相邻两连杆轴线间的公法线长度，如图 8-2 所示，C_i 和 C_{i+1} 为两连杆轴线上的垂足。根据图 8-2 和两个矢量的点积，得相邻两连杆间的杆间距为

$$\Delta_i = |\boldsymbol{n}_i \cdot \boldsymbol{B}_i\boldsymbol{B}_{i+1}| = |{}^A\boldsymbol{n}_i^{\mathrm{T}\,A}\boldsymbol{B}_i\boldsymbol{B}_{i+1}| \tag{8-7}$$

式中，$|{}^A\boldsymbol{n}_i^{\mathrm{T}\,A}\boldsymbol{B}_i\boldsymbol{B}_{i+1}|$为${}^A\boldsymbol{n}_i^{\mathrm{T}\,A}\boldsymbol{B}_i\boldsymbol{B}_{i+1}$ 的绝对值，$\boldsymbol{B}_i\boldsymbol{B}_{i+1}$ 为铰链 B_i 到相邻的铰链 B_{i+1} 的长度矢量，${}^A\boldsymbol{B}_i\boldsymbol{B}_{i+1}$ 为矢量 $\boldsymbol{B}_i\boldsymbol{B}_{i+1}$ 在定坐标系 $OXYZ$ 下的位置的列矩阵，${}^A\boldsymbol{B}_i\boldsymbol{B}_{i+1} = {}^A\boldsymbol{B}_{i+1} - {}^A\boldsymbol{B}_i$，${}^A\boldsymbol{B}_i$、${}^A\boldsymbol{B}_{i+1}$ 分别为矢量 $\boldsymbol{B}_i$ 和矢量 $\boldsymbol{B}_{i+1}$ 在定坐标系 $OXYZ$ 下的位置的列矩阵；$\boldsymbol{n}_i$ 为相邻两连杆轴线间的公法线长度的单位矢量，${}^A\boldsymbol{n}_i$ 为 $\boldsymbol{n}_i$ 在定坐标系 $OXYZ$ 下的位置的列矩阵。

根据图 8-2 和两个矢量的叉积，得相邻两连杆轴线间的公法线长度的单位矢量为

$$\boldsymbol{n}_i = \frac{\boldsymbol{L}_i \times \boldsymbol{L}_{i+1}}{|\boldsymbol{L}_i \times \boldsymbol{L}_{i+1}|} \tag{8-8}$$

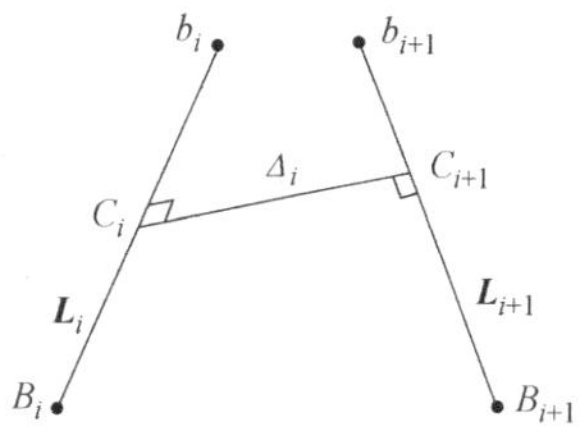

图 8-2　相邻两连杆间的连杆间距

式中，$|\boldsymbol{L}_i \times \boldsymbol{L}_{i+1}|$为 $\boldsymbol{L}_i \times \boldsymbol{L}_{i+1}$ 的模，$\boldsymbol{L}_i$、$\boldsymbol{L}_{i+1}$ 分别为第 i 根连杆和第 $i+1$ 根连杆的长度矢量。

由式（8-8），得 $\boldsymbol{n}_i$ 在定坐标系 $OXYZ$ 下的位置的列矩阵为

$${}^A\boldsymbol{n}_i = \frac{{}^A\widetilde{\boldsymbol{L}}_i\,{}^A\boldsymbol{L}_{i+1}}{|{}^A\widetilde{\boldsymbol{L}}_i\,{}^A\boldsymbol{L}_{i+1}|} \tag{8-9}$$

式中，${}^A\widetilde{\boldsymbol{L}}_i$ 为 $\boldsymbol{L}_i$ 在定坐标系 $OXYZ$ 下的反对称矩阵，${}^A\boldsymbol{L}_{i+1}$ 为 $\boldsymbol{L}_{i+1}$ 在定坐标系 $OXYZ$ 下的列矩阵。

4. 奇异位形的限制条件

在并联机构的奇异位形处，并联机构不工作，或没有确定的运动，因此，并联机构在工作空间中运动时，不产生奇异位形。并联机构的奇异位形可根据并联机构的位形直观判别，也可用速度雅可比矩阵 $\boldsymbol{J}(\boldsymbol{q})$ 判别。雅可比矩阵的行列式 $\det\boldsymbol{J}(\boldsymbol{q})$ 等于零时，并联机构产生奇异位形，由此得并联机构不产生奇异位形的限制条件为

$$\det\boldsymbol{J}(\boldsymbol{q}) \neq 0 \tag{8-10}$$

本章的工作空间的计算中暂不考虑奇异位形的限制条件。

8.2.3　并联机器人定方位工作空间的计算

并联机器人定方位工作空间的计算方法为分层搜索、位姿反解、约束条件判别、输出工作空间图。

根据定方位工作空间的定义和计算方法，设计定方位工作空间的计算流程图，如图 8-3 所示。由于动平台的方位已确定，故首先给出动平台的姿态；再根据并联机构的尺寸，尤其是定平台几何结构参数和连杆的最小和最大伸长量，预估动平台工作空间的大小，将预估的动平台工作空间在 Z 轴方向以一定的步距划分为一系列离散片层，构建 n 等份平行于 OXY 面的平面层，如图 8-4 所示，再在 OXY 面上构建网格；沿 Z 轴的方向逐层计算与网格点对应的杆长、铰链转角和杆间距，并分别根据式（8-3）~式（8-6）进行限制条件判别，记录满足限制条件的相应网格点的动平台的空间位置，舍去不满足限制条件的相应网格点的动平

台的空间位置，得动平台的工作空间；获得动平台的工作空间后，再根据动平台的工作空间和式（8-2），计算操作器上 d 点在定坐标系 $OXYZ$ 下的位置坐标，得操作器的工作空间，也即并联机器人的工作空间。

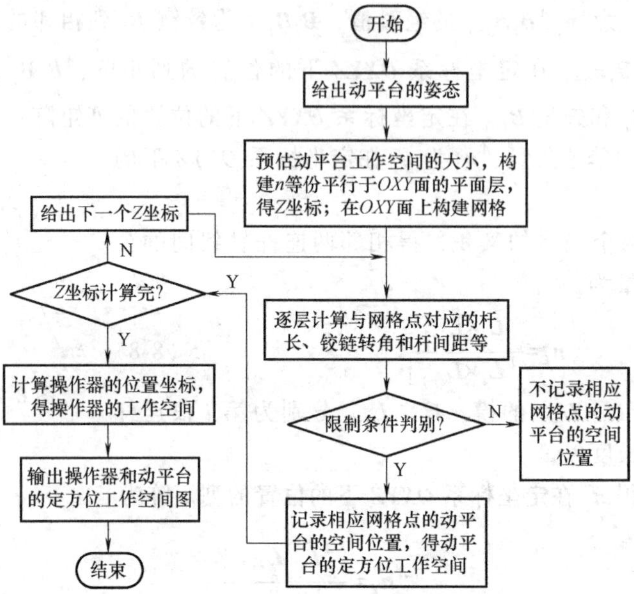

图 8-3 定方位工作空间的计算流程图

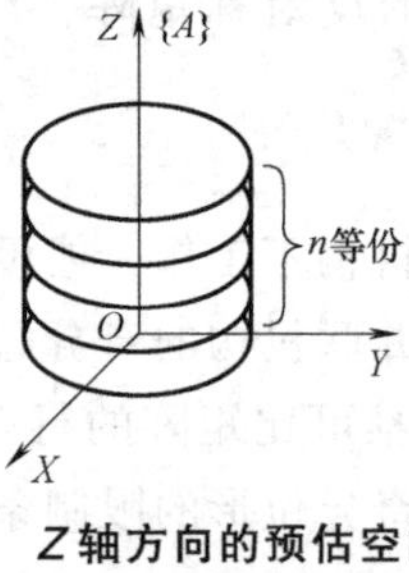

图 8-4 Z 轴方向的预估空间分层

【例 8-1】 计算图 8-1 所示的具有操作器的 6-SPS 并联机构的定方位工作空间。并联机构的铰链 B_i 和 b_i 的位置尺寸分别见表 4-1、表 4-2。取操作器的矢量 $\boldsymbol{P}_d$ 在动坐标系 $Pxyz$ 下的位置的列矩阵 ${}^D\boldsymbol{d}=[x_d \quad y_d \quad z_d]^{\mathrm{T}}=[0 \quad 0 \quad 250]^{\mathrm{T}}$mm，进动角 ψ、章动角 θ 和自旋角 ϕ 均为 0°；再取第 i 根连杆的最小杆长 $l_{i-\min}=1240$mm，第 i 根连杆的最大杆长 $l_{i-\max}=1785$mm，铰链 B_i 的最大转角 $\theta_{Bi-\max}=36°$，铰链 b_i 的最大转角 $\theta_{bi-\max}=35°$，相邻两杆间的最小杆间距 $\Delta_{\min}=105$mm。

解： 根据图 8-3，取 OXY 面上网格的间距为 15mm，平行于 OXY 面的平面层的间距为 2.5mm，用 Matlab 编程，计算得到动平台的定方位工作空间如图 8-5 所示，操作器的定方位工作空间如图 8-6 所示。从图 8-5 和图 8-6 可以看出，将图 8-5 上移 250 mm，即得图 8-6，由于进动角 ψ、章动角 θ 和自旋角 ϕ 均为 0°，动平台做平动，上移图 8-5 可得图 8-6，动平台的定方位工作空间和操作器的定方位工作空间的形状相同。

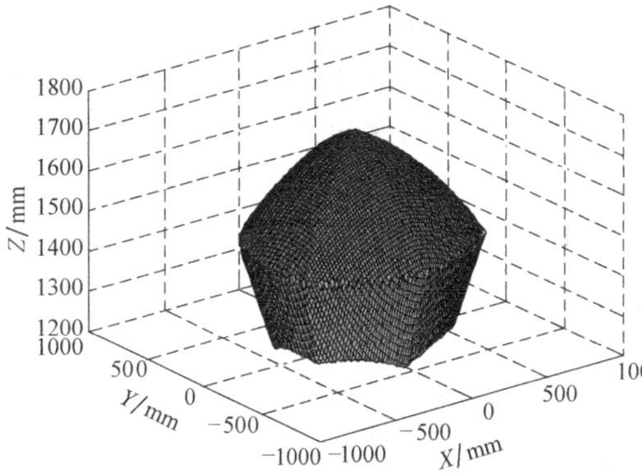

图 8-5　例 8-1 的动平台的定方位工作空间

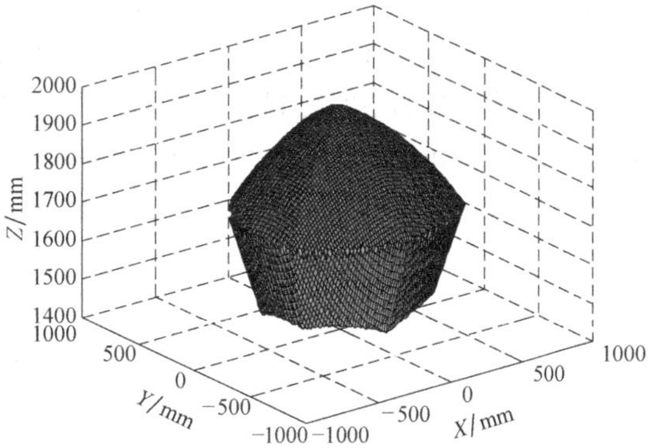

图 8-6　例 8-1 的操作器的定方位工作空间

【例 8-2】　在例 8-1 的基础上，取进动角 ψ 为 10°，章动角 θ 为 15°，自旋角 ϕ 为−10°，计算图 8-1 所示的具有操作器的 6-SPS 并联机构的定方位工作空间。

解：计算方法同例 8-1，计算得到动平台的定方位工作空间如图 8-7 所示，操作器的定方位工作空间如图 8-8 所示，工作空间的形状相同，位置不同。由于例 8-1 与例 8-2 的进动角 ψ、章动角 θ 和自旋角 ϕ 分别不同，例 8-1 与例 8-2 中相应的动平台的定方位工作空间不同，相应的操作器的定方位工作空间也不同。

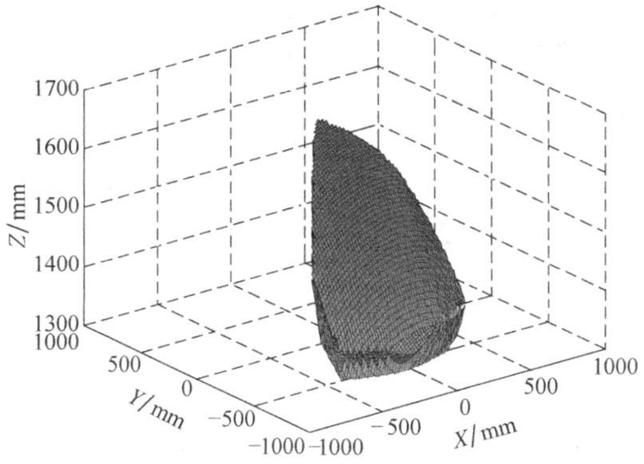

图 8-7　例 8-2 的动平台的定方位工作空间

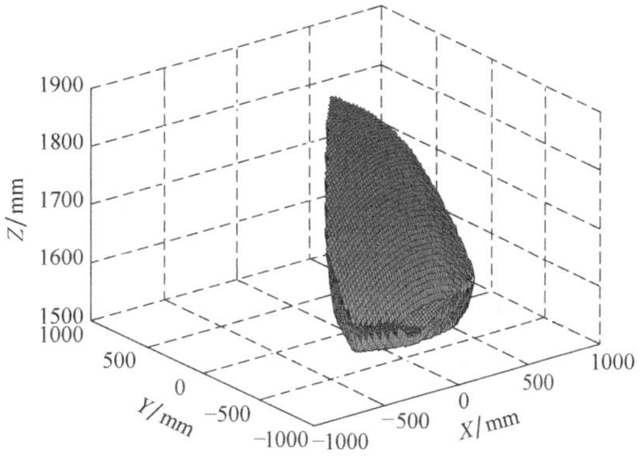

图 8-8　例 8-2 的操作器的定方位工作空间

8.2.4　并联机器人可达工作空间的计算

根据可达工作空间的定义，设计可达工作空间的计算流程图，如图 8-9 所示。在可达工作空间的计算中，操作器的姿态是变化的。由于操作器的姿态有变化，使操作器与动平台的工作空间不同，计算时，要选择操作器和动平台的工作空间之一进行网格划分。根据图 8-9，先预估操作器工作空间的大小，将预估操作器工作空间沿 Z 轴的方向以一定的步距划分为一系列离散片层，构建 n 等份平行于 OXY 面的平面层，得操作器的 Z 坐标；再在 OXY 面上构建坐标网格，得操作器的 X、Y 坐标；选取姿态坐标，构建姿态坐标网格，得姿态坐标。逐个计算操作器的 X、Y 坐标网格点，先逐层，再按姿态坐标网格点，根据操作器上 d 点在动坐标系 $Pxyz$ 下的位置坐标和式（8-2），计算得动平台的位置坐标，动平台与操作器的姿态坐标。这样，根据式（4-2）、式（8-4）、式（8-5）和式（8-7）等计算与网格点对应的杆长、铰链转角和杆间距，并分别根据式（8-3）~式（8-6）进行限制条件判别，记录满足限制条件的相应网格点的操作器和动平台的空间位置，舍去不满足限制条件的相应网格点的操作器和动平台的空间位置，得操作器和动平台的空间位置，在操作器的空间位置集中，取操作器的最大空间输出，即为操作器的可达工作空间，动平台的可达工作空间与操作器的可达工作空间对应。

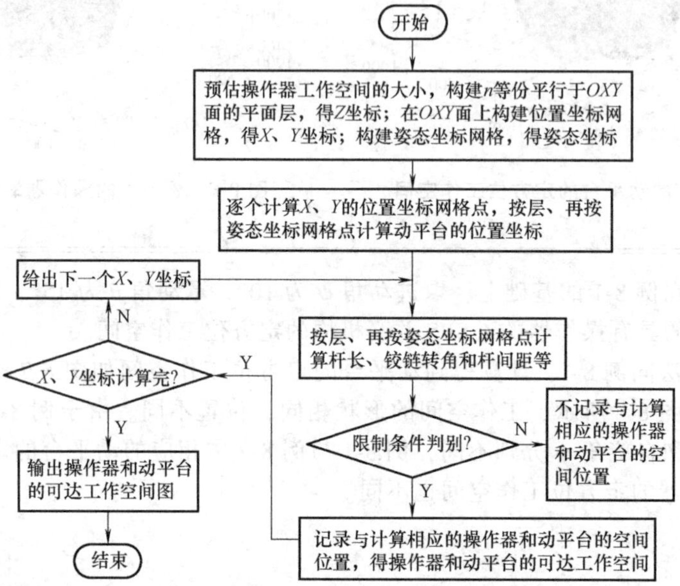

图 8-9　可达工作空间的计算流程图

【例 8-3】　在例 8-1 的基础上，计算图 8-1 所示的具有操作器的 6-SPS 并联机构的可达工作空间。

解：根据图 8-9，取 *OXY* 面上网格的间距为 15mm，平行于 *OXY* 面的平面层的间距为 2mm；取进动角 ψ 的变化区间 0°~360°，进动角的间隔为 18°，章动角 θ 的变化区间为 0°~26°，章动角的间隔为 6°，自旋角 ϕ 与进动角的大小相等，方向相反；用 Matlab 编程，计算得到动平台的可达工作空间如图 8-10 所示，操作器的可达工作空间如图 8-11 所示，操作器

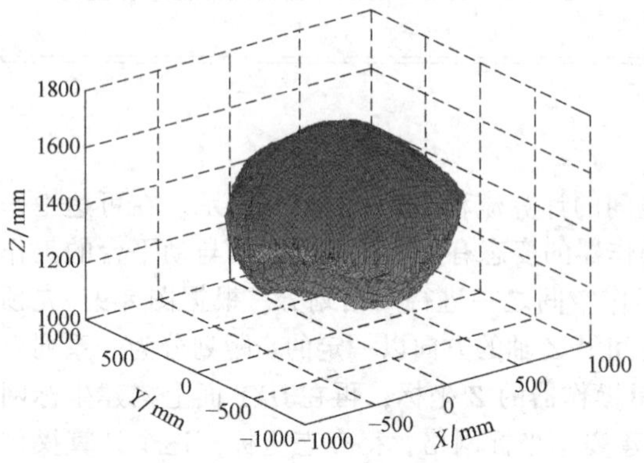

图 8-10　例 8-3 的动平台的可达工作空间

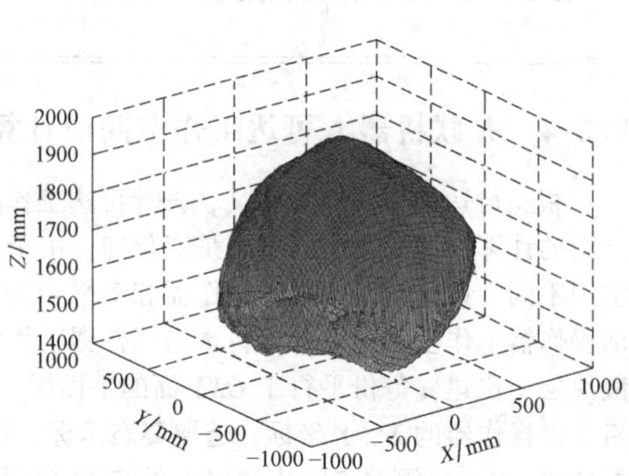

图 8-11　例 8-3 的操作器的可达工作空间

的可达工作空间体积大于动平台的可达工作空间的体积，操作器与动平台的可达工作空间有较高的相似性。

8.2.5　并联机器人定点工作空间的计算

根据定点工作空间的定义，设计定点工作空间的计算流程图，如图 8-12 所示。由于操作器定点转动，操作器和动平台的姿态有变化，计算时，选择操作器的姿态角进行网格划分。用进动角、章动角和自旋角描述操作器的姿态，先给出操作器上 d 点的位置坐标，取进动角的变化区间为 $0°\sim360°$，预估操作器的章动角的大小，构建进动角和章动角的网格坐标，取自旋角等于负的进动角，由此得操作器和动平台的姿态坐标，自旋角等于负的进动角是为了防止动平台旋转后连杆干涉；再根据式（8-2），逐个网格点计算动平台的位置坐标，动平台和操作器的姿态坐标相同；有了动平台的位姿坐标，根据式（4-2）等计算与网格点对应的杆长、铰链转角和杆间距，并分别根据式（8-3）~式（8-6）进行限制条件判别，记录满足限制条件的相应网格点的操作器的姿态角，舍去不满足限制条件的相应网格点的操作器的姿态角，得操作器和动平台的姿态空间，取操作器的最大姿态角输出，即为操作器的定点工作空间或姿态工作空间，也即并联机器人的定点工作空间，动平台的姿态工作空间与操作器的姿态工作空间相同。

在并联机器人的定点工作空间的计算中，也可不用进动角、章动角和自旋角描述操作器的姿态。选用何种形式的姿态，可根据并联机器人的工作空间的要求确定。

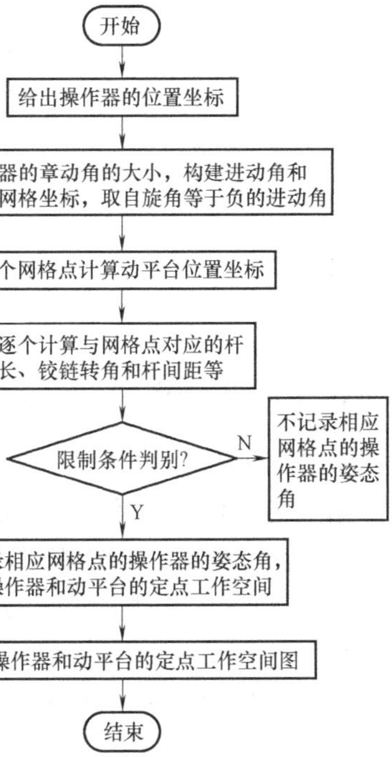

图 8-12　定点工作空间的计算流程图

【例 8-4】　在例 8-1 的基础上，分别取操作器上 d 点在定坐标系 $OXYZ$ 下的位置的列矩阵$^{A}\boldsymbol{d}=[0\quad 0\quad 1800]^{\mathrm{T}}$mm、$^{A}\boldsymbol{d}=[30\quad 85\quad 1900]^{\mathrm{T}}$ mm，计算图 8-1 所示的具有操作器的 6-SPS 并联机构的定点工作空间。

解：根据图 8-12，取进动角 ψ 的变化区间为 0°~360°，进动角的间隔为 0.5°，章动角 θ 的变化区间为 0°~25°，章动角的间隔为 0.25°，自旋角 ϕ 与进动角的大小相等、方向相反；分别取$^{A}\boldsymbol{d}=[0\quad 0\quad 1800\quad]^{\mathrm{T}}$mm 和$^{A}\boldsymbol{d}=[30\quad 85\quad 1900\quad]^{\mathrm{T}}$mm，用 Matlab 编程，计算得到操作器的定点工作空间如图 8-13 和图 8-14 所示，操作器的定点工作空间为曲线下的面积。

在图 8-13 中，章动角 θ 的工作区间不大于 15.5°时，进动角 ψ 的工作区间为 0°~360°，对应图中水平线下的区域；章动角 θ 的工作区间在 15.5°~17.25°时，进动角 ψ 的工作区间为 329.5°~360°，对应图中曲线下的区域。

在图 8-14 中，章动角 θ 的工作区间不大于 14.5°时，进动角 ψ 的工作区间为 0°~360°，对应图中水平线下的区域；章动角 θ 的工作区间在 14.5°~15.0°时，进动角 ψ 的工作区间为 354.5°~360°，对应图中曲线下的区域。

图 8-13 和图 8-14 说明，操作器在工作空间中的位置不同时，会有不同的定点工作空间；进动角 ψ 的工作区间为 0°~360°时，章动角 θ 的工作区间不同，有不同的灵巧性。

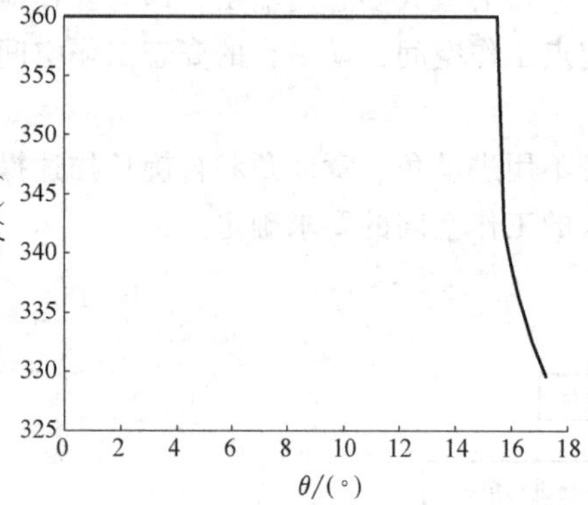

图 8-13　$^{A}\boldsymbol{d}=[0\quad 0\quad 1800]^{\mathrm{T}}$mm 时例 8-4 的操作器的定点工作空间

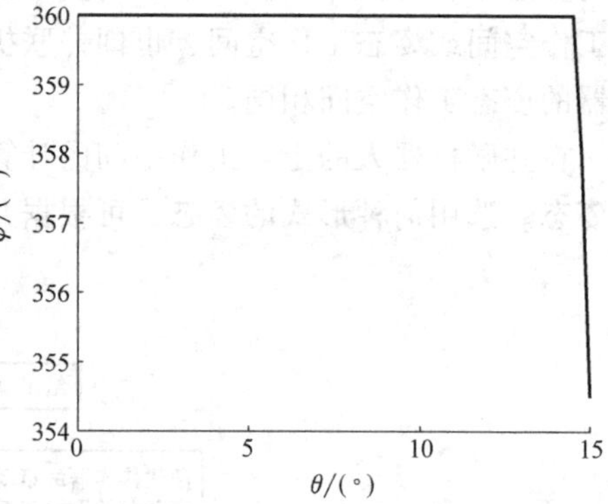

图 8-14　$^{A}\boldsymbol{d}=[30\quad 85\quad 1900]^{\mathrm{T}}$mm 时例 8-4 的操作器的定点工作空间

8.2.6　并联机器人灵巧工作空间的计算

灵巧工作空间与可达工作空间的计算方法相同，可按图 8-9 进行，只是计算结果要输出操作器的灵巧工作空间图。根据灵巧工作空间的定义，取进动角 0°~360°所对应的工作空间，即为操作器的灵巧工作空间，输出相应的操作器的工作空间图，即为操作器的灵巧工作空间图；输出相应的动平台的工作空间图，即为动平台的灵巧工作空间图。

【例 8-5】　在例 8-1 的基础上，计算图 8-1 所示的具有操作器的 6-SPS 并联机构的灵巧工作空间。

解：按例 8-3 的计算方法，输出进动角 0°~360°所对应的工作空间，得动平台、操作器的灵巧工作空间，分别如图 8-15 和图 8-16 所示，比较图 8-15 和图 8-16 可知动平台比操作器的灵巧工作空间小；分别比较图 8-15 和图 8-10、图 8-16 和图 8-11，可知动平台、操作器的灵巧工作空间的体积分别小于其可达工作空间的体积，他们相差很小。

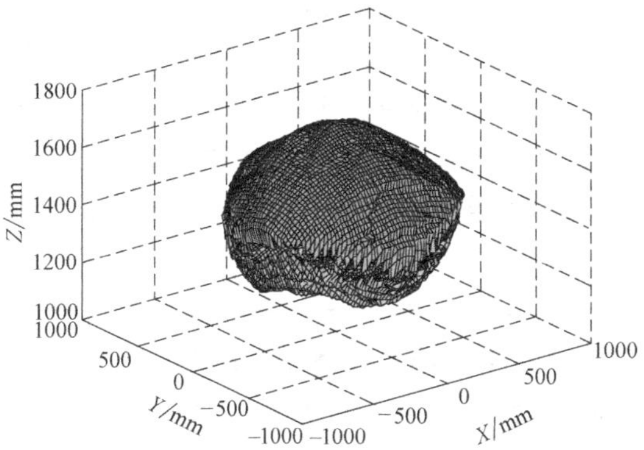

图 8-15　例 8-5 的动平台的灵巧工作空间

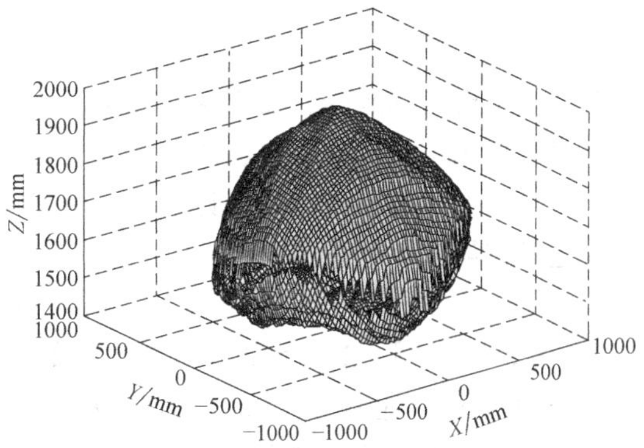

图 8-16　例 8-5 的操作器的灵巧工作空间

8.3　并联机器人工作轨迹的校核计算

设计并联机器人的操作器的工作轨迹后，或改变操作器相对动平台的位姿后，要校核其工作轨迹，判别其工作轨迹是否在工作空间内。并联机器人的工作轨迹的校核计算非常实用，在并联机床的加工等操作中，经常要用到操作器的工作轨迹的校核计算。

并联机器人的工作轨迹的校核流程图如图 8-17 所示。首先将操作器的工作轨迹离散化，成为离散的位姿坐标数据，再读入操作器工作轨迹的位姿坐标数据；在操作器工作轨迹的位姿坐标数据中，有操作器上 d 点在定坐标系 $OXYZ$ 下的位置的列矩阵 ${}^{A}\boldsymbol{d}$、在动坐标系 $Pxyz$ 下的位置的列矩阵 ${}^{D}\boldsymbol{d}$ 及操作器的姿态角，这样，根据式（8-2）可求得动平台的矢量 $\boldsymbol{P}_O$ 在定坐标系 $OXYZ$ 下的位置的列矩阵 ${}^{A}\boldsymbol{P}_O$，动平台的姿态角与操作器的姿态角相同，这样，就有了动平台的位姿坐标；进一步可用式（4-2）和式（4-4）等计算杆长，用式（8-4）和式

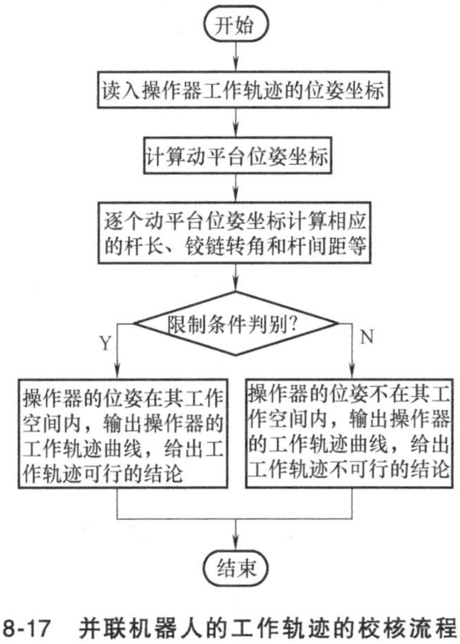

图 8-17　并联机器人的工作轨迹的校核流程图

(8-5) 计算铰链转角，用式 (8-7) 等计算杆间距；再用式 (8-3)~式 (8-6) 判别工作空间的限制条件；满足工作空间的限制条件，操作器的位置在其工作空间内，操作器工作轨迹的位姿坐标数据为可用数据，否则为不可用数据；对全部满足工作空间的限制条件的操作器工作轨迹的位姿坐标数据，输出操作器的工作轨迹曲线，其曲线连续，给出工作轨迹可行的结论；对不可用的操作器工作轨迹的位姿坐标数据，输出操作器的工作轨迹曲线，其曲线不连续，给出工作轨迹不可行的结论，并可输出不可行的操作器工作轨迹的位姿坐标数据，以利于改进操作器的工作轨迹。

【例 8-6】 图 8-1 所示的具有操作器的 6-SPS 并联机构，操作器绕 OZ 轴以角速度 $\omega_0 = 2\pi/15\text{rad/s}$ 做匀速椭圆运动；操作器的 d 点轨迹的位姿坐标：$X_d = 100\sin\omega_0 t$，$Y_d = 140\cos\omega_0 t$，操作器上 d 点到定平台的距离 $Z_d = 1890\text{mm}$，用欧拉角描述动平台相对于定平台的姿态，进动角 $\psi = \omega_0 t$，章动角 $\theta = 5°$，自旋角 $\phi = -\omega_0 t$，t 为时间，校核操作器的工作轨迹。

解： 取时间 $t = 0 \sim 2\pi/\omega_0$，由操作器的 d 点轨迹的位姿坐标：$X_d = 100\sin\omega_0 t$，$Y_d = 140\cos\omega_0 t$，$Z_d = 1890\text{mm}$，可得 ${}^A\boldsymbol{d} = [X_d \quad Y_d \quad Z_d]^{\mathrm{T}}$。进动角 $\psi = \omega_0 t$，自旋角 $\phi = -\omega_0 t$，根据章动角 $\theta = 5°$，及图 8-1 和式 8-2，按图 8-17 用 Matlab 编程校核计算，得到操作器的工作轨迹，如图 8-18 所示，从图中看出，操作器的工作轨迹连续，在其工作空间内可行。

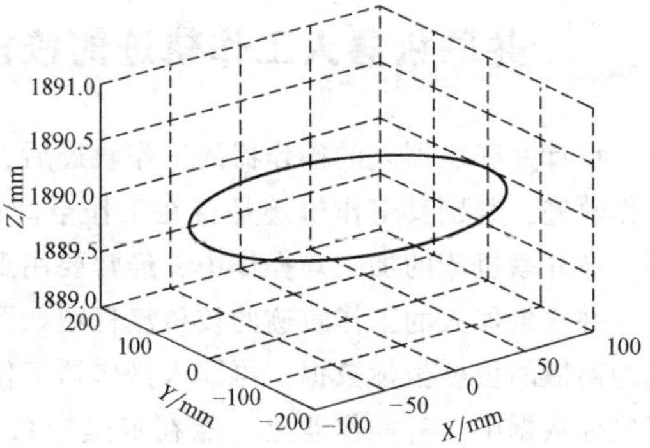

图 8-18 例 8-6 的操作器的工作轨迹

【例 8-7】 在例 8-6 的基础上，取章动角 $\theta = 10°$，校核操作器的工作轨迹。

解： 用与例 8-6 同样的计算方法，取章动角 $\theta = 10°$，得到操作器的工作轨迹，如图 8-19 所示，从图中看出，操作器的工作轨迹不连续，操作器的工作轨迹有一段不在其工作空间内，操作器的工作轨迹不可行。

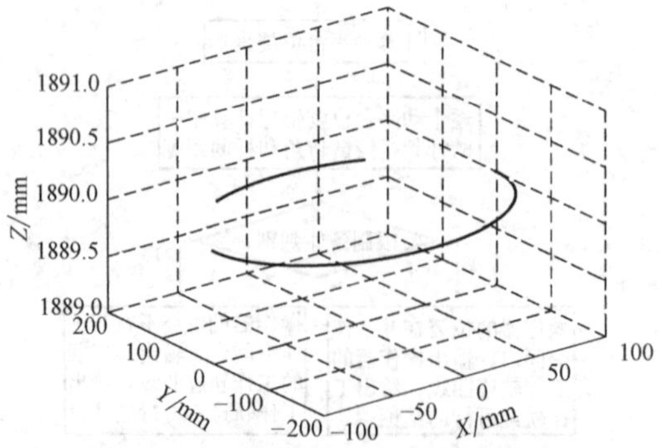

图 8-19 例 8-7 的操作器的工作轨迹

8.4 并联机器人工作空间的设计

8.4.1 并联机器人工作空间设计的一般方法

对于给定的并联机器人，求其工作空间及进行工作轨迹的校核计算，这是一正解问题。给定一个工作空间的要求，设计一个能满足工作空间要求的并联机器人，是工作空间计算的逆解问题，这是一个更加复杂的问题。为解决这个问题，可采用以下的方法及步骤。

1. 初步设计并联机构和操作器的结构

根据所要设计的工作空间的要求，可采用类比法和分析法，参考已有的并联机构和操作器，先设计并联机构和操作器的结构，计算其工作空间，在此基础上，再改进并联机构和操作器的结构，设计满足工作空间要求的并联机器人。例如：要设计类似图 8-6 所示的 6 个自由度的并联机器人操作器的定方位工作空间，可根据设计要求的工作空间的形状和自由度，采用类比法，在 Stewart 机构中查找，选择图 8-1 所示的具有操作器的 6-SPS 并联机构，再初步确定并联机构的连杆、铰链等尺寸，计算其工作空间，分析工作空间是否满足设计要求，需要改进的方向。这种方法，需要查找大量的资料，获得尽可能多的操作器或动平台的工作空间图及相应的并联机构。

2. 改变杆长，重新设计工作空间

改变杆长，重新设计工作空间，是在初步设计的并联机构和操作器的结构的基础上，通过改变最小和最大杆长，重新设计工作空间，满足工作空间的设计要求和优化工作空间。改变最小和最大杆长后，主要是在定坐标系 $OXYZ$ 的 Z 轴的方向上，上移或下移工作空间，同时也会改变工作空间在 X 和 Y 轴方向的形状及工作空间的大小。例如：要在定坐标系 $OXYZ$ 的 Z 轴的方向上，下移图 8-6 所示的操作器的定方位工作空间，可减小最小和最大杆长，使操作器的定方位工作空间下移；减小最小杆长，可使操作器的定方位工作空间的下边界下移，并增大其定方位工作空间；减小最大杆长，可使操作器的定方位工作空间的上边界下移，并减小其定方位工作空间。

在定坐标系 $OXYZ$ 的 Z 轴的方向上，上移或下移工作空间的量要通过计算得到，可将杆长作为设计变量，将工作空间上移或下移量的设计要求作为目标函数，进行优化设计计算，得到新的杆长及相应的工作空间。

3. 改变铰链的位置，重新设计工作空间

改变铰链的位置，重新设计工作空间，是在初步设计的并联机构和操作器的结构的基础上，通过改变定平台和动平台上铰链的位置，重新设计工作空间，满足工作空间的设计要求和优化工作空间。改变铰链的位置后，主要是在定坐标系 $OXYZ$ 的 X 和 Y 轴的方向上，改变工作空间的形状，章动角也会随之变化。等比例地减小动平台上铰链在 X 和 Y 轴方向的尺寸后，或等比例地增大定平台上铰链在 X 和 Y 轴方向的尺寸后，会减小工作空间，章动角也会随之增大；动平台的章动角的变化，会引起工作空间的形状变化。

可只改变定平台或动平台的尺寸，或同时改变定平台和动平台的尺寸，并作为设计变量，将设计要求的工作空间的体积作为目标函数，进行优化设计计算，得到新的定平台或动平台的尺寸及相应的工作空间。

4. 校核工作空间

对新的工作空间是否满足设计要求，要进行校核，可通过工作轨迹的校核计算，验证新的工作空间是否可行，是否达到设计要求，要防止并联机构的运动奇异；要检查并联机构的结构，保证在结构上可实现，保证并联机构的动平台和连杆对外不干涉，保证操作器对外不干涉及在动平台上有良好的安装位置。

8.4.2 并联机器人工作空间的优化设计

1. 设计变量

图 8-1 所示的具有操作器的 6-SPS 并联机构的形式已确定，在这种情况下，铰链坐标和连杆的伸长量，决定了操作器的工作空间，因此，设计变量为

$$\begin{aligned}\boldsymbol{X} &= [x_1 \quad x_2 \quad x_3 \quad \cdots \quad x_{45}] \\ &= [x_{b1} \quad x_{b2} \quad x_{b3} \quad x_{b4} \quad x_{b5} \quad x_{b6} \quad y_{b1} \quad y_{b2} \quad y_{b3} \quad y_{b4} \quad y_{b5} \quad y_{b6} \\ &\quad z_{b1} \quad z_{b2} \quad z_{b3} \quad z_{b4} \quad z_{b5} \quad z_{b6} \quad X_{B1} \quad X_{B2} \quad X_{B3} \quad X_{B4} \quad X_{B5} \quad X_{B6} \\ &\quad Y_{B1} \quad Y_{B2} \quad Y_{B3} \quad Y_{B4} \quad Y_{B5} \quad Y_{B6} \quad Z_{B1} \quad Z_{B2} \quad Z_{B3} \quad Z_{B4} \quad Z_{B5} \quad Z_{B6} \\ &\quad X_P \quad Y_P \quad Z_P \quad \psi \quad \theta \quad \phi \quad x_d \quad y_d \quad z_d]\end{aligned} \tag{8-11}$$

式中，x_{bi}、y_{bi} 和 z_{bi} 分别为铰链 b_i 在动坐标系 $Pxyz$ 下沿 x、y 和 z 轴的三个坐标分量，$i=1$, 2, …, 6；X_{Bi}、Y_{Bi} 和 Z_{Bi} 分别为铰链 B_i 在定坐标系 $OXYZ$ 下沿 X、Y 和 Z 轴的三个坐标分量；X_P、Y_P 和 Z_P 分别为动坐标系 $Pxyz$ 的原点 P 在定坐标系 $OXYZ$ 下沿 X、Y 和 Z 轴的三个坐标分量；ψ、θ 和 ϕ 分别为动坐标系 $Pxyz$ 相对定坐标系 $OXYZ$ 的进动角、章动角和自旋角，也可用其他形式的欧拉角；x_d、y_d 和 z_d 为矢量 $\boldsymbol{P}_d$ 在动坐标系 $Pxyz$ 的 x、y 和 z 轴上的三个坐标分量。

式（8-11）中，有 45 个设计变量；x_{bi}、y_{bi} 和 z_{bi} 为动平台上铰链 b_i 的位置参数，决定了动平台的六边形的大小及形状；X_{Bi}、Y_{Bi} 和 Z_{Bi} 为定平台上铰链 B_i 的位置参数，决定了定平台的六边形的大小及形状；X_P、Y_P、Z_P、ψ、θ 和 ϕ 为动平台相对定平台的位姿变化参数，与铰链 b_i 和铰链 B_i 的位置参数一起，由式（4-2），可解得连杆的伸长量；x_d、y_d 和 z_d 为操作器相对动平台的位置参数，决定了操作器相对动平台的位置。在优化设计中，设计变量可为 45 个设计变量中的一部分，如定平台上铰链 B_i 的位置不变，则少了铰链 B_i 的 18 个设计变量，设计变量变为 27 个。

2. 目标函数

工作空间优化的目标是工作空间的体积最大，其目标函数为

$$f(\boldsymbol{X}) = \max(V_g) \tag{8-12}$$

式中，V_g 为工作空间的体积。

工作空间的体积是空间曲面的包络体，多数情况下，难以精确计算其体积，在优化设计中，多采用近似计算的方法。工作空间的体积的计算方法如下。

1）用包容工作空间的立方体的体积作为工作空间的近似体积，立方体的面与工作空间相切。图 8-20 所示为立方体的面与工作空间相切后在垂直面上的投影，矩形包围工作空间

的投影曲线并相切。当定平台或动平台上铰链的位置变化时，包容工作空间的立方体的体积做近似相似变化时，如动平台上铰链的位置在一个圆周上，优化时，所在圆的半径变化，工作空间的体积随之变化，工作空间的曲面有较高相似性，可用包容工作空间的立方体的体积替代工作空间的体积，进行体积变化的比较，这样可减少工作空间体积计算的工作量和难度。

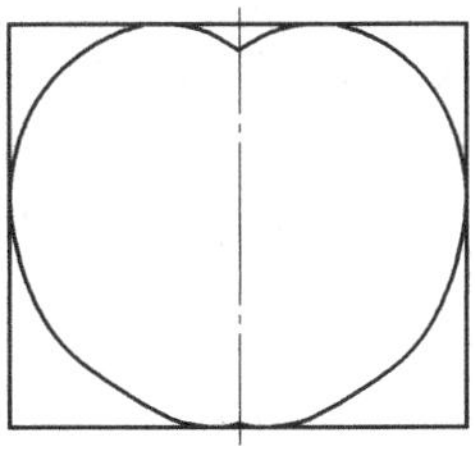

图 8-20　立方体的面与工作空间相切后在垂直面上的投影

2）用工作空间的点数替代工作空间的体积，进行工作空间的体积的比较。这是并联机器人的工作空间的优化设计中常用的方法。优化设计时，在定坐标系 $OXYZ$ 的 OXY 面上进行网格划分，优化后，得平行于 OXY 面上工作空间内的网格点，如图 8-21 中的黑点所示，用黑点的数量替代平行于 OXY 面上工作空间的体积；优化设计中，沿定坐标系 $OXYZ$ 的 Z 轴、用平行于 OXY 面的平面等间距分割工作空间，分层进行优化计算，这样，可得平行于 OXY 面上各层工作空间内的网格点，各层工作空间内的网格点的和，为工作空间内的网格点，这个工作空间内的网格点为工作空间的点数。在网格间距一定的情况下，工作空间内的网格点数越多，工作空间的体积越大，这样，可在优化中，进行工作空间体积大小的比较。网格间距越小，同样工作空间体积的网格点数越多，替代工作空间的体积的精度越高，但优化设计计算的时间越长，因此，在工作空间的优化设计中，要兼顾工作空间的点数和优化设计计算的时间。

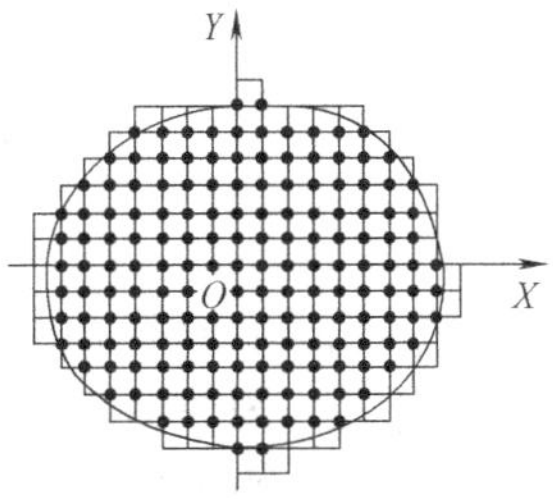

图 8-21　平行于 OXY 面上工作空间内的网格点

在工作空间有孔的情况下，用其他方法，难以计算工作空间的体积，这种方法更能显示优越性。相邻层的 8 个网格点构成一个立方体，工作空间内所有立方体的和可近似为工作空间的体积。

3）分层求工作空间的体积，再求各层工作空间的体积的和，得工作空间的体积。工作空间的体积由平行于 OXY 面、厚度 ΔZ 的曲边柱形叠加而成。平行于 OXY 面上的工作空间的求解如图 8-22 所示，当极角 θ 增加 $\Delta\theta$ 时，厚度 ΔZ 的工作空间的体积可以表示成

$$\mathrm{d}V_{\mathrm{g}}=\frac{1}{2}\Delta\theta\rho_i^2\Delta Z \tag{8-13}$$

整个工作空间的体积，可表示为

$$V_{\mathrm{g}}=\sum_{Z=Z_{\min}}^{Z_{\max}}\sum_{\theta=0}^{2\pi}\left(\frac{1}{2}\Delta\theta\rho_i^2\Delta Z\right) \tag{8-14}$$

式中，ρ_i 为工作空间的极半径；$Z_{\min}$ 和 $Z_{\max}$ 分别为工作空间的 Z 坐标的下限和上限。

这种计算工作空间的体积的方法较难，尤其是工作空间的体积中有孔、边界函数难求的情况下，更难计算工作空间的体积。

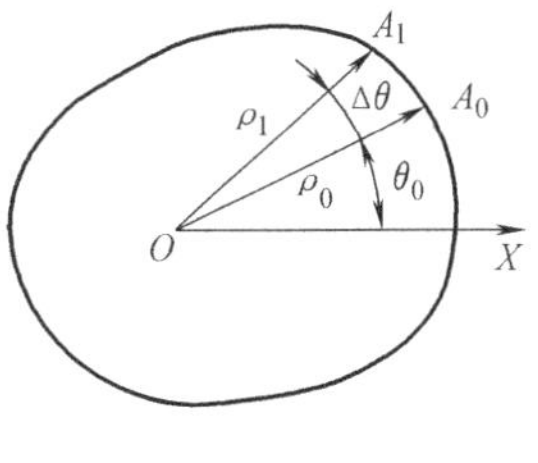

图 8-22　平行于 OXY 面上工作空间的求解

3. 约束条件

在 8.2.2 节并联机器人的工作空间的限制条件的基础上，增加铰链位置的约束条件，即为优化设计的约束条件。

（1）铰链 b_i 的位置约束条件　铰链 b_i 的位置要满足动平台

的面积约束条件和铰链 b_i 的安装约束条件。

铰链 b_i 到动坐标系 $Pxyz$ 的 z 轴的距离应在一定的范围，以保证动平台的六边形有一定的面积，动平台的面积小，不利于动平台上操作器的安装，动平台的面积大，动平台的惯性力大。动平台的面积约束条件为

$$r_{bi-\min} \leqslant \sqrt{x_{bi}^2+y_{bi}^2} \leqslant r_{bi-\max} \quad i=1,2,\cdots,6 \tag{8-15}$$

式中，$r_{bi-\min}$ 为第 i 个铰链 b_i 到动坐标系 $Pxyz$ 的 z 轴的最小距离；$r_{bi-\max}$ 为第 i 个铰链 b_i 到动坐标系 $Pxyz$ 的 z 轴的最大距离。优化设计的计算中，要给出 $r_{bi-\min}$ 和 $r_{bi-\max}$。

相邻的铰链 b_i 之间要有一定的距离，以保证铰链 b_i 的安装。铰链 b_i 的安装约束条件为

$$\sqrt{(x_{b2}-x_{b1})^2+(y_{b2}-y_{b1})^2+(z_{b2}-z_{b1})^2} \geqslant l_{b21-\min} \tag{8-16}$$

$$\sqrt{(x_{b3}-x_{b2})^2+(y_{b3}-y_{b2})^2+(z_{b3}-z_{b2})^2} \geqslant l_{b32-\min} \tag{8-17}$$

$$\sqrt{(x_{b4}-x_{b3})^2+(y_{b4}-y_{b3})^2+(z_{b4}-z_{b3})^2} \geqslant l_{b43-\min} \tag{8-18}$$

$$\sqrt{(x_{b5}-x_{b4})^2+(y_{b5}-y_{b4})^2+(z_{b5}-z_{b4})^2} \geqslant l_{b54-\min} \tag{8-19}$$

$$\sqrt{(x_{b6}-x_{b5})^2+(y_{b6}-y_{b5})^2+(z_{b6}-z_{b5})^2} \geqslant l_{b65-\min} \tag{8-20}$$

$$\sqrt{(x_{b1}-x_{b6})^2+(y_{b1}-y_{b6})^2+(z_{b1}-z_{b6})^2} \geqslant l_{b16-\min} \tag{8-21}$$

式中，$l_{b21-\min}$ 为铰链 b_2 与铰链 b_1 之间的最小距离；$l_{b32-\min}$ 为铰链 b_3 与铰链 b_2 之间的最小距离；$l_{b43-\min}$ 为铰链 b_4 与铰链 b_3 之间的最小距离；$l_{b54-\min}$ 为铰链 b_5 与铰链 b_4 之间的最小距离；$l_{b65-\min}$ 为铰链 b_6 与铰链 b_5 之间的最小距离；$l_{b16-\min}$ 为铰链 b_1 与铰链 b_6 之间的最小距离。优化设计的计算中，要根据铰链 b_i 的结构尺寸，给出这些最小距离。

（2）铰链 B_i 的位置约束条件　铰链 B_i 的位置要满足定平台的面积约束条件和铰链 B_i 的安装约束条件。

定平台是并联机构的底座，铰链 B_i 到定坐标系 $OXYZ$ 的 Z 轴的距离应在一定的范围，以保证定平台的六边形有一定的面积，保证底座支撑面积和并联机构的稳定性，防止侧翻。定平台的面积约束条件为

$$R_{Bi-\min} \leqslant \sqrt{X_{Bi}^2+Y_{Bi}^2} \leqslant R_{Bi-\max} \quad i=1,2,\cdots,6 \tag{8-22}$$

式中，$R_{Bi-\min}$ 为第 i 个铰链 B_i 到定坐标系 $OXYZ$ 的 Z 轴的最小距离；$R_{Bi-\max}$ 为第 i 个铰链 B_i 到定坐标系 $OXYZ$ 的 Z 轴的最大距离。优化计算中，要给出 $R_{Bi-\min}$ 和 $R_{Bi-\max}$。

相邻的铰链 B_i 之间要有一定的距离，以保证铰链 B_i 的安装。铰链 B_i 的安装约束条件为

$$\sqrt{(X_{B2}-X_{B1})^2+(Y_{B2}-Y_{B1})^2+(Z_{B2}-Z_{B1})^2} \geqslant l_{B21-\min} \tag{8-23}$$

$$\sqrt{(X_{B3}-X_{B2})^2+(Y_{B3}-Y_{B2})^2+(Z_{B3}-Z_{B2})^2} \geqslant l_{B32-\min} \tag{8-24}$$

$$\sqrt{(X_{B4}-X_{B3})^2+(Y_{B4}-Y_{B3})^2+(Z_{B4}-Z_{B3})^2} \geqslant l_{B43-\min} \tag{8-25}$$

$$\sqrt{(X_{B5}-X_{B4})^2+(Y_{B5}-Y_{B4})^2+(Z_{B5}-Z_{B4})^2} \geqslant l_{B54-\min} \tag{8-26}$$

$$\sqrt{(X_{B6}-X_{B5})^2+(Y_{B6}-Y_{B5})^2+(Z_{B6}-Z_{B5})^2} \geqslant l_{B65-\min} \tag{8-27}$$

$$\sqrt{(X_{B1}-X_{B6})^2+(Y_{B1}-Y_{B6})^2+(Z_{B1}-Z_{B6})^2} \geqslant l_{B16-\min} \tag{8-28}$$

式中，$l_{B21\text{-}\min}$ 为铰链 B_2 与铰链 B_1 之间的最小距离；$l_{B32\text{-}\min}$ 为铰链 B_3 与铰链 B_2 之间的最小距离；$l_{B43\text{-}\min}$ 为铰链 B_4 与铰链 B_3 之间的最小距离；$l_{B54\text{-}\min}$ 为铰链 B_5 与铰链 B_4 之间的最小距离；$l_{B65\text{-}\min}$ 为铰链 B_6 与铰链 B_5 之间的最小距离；$l_{B16\text{-}\min}$ 为铰链 B_1 与铰链 B_6 之间的最小距离。优化设计的计算中，要根据铰链 B_i 的结构尺寸，给出这些最小距离。

【例 8-8】 在例 8-1 的基础上，通过减小动平台铰链坐标的尺寸和增加第 i 根连杆的最大杆长，增大 0.5%的定方位工作空间，重新设计动平台上铰链 b_i 的位置坐标，并要求动平台的铰链的新的位置沿原铰链的径向线且在同一圆周上，相邻铰链的最小距离不小于 200mm，动平台的铰链半径的减小量不大于 2mm，第 i 根连杆的最大杆长增加量不大于 2mm。

解： 为获得满足设计要求的动平台上铰链 b_i 的新的位置坐标，采用并联机器人的工作空间的优化设计计算方法，优化设计计算的流程图如图 8-23 所示。优化设计计算中，用工作空间的点数替代工作空间的体积，进行工作空间的体积的比较。

根据图 8-23，首先用例 8-1 的计算方法，获得原工作空间的体积，也即例 8-1 中的定方位工作空间的体积，为 665860 个点。再取动平台铰链位置的半径和连杆最大杆长为设计变量，并给出动平台铰链位置的半径和连杆最大杆长的区间。根据表 4-2，用三角函数可求得例 8-1 中的动平台的铰链分布在半径 $r_0=462.3466$mm 的圆周上，且相邻铰链的最小距离为 304.2074mm，远大于 200mm，考虑动平台铰链半径的减小量不大于 2mm，取动平台铰链位置的半径的区间为 460.3466~462.3466mm，相应的相邻铰链的最小距离大于 200mm。考虑第 i 根连杆的最大杆长增加量不大于 2mm 及例 8-1 中的第 i 根连杆的最大杆长 $l_{i\text{-max}}=1785$mm，取最大杆长的区间为 1785~1787mm。根据动平台铰链位置的半径的区间和最大杆长的区间，将区间长度 5 等分，构建动平台铰链位置的半径和最大杆长的网格。以增大 0.5%的定方位工作空间为设计目标，进行设计计算。为获得设计要求的工作空间，调用工作空间计算程序，计算与动平台铰链位置的半径和最大杆长的网格点对应的工作空间的体积，得新的工作空间的体积。给出工作空间的体积的精度为 0.01，判别新的工作空间的体积是否满足设计要求。如新的工作空间的体积不满足设计要求，则以最接近工作空间设计要求的动平台铰链位置的半径和连杆最大杆长为中心，2 倍网格长度为新的区间，减小动平台铰链位置的半径和连杆最大杆长的区间，并划分网格，再次进行与网格点对应的新的工作空间的体积的计算。如新的工作空间的体积满足设计要求，则输出操作器和动平台的定方位工作空间图，输出工作空间的体积点数。

工作空间计算程序根据定方位工作空间的计算流程图编写。定方位工作空间的计算流程图如图 8-24 所示。根据图 8-23，在优化设计计算流程一开始，就给出了动平台的姿态，预估动平台工作空间的大小，构建 n 等份平行于 OXY 面的平面层，在 OXY 面上构建网格；给出了动平台铰链位置的半径和连杆最大杆长的区间，并划分网格，有了动平台铰链位置的半径和连杆最大杆长，根据动平台铰链位置的半径和动平台的新的铰链位置沿原铰链的径向线且在同一圆周上，可用三角函数，计算出动平台铰链位置坐标；接着可进行新的工作空间计算，其计算方法和流程同 8.2.3 节中定方位工作空间的计算方法和流程，计算结果为操作器和动平台的工作空间图数据及工作空间的点数，并与动平台铰链位置的半径和连杆最大杆长的网格点对应。

取定坐标系 $OXYZ$ 的 OXY 面上网格的间距为 15mm，平行于 OXY 面的平面层的间距为

2.5mm，根据图 8-23 和图 8-24，用 Matlab 编程，进行优化设计计算，计算得到原工作空间的点数为 665860，新的工作空间的点数为 669194，工作空间的点数增加 3334，工作空间增大 0.5007%；与新的工作空间对应的动平台铰链位置的半径为 r_0 = 460.8000mm，动平台的铰链半径的减小量为 1.5466 mm，小于2mm，动平台上铰链 b_i 的新的位置坐标见表 8-1；与新的工作空间对应的第 i 根连杆的最大杆长 $l_{i\text{-max}}$ = 1786.9500mm，第 i 根连杆的最大杆长增加量为 1.9500mm，小于2mm；工作空间的增大量、动平台的铰链半径的减小量和第 i 根连杆的最大杆长增加量均满足设计要求，设计数据可行。设计得到操作器和动平台的新的工作空间分别与原工作空间的形状相似，比原工作空间的体积大 0.5007%，工作空间的最高点下降 18.75mm。

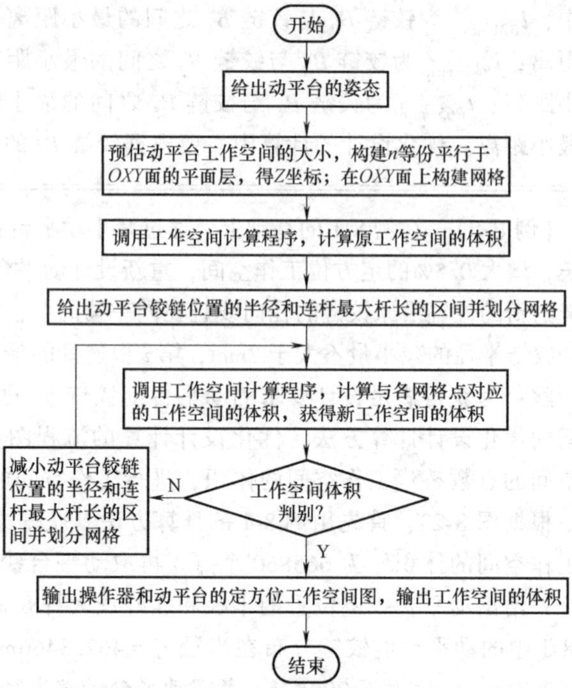

图 8-23 例 8-8 的定方位工作空间的优化设计计算的流程图

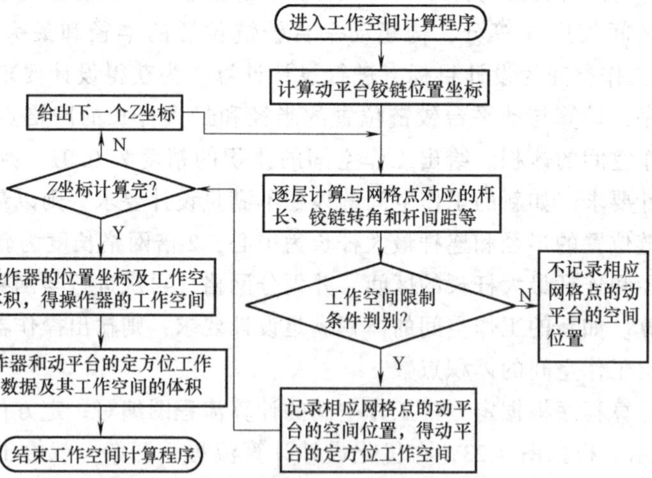

图 8-24 例 8-8 的定方位工作空间的计算流程图

表 8-1 动平台上铰链 b_i 的新的位置坐标 （单位：mm）

坐标	b_1	b_2	b_3	b_4	b_5	b_6
x_{bi}	151.5949	452.6459	301.0894	−301.0894	−452.6459	−151.5949
y_{bi}	−435.1501	86.3037	348.8292	348.8292	86.3037	−435.1501
z_{bi}	0	0	0	0	0	0

习　题

8-1　解释并联机器人的工作空间、定方位工作空间、定点工作空间、可达工作空间和灵巧工作空间。

8-2　根据动平台上操作器工作时的位姿特点，并联机器人的工作空间分为哪几类？

8-3　并联机器人的操作器的方位如何表示？操作器与动平台的方位关系是什么？

8-4　图 8-1 所示的 6-SPS 并联机构的操作器的位置如何表示？

8-5　图 8-1 所示的 6-SPS 并联机构的工作空间的限制条件是什么？工作空间的限制条件用公式如何表示？

8-6　图 8-1 所示的 6-SPS 并联机构的奇异位形的限制条件是什么？奇异位形的限制条件用公式如何表示？

8-7　绘制并联机器人的定方位工作空间的计算流程图，并说明其计算流程。

8-8　绘制并联机器人的可达工作空间的计算流程图，并说明其计算流程。

8-9　绘制并联机器人的定点工作空间的计算流程图，并说明其计算流程。

8-10　将例 8-1 中第 i 根连杆的最小杆长改为 $l_{i\text{-min}}=1150\text{mm}$，第 i 根连杆的最大杆长改为 $l_{i\text{-max}}=1700\text{mm}$，铰链 B_i 的最大转角改为 $\theta_{Bi\text{-max}}=30°$，铰链 b_i 的最大转角改为 $\theta_{bi\text{-max}}=30°$，计算图 8-1 所示的具有操作器的 6-SPS 并联机构的定方位工作空间。

8-11　将例 8-1 中第 i 根连杆的最小杆长改为 $l_{i\text{-min}}=1100\text{mm}$，第 i 根连杆的最大杆长改为 $l_{i\text{-max}}=1660\text{mm}$，铰链 B_i 的最大转角改为 $\theta_{Bi\text{-max}}=30°$，铰链 b_i 的最大转角改为 $\theta_{bi\text{-max}}=30°$，计算图 8-1 所示的具有操作器的 6-SPS 并联机构的可达工作空间。

8-12　在例 8-6 的基础上，分别取章动角 $\theta=6°$和 $\theta=11°$，校核操作器的工作轨迹。

8-13　简述并联机器人的工作空间的设计步骤。

8-14　根据图 8-1 所示的 6-SPS 并联机构，简述并联机器人的工作空间优化设计的设计变量、目标函数和约束条件。

8-15　查找文献，阅读 1~2 篇并联机器人的工作空间分析的文献，简述其工作空间的计算过程及分析结论。

8-16　查找文献，阅读 1~2 篇并联机器人的操作器的工作轨迹校核的文献，简述其工作轨迹校核过程及校核结论。

第9章 并联机器人的奇异位形分析

教学目标：通过本章学习，应掌握并联机器人的奇异位形方程及求解、奇异位形的规避与消除，了解奇异位形的概念和运动伪奇异，为并联机器人的工作空间分析、设计等打下基础。

9.1 并联机器人奇异位形的概念

9.1.1 奇异位形的定义

奇异位形（Singular Configuration）又称为特殊位形（Special Configuration），位形是位姿和形状的简称。并联机器人的奇异位形发生在其并联机构上，因此，并联机器人的奇异位形实质是其并联机构的奇异位形。并联机构在主动件的驱动下运动，在运动过程中如果机构的运动学、动力学性能瞬时发生突变，产生运动分岔，或机构处于死点或失去稳定或自由度发生变化且有不可控的自由度，使得机构传递运动和动力的能力及控制失常，机构此时的位形称为并联机构的奇异位形，或称为并联机器人的奇异位形。

当并联机器人处于奇异位形时，其动平台具有多余的自由度或处于死点，这时机构就失去了控制，奇异位形的存在对并联机器人的运动、受力、控制以及精度等是十分不利的，在设计和应用并联机器人时应该避开和控制奇异位形。

在并联机器人中，不是所有的并联机器人都有奇异位形，有的并联机器人有奇异位形，有的并联机器人无奇异位形。

并联机器人与串联机器人的奇异位形有相同点，也有不同点，在研究并联机器人的奇异位形时，可借鉴串联机器人奇异位形的研究方法。

9.1.2 奇异位形的分类

1. 按并联机构的运动状态分类

根据并联机构的运动状态，并联机构的奇异位形分为极限位移奇异、共线奇异、死点奇异、瞬时失稳奇异、瞬时几何奇异、连续几何奇异和自由度变化奇异等形式。

（1）极限位移奇异　当构件位于极限位置时，并联机构奇异，称为极限位移奇异（Extremely Displacement Singularity），又称为边界奇异。平面五杆机构是两个自由度的并联机构。平面五杆机构的极限位移奇异位形如图 9-1 所示，滑块 b_5 位于右极限位置，曲柄 b_1b_2

顺时针或逆时针绕铰链 b_1 转动时，滑块 b_5 均向左移动，曲柄 b_1b_2 有两种运动可能，机构产生运动分岔和奇异。

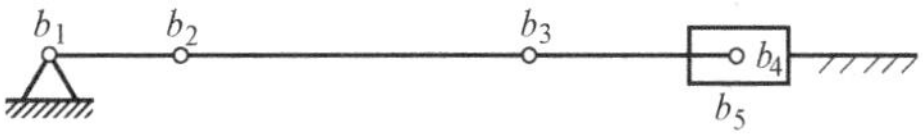

图 9-1　平面五杆机构的极限位移奇异位形

(2) 共线奇异　当构件共线时，并联机构奇异，称为共线奇异。平面五杆机构的共线奇异位形如图 9-2 所示，曲柄 b_1b_2 和连杆 b_2b_3 共线，滑块 b_5 不动时，$b_1b_2b_3b_4$ 组成平面四杆机构，曲柄 b_1b_2 在顺时针或逆时针绕铰链 b_1 转动时，连杆 b_3b_4 均绕铰链 b_4 逆时针转动，曲柄 b_1b_2 有两种运动可能，机构产生运动分岔和奇异。

Stewart 并联机构的铰接支链的共线奇异位形如图 9-3 所示，有 6 个自由度，铰链 B_2、d_2 和 b_2 在一条直线上，如果连杆 B_1d_1、B_3d_3、B_4d_4、B_5d_5 和 B_6d_6 绕定平台 B 上的各自铰链转动后，使动平台上的铰链 b_2 沿 B_2b_2 线移动且减小 B_2b_2 的距离，则连杆 B_2d_2 绕定平台 B 上的铰链 B_2 有多个方向转动的可能，机构产生运动分岔和奇异，分岔导致奇异。

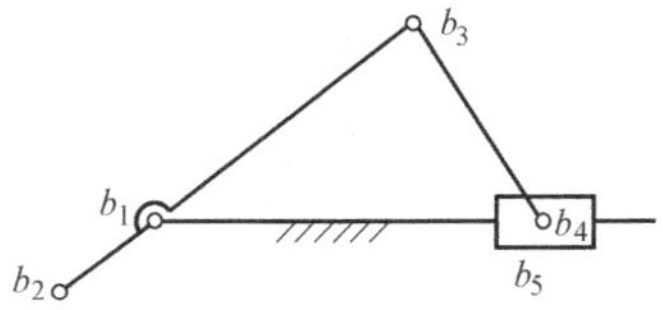

图 9-2　平面五杆机构的共线奇异位形

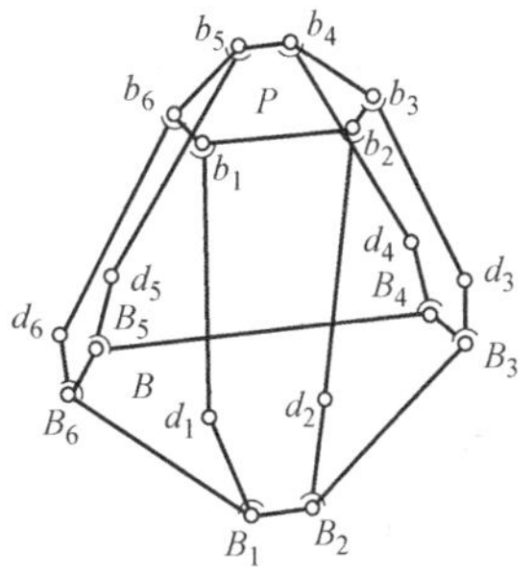

图 9-3　Stewart 并联机构的铰接支链的共线奇异位形

(3) 死点奇异　当构件位于死点时，并联机构奇异，称为死点奇异。图 9-1 所示的平面五杆机构的极限位移奇异位形，也是平面五杆机构的死点奇异位形，铰链 b_1、b_2、b_3 和 b_4 共线，当曲柄 b_1b_2 不动时，滑块 b_5 不能向左移动，也不能向右移动，失去自由度，或机构的自由度为零，并联机构位于死点，产生死点奇异。

平面铰链五杆机构的死点奇异位形如图 9-4 所示，铰链 b_1、b_2、b_3 和 b_4 共线，$b_3b_4 \perp b_4b_5$，当曲柄 b_1b_2 不动时，曲柄 b_4b_5 不能绕铰链 b_5 转动，失去自由度，并联机构位于死点，产生奇异。

(4) 瞬时失稳奇异　并联机构运动到一定的位形下，将机构所有的主动件都锁住后，仍有自由度，机构可能瞬时失稳，称为瞬时失稳奇异。这种奇异具有瞬时性。

平面铰链五杆机构的瞬时失稳奇异位形如图 9-5 所示，铰链 b_2、b_3 和 b_4 共线，$b_1b_2 \perp b_2b_3$，$b_3b_4 \perp b_4b_5$，当曲柄 b_1b_2 和曲柄 b_4b_5 锁住且有反向转动趋势时，施加到铰链 b_3 上的两个结构约束力共线，变成线性相关，只相当于一个约束，此时，铰链 b_3 点存在一个瞬时自由度，铰链 b_3 极易在垂直于 b_2b_4 的方向上，向上或向下运动而瞬时失稳，产生分岔和奇异。

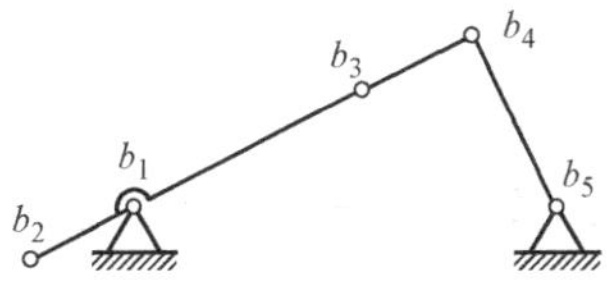

图 9-4　平面铰链五杆机构的死点奇异位形

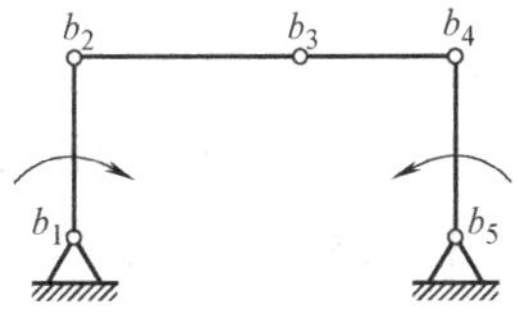

图 9-5　平面铰链五杆机构的瞬时失稳奇异位形

Stewart 并联机构的瞬时失稳奇异位形如图 9-6 所示，Stewart 并联机构有 6 个自由度，当动平台与定平台平行时，Pb_1 平行于 OB_1，连杆 B_1b_1、B_2b_2、B_3b_3、B_4b_4、B_5b_5 和 B_6b_6 分别与 Z 轴共面，其延长线相交于 Z 轴，各连杆对 Z 轴的力矩为零，动平台有一个绕 Z 轴转动的瞬时自由度，机构不稳定，当动平台受到绕 Z 轴的力矩扰动时，动平台绕 Z 轴顺时针或逆时针转动，产生分岔和奇异。

（5）瞬时几何奇异　并联机构在一定的几何条件和一定的位形下，当机构所有的主动件都被锁住时，相关的约束变成线性相关，机构自由度减少并具有瞬时性，称为瞬时几何奇异（Instant Geometrical Singularity）。图 9-7 所示为平面三自由度八杆机构，3 个移动副是输入副，其上平台（DEF）、下平台（ABC）的尺寸有一定比例。在图 9-7 所示实线位形下锁住 3 个输入，由于 3 作用线交于一点，此时，3 个约束力成为线性相关，上平台 DEF 只能转动，不能移动，移动会破坏杆长约束，机构的自由度瞬时减少，主动件数大于机构的自由度数，或者说，有一个杆是多余的，去除其中的任一约束，不影响上平台在图 9-7 中的实线位置，这会产生瞬时几何约束奇异，简称为瞬时几何奇异。当 3 作用线平行时，如图 9-7 中虚线所示，出现的则是上平台瞬时移动（平动）自由度，失去转动自由度，仍有一杆多余，同样产生瞬时几何奇异。该机构在一般位形下绕铰链 A、B 和 C 转动，不产生奇异。

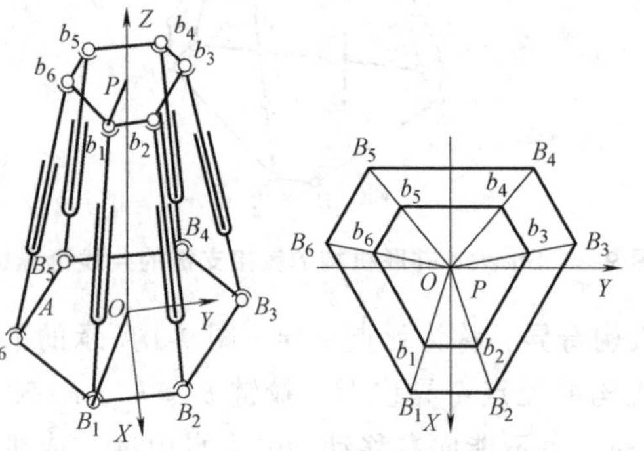

图 9-6　Stewart 并联机构的瞬时失稳奇异位形

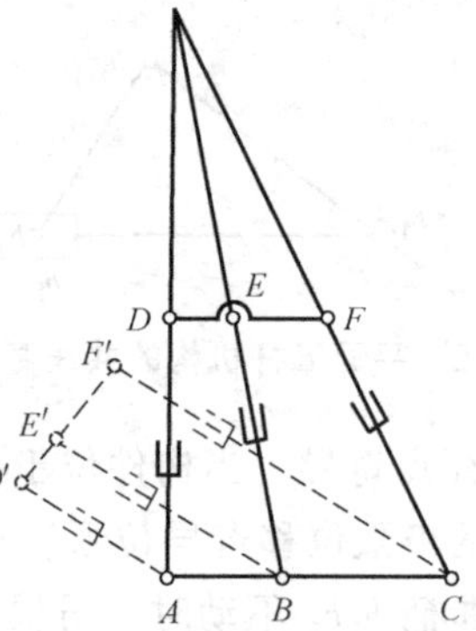

图 9-7　平面三自由度八杆机构的瞬时几何奇异位形

（6）连续几何奇异　并联机构在一定的几何条件和一定的位形下，当机构所有的主动件都被锁住后，机构仍有自由度并能连续地运动，称为连续几何奇异（Continuous Geometry Singularity）。并联机构连续几何奇异，会引起操纵失控，对并联机构的工作是不利的。

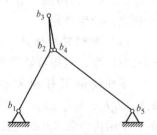

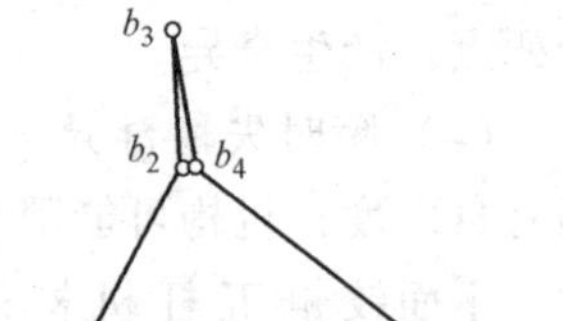

图 9-8　平面五杆机构的连续几何奇异位形

平面五杆机构的连续几何奇异位形如图 9-8 所示。两个转动副 b_2 和 b_4 发生共轴，锁死曲柄 b_1b_2 和 b_4b_5 后，机构仍有自由度，相重合的两杆 b_2b_3 和 b_3b_4 能发生绕点 b_4 的连续自转动，机构处于连续的几何奇异位形。

平面八杆机构的连续几何奇异位形如图 9-9 所示。机构的几何图形为平行四边形，液压缸锁死后，机构仍有自由度，能发生绕铰链 b_1、b_6 和 b_5 的连续自转动，机构处于连续的几何奇异位形。

两种 Stewart 机构的连续几何奇异位形如图 9-10 所示。上、下平台是两个相等的正六边形。铰链间距 B_1b_1、B_2b_2、B_3b_3、B_4b_4、B_5b_5 和 B_6b_6 相等且不变时，上平台能发生 3 个自由度的连续自移动，机构处于连续的几何奇异位形。在上平台转动后上、下平台不再平行时，机构仅有 1 个自由度，仍处于连续的几何奇异位形。

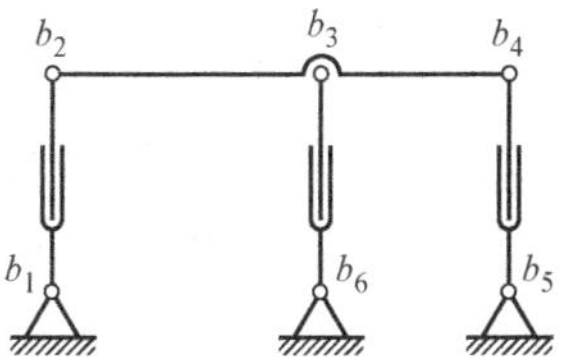

图 9-9　平面八杆机构的连续几何奇异位形

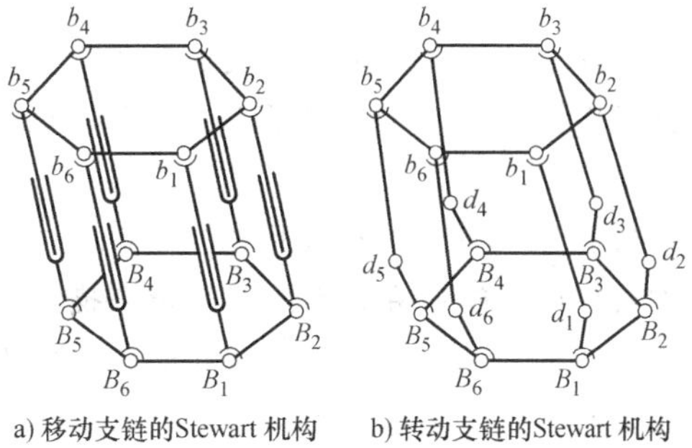

图 9-10　两种 Stewart 机构的连续几何奇异位形

(7) 自由度变化奇异　并联机构在一定的几何条件和一定的输入参数下，机构的自由度发生了变化并产生奇异，称为自由度变化奇异（Variety-Mobility Singularity）。图 9-11 所示的是 3-UPU 机构，与定平台 B 连接的虎克铰叉对着定平台的中心，与动平台 M 连接的虎克铰叉对着动平台的中心。它在某些位形时自由度为 5，大于驱动件数 3，某些位形时自由度为 3，在这个过渡点，机构具有不同的自由度数目，产生自由度变化奇异。

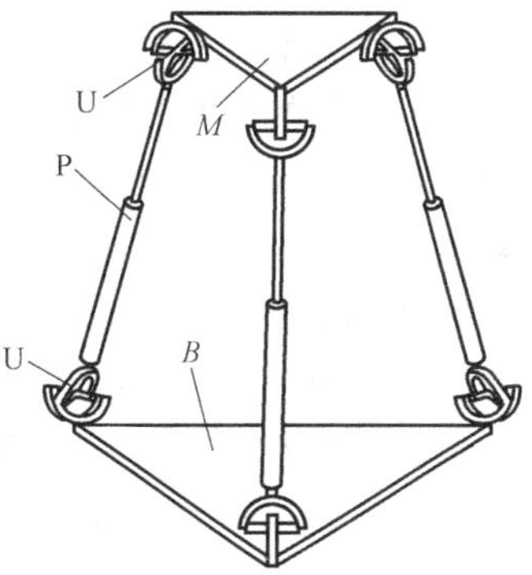

图 9-11　3-UPU 机构

2. 按奇异形成的原因分类

(1) 运动奇异　并联机构在某些位形下，动平台受到约束，自由度减少，产生奇异，称为并联机构的运动奇异（Kinematic Singularity）。极限位移奇异、死点奇异、瞬时几何奇异都属于此类。极限位移奇异和死点奇异与原动件的选择有关，当原动件改变，奇异的状态也会改变。

(2) 约束奇异　在锁住所有输入构件的情况下，动平台仍然可动，称为约束奇异（Constraint Singularity）。并联机构在某位形时锁住所有的主动件，作用在机构或机构输出构件上的约束变成线性相关，独立的约束数目减少，机构就保留了未被约束掉的部分自由度，由此产生约束奇异。这种奇异也与原动件的选择有关，当原动件改变时，奇异的状态也会改变，可用来克服奇异。这种奇异，在给定原动件位置，求机构运动学正解时得到多解，如发生自运动情况等。

3. 按奇异的研究方法分类

(1) 雅可比代数法　雅可比代数法是用雅可比矩阵研究并联机构的奇异位形。这是研究并联机器人奇异位形的最一般的、最通用的求解方法。当机构处于某些特定的位形时，其雅可比矩阵成为奇异矩阵，其行列式为零或无穷大或不确定。

并联机器人处于边界奇异位形时，雅可比矩阵 $\boldsymbol{J}$ 的行列式等于零，即

$$\det\boldsymbol{J}=0 \tag{9-1}$$

并联机器人处于局部奇异位形时，动平台在该位形有一个不可控的局部自由度，Jacobian 矩阵的行列式趋于无穷大，即

$$\det \boldsymbol{J} \to \infty \tag{9-2}$$

并联机器人处于结构奇异位形时，构件尺寸特殊，雅可比矩阵的行列式趋于零比零，即

$$\det \boldsymbol{J} \to \frac{0}{0} \tag{9-3}$$

此外，当速度约束方程表示为 $\boldsymbol{A}\dot{\boldsymbol{X}}=\boldsymbol{B}\dot{\boldsymbol{q}}$ 时，可把并联机构的奇异位形分为 $\boldsymbol{A}$ 降秩型、$\boldsymbol{B}$ 降秩型以及 $\boldsymbol{A}$ 和 $\boldsymbol{B}$ 皆降秩型，$\boldsymbol{q}$ 为并联机构的连杆的输入变量，$\boldsymbol{X}$ 为并联机构的动平台的输出变量。

(2) 线几何法　线几何法（Line Geometric）是基于 Grassmann 线几何原理，进行并联机构奇异位形的研究。当用线矢量来描绘末端件受到的约束力，可以通过研究线矢量的相关性来判断机构的约束奇异。线几何法也可用来研究机构的运动奇异，当代表运动副的直线成为相关时，机构运动奇异。

(3) 奇异的运动学法　当并联机构的所有输入都被锁住时，正常情况下机构成为不能动的结构。机构的位形不同，锁住输入后的结构也不同。在什么条件下这个结构能够再变成动平台能够运动的机构，就是该机构发生奇异的条件。这也是判别奇异的物理学方法。

以上奇异的研究方法也是求解并联机器人奇异位形的常用方法，此外，还可用旋量理论求解并联机器人的奇异位形，到目前为止，还没有一种通用的方法可以求出所有并联机构的奇异位形。

4. 按奇异的运动性和动力性分类

(1) 运动学奇异　运动学奇异主要从运动学方面考虑并联机器人的奇异。在运动学奇异分析中，考虑静力，不考虑惯性力。判别并联机器人运动学奇异的主要数学方法是 Jacobian 矩阵的行列式等于零。当机构奇异时，会出现机构不稳定的现象，作用在动平台上很小的外载荷，会引起无穷大的驱动力，基于这个特点，可以认为，如果外载荷很小时，驱动力很大，这类机构奇异，属于运动学奇异。由于速度雅可比矩阵的逆是力雅可比矩阵，这说明，机构的运动学奇异是在静力下的奇异，或者说，运动学奇异是静力学奇异，与机构的惯性力无关，这也说明，研究机构的运动学奇异，要与机构的静力联系在一起，这样，有利于机构的奇异位形分析。

(2) 动力学奇异　动力学奇异主要从动力学方面，考虑并联机器人的奇异。在动力学奇异分析中，考虑惯性力及其变化。判别并联机器人动力学奇异的主要方法是用非线性动力学中的分岔理论和运动突变理论，并在并联机器人动力学方程的基础上进行动力学奇异分析。

从以上几种奇异位形的类别可以看到，许多奇异位形的出现都是与原动件的选择有关。改变原动件，奇异位形的类别及状态都会改变，甚至奇异变成不奇异了，这可用于规避和控制并联机构的奇异。

9.1.3 Stewart 机构的几种奇异位形

为进一步建立奇异位形的概念，认识和分析机构的奇异位形，下面给出 Stewart 机构的几种奇异位形。图 9-12 所示为 4 种 Stewart 机构的奇异构型，其动平台为三角形，定平台为 6 边形。

(1) Hunt 型奇异　图 9-12a 所示为 Hunt 型奇异。直线 B_3B_5 落于平面 $B_1C_1C_2$ 上，或者说，平面 $B_1B_3B_5$ 与平面 $B_1C_1C_2$ 共面，这样过 6 条腿的 6 条直线同时与直线 B_3B_5 相交。从

另一方面说，B_1 点速度 $\boldsymbol{v}_{B1}$ 垂直于平面 $B_1B_3B_5$，由于平面 $B_1B_3B_5$ 与平面 $B_1C_1C_2$ 共面，所以也有 $\boldsymbol{v}_{B3}\perp B_1B_3$ 和 $\boldsymbol{v}_{B5}\perp B_1B_5$。同时，$\boldsymbol{v}_{B3}\perp B_3C_3C_4$、$\boldsymbol{v}_{B5}\perp B_5C_5C_6$。因为直线 B_1B_3 不在平面 $B_3C_3C_4$ 上，直线 B_1B_5 也不在平面 $B_5C_5C_6$ 上，所以 $\boldsymbol{v}_{B3}$ 和 $\boldsymbol{v}_{B5}$ 两者都只能为零。这样 3 个速度 $\boldsymbol{v}_{B1}$、$\boldsymbol{v}_{B3}$ 和 $\boldsymbol{v}_{B5}$ 确定一个纯转动，而且 B_3B_5 是转轴，绕 B_3B_5 轴有正、反方向两种转动的可能，产生转动分岔和奇异，此外，在这个位形，机构没有力矩平衡绕平行于动平台的轴转动的力矩，机构受扰动时，动平台绕平行于动平台轴转动的方向不定，产生奇异。

(2) 四线交于一点（两条腿与动平台的两边共线）　图 9-12b 所示的 1、2、4、6 的 4 条线交于点 B_1。当机构的 6 条腿长度不变时，B_3、B_5 两点的速度 $\boldsymbol{v}_{B3}$、$\boldsymbol{v}_{B5}$ 应分别垂直于平面 $B_3C_3C_4$ 和 $B_5C_5C_6$。因此 $\boldsymbol{v}_{B3}\perp B_1B_3$ 和 $\boldsymbol{v}_{B5}\perp B_1B_5$。而且应该有 $\boldsymbol{v}_{B1}\perp B_1B_3$ 和 $\boldsymbol{v}_{B1}\perp B_1B_5$，即 $\boldsymbol{v}_{B1}\perp B_1B_3B_5$。所以点 B_1 是极平面 $B_1B_3B_5$ 的极点。同时 $\boldsymbol{v}_{B1}\perp B_1C_1C_2$。因为两个平面 $B_1B_3B_5$ 和 $B_1C_1C_2$ 不共面，所以只能是 $\boldsymbol{v}_{B1}=0$，$\boldsymbol{v}_{B1}$、$\boldsymbol{v}_{B3}$ 和 $\boldsymbol{v}_{B5}$ 形成一个绕点 B_1 的纯转动，$\boldsymbol{v}_{B3}$、$\boldsymbol{v}_{B5}$ 的速度方向不确定，产生奇异；此外，动平台有 6 个自由度，需要 6 根杆及其产生的力约束，1、2、4、6 的 4 条线交于点 B_1，这 4 根杆只起 3 根交叉杆的作用，使动平台有多余的自由度，产生奇异。

(3) 共面与共点线矢（点在面上）　图 9 -12c 所示线 4 与 B_3B_5 共线，点 B_5 落于平面 $B_1C_1C_2$ 上，是 4、5、6 线的交点。同理，$\boldsymbol{v}_{B1}\perp B_1B_5$、$\boldsymbol{v}_{B3}\perp B_3B_5$。因此，$\boldsymbol{v}_{B5}\perp B_1B_3B_5$。然而它还应该垂直于法平面 $B_5C_5C_6$，由于两平面相交，不重叠，因此 $\boldsymbol{v}_{B5}=0$，动平台的运动是绕点 B_5 的纯转动，$\boldsymbol{v}_{B1}$、$\boldsymbol{v}_{B3}$ 的速度方向不确定，产生奇异。

(4) 三点共线　图 9-12d 所示为机构的俯视图，此时 A_5、B_1、B_5 三点共线，该线也是平面 $B_1C_1C_2$ 和 $B_5C_5C_6$ 的交线。因此 $\boldsymbol{v}_{B1}\perp A_5B_5$、$\boldsymbol{v}_{B5}\perp A_5B_5$。然而 $\boldsymbol{v}_{B1}$ 和 $\boldsymbol{v}_{B5}$ 相互不平行，因此 A_5B_5 是它们在平面 $B_1B_3B_5$ 内的公法线。过 B_3 点 $\boldsymbol{v}_{B3}$ 的法平面必定会与直线 A_5B_5 相交于某点，该点必在三角形 $B_1B_3B_5$ 上。这样三角形 $B_1B_3B_5$ 的 3 个顶点速度的 3 个法平面的交点落于 $B_1B_3B_5$ 平面上，形成定点转动，自由度减少，机构奇异，此时机构的瞬时运动具有非零的有限节距。

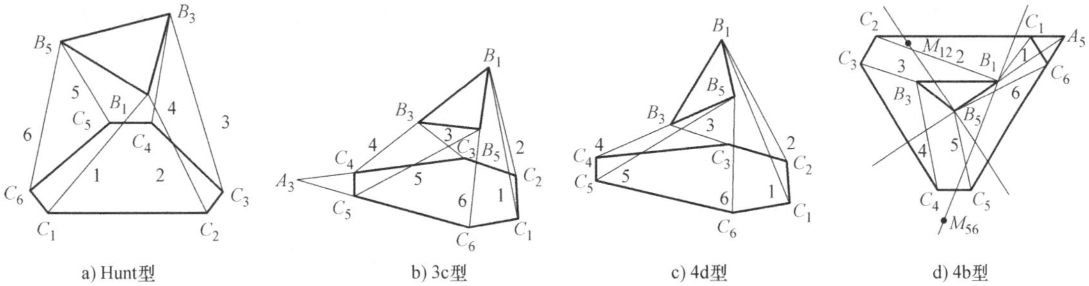

图 9-12　4 种 Stewart 机构的奇异构型

9.2　并联机器人的奇异位形方程及其求解

9.2.1　并联机器人奇异位形求解中要解决的问题

在并联机器人的奇异位形的求解中，主要解决以下几个问题。

1）并联机器人的奇异位形方程。式（9-1）已给出奇异位形的判别式，这个行列式等于零的式子，是奇异位形的方程，并可以用于求解机构的奇异位形，但并联机器人有多个自由度，特别是对于6个自由度的并联机器人，将式（9-1）直接展开后，是个高次方程，难以得到其解析解，且用计算机求解时间太长，需要根据奇异位形的性质、位形、方程特点和行列式的性质，进行变换，得到便于求解的奇异位形方程。

2）确定一个已知拓扑结构和参数的并联机构是否存在奇异位形，即是判别和校核并联机器人的奇异性的问题。这时，并联机构的运动简图和铰链中心等结构尺寸参数是已知的，要判别和校核并联机构是否存在奇异位形。

3）并联机器人的奇异位形的拓扑图。这个拓扑图要表示出并联机构奇异位形的形状和位置，可用奇异位形的机构运动简图表示或用奇异位形的机构示意图表示，其图形为清楚表达并联机构奇异位形的平面图和立体图。

4）并联机器人的奇异位形的位姿曲线或曲面图。以机构位姿参数为坐标，绘出其奇异位形的位姿曲线或曲面图。

5）并联机器人的奇异位形的位姿曲线或曲面图和与其对应的拓扑图。这样的拓扑图，反映并联机器人的奇异位形的位姿曲线或曲面图与其的对应关系，能更好地理解奇异位形和进行奇异位形的控制。

以上问题，与并联机器人的结构、奇异位形的定义有关，与并联机器人的奇异位形的方程形式及其计算有关，还与机构的工作空间的限制条件有关，在动力学奇异分析中，与机构的惯性力有关。

9.2.2 并联机器人的奇异位形方程

式（5-43）和式（7-28）已经给出了图4-1所示的6-SPS并联机构的逆速度雅可比矩阵，这两个逆速度雅可比矩阵的表达形式不同，但相等，可以相互导出，均可作为与图4-1所示的6-SPS类似的移动支链的Stewart并联机器人的逆速度雅可比矩阵，均可用于与图4-1所示的6-SPS类似的移动支链的Stewart并联机器人的奇异位形的求解。

根据图4-1和式（7-28），得移动支链的Stewart并联机器人的逆速度雅可比矩阵为

$$
{}^{A}\boldsymbol{J}_{l}=\begin{bmatrix} {}^{A}\boldsymbol{w}_{1}^{\mathrm{T}} & ({}^{A}\widetilde{\boldsymbol{b}}_{1}{}^{A}\boldsymbol{w}_{1})^{\mathrm{T}} \\ {}^{A}\boldsymbol{w}_{2}^{\mathrm{T}} & ({}^{A}\widetilde{\boldsymbol{b}}_{2}{}^{A}\boldsymbol{w}_{2})^{\mathrm{T}} \\ \vdots & \vdots \\ {}^{A}\boldsymbol{w}_{6}^{\mathrm{T}} & ({}^{A}\widetilde{\boldsymbol{b}}_{6}{}^{A}\boldsymbol{w}_{6})^{\mathrm{T}} \end{bmatrix}=\begin{bmatrix} {}^{A}\boldsymbol{w}_{1}^{\mathrm{T}} & {}^{A}\boldsymbol{w}_{1}^{\mathrm{T}}{}^{A}\widetilde{\boldsymbol{b}}_{1}^{\mathrm{T}} \\ {}^{A}\boldsymbol{w}_{2}^{\mathrm{T}} & {}^{A}\boldsymbol{w}_{2}^{\mathrm{T}}{}^{A}\widetilde{\boldsymbol{b}}_{2}^{\mathrm{T}} \\ \vdots & \vdots \\ {}^{A}\boldsymbol{w}_{6}^{\mathrm{T}} & {}^{A}\boldsymbol{w}_{6}^{\mathrm{T}}{}^{A}\widetilde{\boldsymbol{b}}_{6}^{\mathrm{T}} \end{bmatrix} \tag{9-4}
$$

式中，${}^{A}\boldsymbol{w}_{i}$ 为第 i 根连杆的单位矢量 $\boldsymbol{w}_{i}$ 在定坐标系 $OXYZ$ 下的列矩阵，${}^{A}\boldsymbol{w}_{i}=[w_{iX} \quad w_{iY} \quad w_{iZ}]^{\mathrm{T}}$，其中，$w_{iX}$、$w_{iY}$ 和 w_{iZ} 分别是单位矢量 $\boldsymbol{w}_{i}$ 在定坐标系 $OXYZ$ 的 X、Y 和 Z 轴上的投影，$w_{iX}=X_{li}/l_{i}$、$w_{iY}=Y_{li}/l_{i}$ 和 $w_{iZ}=Z_{li}/l_{i}$，X_{li}、Y_{li} 和 Z_{li} 分别为第 i 根连杆的长度矢量 $\boldsymbol{L}_{i}$ 在定坐标系 $OXYZ$ 下的 X、Y 和 Z 轴上的投影，l_{i} 为第 i 根连杆的长度；${}^{A}\widetilde{\boldsymbol{b}}_{i}^{\mathrm{T}}$ 为 ${}^{A}\boldsymbol{b}_{i}$ 的反对称矩阵的转置，${}^{A}\boldsymbol{b}_{i}$ 为第 i 个铰链 b_{i} 的长度矢量在定坐标系 $OXYZ$ 下的位置的列矩阵，${}^{A}\boldsymbol{b}_{i}=[X_{bi} \quad Y_{bi} \quad Z_{bi}]^{\mathrm{T}}$，$X_{bi}$、$Y_{bi}$ 和 Z_{bi} 分别为第 i 个铰链 b_{i} 的长度矢量在定坐标系 $OXYZ$ 下

的 X、Y 和 Z 轴上的投影。

根据反对称矩阵的定义，考虑${}^A\widetilde{\boldsymbol{b}}_i^{\mathrm{T}}=-{}^A\widetilde{\boldsymbol{b}}_i$，得

$$
{}^A\widetilde{\boldsymbol{b}}_i^{\mathrm{T}}=\begin{bmatrix} 0 & Z_{bi} & -Y_{bi} \\ -Z_{bi} & 0 & X_{bi} \\ Y_{bi} & -X_{bi} & 0 \end{bmatrix} \tag{9-5}
$$

将${}^A\boldsymbol{w}_i=[w_{iX}\quad w_{iY}\quad w_{iZ}]^{\mathrm{T}}$ 及式（9-5）代入式（9-4），再得移动支链的 Stewart 并联机器人的逆速度雅可比矩阵为

$$
{}^A\boldsymbol{J}=\begin{bmatrix}
w_{1X} & w_{1Y} & w_{1Z} & -w_{1Y}Z_{b1}+w_{1Z}Y_{b1} & w_{1X}Z_{b1}-w_{1Z}X_{b1} & -w_{1X}Y_{b1}+w_{1Y}X_{b1} \\
w_{2X} & w_{2Y} & w_{2Z} & -w_{2Y}Z_{b2}+w_{2Z}Y_{b2} & w_{2X}Z_{b2}-w_{2Z}X_{b2} & -w_{2X}Y_{b2}+w_{2Y}X_{b2} \\
w_{3X} & w_{3Y} & w_{3Z} & -w_{3Y}Z_{b3}+w_{3Z}Y_{b3} & w_{3X}Z_{b3}-w_{3Z}X_{b3} & -w_{3X}Y_{b3}+w_{3Y}X_{b3} \\
w_{4X} & w_{4Y} & w_{4Z} & -w_{4Y}Z_{b4}+w_{4Z}Y_{b4} & w_{4X}Z_{b4}-w_{4Z}X_{b4} & -w_{4X}Y_{b4}+w_{4Y}X_{b4} \\
w_{5X} & w_{5Y} & w_{5Z} & -w_{5Y}Z_{b5}+w_{5Z}Y_{b5} & w_{5X}Z_{b5}-w_{5Z}X_{b5} & -w_{5X}Y_{b5}+w_{5Y}X_{b5} \\
w_{6X} & w_{5Y} & w_{6Z} & -w_{6Y}Z_{b6}+w_{6Z}Y_{b6} & w_{6X}Z_{b6}-w_{6Z}X_{b6} & -w_{6X}Y_{b6}+w_{6Y}X_{b6}
\end{bmatrix} \tag{9-6}
$$

根据式（9-1）和式（9-6），由逆速度雅可比矩阵的行列式等于零，得移动支链的 Stewart 并联机器人的奇异位形方程为

$$
\begin{vmatrix}
w_{1X} & w_{1Y} & w_{1Z} & -w_{1Y}Z_{b1}+w_{1Z}Y_{b1} & w_{1X}Z_{b1}-w_{1Z}X_{b1} & -w_{1X}Y_{b1}+w_{1Y}X_{b1} \\
w_{2X} & w_{2Y} & w_{2Z} & -w_{2Y}Z_{b2}+w_{2Z}Y_{b2} & w_{2X}Z_{b2}-w_{2Z}X_{b2} & -w_{2X}Y_{b2}+w_{2Y}X_{b2} \\
w_{3X} & w_{3Y} & w_{3Z} & -w_{3Y}Z_{b3}+w_{3Z}Y_{b3} & w_{3X}Z_{b3}-w_{3Z}X_{b3} & -w_{3X}Y_{b3}+w_{3Y}X_{b3} \\
w_{4X} & w_{4Y} & w_{4Z} & -w_{4Y}Z_{b4}+w_{4Z}Y_{b4} & w_{4X}Z_{b4}-w_{4Z}X_{b4} & -w_{4X}Y_{b4}+w_{4Y}X_{b4} \\
w_{5X} & w_{5Y} & w_{5Z} & -w_{5Y}Z_{b5}+w_{5Z}Y_{b5} & w_{5X}Z_{b5}-w_{5Z}X_{b5} & -w_{5X}Y_{b5}+w_{5Y}X_{b5} \\
w_{6X} & w_{5Y} & w_{6Z} & -w_{6Y}Z_{b6}+w_{6Z}Y_{b6} & w_{6X}Z_{b6}-w_{6Z}X_{b6} & -w_{6X}Y_{b6}+w_{6Y}X_{b6}
\end{vmatrix}=0 \tag{9-7}
$$

注意：式（9-7）是个高次方程，可用于奇异位形的求解，但不便于直接求解；此外，不同列之间有相同的参数，还有，这个方程是在定坐标系 $OXYZ$ 下的方程。

9.2.3　并联机器人奇异位形方程特殊形式的求解

1. 行列式第 1、2 列为零的奇异位形方程的求解及对应的奇异位形

根据式（9-7）和行列式的性质，行列式的第 1 列为零时，移动支链的 Stewart 并联机器人的奇异位形方程为零，存在奇异位形。又根据式（7-27）和${}^A\boldsymbol{w}_i=[w_{iX}\quad w_{iY}\quad w_{iZ}]^{\mathrm{T}}$，式（9-7）的第 1 列是连杆的单位矢量 $\boldsymbol{w}_i$ 在定坐标系 $OXYZ$ 下的 X 轴上的投影，式（9-7）的第 1 列为零，说明所有的连杆平行于 OYZ 面，反之，所有的连杆平行于 OYZ 面，则有式（9-7）的第 1 列为零。由此得到行列式第 1 列为零的移动支链的 Stewart 并联机器人的奇异位形，如图 9-13 所示，在机构的俯视图上，连杆 B_1b_1、B_2b_2、B_3b_3、B_4b_4、B_5b_5 和 B_6b_6 相互平行，且都平行于 Y 轴，机构不能承受 X 轴方向的扰动，机构运动时，6 根连杆平行于 OYZ 面的所有位形，均为该机构的奇异位形。

将图 9-13 中 X 轴和 Y 轴对调，则式（9-7）的行列式的第 2 列为零，同理，6 根连杆平行于 OXZ 面的所有位形，均为该机构的奇异位形。

式（9-7）的行列式的第 1、2 列均为零的移动支链的 Stewart 并联机器人为上、下底面相同的立方体，如图 9-10a 所示的移动支链的 Stewart 机构，但上、下底面可以不是正六边形。当连杆垂直于底面时，式（9-7）的行列式的第 1、2 列均为零，且第 6 列也为零，为该机构的奇异位形。

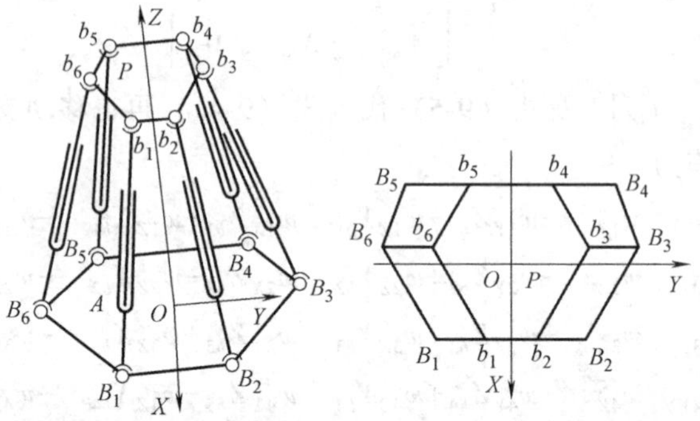

图 9-13 行列式第 1 列为零的移动支链的 Stewart 并联机器人的奇异位形

2. 行列式第 3 列为零的奇异位形方程的求解及对应的奇异位形

式（9-7）的行列式的第 3 列为零时，移动支链的 Stewart 并联机器人的奇异位形方程为零，存在奇异位形。又根据式（7-27）和 ${}^{A}\boldsymbol{w}_i=[w_{iX} \quad w_{iY} \quad w_{iZ}]^{\mathrm{T}}$，式（9-7）的第 3 列是连杆的单位矢量 $\boldsymbol{w}_i$ 在定坐标系 $OXYZ$ 下的 Z 轴上的投影，式（9-7）的第 3 列为零，说明，所有的连杆在垂直于 Z 轴的平面上，由此得到行列式第 3 列为零的移动支链的 Stewart 并联机器人的奇异位形，如图 9-14 所示，在机构的俯视图上，动平台与定平台共面，Z 轴垂直于纸面，所有连杆的轴线平行于纸面，连杆的单位矢量 $\boldsymbol{w}_i$ 在定坐标系 $OXYZ$ 下的 Z 轴上的投影为零，机构不能承受 Z 轴方向的扰动，在 Z 轴方向不稳定。

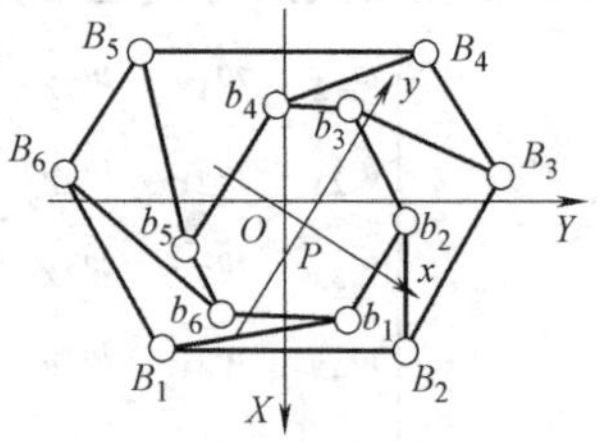

图 9-14 行列式第 3、4、5 列为零的移动支链的 Stewart 并联机器人的奇异位形

3. 行列式第 4、5 列为零的奇异位形方程的求解及对应的奇异位形

式（9-7）的行列式的第 4 列或第 5 列为零时，移动支链的 Stewart 并联机器人的奇异位形方程为零，存在奇异位形。又根据式（7-27）和 ${}^{A}\boldsymbol{b}_i=[X_{bi} \quad Y_{bi} \quad Z_{bi}]^{\mathrm{T}}$，式（9-7）的第 4、5 列是矢量 $\boldsymbol{b}_i\times\boldsymbol{w}_i$ 分别在定坐标系 $OXYZ$ 下的 X 轴和 Y 轴上的投影，式（9-7）的第 4 列为零，说明，$\boldsymbol{b}_i\times\boldsymbol{w}_i$ 垂直于 X 轴，式（9-7）的第 5 列为零，说明，$\boldsymbol{b}_i\times\boldsymbol{w}_i$ 垂直于 Y 轴，由此得到行列式第 4、5 列为零的移动支链的 Stewart 并联机器人的奇异位形，如图 9-14 所示，在机构的俯视图上，$\boldsymbol{b}_i\times\boldsymbol{w}_i$ 垂直于纸面，矢量 $\boldsymbol{b}_i\times\boldsymbol{w}_i$ 在定坐标系 $OXYZ$ 下的 X 轴和 Y 轴上的投影为零，机构不能承受绕 X 轴和 Y 轴方向的扰动，在绕 X 轴和 Y 轴方向上不稳定。

4. 行列式第 6 列为零的奇异位形方程的求解及对应的奇异位形

式（9-7）的行列式的第 6 列为零时，移动支链的 Stewart 并联机器人的奇异位形方程为零，存在奇异位形。又根据式（7-27）和 ${}^{A}\boldsymbol{b}_i=[X_{bi} \quad Y_{bi} \quad Z_{bi}]^{\mathrm{T}}$，式（9-7）的第 6 列是矢量 $\boldsymbol{b}_i\times\boldsymbol{w}_i$ 在定坐标系 $OXYZ$ 下的 Z 轴上的投影，式（9-7）的第 6 列为零，说明，$\boldsymbol{b}_i\times\boldsymbol{w}_i$ 垂直于 Z 轴，由此得到行列式第 6 列为零的移动支链的 Stewart 并联机器人的奇异位形，如图 9-6 所

示，动平台与定平台平行，各连杆的轴线分别与 Z 轴共面，在机构的俯视图上，各连杆的轴线延长线与 Z 轴相交，矢量 $\boldsymbol{b}_i \times \boldsymbol{w}_i$ 平行于底面且与 Z 轴是相互垂直的异面直线，矢量 $\boldsymbol{b}_i \times \boldsymbol{w}_i$ 在定坐标系 $OXYZ$ 下的 Z 轴上的投影为零，机构不能承受绕 Z 轴方向的扰动，在绕 Z 轴方向上不稳定。图 9-6 所示的 Stewart 并联机构的奇异位形，对设计移动支链的 Stewart 并联机器人时规避奇异位形，非常有意义。

9.2.4 并联机器人奇异位形方程一般形式的求解

1. 由奇异位形方程直接求解奇异位形

由并联机器人的奇异位形方程，用数值计算的方法，可直接求解奇异位形。奇异位形方程是高阶方程，难以求解析解。

动平台的姿态角一定时，奇异位形的求解流程如图 9-15 所示。首先给出计算精度 ε，用网格法，在定坐标系的 OXY 面上构建网格；再按 OXY 面上的网格点，计算动平台上 P 点的 Z 坐标，取 $|\det(^A\boldsymbol{J})|<\varepsilon$ 的 Z 坐标，$\det(^A\boldsymbol{J})$ 为定坐标系 $\{A\}$ 下逆速度雅可比矩阵的行列式，当 $|\det(^A\boldsymbol{J})|$ 接近精度 ε 时，加大 Z 坐标的网格，减少计算工作量；计算完 OXY 面上的网格点坐标，输出奇异位形曲面。这种计算方法，一般很难绘出与奇异位形曲面对应的奇异位形图。

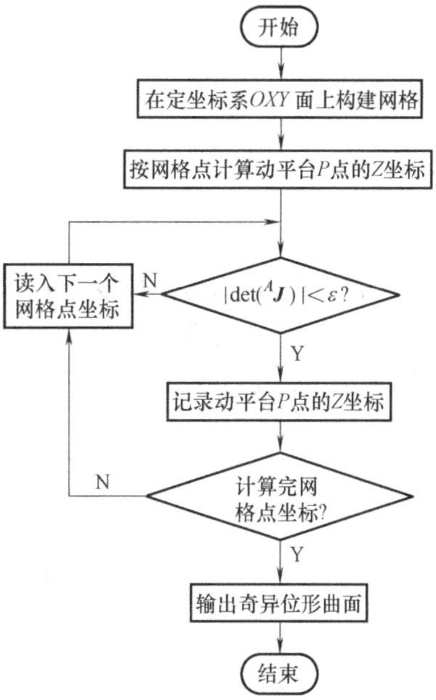

图 9-15　奇异位形的求解流程

【例 9-1】 图 9-16 所示为正六边形动、定平台的 Stewart 并联机构。在机构的俯视图上，$b_1b_2B_2B_1$、$b_3b_4B_4B_3$ 和 $b_5b_6B_6B_5$ 分别为等腰梯形，铰链 b_1、b_2、b_3、b_4、b_5 和 b_6 在一个圆周上，铰链 B_1、B_2、B_3、B_4、B_5 和 B_6 也在一个圆周上。当进动角 $\psi=60°$、章动角 $\theta=30°$ 和自旋角 $\phi=45°$时，绘制奇异位形曲面。并联机构的铰链 B_i 和 b_i 的位置尺寸分别见表 9-1、表 9-2。

表 9-1　并联机构的铰链 B_i 的位置尺寸　（单位：mm）

坐标	B_1	B_2	B_3	B_4	B_5	B_6
X_{Bi}	800.0000	800.0000	-296.0770	-503.9230	-503.9230	-296.0770
Y_{Bi}	-120.0000	120.0000	752.8203	632.8203	-632.8203	-752.8203
Z_{Bi}	0	0	0	0	0	0

表 9-2　并联机构的铰链 b_i 的位置尺寸　（单位：mm）

坐标	b_1	b_2	b_3	b_4	b_5	b_6
x_{bi}	350.0000	350.0000	-19.1154	-330.8846	-330.8846	-19.1154
y_{bi}	-180.0000	180.0000	393.1089	213.1089	-213.1089	-393.1089
z_{bi}	0	0	0	0	0	0

解： 根据图 9-16、表 9-1、表 9-2、进动角、章动角和自旋角，取 $\varepsilon=0.1$mm，OXY 面上

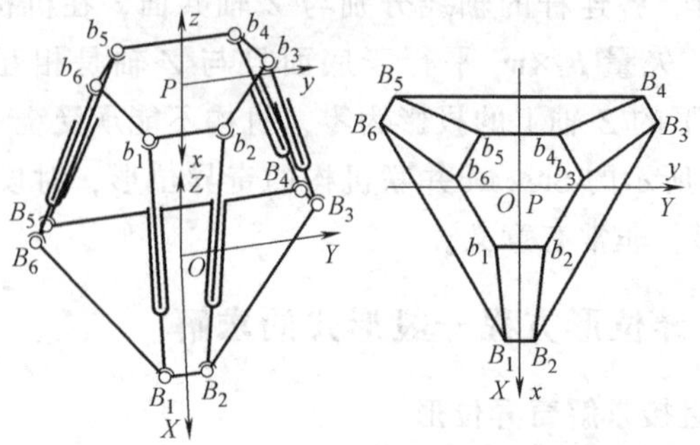

图 9-16 正六边形动、定平台的 Stewart 并联机构

的网格点间隔 5mm，再根据式（9-7），按图 9-16，用 Matlab 编程计算，得正六边形动、定平台的 Stewart 并联机构的奇异位形曲面，如图 9-17 所示。从图 9-17 看出，由于存在奇异位形曲面，正六边形动、定平台的 Stewart 并联机构在与曲面对应的位形处有奇异性。

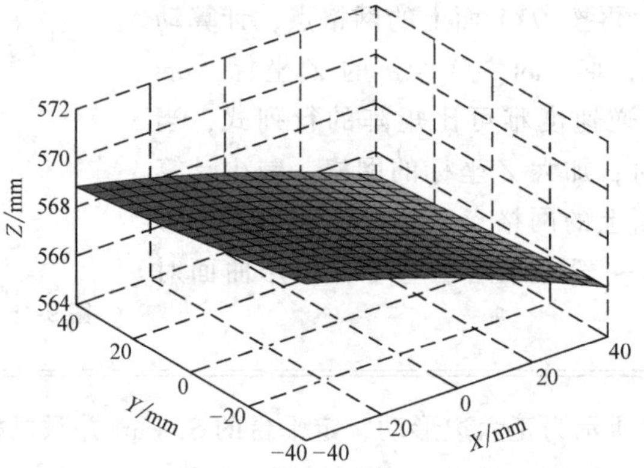

图 9-17 正六边形动、定平台的 Stewart 并联机构的奇异位形曲面

2. 对奇异位形方程变换后求解奇异位形

为了得到便于求解的奇异位形方程，可根据奇异位形的特点、式（9-7）的特点及行列式的性质，对式（9-7）进行变换，使行列式的一些元素为零，得到便于求解的奇异位形方程后，再求解并联机构的奇异位形。

根据式（9-7），将第 1 列分别乘以 $-Z_{b1}$ 和 Y_{b1}，再分别加到第 5、6 列；将第 2 列分别乘以 Z_{b1} 和 $-X_{b1}$，再分别加到第 4、6 列；将第 3 列分别乘以 $-Y_{b1}$ 和 X_{b1}，再分别加到第 4、5 列；得移动支链的 Stewart 并联机器人的奇异位形方程：

$$\left|\begin{array}{llll}
w_{1X} & w_{1Y} & w_{1Z} & 0 \\
w_{2X} & w_{2Y} & w_{2Z} & w_{2Y}(-Z_{b2}+Z_{b1})+w_{2Z}(Y_{b2}-Y_{b1}) \\
w_{3X} & w_{3Y} & w_{3Z} & w_{3Y}(-Z_{b3}+Z_{b1})+w_{3Z}(Y_{b3}-Y_{b1}) \\
w_{4X} & w_{4Y} & w_{4Z} & w_{4Y}(-Z_{b4}+Z_{b1})+w_{4Z}(Y_{b4}-Y_{b1}) \\
w_{5X} & w_{5Y} & w_{5Z} & w_{5Y}(-Z_{b5}+Z_{b1})+w_{5Z}(Y_{b5}-Y_{b1}) \\
w_{6X} & w_{6Y} & w_{6Z} & w_{6Y}(-Z_{b6}+Z_{b1})+w_{6Z}(Y_{b6}-Y_{b1})
\end{array}\right.$$

$$
\left.\begin{matrix}
0 & 0 \\
w_{2X}(Z_{b2}-Z_{b1})+w_{2Z}(-X_{b2}+X_{b1}) & w_{2X}(-Y_{b2}+Y_{b1})+w_{2Y}(X_{b2}-X_{b1}) \\
w_{3X}(Z_{b3}-Z_{b1})+w_{3Z}(-X_{b3}+X_{b1}) & w_{3X}(-Y_{b3}+Y_{b1})+w_{3Y}(X_{b3}-X_{b1}) \\
w_{4X}(Z_{b4}-Z_{b1})+w_{4Z}(-X_{b4}+X_{b1}) & w_{4X}(-Y_{b4}+Y_{b1})+w_{4Y}(X_{b4}-X_{b1}) \\
w_{5X}(Z_{b5}-Z_{b1})+w_{5Z}(-X_{b5}+X_{b1}) & w_{5X}(-Y_{b5}+Y_{b1})+w_{5Y}(X_{b5}-X_{b1}) \\
w_{6X}(Z_{b6}-Z_{b1})+w_{6Z}(-X_{b6}+X_{b1}) & w_{6X}(-Y_{b6}+Y_{b1})+w_{6Y}(X_{b6}-X_{b1})
\end{matrix}\right| =0 \qquad (9\text{-}8)
$$

式（9-8）与式（9-7）同解，若在行列式的计算前，先求出括号中的项，如先求出 $(Z_{b2}-Z_{b1})$ 项，则式（9-8）与式（9-7）的第 2~6 行的形式相同，由于式（9-8）的 4、5 和 6 列的第一行为零，则用计算机求解的时间短。按上面的方法，对式（9-8）再进行变换，可以使行列式的一些元素为零，从而进一步减小计算机的运行时间。从式（9-8）和 $w_{iX}=X_{li}/l_i$、$w_{iY}=Y_{li}/l_i$、$w_{iZ}=Z_{li}/l_i$ 看出，式（9-8）规律性强，便于计算机运算。

3. 根据奇异位形特性求解奇异位形

对于已知的奇异位形方程在什么条件下有奇异位形是个难题。在本章的奇异位形的分类中，已给出了奇异位形特性，如共线、共面、线性相关等，可根据奇异位形特性，获得可能产生奇异位形的位形，在此基础上，再解奇异位形方程。

【例 9-2】 图 9-18 所示为连杆平行的 Stewart 并联机构。当 b_1b_2、b_3b_4 和 b_5b_6 分别对应平行于 B_1B_2、B_3B_4 和 B_5B_6 时，连杆 B_1b_1 和 B_2b_2、B_3b_3 和 B_4b_4、B_5b_5 和 B_6b_6 分别相互平行。分析该机构的奇异性，绘制奇异位形曲面。并联机构的铰链 B_i 和 b_i 的位置尺寸分别见表 9-3、表 9-4。

表 9-3　并联机构的铰链 B_i 的位置尺寸　　（单位：mm）

坐标	B_1	B_2	B_3	B_4	B_5	B_6
X_{Bi}	800.0000	800.0000	-104.4714	-442.7608	-442.7608	-104.4714
Y_{Bi}	-180.0000	180.0000	813.3177	690.1905	-690.1905	-813.3177
Z_{Bi}	0	0	0	0	0	0

表 9-4　并联机构的铰链 b_i 的位置尺寸　　（单位：mm）

坐标	b_1	b_2	b_3	b_4	b_5	b_6
x_{bi}	350.0000	350.0000	-49.4376	-288.8517	-288.8517	-49.4376
y_{bi}	-180.0000	180.0000	390.4560	267.3288	-267.3288	-390.4560
z_{bi}	0	0	0	0	0	0

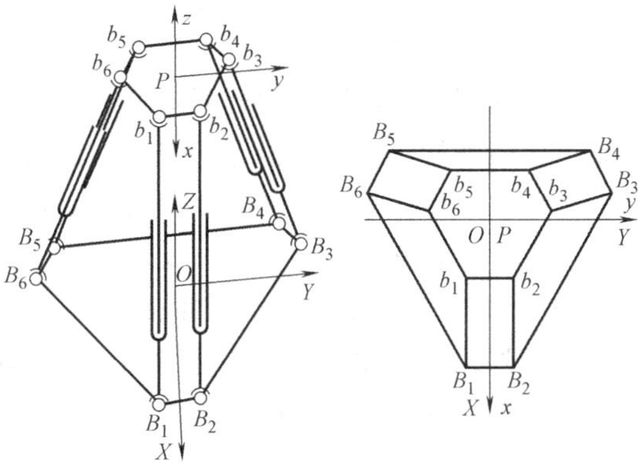

图 9-18　连杆平行的 Stewart 并联机构

解：根据并联机构奇异位形的共面特性，当图 9-19 所示的动平台与连杆 B_1b_1 和 B_2b_2 共面且 b_1b_2 与 B_2b_2 共线后，连杆再伸长时，动平台有 5 个自由度，动平台上 P 点的三个移动自由度和动平台绕 y、z 轴转动的自由度；若给定动平台绕 y、z 轴转动的角度，则有三个移动自由度，连杆平行的 Stewart 并联机构有奇异位形。

取图 9-18 中动平台的高度为 $Z_P=600\text{mm}$，又根据表 9-3 和表 9-4，取 $X_{B1}=800\text{mm}$，$x_{b1}=350\text{mm}$，$y_{b1}=-180\text{mm}$，$y_{b2}=180\text{mm}$，再取绕 x 轴转角 $\alpha=0°$，绕 y 轴转角 $\theta=\arctan[Z_P/(X_{B1}-x_{b1})]$，绕 z 轴转角 $\gamma=-\arctan[\sqrt{Z_P^2+(X_{B1}-x_{b1})^2}/(y_{b2}-y_{b1})]$，则动平台到达图 9-19 所示的位置。再取 $\varepsilon=0.1\text{mm}$，OXY 面上的网格点间隔 2.5mm，根据式（9-7），按图 9-15，用 Matlab 编程计算，得连杆平行的 Stewart 并联机构的奇异位形曲面，如图 9-20 所示。从图 9-20 看出，当动平台与连杆 B_1b_1 和 B_2b_2 共面且 b_1b_2 与 B_2b_2 共线时，存在奇异位形曲面，连杆平行的 Stewart 并联机构有奇异性。

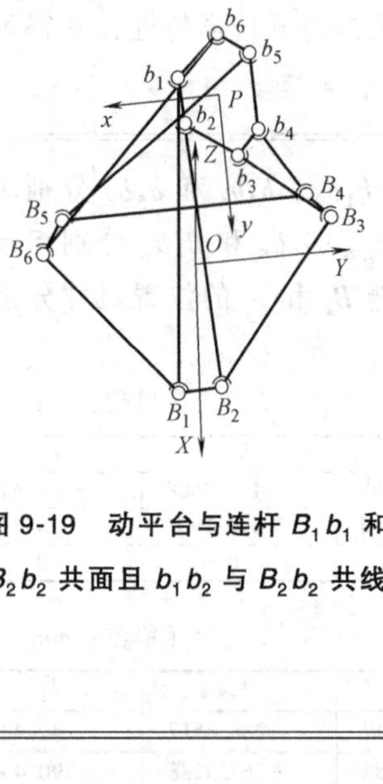

图 9-19　动平台与连杆 B_1b_1 和 B_2b_2 共面且 b_1b_2 与 B_2b_2 共线

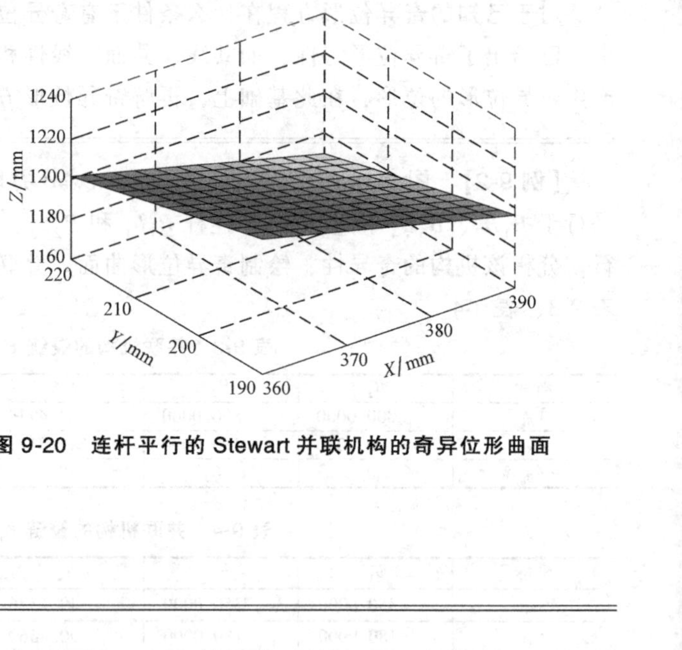

图 9-20　连杆平行的 Stewart 并联机构的奇异位形曲面

9.2.5　并联机器人奇异性的校核

并联机器人的奇异性的校核是校核并联机器人在工作过程中，是否存在奇异位形，或接近奇异位形。根据式（9-7），逆速度雅可比矩阵的行列式等于零时，并联机器人在工作过程中存在奇异位形；逆速度雅可比矩阵的行列式近似等于零时，并联机器人在工作过程中接近奇异位形。在并联机器人的奇异性的校核中，为减少计算机的运算时间，如有可能，可对逆速度雅可比矩阵的行列式变换后，再计算。

奇异位形的校核流程如图 9-21 所示，给出计算精度 ε，读入动平台或操作器的位姿数据，计算逆速度雅可比矩阵的行列式 $\det({}^A\boldsymbol{J})$，若 $|\det({}^A\boldsymbol{J})|<\varepsilon$，并联机器人在工作过程中，有奇异，反之无奇异；再输出逆速度雅可比矩阵的行列式曲线，分析奇异性的校核结果，给出奇异性分析的结论。

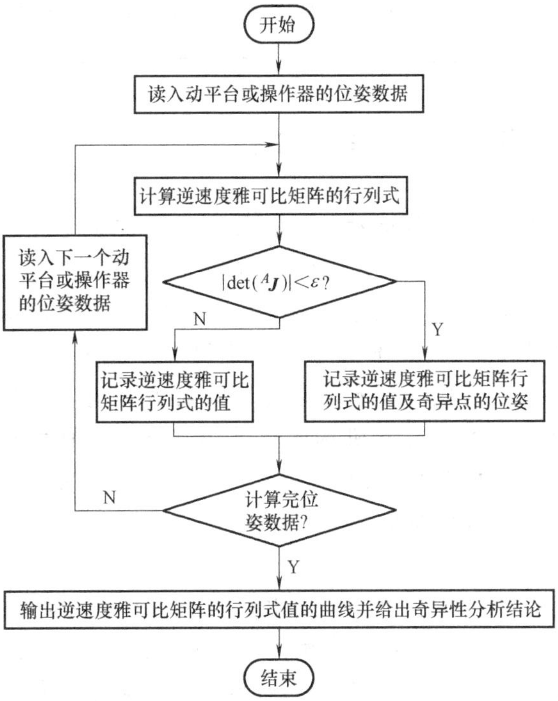

图 9-21　奇异位形的校核流程

【例 9-3】 图 4-1 所示的 6-SPS 并联机构，动平台的原点 P 绕 OZ 轴以角速度 $\omega_0=2\pi/15\text{rad/s}$ 做匀速圆周运动，动平台的原点 P 的轨迹半径 $r=100\text{mm}$，到定平台的距离 $Z_P=1250\text{mm}$，用欧拉角描述动平台相对于定平台的姿态，进动角 $\psi=\omega_0 t$，章动角 $\theta=15°$，自旋角 $\phi=-\omega_0 t$，t 为时间，并联机构的铰链 B_i 和 b_i 的位置尺寸分别见表 4-1、表 4-2，校核动平台运动过程中的奇异性。

解：取时间 $t=0\sim 2\pi/\omega_0$，可得动平台的位姿坐标：$X_P=r\sin\omega_0 t$，$Y_P=r\cos\omega_0 t$，$Z_P=1250\text{mm}$，进动角 $\psi=\omega_0 t$，章动角 $\theta=15°$，自旋角 $\phi=-\omega_0 t$。再取 $\varepsilon=0.1\text{mm}$，根据图 4-1 和式（9-7），按图 9-21，用 Matlab 编程计算，得 6-SPS 并联机构的逆速度雅可比矩阵行列式值的曲线，如图 9-22 所示。从图 9-22 上看出，逆速度雅可比矩阵行列式的值在 $-6.7714\times10^7\sim$

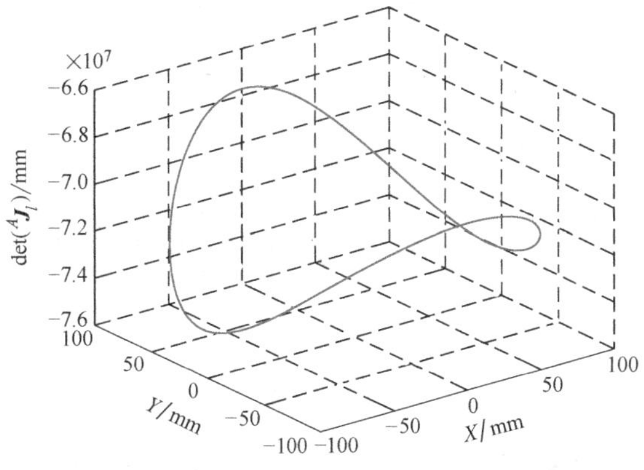

图 9-22　6-SPS 并联机构的逆速度雅可比矩阵行列式值的曲线

-7.4019×10^7mm 之间，远离零，6-SPS 并联机构在运动过程中没有奇异性。

9.3 并联机器人的运动伪奇异分析

用雅可比矩阵判别并联机构的运动是否奇异时，存在伪奇异，即用欧拉角描述并联机构的运动，并联机构的动平台在绕动坐标系的第二根动轴的转角为 0°或 90°的位置，某种形式的雅可比矩阵的行列式为零，可判别并联机构的运动在该位置奇异，而该位置的另一种形式的雅可比矩阵的行列式不为零，又可判别并联机构的运动在该位置不奇异，存在矛盾，事实上，并联机构的运动在该位置不奇异并具有不奇异的唯一性，这种情况得到的并联机构的运动奇异称为并联机构的运动伪奇异。用雅可比矩阵分析并联机构奇异性的方法仍在用，并是分析并联机构的运动奇异的主要方法之一，解决并联机构的运动伪奇异的判别问题，找出并联机构的运动伪奇异的原因，有利于正确判别并联机构的运动是否奇异。

结合图 4-1 所示的 6-SPS 并联机构，在并联机构的动平台绕动坐标系的第二根动轴的转角为 0°的条件下，介绍由 z-y-z 型欧拉角产生的并联机构的运动伪奇异，在此基础上，分别从绕动轴的转角和动轴重合方面，分析运动伪奇异的原因及伪奇异的位置。

9.3.1 由欧拉角产生的并联机构运动伪奇异

1. 用 z-y-z 型欧拉角描述并联机构的运动在 $\beta=0°$ 时奇异

欧拉角有多种形式，用 z-y-z 型欧拉角描述并联机构的运动时，动平台依次绕动坐标系的动轴转动的三个欧拉角分别为 α、β、γ，动坐标系为描述欧拉角相对固定坐标系运动的坐标系，则动坐标系 $Pxyz$ 相对于定坐标系 $OXYZ$ 的旋转变换矩阵为

$$
{}_{D}^{A}\boldsymbol{R}=\begin{bmatrix}\cos\alpha\cos\beta\cos\gamma-\sin\alpha\sin\gamma & -\cos\alpha\cos\beta\sin\gamma-\sin\alpha\cos\gamma & \cos\alpha\sin\beta\\ \sin\alpha\cos\beta\cos\gamma+\cos\alpha\sin\gamma & -\sin\alpha\cos\beta\sin\gamma+\cos\alpha\cos\gamma & \sin\alpha\sin\beta\\ -\sin\beta\cos\gamma & \sin\beta\sin\gamma & \cos\beta\end{bmatrix} \tag{9-9}
$$

根据图 4-1 所示的 6-SPS 并联机构，已得到第 i 根连杆的长度 l_i，见式（4-4）。根据式（4-4），可得 l_i 是 X_P、Y_P、Z_P、α、β 和 γ 的函数，故有

$$
l_i=f_i(X_P,Y_P,Z_P,\alpha,\beta,\gamma)\quad i=1,2,3,\cdots,6 \tag{9-10}
$$

对式（9-10）求全微分，得

$$
\Delta l_i=\frac{\partial f_i}{\partial X_P}\Delta X_P+\frac{\partial f_i}{\partial Y_P}\Delta Y_P+\frac{\partial f_i}{\partial Z_P}\Delta Z_P+\frac{\partial f_i}{\partial \alpha}\Delta\alpha+\frac{\partial f_i}{\partial \beta}\Delta\beta+\frac{\partial f_i}{\partial \gamma}\Delta\gamma \tag{9-11}
$$

由式（9-11）得

$$
\Delta\boldsymbol{l}=\boldsymbol{J}\Delta\boldsymbol{X} \tag{9-12}
$$

式中，动平台的位姿微分 $\Delta\boldsymbol{X}=[\Delta X_P\quad \Delta Y_P\quad \Delta Z_P\quad \Delta\alpha\quad \Delta\beta\quad \Delta\gamma]^{\mathrm{T}}$；连杆的长度微分 $\Delta\boldsymbol{l}=$

$[\Delta l_1 \quad \Delta l_2 \quad \Delta l_3 \quad \Delta l_4 \quad \Delta l_5 \quad \Delta l_6]^{\mathrm{T}}$；并联机构的逆雅可比矩阵为

$$\boldsymbol{J}=\begin{bmatrix}\dfrac{\partial f_1}{\partial X_P} & \dfrac{\partial f_1}{\partial Y_P} & \dfrac{\partial f_1}{\partial Z_P} & \dfrac{\partial f_1}{\partial \alpha} & \dfrac{\partial f_1}{\partial \beta} & \dfrac{\partial f_1}{\partial \gamma}\\ \dfrac{\partial f_2}{\partial X_P} & \dfrac{\partial f_2}{\partial Y_P} & \dfrac{\partial f_2}{\partial Z_P} & \dfrac{\partial f_2}{\partial \alpha} & \dfrac{\partial f_2}{\partial \beta} & \dfrac{\partial f_2}{\partial \gamma}\\ \vdots & \vdots & \vdots & \vdots & \vdots & \vdots\\ \dfrac{\partial f_6}{\partial X_P} & \dfrac{\partial f_6}{\partial Y_P} & \dfrac{\partial f_6}{\partial Z_P} & \dfrac{\partial f_6}{\partial \alpha} & \dfrac{\partial f_6}{\partial \beta} & \dfrac{\partial f_6}{\partial \gamma}\end{bmatrix} \tag{9-13}$$

当 $\beta=0°$ 时，$\dfrac{\partial f_i}{\partial \alpha}=\dfrac{\partial f_i}{\partial \gamma}=\dfrac{1}{l_i}\{X_{li}[-x_{bi}(\sin\alpha\cos\gamma+\cos\alpha\sin\gamma)+y_{bi}(\sin\alpha\sin\gamma-\cos\alpha\cos\gamma)]+Y_{li}[x_{bi}(\cos\alpha\cos\gamma-\sin\alpha\sin\gamma)-y_{bi}(\cos\alpha\sin\gamma+\sin\alpha\cos\gamma)]\}$，逆雅可比矩阵的第 4 和第 6 列对应项相同，其行列式为零，根据式（9-1），并联机构的运动奇异。

式中，X_{li}、Y_{li} 和 Z_{li} 为第 i 根连杆的长度矢量 $\boldsymbol{L}_i$ 在定坐标系 $OXYZ$ 下的三个坐标分量；动平台的原点 P 的长度矢量 $\boldsymbol{P}_O$ 在定坐标系 $OXYZ$ 中的位置的列矩阵 ${}^{A}\boldsymbol{P}_O=[X_P \quad Y_P \quad Z_P]^{\mathrm{T}}$，$X_P$、$Y_P$ 和 Z_P 为长度矢量 $\boldsymbol{P}_O$ 在定坐标系 $OXYZ$ 下的三个坐标分量；第 i 个铰链 B_i 的长度矢量在定坐标系 $OXYZ$ 中的位置的列矩阵 ${}^{A}\boldsymbol{B}_i=[X_{Bi} \quad Y_{Bi} \quad Z_{Bi}]^{\mathrm{T}}$；第 i 个铰链 b_i 的长度矢量在动坐标系 $Pxyz$ 中的位置的列矩阵 ${}^{D}\boldsymbol{b}_i=[x_{bi} \quad y_{bi} \quad z_{bi}]^{\mathrm{T}}$，$x_{bi}$、$y_{bi}$ 和 z_{bi} 为第 i 个铰链 b_i 的长度矢量在动坐标系 $Pxyz$ 下的三个坐标分量。

2. 用 *z-y-x* 型欧拉角描述并联机构的运动在 β=0°时不奇异

参考图 3-11，根据式（3-24），用 z-y-x 型欧拉角描述并联机构运动时，动坐标系 $Pxyz$ 相对于定坐标系 $OXYZ$ 的旋转变换矩阵为

$${}_{D}^{A}\boldsymbol{R}=\begin{bmatrix}\cos\alpha\cos\beta & \cos\alpha\sin\beta\sin\gamma-\sin\alpha\cos\gamma & \cos\alpha\sin\beta\cos\gamma+\sin\alpha\sin\gamma\\ \sin\alpha\cos\beta & \sin\alpha\sin\beta\sin\gamma+\cos\alpha\cos\gamma & \sin\alpha\sin\beta\cos\gamma-\cos\alpha\sin\gamma\\ -\sin\beta & \cos\beta\sin\gamma & \cos\beta\cos\gamma\end{bmatrix} \tag{9-14}$$

用上述求第 i 根连杆的长度 l_i 的全微分的方法，同理可得式（9-13）。当 $\beta=0°$时，式（9-13）中，$\dfrac{\partial f_i}{\partial X_P}=\dfrac{X_{li}}{l_i}$，$\dfrac{\partial f_i}{\partial Y_P}=\dfrac{Y_{li}}{l_i}$，$\dfrac{\partial f_i}{\partial Z_P}=\dfrac{Z_{li}}{l_i}$，$\dfrac{\partial f_i}{\partial \alpha}=\dfrac{1}{l_i}[X_{li}(-x_{bi}\sin\alpha-y_{bi}\cos\alpha\cos\gamma+z_{bi}\cos\alpha\sin\gamma)+Y_{li}(x_{bi}\cos\alpha-y_{bi}\sin\alpha\cos\gamma+z_{bi}\sin\alpha\sin\gamma)]$，$\dfrac{\partial f_i}{\partial \beta}=\dfrac{1}{l_i}[X_{li}(y_{bi}\cos\alpha\sin\gamma+z_{bi}\cos\alpha\cos\gamma)+Y_{li}(y_{bi}\sin\alpha\sin\gamma+z_{bi}\sin\alpha\cos\gamma)-Z_{li}x_{bi}]$，$\dfrac{\partial f_i}{\partial \gamma}=\dfrac{1}{l_i}[X_{li}(y_{bi}\sin\alpha\sin\gamma+z_{bi}\sin\alpha\cos\gamma)-Y_{li}(y_{bi}\cos\alpha\sin\gamma+z_{bi}\cos\alpha\cos\gamma)+Z_{li}(y_{bi}\cos\gamma-z_{bi}\sin\gamma)]$，逆雅可比矩阵的各列对应项不同，其行列式不为零，并联机构的运动不奇异。

例如：取图 4-1 所示的 6-SPS 并联机构的结构尺寸，原点 P 的长度矢量 $\boldsymbol{P}_O$ 在定坐标系 $OXYZ$ 中的位置的列矩阵 ${}^{A}\boldsymbol{P}_O=[X_P \quad Y_P \quad Z_P]^{\mathrm{T}}=[38.6 \quad 46.0 \quad 1350]^{\mathrm{T}}\mathrm{mm}$，在 $\alpha=\beta=\gamma=0°$ 的情况下验算，得到逆雅可比矩阵的行列式的值为 $6.3247\times10^{7}\mathrm{mm}$，行列式的值不为零；在

$\beta=\gamma=0°$、$\alpha=15°$的情况下验算，得到逆雅可比矩阵的行列式的值为 5.9255×10^7mm，行列式的值不为零；在 $\beta=0°$、$\alpha=15°$和 $\gamma=5°$的情况下验算，得到逆雅可比矩阵的行列式的值为 5.8554×10^7mm，行列式的值不为零；这几种情况下，逆雅可比矩阵的行列式的值很大，机构远离奇异位形。

又例如：取图 4-1 所示的 6-SPS 并联机构的结构尺寸，原点 P 的长度矢量 $\boldsymbol{P}_O$ 在定坐标系 $OXYZ$ 中的位置的列矩阵 ${}^A\boldsymbol{P}_O=[X_P \quad Y_P \quad Z_P]^{\mathrm{T}}=[32.1 \quad 38.3 \quad 1373]^{\mathrm{T}}$mm，在 $\alpha=\beta=\gamma=0°$的情况下验算，得到逆雅可比矩阵的行列式的值为 6.0733×10^7mm，行列式的值不为零；在 $\beta=\gamma=0°$、$\alpha=17.2°$的情况下验算，得到逆雅可比矩阵的行列式的值为 5.5801×10^7mm，行列式的值不为零；在 $\beta=0°$、$\alpha=18.6°$和 $\gamma=7.1°$的情况下验算，得到逆雅可比矩阵的行列式的值为 5.5801×10^7mm，行列式的值不为零；这几种情况下，逆雅可比矩阵的行列式的值很大，机构同样远离奇异位形。

3. 由欧拉角产生的并联机构的运动伪奇异分析

用 z-y-z 型欧拉角描述并联机构的运动，当 $\beta=0°$时，动平台依次绕 z、y、z 轴转动，所绕动轴的首末动轴重合，α 和 γ 角为绕两根轴线重合的动轴的转角，用绕三根动轴的转角描述动平台参数的微分，退化为用绕两根动轴的转角描述动平台参数的微分，使式（9-13）的行列式为零，逆雅可比矩阵退化，因此，不能用式（9-13）正确判别并联机构的运动是否奇异。

用 z-y-x 型欧拉角描述并联机构的运动，当 $\beta=0°$时，动平台依次绕 z、y、x 轴转动，所绕动轴的首末动轴不重合，α 与 γ 角分别为绕两根轴线不重合的动轴的转角，用绕三根动轴的转角描述动平台参数的微分，式（9-13）的行列式不为零，逆雅可比矩阵不退化，因此，能用式（9-13）正确判别并联机构的运动是否奇异。

由上述分析可知，用欧拉角描述并联机构的运动产生伪奇异的原因是动平台依次绕坐标轴转动，所绕动轴的首末动轴重合，绕第 1 根动轴的转角 α 和绕第 3 根动轴的转角 γ 为绕轴线重合的动轴的转角，用绕三根动轴的转角描述动平台参数的微分，退化为用绕两根动轴的转角描述动平台参数的微分，逆雅可比矩阵退化，其行列式为零，不能正确判别并联机构的运动是否奇异，产生并联机构的运动伪奇异。由此可得并联机构的运动伪奇异的判别方法：动平台依次转动所绕动轴的首末动轴重合，α 和 γ 角为绕两根轴线重合的动轴的转角，则并联机构的运动存在伪奇异。根据逆雅可比矩阵的行列式为零，判别并联机构的运动奇异的判据应进行修正，应不包括首末动轴重合的逆雅可比矩阵。

例如：用 z-x-z 型欧拉角描述并联机构的运动，进动角、章动角、自旋角分别用 α、β、γ 表示，当章动角 $\beta=0°$时，动平台依次绕 z、x、z 轴转动，所绕动轴的首末动轴重合，α 和 γ 角为绕同一根轴的转角，且首末动轴为同名的动轴，均为 z 轴的动轴

$$\frac{\partial f_i}{\partial \alpha}=\frac{\partial f_i}{\partial \gamma}=\frac{1}{l_i}\{X_{li}[-x_{bi}(\sin\alpha\cos\gamma+\cos\alpha\sin\gamma)+y_{bi}(\sin\alpha\sin\gamma-\cos\alpha\cos\gamma)]+$$
$$Y_{li}[x_{bi}(\cos\alpha\cos\gamma-\sin\alpha\sin\gamma)-y_{bi}(\cos\alpha\sin\gamma+\sin\alpha\cos\gamma)]\}$$

逆雅可比矩阵的第 4 和第 6 列对应项相同，其行列式为零，并联机构的运动伪奇异。

又如：用 z-y-x 型欧拉角描述并联机构的运动，当 $\beta=\pm0.5\pi$ 时，动平台依次绕 z、y、x

轴转动，所绕动轴的首末动轴重合，α 和 γ 角为绕同一根轴的转角，且首末动轴为不同名的动轴，首轴为 z 轴的动轴，末轴为 x 轴的动轴，$\frac{\partial f_i}{\partial \alpha}=-\frac{\partial f_i}{\partial \gamma}$，逆雅可比矩阵的第 4 和第 6 列对应项成比例，比例因子为 -1，其行列式为零，并联机构的运动伪奇异。同理可以证得，用 z-y-z 型欧拉角描述并联机构的运动，当 $\beta=\pm 0.5\pi$ 时，并联机构的运动不奇异。

由上述分析还可知，在并联机构的运动伪奇异的位置，只要用另一组没有首末动轴重合的欧拉角描述物体的姿态，即可不出现并联机构的运动奇异。如在 $\beta=0°$时，用 z-y-x 型欧拉角替代 z-y-z 型欧拉角和 z-x-z 型欧拉角描述并联机构的运动，则并联机构的运动不奇异。

9.3.2　并联机构运动伪奇异的位置

物体的姿态可用 RPY 角和欧拉角描述。RPY 角的设定是相对固定坐标系旋转的，欧拉角是相对于运动坐标系旋转的，都是以一定的顺序绕坐标主轴旋转三次得到方位的描述。总共有 24 种排列，其中 12 种为绕固定轴 RPY 设定法，12 种为欧拉角设定法，在 12 种欧拉角设定法中，有设定三轴和设定两轴描述物体姿态的方法。因为 RPY 角与欧拉角对偶，实质上只有 12 种不同的旋转矩阵，因此，只需在 12 种欧拉角下分析并联机构的运动伪奇异的位置。

根据并联机构的运动伪奇异的判别方法，可以得到 12 种欧拉角的首末动轴重合的位置，是并联机构的运动伪奇异的位置，表 9-5 列出了 12 种欧拉角下并联机构的运动伪奇异的位置，并统一用 α、β、γ 描述动平台依次绕动坐标系的动轴转动的转角。

表 9-5　12 种欧拉角下并联机构的运动伪奇异的位置

三轴设定法	伪奇异的位置	共轴角	重合动轴	两轴设定法	伪奇异的位置	共轴角	重合动轴
z-y-x			z 与 x	z-y-z			z 与 z
z-x-y			z 与 y	z-x-z			z 与 z
y-x-z	$\beta=\pm 0.5\pi$	α 与 γ	y 与 z	y-x-y	$\beta=0$ 或 π	α 与 γ	y 与 y
y-z-x			y 与 x	y-z-y			y 与 y
x-z-y			x 与 y	x-z-x			x 与 x
x-y-z			x 与 z	x-y-x			x 与 x

由表 9-5 看出，并联机构的运动伪奇异的位置有 24 个；在并联机构的运动伪奇异的位置，有共轴的转角和首末动轴重合的动轴，且用三个角描述物体的姿态变为两个角描述物体的姿态。

9.3.3　并联机构运动伪奇异分析的结论

1）用欧拉角描述并联机构的运动存在伪奇异，产生伪奇异的原因是用绕三根动轴的转角描述动平台参数的微分，退化为用绕两根动轴的转角描述动平台参数的微分。

2）并联机构的运动伪奇异的判别方法是动平台依次转动所绕动轴的首末动轴重合，绕第 1 根动轴和第 3 根动轴的转角为绕同一根轴的转角，则并联机构的运动存在伪奇异。12 种欧拉角的首末动轴重合的位置，是并联机构的运动伪奇异的位置。

3）根据逆雅可比矩阵的行列式为零，判别并联机构的运动奇异的判据应进行修正，应不包括首末动轴重合的逆雅可比矩阵。

4）在并联机构的运动伪奇异的位置，只要用另一组没有首末动轴重合的欧拉角描述物体的姿态，即可不出现并联机构的运动奇异。

9.4 并联机器人奇异位形的规避与消除

当并联机器人存在奇异位形时，规避与消除奇异位形，可保证并联机器人无奇异、可靠地工作，这与并联机器人的设计和使用有关。

并联机器人的奇异位形的规避与消除是在奇异位形分析的基础上，首先获得奇异位形的空间或位姿及相应的奇异位形，再采取规避与消除奇异位形的措施。规避与消除奇异位形的措施如下。

（1）改变机构的形式　并联机构有无数种，能完成同样任务的并联机构有多种，可以通过改变机构的形式、选择不同的机构、新设计不同的机构，完成其工作任务，并在要求的工作空间中规避或消除奇异位形。例如：使动平台能进行三个移动和三个转动的并联机构可采用图 9-6 所示的移动支链的 Stewart 并联机构，也可采用图 9-3 所示的转动支链的 Stewart 并联机构，还可采用 6 个滑块分别在定平台上移动的支链的 Stewart 并联机构，其支链为 PUR 的运动链，连杆的一端通过铰链与动平台连接，连杆的另一端通过虎克铰、滑块与定平台连接，滑块与定平台连接的结构可参考图 1-51。不同形式的并联机构，工作空间不同，奇异位形不同，从设计和使用的角度来说，只要能完成工作任务的并联机构，均可使用，在此基础上，优化选用其机构。

（2）改变机构的结构参数　同样形式的并联机构，结构参数变化时，机构的拓扑结构和特性随之变化。通过机构的结构参数变化，可以在要求的工作空间中规避或消除奇异位形。

例如：图 4-1 所示 6-SPS 并联机构，也是动平台不等边长的 Stewart 并联机构，通过参数变化，可变化为动平台等边长的 Stewart 并联机构，如图 9-23 所示，或变化为如图 9-18 所示的连杆平行的 Stewart 并联机构，还可变化为如图 1-50 所示的交叉杆的 Stewart 并联机构（其简图如图 10-1 所示），交叉杆的 Stewart 并联机构也正是为消除奇异位形而设计，不同结构参数的并联机构，工作空间不同，奇异位形不同。通过参数变化和优化设计，可取得规避或消除奇异位形的并联机构。

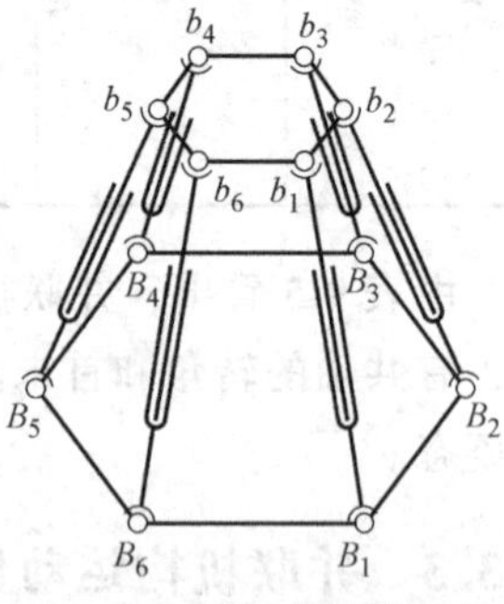

图 9-23　动平台等边长的 Stewart 并联机构

又例如：一般设计图 4-1 所示的连杆为八字形的 Stewart 并联机构，以形成八字形的力，八字形的力对 Z 轴的力矩用于平衡绕 Z 轴的外力矩，这种设计思想是正确的，但存在缺陷，如机构的结构参数选取不合适，形成图 9-6 所示的连杆分别于 Z 轴共面的瞬时失稳奇异的 Stewart 并联机构，不但不能规避与消除奇异位形，还增加了奇异位形空间。通过合理的并联机构的结构参数选取，容易规避和消除连杆共线引起的极限位移奇异、共线奇异、死点奇异和瞬时失稳奇异等。

（3）改变机构的驱动规律　并联机器人有 2～6 个自由度，相应的有 2～6 个驱动器，驱动器的驱动规律不同，动平台及动平台上操作器的运动轨迹和姿态不同，从而可通过驱动器的驱动规律的程序设计，通过驱动器的驱动顺序、速度、加速度等规律，控制动平台上操作器的运动轨迹和姿态，使并联机器人，不出现连杆共线，不出现极限位移奇异、共线奇异、死点奇异和瞬时失稳奇异等，规避奇异位形。

(4) 增加冗余驱动　在并联机器人上增加冗余驱动，将无冗余驱动的并联机器人，变为冗余驱动的并联机器人。当并联机器人存在奇异位形时，在奇异位形处，并联机构的动平台至少有一个不可控的自由度，增加冗余驱动后，给并联机构增加了驱动，使动平台不可控的自由度变为可控，从而规避了并联机构的奇异位形。另外，可利用冗余驱动，改变动平台的驱动位姿或机构形式，也即改变了冗余驱动时并联机构的形式或参数，从而规避或消除奇异；此外，还可通过冗余驱动，改变并联机构的结构参数，使奇异位形的空间发生变化，与动平台上操作器的奇异工作位姿错开，从而规避了操作器工作中的奇异。

图1-10所示的检测汽车纵横双向驻车坡度角的并联机器人是检测汽车纵横双向驻车坡度角的检测设备，也是两个液压缸驱动检测平台转动的并联机器人，存在奇异位形，为规避机构的奇异位形，增加一个冗余驱动，形成三缸驱动检测平台转动的并联机器人，如图9-24所示。

1）三缸驱动检测平台转动的并联机器人的结构及工作原理。三缸驱动检测平台转动的并联机器人由模拟道路、检测平台、右液压缸 、5个虎克铰、垂直液压缸、底座、左液压缸和双向倾角传感器等组成，共有三个液压缸：左液压缸、右液压缸和垂直液压缸。模拟道路和双向倾角传感器固定在检测平台上，左、右液压缸呈八字形，左、右液压缸的两端通过虎克铰分别与检测平台和底座连接，垂直液压缸的下端垂直固定在底座上，垂直液压缸的上端通过虎克铰1与检测平台连接。左、右液压缸伸长或缩短时，检测平台绕虎克铰1的中心做纵向和横向转动，改变纵向和横向姿态角，纵向转动的轴线垂直于模拟道路方向，横向转动的轴线平行于模拟道路方向，固定在检测平台上的双向倾角传感器检测两个姿态角。

2）三缸驱动检测平台转动的并联机器人的奇异位形。将三缸驱动检测平台转动的并联机器人的垂直液压缸固定在某一伸缩的位置后，垂直液压缸的高度固定，三缸驱动检测平台转动的并联机器人变为两个液压缸驱动检测平台转动的并联机器人。两个液压缸驱动检测平台转动的并联机器人，存在奇异位形，或者说，将垂直液压缸固定在某一伸缩的位置后，三缸驱动检测平台转动的并联机器人存在奇异位形，如图9-25所示。在图9-25中，虎克铰1、2、3的转动中心分别为A、B和C，虎克铰的转动中心B和C连线与右液压缸的轴线重合，检测平台的横向转角为−16.65°时，右液压缸的轴线与过虎克铰1的转动中心A且垂直于纸面的直线共面，右液压缸的轴线在纸面上的投影与虎克铰1的转动中心A共线，这时，右液压缸的推力对过虎克铰1的转动中心A且垂直于纸面的直线的力矩为零，产生共面奇异，形成共面奇异位形，该并联机器人受扰动后，极易失稳；这种奇异与右液压缸的位置和力的作用线有关，右液压缸为驱动件，也称为驱动奇异。

3）规避三缸驱动检测平台转动的并联机器人的奇异位形。将三缸驱动检测平台转动的并联机器人的垂直液压缸由图9-25所示的位置向上伸长后再固定，右液压缸的轴线与过虎克铰1的转动中心A且垂直于纸面的直线不共面，右液压缸的轴线在纸面上的投影与虎克铰1的转动中心A不共线，右液压缸的推力对过虎克铰1的转动中心A且垂直于纸面的直线的力矩不为零，在检测平台的横向转角−16.65°处，三缸驱动检测平台转动的并联机器人规避

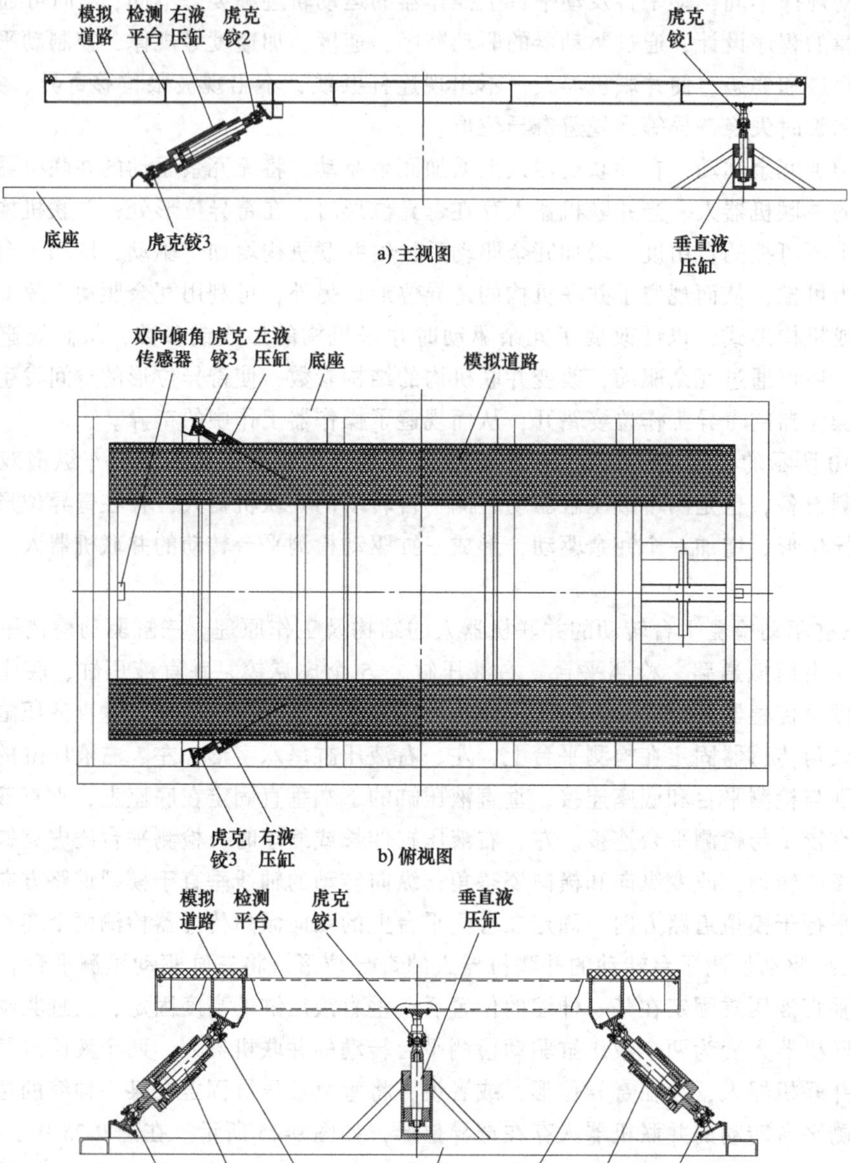

a) 主视图

b) 俯视图

c) 左视图(放大)

图 9-24　三缸驱动检测平台转动的并联机器人

了奇异位形，如图 9-26 所示。

4）冗余驱动存在的意义及对并联机器人的结构和控制影响的分析。检测平台绕虎克铰 1 的中心做纵向和横向转动，进行纵向和横向姿态角的检测。不考虑检测平台在奇异位形处时，或在检测中无奇异位形时，不需要垂直液压缸，因此，垂直液压缸是个冗余驱动，或者说，是多余的驱动。当检测平台有奇异位形时，通过伸缩垂直液压缸，使奇异位形的位置发生变化，检测平台的奇异位形的位置与其检测位置错开，从而实现了规避并联机器人的奇异

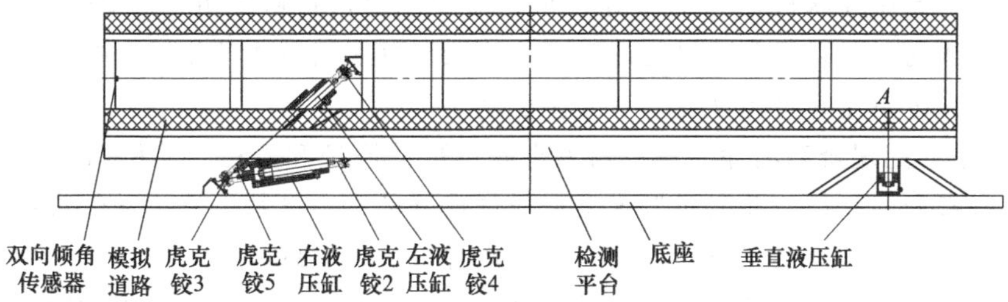

a) 主视图

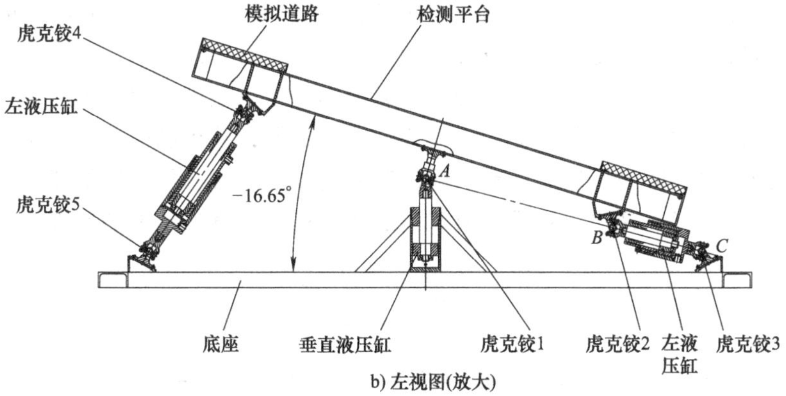

b) 左视图(放大)

图 9-25　三缸驱动检测平台转动的并联机器人的奇异位形（图注同图 9-24）

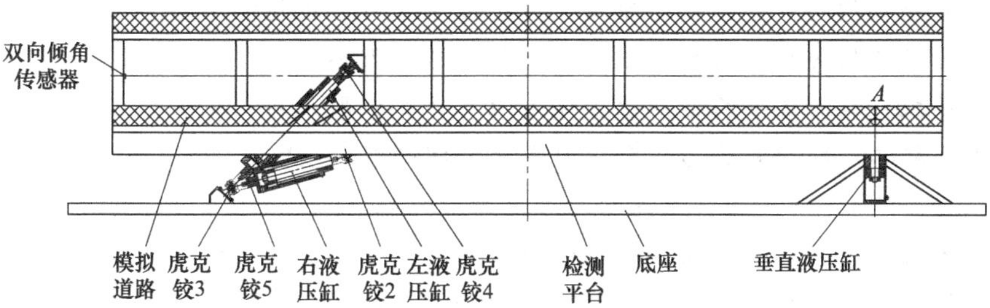

a) 主视图

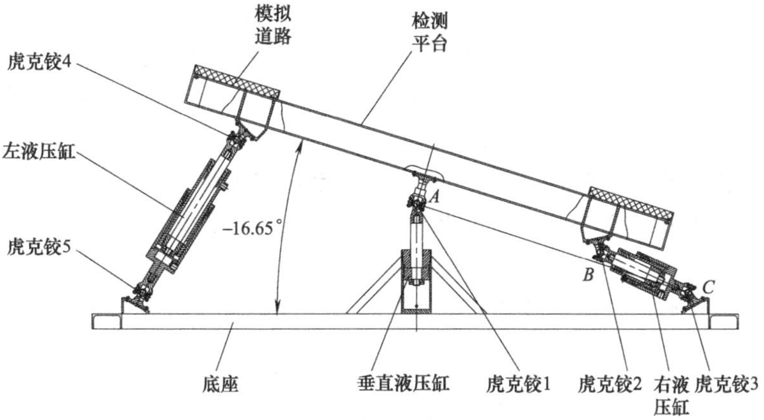

b) 左视图(放大)

图 9-26　三缸驱动检测平台转动的并联机器人规避奇异位形

位形，因此，为规避并联机器人的奇异位形，需要垂直液压缸的冗余驱动。从这里可以看出，增加冗余驱动，可以规避奇异位形，但也增加了并联机器人的结构和控制的复杂性，此外，并联机器人也由无冗余驱动变为有冗余驱动。

5）冗余驱动的规避和消除并联机器人奇异位形的原理和方法。从机构自由度的角度来说，去除规避奇异的驱动，并联机器人在奇异位形处的自由度数大于驱动件数；增加了规避奇异的冗余驱动，也即增加了驱动，弥补了驱动件数，使并联机器人在原奇异位形处的自由度数等于驱动件数，保证了并联机器人的运动确定性，消除了并联机器人在原奇异位形处的奇异；从并联机器人的奇异分析计算的角度来说，增加冗余驱动，并联机器人的雅可比矩阵由方阵变为长方阵，原雅可比矩阵的方阵在奇异位形处的行列式为零，增加冗余驱动后的雅可比矩阵为长方阵，其雅可比矩阵中增加了行或增加了秩，使雅可比矩阵的行列式在原奇异位形处不为零，从而改变了奇异位形的空间或消除了奇异；从控制的角度来说，正是有了冗余驱动，才能通过冗余驱动，控制驱动的顺序和主动件的位置，使并联机器人工作时的空间错开其奇异位形的空间。这些，就是规避和消除并联机器人奇异位形的原理和方法。

习　题

9-1　解释并联机器人的奇异位形。为什么在设计和应用并联机器人时要避开和控制奇异位形？

9-2　按并联机构的运动状态，奇异位形分为哪几类？

9-3　按并联机构的奇异形成的原因，奇异位形分为哪几类？

9-4　按并联机构的奇异的研究方法，奇异位形分为哪几类？

9-5　按并联机构的奇异的运动性和动力性，奇异位形分为哪几类？

9-6　并联机器人的奇异位形求解中要解决的问题有哪些？

9-7　根据图 4-1，写出并联机器人的奇异位形方程。

9-8　绘图表示并联机器人的奇异位形的求解流程，并解释。

9-9　根据例 9-1 和图 9-16，当进动角 $\psi=61°$、章动角 $\theta=31°$ 和自旋角 $\phi=46°$ 时，绘制奇异位形曲面。并联机构的铰链 B_i 和 b_i 的位置尺寸分别见表 9-1、表 9-2。

9-10　绘图表示并联机器人的奇异位形的校核流程，并解释。

9-11　将例 9-3 中的动平台的原点 P 绕 OZ 轴角速度改为 $\omega_0=2\pi/18\text{rad}$ 并做匀速圆周运动，动平台的原点 P 的轨迹半径 $r=110\text{mm}$，试校核动平台运动过程中的奇异性。

9-12　何为并联机器人的运动伪奇异？

9-13　并联机器人的奇异位形的规避与消除方法有哪些？

9-14　查找文献，阅读 1~2 篇并联机器人的奇异位形求解的文献，简述奇异位形计算过程。

9-15　查找文献，阅读 1~2 篇并联机器人的奇异位形校核的文献，简述其校核过程。

第 10 章 并联机器人的误差分析及控制

教学目标：通过本章学习，应掌握并联机器人的铰链坐标的标定及误差控制、连杆长度误差和温度误差的分析及控制，了解并联机器人误差的概念，了解执行机构、驱动机构和综合误差的分析及控制，了解各误差的补偿，为分析并联机器人的误差、提高并联机器人的精度打下基础，也为设计高精度的并联机器人打下基础。

10.1 并联机器人误差的概念

10.1.1 并联机器人误差的定义

并联机器人的误差是指并联机器人的执行机构（操作器）的实际位姿与理论位姿的差值。每个并联机器人均存在误差。

图 1-50 所示的 BJ-04-02（A）型交叉杆并联机床是刚性并联机器人，其并联机构的三维模型和机构运动简图如图 10-1 所示，定平台与花键套通过虎克铰 B_i（$i=1, 2, \cdots, 6$）连接，动平台与花键轴通过虎克铰 b_i 连接，花键套与花键轴为花键连接，花键轴的一端通过

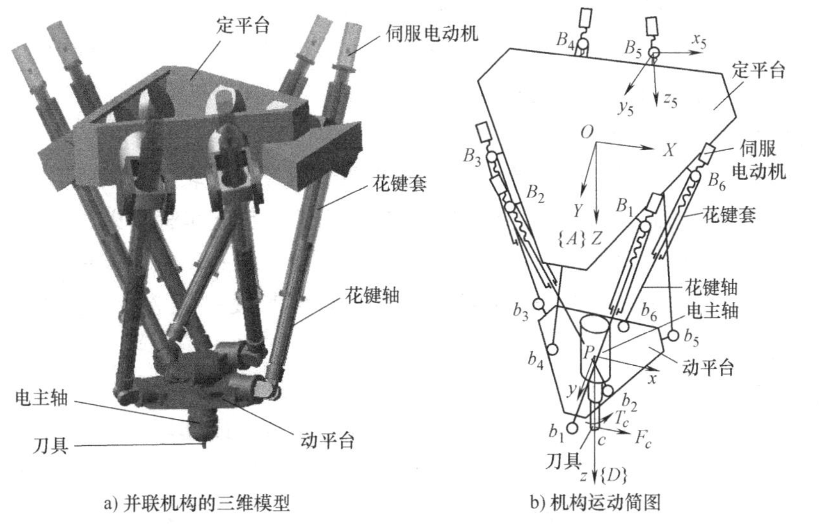

图 10-1 BJ-04-02（A）型交叉杆并联机床的并联机构的三维模型和机构运动简图

丝杠与伺服电动机连接，电主轴安装在动平台的中心，刀具安装在电主轴的下端。在 BJ-04-02（A）型交叉杆并联机床中，刀具是并联机床的执行机构，刀具的实际位姿与理论位姿的差值是 BJ-04-02（A）型交叉杆并联机床的误差。

图 1-36 所示的中国天眼是柔索并联机器人，中间的信号接收器是天眼的执行机构，信号接收器的实际位姿与理论位姿的差值是天眼的误差。

并联机器人的误差影响和制约并联机器人在精度要求高的场合应用，也决定并联机器人能否在高精度场合应用。

并联机器人的精度要求是根据并联机器人的用途提出的，不同用途的并联机器人，有不同的精度要求。并联机器人的误差来自其制造、装配和控制误差等，并与工作环境有关；不同类型的并联机器人，有不同的误差；同类的并联机器人，同类误差不一定相等；为提高并联机器人的精度，可根据并联机器人的结构、运动、控制等进行分析和补偿。

下面以 BJ-04-02（A）型交叉杆并联机床为例，介绍并联机器人的误差。

10.1.2　并联机器人的误差分类

1. 按并联机器人的结构分类

并联机器人由执行机构（操作器）、并联机构、驱动机构和控制系统组成，每一部分均有误差，为并联机器人的组成误差，相应的误差为执行机构（操作器）、并联机构、驱动机构和控制系统的误差。

并联机构由定平台、动平台和连杆等组成，其误差可分为铰链坐标误差和连杆长度误差。铰链坐标误差是定平台和动平台的铰链坐标的误差，连杆长度误差是连杆长度的误差。由于铰链结构的误差是通过连杆长度误差影响并联机器人的误差，所以，铰链结构的误差计在连杆长度误差中。

并联机器人的各组成部分的误差与并联机器人的误差是不同的误差，并联机器人的各组成部分的误差单独及综合影响并联机器人的误差。

并联机器人的执行机构、并联机构、驱动机构和控制系统是并联机器人的 4 个误差源，均影响并联机器人的误差，并联机器人的误差是并联机器人的执行机构的误差、并联机构的误差、驱动机构的误差和控制系统的误差的综合。

2. 按并联机器人的运动和受力分类

（1）运动学误差　并联机器人的运动学误差是指不考虑并联机器人受力，仅考虑并联机器人的运动时，并联机器人的误差。例如：由铰链间隙、铰链坐标误差引起的误差；并联机器人运动时，铰链间隙变化等，引起连杆长度变化，产生误差；铰链坐标有误差，则通过动平台和连杆之间的位姿关系方程式计算得到的连杆的长度有误差，使并联机器人产生的误差。

（2）静力学误差　并联机器人的静力学误差是由于并联机构受静力作用，包括连杆受静驱动力、动平台受静外力和静外力矩作用，引起连杆的伸长或缩短，产生的误差。

（3）动力学误差　并联机器人的动力学误差是由于并联机器人运动，动平台和连杆有惯性力，连杆受驱动力、动平台受外力和外力矩作用，使连杆受动载荷，并引起连杆的伸长量变化，产生的误差。

3. 按并联机器人的温度分类

(1) 环境温度误差　并联机器人的环境温度误差是指并联机器人所在环境的温度变化时，如并联机器人所在实验室、车间的温度变化，引起铰链坐标变化，连杆伸长或缩短，使并联机器人产生的误差。

(2) 工作温度误差　并联机器人的工作温度误差是指并联机器人工作时，其结构因温度变化，如图 10-1 所示的 BJ-04-02（A）型交叉杆并联机床在加工时，刀具因切削，产生切削热，使刀具热伸长，产生加工误差，又如电主轴旋转和电主轴的电动机产生热，使动平台热胀冷缩，引起动平台的铰链坐标变化，使并联机器人产生误差。

4. 按并联机器人的误差数量分类

(1) 单一误差　并联机器人的单一误差是指由某个因素引起的误差，如由铰链坐标、环境温度、力分别引起的误差。

(2) 综合误差　并联机器人的综合误差是指由某些因素共同引起的误差，如由铰链坐标、环境温度、力共同引起的误差，这些误差往往耦合在一起。

5. 按并联机器人的检测和使用分类

(1) 检测误差　并联机器人的检测误差是在并联机器人的检测过程中，产生的误差，如在标定铰链坐标的过程中，标定数据有误差，此误差为检测中的标定误差。检测误差由检测仪器和人为操作引起，由于检测仪器误差和操作误差始终存在，因此，检测误差不可避免。

(2) 使用误差　并联机器人的使用误差是在使用并联机器人的过程中，产生的误差，如用图 1-50 所示的 BJ-04-02（A）型交叉杆并联机床加工螺旋面时，会由于并联机床的铰链转动位置的变化、加工发热、惯性力、刀具受力和力矩等引起加工误差。在并联机器人的加工过程中，操作器不受力和力矩时的误差为空载误差；操作器受力和力矩时的误差为负载误差。

10.2 并联机器人铰链坐标的标定及误差分析与控制

10.2.1 并联机器人铰链坐标的标定

由于机械加工、安装误差等因素的影响，并联机器人的铰链坐标的实际位置与理想位置之间存在误差，即存在铰链坐标误差，根据式（4-4），这个误差影响并联机器人位姿的反解，使并联机器人产生误差，影响并联机器人的工作精度。解决铰链坐标误差的方法之一是标定铰链坐标。

并联机器人的铰链坐标的标定是通过测量动平台的多个位姿，通过并联机器人的位姿反解方程，求得铰链坐标。在铰链坐标方程的求解中，主要用最小二乘法，通过优化得铰链坐标。

根据图 10-1 和式（4-5），并联机床的动平台在工作空间内的任意位姿和初始位姿的第 i 根连杆的相对杆长变化量，也即第 i 根连杆的伸长量为

$$\Delta l_{i-m-1}=l_{i-m}-l_{i-1} \qquad i=1,2,\cdots,6 \tag{10-1}$$

式中，l_{i-m} 为动平台在工作空间内的第 m 个位姿时第 i 根连杆的长度；l_{i-1} 为动平台在工作空间内的初始位姿（或第 1 个位姿）时第 i 根连杆的长度；下标 m 和 1 分别表示动平台在工作空间内的第 m 个位姿和初始位姿（或第 1 个位姿），动平台在工作空间内的第 m 个位姿为其任意位姿。l_{i-m} 和 l_{i-1} 由式（4-4）等计算得到。

在式（10-1）的基础上，取铰链坐标有误差和无误差时并联机床的第 i 根连杆的相对杆长变化量分别为 $\Delta l_{i-m-1-\mathrm{s}}$、$\Delta l_{i-m-1-\mathrm{w}}$，则铰链坐标有误差和无误差时并联机床的第 i 根杆的相对杆长变化量的残差为

$$\Delta f_{i-m-1}=\Delta l_{i-m-1-\mathrm{s}}-\Delta l_{i-m-1-\mathrm{w}} \tag{10-2}$$

BJ-04-02（A）型交叉杆并联机床的定平台和动平台各有 6 个铰链，共 12 个铰链，每个铰链有 3 个坐标，共有 36 个坐标，需要关于铰链坐标的 36 个方程求解。为了获得铰链坐标的 36 个方程，需要测量动平台的 7 个位姿，由式（10-2）及 $i=1\sim6$，还有由每两个动平台的位姿，可得 6 个相对杆长变化量的残差方程。取 $m=2，3，\cdots，7$ 和 $i=1，2，\cdots，6$，由式（10-2）可得 36 个相对杆长变化量的残差方程，这 36 个相对杆长变化量的残差方程组成的方程组即为标定并联机床铰链坐标的方程组，它是非线性超越方程组，36 个铰链坐标为变量，也就是说，并联机床铰链坐标的标定，最终归结为一个非线性超越方程组的求解问题，目前，无法获得这个非线性超越方程组的解析解，只能通过优化的方法获得其解。

由式（10-2），得并联机床相对杆长变化量的残差的目标函数为

$$f_k=\frac{1}{2}\sum_{m=2}^{k}\sum_{i=1}^{6}(\Delta f_{i-m-1})^2 \tag{10-3}$$

在并联机床的工作空间中，选取动平台的 k 个位姿，且为了提高铰链坐标的标定精度，可取 $k\geqslant7$ 且远大于 7，这样，标定并联机床铰链坐标的非线性方程组的求解问题就转化为以下最优化问题，即

$$\min f_k=\min\left[\frac{1}{2}\sum_{m=2}^{k}\sum_{i=1}^{6}(\Delta f_{i-m-1})^2\right] \tag{10-4}$$

可用最小二乘法，由式（10-4），求得并联机床的 12 个铰链的 36 个坐标。

除了上述铰链坐标的标定方法外，还有通过传感器自标定的方法。即传感器安装在铰链和连杆上，或安装在测量动平台位姿的测量杆上。

10.2.2 并联机器人铰链坐标的标定测量

为了得到式（10-3），需要测量动平台的位姿。获得动平台的位姿，即为铰链坐标的标定测量。可将测量杆安装在电主轴的下方，用法如（FARO）进行测量，获得动平台的位姿。法如是一种测量传感器即安装于关节臂端部的测量仪器，可用于测量物体在空间的位姿。

图 10-2、图 10-3 所示的测量杆用于标定并联机床铰链坐标中检测动平台的位姿；测量杆安装在并联机床的电主轴的下方原安装刀具的位置，如图 10-4 所示；法如的测量头伸入测量杆端部的测量孔中，通过测量杆检测动平台的位姿，如图 10-5 所示。通过改变动平台可测得动平台不同的位姿，获得计算所需的动平台的位姿。

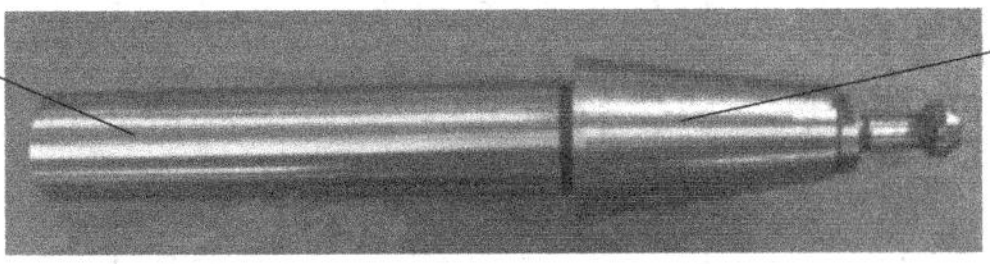

图 10-2 测量杆

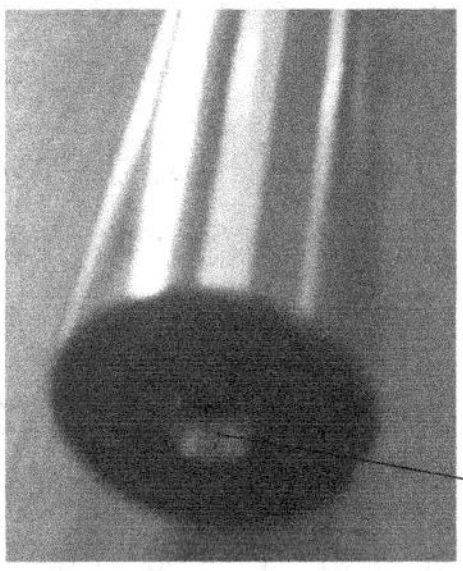

图 10-3 测量杆端的测量孔

图 10-4 测量杆安装在电主轴的下方

图 10-5 用法如通过测量杆检测动平台的位姿

10.2.3 并联机器人铰链坐标的误差分析

并联机器人铰链坐标误差包括动平台和定平台的铰链坐标的标定误差和温度误差。定平台和动平台上有多少个铰链坐标，就有多少个铰链坐标误差，图 10-1 所示的并联机床共有 36 个铰链坐标误差。

铰链坐标的标定误差来自标定铰链坐标的测量误差和标定算法。在标定铰链坐标的测量中，存在测量误差，测量误差来自标定仪器的测量误差、测量操作误差和标定测量的运动误差。标定测量可用激光跟踪仪、法如等仪器，其仪器的测量精度高，但在标定铰链坐标的测量动平台的位姿中，仍存在仪器的误差和人参与测量的操作误差，影响铰链坐标的标定结果，产生标定仪器的测量误差和测量操作误差。并联机器人的铰链轴、铰链孔有圆度误差，铰链轴的轴线有垂直度误差，铰链中有摩擦阻力，铰链正反转及铰链中心做空间转动时铰链中心不重合，产生标定测量的运动误差，两次同样的操作，动平台的位姿会有误差。在标定铰链坐标的计算中，常用杆长的残差作为目标函数，杆长的残差作为目标函数不为零，并有一定的收敛精度，使标定铰链坐标的计算存在误差，此外，标定铰链坐标的计算过程中及计算结果中有数据的截断误差，如标定铰链坐标的计算结果取铰链坐标值到小数点后面 3 位，而计算得到的铰链坐标值小数点后面远大于 3 位，这产生数据的截断误差。

10.2.4 并联机器人铰链坐标的误差控制方法

并联机器人铰链坐标的误差控制是并联机器人的最重要的误差控制。因为，铰链坐标的误差始终影响反解法求得的并联机器人的连杆长度，产生连杆长度的控制误差，使动平台产生运动误差，动平台的运动误差再影响动平台上的执行机构，最后产生执行机构的执行误差，并且使铰链坐标误差和铰链间隙引起的执行机构的执行误差耦合在一起。在分析铰链间隙引起的执行机构的执行误差中，不消除铰链坐标误差，则无法识别铰链间隙产生的执行机构的执行误差。在并联机器人的误差补偿中，铰链间隙引起的执行机构的执行误差的补偿是在铰链坐标误差的补偿之后，要优先进行铰链坐标误差的控制及补偿。在并联机器人的工作过程中，铰链坐标是唯一的，铰链间隙随动平台的运动位姿变化，使铰链间隙产生的连杆长度误差不是唯一的，消除铰链坐标误差后，则可在并联机器人工作空间中的任一位置，静态分析和补偿铰链间隙产生的执行机构的执行误差。因此，铰链坐标误差的控制是并联机器人的误差控制中必不可少且最重要的误差控制内容。

并联机器人的铰链坐标误差的控制方法是减小铰链坐标的设计和制造误差、控制动平台和执行机构的温度、提高铰链坐标的标定精度。铰链坐标误差的补偿方法是补偿铰链坐标的温度误差。

1）减小并联机器人的铰链坐标的设计和制造误差的方法。采用对称的铰链坐标的结构，有利于铰链坐标的加工，铰链坐标的结构便于加工，有利于提高铰链坐标的制造精度。定平台和动平台上铰链孔的位姿坐标取值应便于加工，并有较高的尺寸及几何公差的精度，在加工中，无铰链孔位姿坐标的截断误差，有利于提高定平台和动平台上铰链孔的位姿坐标的加工和测量精度。

2）提高并联机器人的铰链坐标的标定精度的方法。用高精度的测量设备进行标定测量，减小标定测量误差，如用激光跟踪仪、法如进行标定测量，提高铰链坐标的标定测量精度。随机抽样筛选标定测量数据，选取标定测量误差小的数据，进行标定计算，有利于提高铰链坐标的标定计算精度。在并联机器人的整个工作空间中取多个点，且点数尽可能多，点尽可能在整个工作空间中均匀分布，再根据这些点的数据计算目标函数，有利于提高铰链坐标的标定算法的精度和稳定性，但点数多，会增加计算时间。

10.2.5 误差控制和补偿后的并联机器人铰链坐标误差

经动平台和定平台的铰链坐标的标定和铰链坐标的温度误差补偿后，可较好地减小铰链坐标的误差，但仍会有铰链坐标的误差，不可能完全消除铰链坐标的误差。铰链坐标在标定后的铰链坐标误差来源于数据的截断误差、标定测量误差、标定计算误差等。计算设备有一定的精度，使标定计算数据有一定的精度。测量设备有一定的精度，使标定测量数据有一定的精度。标定计算有一定的精度，如标定优化计算中的目标函数有一定的收敛精度，难以为零，使标定计算得到的铰链坐标有一定的精度。因此，铰链坐标的标定后，仍会有铰链坐标的误差，难以得到铰链坐标的理想真值。

10.3 并联机器人连杆长度误差的分析及控制

10.3.1 并联机器人连杆长度误差引起动平台的位姿误差的计算

1. 动平台的位姿误差模型

用进动角 ψ、章动角 θ 和自旋角 ϕ 描述动平台的姿态，根据式（3-21），得动坐标系

$Pxyz$ 相对于定坐标系 $OXYZ$ 的旋转变换矩阵为

$$
{}_D^A\boldsymbol{R}=\begin{bmatrix} r_{11} & r_{12} & r_{13} \\ r_{21} & r_{22} & r_{23} \\ r_{31} & r_{32} & r_{33} \end{bmatrix}
$$

$$
=\begin{bmatrix} \cos\psi\cos\phi-\sin\psi\cos\theta\sin\phi & -\cos\psi\sin\phi-\sin\psi\cos\theta\cos\phi & \sin\psi\sin\theta \\ \sin\psi\cos\phi+\cos\psi\cos\theta\sin\phi & -\sin\psi\sin\phi+\cos\psi\cos\theta\cos\phi & -\cos\psi\sin\theta \\ \sin\theta\sin\phi & \sin\theta\cos\phi & \cos\theta \end{bmatrix} \tag{10-5}
$$

由式（4-4）及相关的式（4-1）~式（4-3）、式（10-5）可以看出，BJ-04-02（A）型交叉杆并联机床的第 i 根连杆的长度与动平台的位姿、定平台铰链的位置、动平台铰链的位置有关，因此，可将第 i 根连杆的长度 l_i 看作是 X_P、Y_P、Z_P、ψ、θ、ϕ、X_{Bi}、Y_{Bi}、Z_{Bi}、x_{bi}、y_{bi} 和 z_{bi} 的函数，故有

$$
l_i=f_i(X_P,\ Y_P,\ Z_P,\ \psi,\ \theta,\ \phi,\ X_{Bi},\ Y_{Bi},\ Z_{Bi},\ x_{bi},\ y_{bi},\ z_{bi})\quad i=1,2,\cdots,6 \tag{10-6}
$$

对式（10-6）求全微分，得

$$
\begin{aligned}
\Delta l_i=&\frac{\partial f_i}{\partial X_P}\Delta X_P+\frac{\partial f_i}{\partial Y_P}\Delta Y_P+\frac{\partial f_i}{\partial Z_P}\Delta Z_P+\frac{\partial f_i}{\partial \psi}\Delta\psi+\frac{\partial f_i}{\partial \theta}\Delta\theta+\frac{\partial f_i}{\partial \phi}\Delta\phi \\
&+\frac{\partial f_i}{\partial X_{Bi}}\Delta X_{Bi}+\frac{\partial f_i}{\partial Y_{Bi}}\Delta Y_{Bi}+\frac{\partial f_i}{\partial Z_{Bi}}\Delta Z_{Bi}+\frac{\partial f_i}{\partial x_{bi}}\Delta x_{bi}+\frac{\partial f_i}{\partial y_{bi}}\Delta y_{bi}+\frac{\partial f_i}{\partial z_{bi}}\Delta z_{bi}
\end{aligned} \tag{10-7}
$$

对式（10-7）进行移项，考虑 $i=1$，2，…，6，整理后得

$$
\Delta\boldsymbol{l}-\boldsymbol{J}_B\Delta\boldsymbol{B}-\boldsymbol{J}_b\Delta\boldsymbol{b}=\boldsymbol{J}_P\Delta\boldsymbol{E} \tag{10-8}
$$

在 BJ-04-02（A）型交叉杆并联机床的工作空间内，误差传递矩阵 $\boldsymbol{J}_P$ 非奇异，将式（10-8）的两端同时左乘 $\boldsymbol{J}_P^{-1}$，得动平台的位姿误差模型为

$$
\Delta\boldsymbol{E}=\boldsymbol{J}_P^{-1}(\Delta\boldsymbol{l}-\boldsymbol{J}_B\Delta\boldsymbol{B}-\boldsymbol{J}_b\Delta\boldsymbol{b}) \tag{10-9}
$$

式中，$\Delta\boldsymbol{E}$ 为动平台的位姿误差，$\Delta\boldsymbol{E}=\Delta\boldsymbol{X}=[\Delta X_{\mathrm{P}}\quad \Delta Y_{\mathrm{P}}\quad \Delta Z_{\mathrm{P}}\quad \Delta\psi\quad \Delta\theta\quad \Delta\phi]^{\mathrm{T}}$；$\Delta\boldsymbol{l}$ 为连杆的长度误差，$\Delta\boldsymbol{l}=[\Delta l_1\quad \Delta l_2\quad \Delta l_3\quad \Delta l_4\quad \Delta l_5\quad \Delta l_6]^{\mathrm{T}}$；$\Delta\boldsymbol{B}$ 为定平台的铰链坐标误差，$\Delta\boldsymbol{B}=[\Delta X_{B1}\quad \Delta Y_{B1}\quad \Delta Z_{B1}\quad \cdots\quad \Delta X_{B6}\quad \Delta Y_{B6}\quad \Delta Z_{B6}]^{\mathrm{T}}$；$\Delta\boldsymbol{b}$ 为动平台的铰链坐标误差，$\Delta\boldsymbol{b}=[\Delta x_{b1}\quad \Delta y_{b1}\quad \Delta z_{b1}\quad \cdots\quad \Delta x_{b6}\quad \Delta y_{b6}\quad \Delta z_{b6}]^{\mathrm{T}}$；$\boldsymbol{J}_B$ 为定平台的铰链坐标误差的转化矩阵，

$$
\boldsymbol{J}_B=\begin{bmatrix} -\boldsymbol{w}_1^{\mathrm{T}} & & & & & \\ & -\boldsymbol{w}_2^{\mathrm{T}} & & & & \\ & & -\boldsymbol{w}_3^{\mathrm{T}} & & & \\ & & & -\boldsymbol{w}_4^{\mathrm{T}} & & \\ & & & & -\boldsymbol{w}_5^{\mathrm{T}} & \\ & & & & & -\boldsymbol{w}_6^{\mathrm{T}} \end{bmatrix};
$$

$\boldsymbol{J}_b$ 为动平台的铰链坐标误差的转化矩阵，

$$J_b=\begin{bmatrix} \boldsymbol{w}_1^{\mathrm{T}}{}_D^A\boldsymbol{R} & & & & & \\ & \boldsymbol{w}_2^{\mathrm{T}}{}_D^A\boldsymbol{R} & & & & \\ & & \boldsymbol{w}_3^{\mathrm{T}}{}_D^A\boldsymbol{R} & & & \\ & & & \boldsymbol{w}_4^{\mathrm{T}}{}_D^A\boldsymbol{R} & & \\ & & & & \boldsymbol{w}_5^{\mathrm{T}}{}_D^A\boldsymbol{R} & \\ & & & & & \boldsymbol{w}_6^{\mathrm{T}}{}_D^A\boldsymbol{R} \end{bmatrix};$$

$\boldsymbol{J}_P$ 为并联机床的逆雅克比矩阵，

$$\boldsymbol{J}_P=\begin{bmatrix} \frac{\partial f_1}{\partial X_P} & \frac{\partial f_1}{\partial Y_P} & \frac{\partial f_1}{\partial Z_P} & \frac{\partial f_1}{\partial \psi} & \frac{\partial f_1}{\partial \theta} & \frac{\partial f_1}{\partial \phi} \\ \frac{\partial f_2}{\partial X_P} & \frac{\partial f_2}{\partial Y_P} & \frac{\partial f_2}{\partial Z_P} & \frac{\partial f_2}{\partial \psi} & \frac{\partial f_2}{\partial \theta} & \frac{\partial f_2}{\partial \phi} \\ \frac{\partial f_3}{\partial X_P} & \frac{\partial f_3}{\partial Y_P} & \frac{\partial f_3}{\partial Z_P} & \frac{\partial f_3}{\partial \psi} & \frac{\partial f_3}{\partial \theta} & \frac{\partial f_3}{\partial \phi} \\ \frac{\partial f_4}{\partial X_P} & \frac{\partial f_4}{\partial Y_P} & \frac{\partial f_4}{\partial Z_P} & \frac{\partial f_4}{\partial \psi} & \frac{\partial f_4}{\partial \theta} & \frac{\partial f_4}{\partial \phi} \\ \frac{\partial f_5}{\partial X_P} & \frac{\partial f_5}{\partial Y_P} & \frac{\partial f_5}{\partial Z_P} & \frac{\partial f_5}{\partial \psi} & \frac{\partial f_5}{\partial \theta} & \frac{\partial f_5}{\partial \phi} \\ \frac{\partial f_6}{\partial X_P} & \frac{\partial f_6}{\partial Y_P} & \frac{\partial f_6}{\partial Z_P} & \frac{\partial f_6}{\partial \psi} & \frac{\partial f_6}{\partial \theta} & \frac{\partial f_6}{\partial \phi} \end{bmatrix},$$

其中，$\boldsymbol{w}_i$ 为第 i 根连杆的沿连杆轴线的单位矢量，$\frac{\partial f_i}{\partial X_P}$、$\frac{\partial f_i}{\partial Y_P}$、$\frac{\partial f_i}{\partial Z_P}$、$\frac{\partial f_i}{\partial \psi}$、$\frac{\partial f_i}{\partial \theta}$、$\frac{\partial f_i}{\partial \phi}$可通过式(10-6)、式（4-4）计算得到。以下给出$\frac{\partial f_i}{\partial \psi}$的推导过程，其余 5 项推导方法与之相同，此处不再做详细叙述。

$$\begin{aligned}\frac{\partial f_i}{\partial \psi}&=\frac{1}{2\sqrt{X_{li}^2+Y_{li}^2+Z_{li}^2}}\left(2X_{li}\frac{\partial X_{li}}{\partial \psi}+2Y_{li}\frac{\partial Y_{li}}{\partial \psi}+2Z_{li}\frac{\partial Z_{li}}{\partial \psi}\right)\\ &=\frac{1}{\sqrt{X_{li}^2+Y_{li}^2+Z_{li}^2}}\left(X_{li}\frac{\partial X_{li}}{\partial \psi}+Y_{li}\frac{\partial Y_{li}}{\partial \psi}+Z_{li}\frac{\partial Z_{li}}{\partial \psi}\right)\\ &=\frac{1}{\sqrt{X_{li}^2+Y_{li}^2+Z_{li}^2}}\{X_{li}[x_{bi}(-\sin\psi\cos\phi-\cos\psi\cos\theta\sin\phi)-y_{bi}(-\sin\psi\sin\phi+\\ &\quad\cos\psi\cos\theta\cos\phi)+z_{bi}\cos\psi\sin\theta]+Y_{li}[x_{bi}(\cos\psi\cos\phi-\sin\psi\cos\theta\sin\phi)+\\ &\quad z_{bi}(-\cos\psi\sin\phi-\sin\psi\cos\theta\cos\phi)+z_{bi}\sin\psi\sin\theta]\}\end{aligned}\tag{10-10}$$

2. 连杆长度误差引起动平台的位姿误差的计算

计算连杆长度误差引起动平台的位姿误差时，不考虑铰链坐标的误差。取 $\Delta\boldsymbol{B}=0$ 和 $\Delta\boldsymbol{b}=0$，由式（10-9）得动平台的位姿误差为

$$\Delta E=\boldsymbol{J}_P^{-1}\Delta\boldsymbol{l} \tag{10-11}$$

连杆长度误差由铰链间隙、温度误差、静力学误差或动力学误差引起，连杆的静力学和动力学误差要分别通过静力学、动力学求解，因此，此处只介绍铰链间隙引起的连杆长度误差的计算。

将铰链间隙折算为连杆长度的变化量，可得连杆长度误差 $\Delta\boldsymbol{l}$，如取 $\Delta\boldsymbol{l}=0.3\text{mm}$，也可分别取各连杆长度误差，再由式（10-11），可求得动平台的位姿误差 $\Delta\boldsymbol{E}$。

铰链间隙折算为连杆长度的变化量的大小与铰链的结构及其间隙有关，要根据铰链的结构、制造精度及并联机构在运动过程中铰链间隙的变化来确定。

10.3.2　并联机器人连杆长度误差的分析

并联机器人的连杆长度的误差包括连杆长度的动力学误差、连杆长度的铰链间隙误差、连杆长度的铰链结构尺寸误差、连杆移动副的伸长误差、连杆长度的温度误差。

并联机器人的连杆长度的动力学误差包括连杆受力产生的长度误差和并联机器人振动产生的误差。连杆受力产生的长度误差来自连杆受力，由并联机器人的位姿反解方程式得到的连杆长度［见式（4-4）］是连杆不受力时的长度，并联机器人运动产生的惯性力、执行机构所受外力、连杆上端伺服电动机的驱动力使连杆受力，并联机器人各运动构件的重力使连杆受力，连杆在连杆中力作用下伸长，产生连杆的伸长误差，使动平台的位姿产生误差，进而产生执行机构的执行误差。在并联机器人的工作过程中，连杆中的力是变化的，引起连杆受力产生的长度误差量的变化。并联机器人的振动使执行机构的位姿产生波动，产生执行机构位姿的波动误差。并联机器人的振动与并联机器人的位姿、并联机器人振动的激励、执行机构的刚度、并联机构的刚度、惯性力和阻尼有关，是与并联机器人的位姿、并联机器人振动的激励、执行机构的刚度、并联机构的刚度、惯性力和阻尼变化有关的复杂的非线性空间振动问题，难以得到连杆长度的动力学误差的解。并联机器人运动产生的惯性力、执行机构所受外力、连杆上端伺服电动机的驱动力是并联机器人振动的激励。并联机器人的刚度主要取决于连杆、铰链、连杆和铰链中的油膜的刚度，并联机器人的阻尼主要取决于连杆和铰链中的阻尼。

并联机器人连杆长度的铰链间隙误差包括虎克铰的铰链径向间隙、轴向间隙、铰链零径向力和铰链零轴向力产生的连杆长度的误差。铰链径向间隙产生的连杆长度的误差来自铰链的径向间隙，当铰链存在径向间隙时，铰链轴绕铰链孔的轴线转动及绕垂直于铰链孔的轴线转动，使连杆的长度发生变化，执行机构产生误差。铰链轴向间隙产生的连杆长度的误差来自铰链的轴向间隙，当铰链存在轴向间隙时，铰链轴相对铰链孔轴向移动，使连杆的长度发生变化，执行机构产生误差。铰链零径向力产生的连杆长度的误差，是铰链轴相对铰链孔反向平面移动过程中，当铰链中的径向力为零时，由铰链间隙产生的连杆长度的误差。铰链零径向力时铰链轴中心位置的变化如图 10-6 所示，当铰链孔对铰链轴的作用力 F_2 使连杆受力的方向发生 90°~180°变化，连杆受拉力时，铰链轴在铰链孔的一边，连杆受压力时，铰链轴在铰链孔的另一边。铰链轴相对铰链孔反向平面移动，在铰链轴相对铰链孔反向平面移动

过程中铰链的径向力为零，连杆的长度发生突变，执行机构的运动随之突变，产生连杆长度的误差，且为非线性误差。铰链零轴向力产生的连杆长度的误差是铰链的轴向力为零时，连杆的长度发生突变，产生连杆长度的误差，铰链的轴向间隙很小，铰链零轴向力产生的连杆长度的误差也很小。并联机器人的连杆长度的铰链间隙误差引起连杆长度的误差，再产生执行机构的误差。

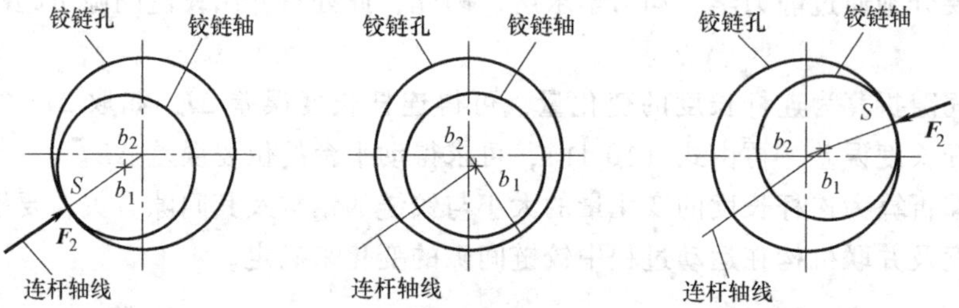

a) 连杆受拉力　　b) 铰链零径向力　　c) 连杆受压力

图 10-6　铰链零径向力时铰链轴中心位置的变化

并联机器人的连杆长度的铰链结构尺寸误差包括虎克铰的轴线相互为异面直线产生的连杆长度的误差、铰链孔和铰链轴的圆柱度产生的连杆长度的误差。当虎克铰的轴线相互为异面直线及铰链孔和铰链轴有圆柱度时，铰链轴相对铰链孔转动，使连杆的长度发生变化，产生执行机构的误差。

并联机器人的连杆移动副的伸长误差包括连杆移动副的间隙误差和连杆移动副的结构尺寸误差，连杆的移动副用于连杆的伸长，连杆移动副的伸长误差使连杆产生伸长误差。连杆移动副的间隙使形成移动副的轴和孔的轴线不重合，轴和孔的轴线产生径向距离和相对转动的角度；连杆移动副的结构尺寸误差，影响轴和孔的轴线的径向距离和相对转动的角度。在并联机器人的运动过程中，轴和孔的轴线的相对位置产生变化，使连杆产生伸长误差。连杆移动副的间隙降低并联机器人的角刚度，降低并联机器人角振动的固有频率。在研究并联机器人的误差中，一般不考虑连杆移动副的伸长误差，但在高精度的并联机器人中，连杆移动副的伸长误差要考虑。

10.3.3　并联机器人连杆长度误差的控制和补偿方法

并联机器人的连杆长度误差的控制和补偿方法是减小连杆的设计、制造和装配误差，补偿连杆长度的动力学误差、连杆长度的铰链间隙误差、连杆长度的铰链结构尺寸误差和连杆长度的温度误差。

1）减小并联机器人的连杆长度的动力学误差的方法。在连杆的设计中，提高连杆的刚度，减小连杆受力产生的长度误差，丝杠是连杆上直径较小处，应主要增大丝杠的直径或采用刚度大、精度高的机构替代丝杠传动，这样，可进一步显示并联机器人刚度大的特点。在并联机器人的设计中，可通过优化设计减小连杆的受力；可通过减小并联机器人运动产生的惯性力、执行机构所受外力，减小连杆的受力，主要是减小动平台和执行机构的质量和转动惯量。在并联机器人的使用中，根据执行机构的位姿，补偿连杆的伸长量，实现连杆长度的动力学误差的补偿。可以在连杆上植入应变片，获得连杆中的拉力，再计算连杆受力后的伸长量，在并联机器人上驱动连杆的控制程序中实时补偿，此方法补偿连杆长度的动力学误差较好，误差小且精度高。也可以先计算，得到连杆受力后的伸长量，再通过程序修改并联机器人的执行机构的位姿数据，在并联机器人的执行机构的数据中间接补偿。在并联机器人的设计中，通过在铰链中适当增加阻尼、预紧铰链，减小并联机器人的振动的振幅。要减小执行机构输入动平台的激振力。在并联机器人的使用中，通过设计执行机构的位姿、动平台在工作空间中的位姿和速度，改变激励，改变执行机构的固有频率，防止并联机器人共振和产生过大的振幅。预紧连杆的移动副，提高并联机器人的角刚度和角振动的固有频率，有利于减小并联机器人的振动。

2）消除或减小并联机器人的连杆长度的铰链间隙误差的方法。消除连杆长度的铰链间隙误差的方法是采用全密封、油润滑、恒温的无隙铰链，消除铰链间隙，理论上不产生铰链间隙误差。减小连杆长度的铰链间隙误差的方法是在铰链的设计、制造和装配中减小铰链间隙，将铰链制造误差映射为连杆的长度误差进行补偿。消除铰链零径向力误差的方法是控制执行机构一个循环工序的临界工作时间（出现铰链零径向力的时间），降低动平台运动的速度和角速度，或改变动平台的姿态，使并联机器人不出现铰链零径向力的位姿。

3）减小并联机器人连杆长度的铰链结构尺寸误差的方法。提高铰链轴和铰链孔的设计和制造精度，避免虎克铰的轴线相互为异面直线，减小铰链孔和铰链轴的圆柱度产生的连杆长度的误差。

4）减小并联机器人的连杆移动副的伸长误差的方法。提高形成连杆移动副的花键的制造精度，提高花键轴和花键毂轴线的同轴度，适当增大花键的长度。

10.3.4　误差控制和补偿后的并联机器人连杆长度误差

经减小连杆的设计、制造和装配误差后，再补偿连杆长度的动力学误差、连杆长度的铰链间隙误差和连杆长度的铰链结构尺寸误差，可较好地减小连杆长度的误差，但仍会有连杆长度的误差，不可能完全消除连杆长度的误差。因为，铰链、形成连杆移动副的花键等有一定的制造精度，难以消除铰链、形成连杆移动副的花键的间隙；动平台和连杆的惯性力难以准确计算，并联机器人振动时的振幅难以准确计算，使连杆长度的动力学误差难以无误差的补偿。因此，连杆长度的误差控制和补偿后，仍会有连杆长度的误差，难以得到无误差的连杆长度。

10.4　并联机器人温度误差的分析及控制

10.4.1　并联机器人温度误差的计算

当并联机床的工作环境温度偏离标准温度时，根据材料热胀冷缩的原理，其连杆的长度、定平台的铰链坐标、动平台的铰链坐标均产生变化，使得并联机床产生误差。

在工作温度下，连杆的长度、定平台的铰链坐标、动平台的铰链坐标误差可按下式计算，即

$$\Delta l_i = \alpha_{Tl} l_i (T_l - T_0) \tag{10-12}$$

$$\Delta X_{Bi} = \alpha_{TA} X_{Bi} (T_A - T_0) \tag{10-13}$$

$$\Delta Y_{Bi} = \alpha_{TA} Y_{Bi} (T_A - T_0) \tag{10-14}$$

$$\Delta Z_{Bi}=\alpha_{TA}Z_{Bi}(T_A-T_0) \tag{10-15}$$

$$\Delta x_{bi}=\alpha_{TP}x_{bi}(T_P-T_0) \tag{10-16}$$

$$\Delta y_{bi}=\alpha_{TP}y_{bi}(T_P-T_0) \tag{10-17}$$

$$\Delta z_{bi}=\alpha_{TP}z_{bi}(T_P-T_0) \tag{10-18}$$

式中，$i=1, 2, \cdots, 6$；α_{Tl}、α_{TA} 和 α_{TP} 分别为连杆、定平台和动平台的材料的线膨胀系数，可由机械设计手册查得；T_0 为标准温度；T_l、T_A 和 T_P 分别为连杆、定平台和动平台的工作温度，也即并联机床工作时连杆、定平台和动平台的温度。

根据式（10-12）~式（10-18），可求得 $\Delta\boldsymbol{l}$、$\Delta\boldsymbol{B}$ 和 $\Delta\boldsymbol{b}$，再根据式（10-9）可计算得到动平台的位姿误差 $\Delta\boldsymbol{E}$。

10.4.2　并联机器人温度误差的分析

1. 铰链坐标的温度误差

并联机器人的铰链坐标的温度误差来自动平台和定平台的温度变化，这使动平台和定平台热胀冷缩，引起动平台和定平台上铰链坐标的变化，产生动平台和定平台铰链坐标的温度误差。定平台的温度变化主要由环境温度变化引起。动平台上有电主轴和刀具，电主轴和刀具是两个热源，动平台受这两个热源的影响，产生动平台的温度误差，也使动平台的工作温度与连杆、定平台的工作温度不同。在计算铰链坐标的温度误差时，要注意 T_P 和 T_l、T_A 不同。由于动平台和定平台的尺寸较大，使并联机器人的铰链坐标的温度误差较大。

2. 连杆的温度误差

并联机器人的连杆的温度误差来自连杆的温度变化，这使连杆热胀冷缩，引起连杆长度的变化，产生连杆的温度误差。连杆的温度变化主要由环境温度变化引起，另外，连杆有温度差，靠近动平台的连杆一端的温度高一些。连杆的长度较长，使连杆的温度误差较大，不容忽视。

10.4.3　并联机器人温度误差的控制和补偿方法

1）动平台的温度控制方法。在动平台上设计水循环温控系统或风冷温控系统，减小动平台铰链坐标的温度误差；对执行机构的刀具，用切削液冷却；通过优化，减小动平台的铰链坐标。

2）定平台和连杆的温度控制方法。控制环境温度，通过空调，减小或消除环境温度与标准温度的差；通过优化，减小连杆长度和定平台的铰链坐标。

3）铰链坐标的温度误差的补偿方法。采用在并联机器人驱动连杆的控制程序中实时补偿和在执行机构的数据中间插入补偿的方法。根据定平台和动平台的材料的线膨胀系数，由式（10-13）~式（10-18）计算定平台和动平台的坐标随温度的变化量，再将定平台和动平台的坐标随温度的变化量加入定平台和动平台的坐标，得铰链坐标的温度误差补偿后的铰链坐标，从而减小铰链坐标的温度误差。可以在定平台和动平台上植入温度传感器，获得定平台和动平台的温度，计算定平台和动平台的铰链坐标的温度补偿量，并与定平台和动平台上水循环温控系统或风冷温控系统配合，在并联机器人驱动连杆的控制程序中实时补偿，此方法补偿铰链坐标的温度误差较好。也可以先计算得到的定平台和动平台的铰链坐标的温度变化量，再通过程序修改并联机器人的执行机构的位姿数据，在并联机器人的执行机构的位姿数据中间插入补偿。并联机器人的温度误差补偿时，首先补偿铰链坐标的温度误差，再补偿连杆长度的温度误差。

4）连杆的温度误差的补偿方法。采用在并联机器人的驱动连杆的控制程序中实时补偿和在并联机器人的执行机构的位姿数据中间插入补偿的方法。根据连杆材料的线膨胀系数，由式（10-12）计算连杆随温度的变化量，再将连杆的变化量加入连杆的长度，得温度误差补偿后的连杆长度，从而减小连杆的温度误差。可以在连杆上植入温度传感器，获得连杆的温度，计算连杆的温度补偿量，在并联机器人的驱动连杆的控制程序中实时补偿，此方法补偿连杆的温度误差较好。也可以先计算得到的连杆的温度变化量，再通过程序修改并联机器人的执行机构的位姿数据，在并联机器人的执行机构的位姿数据中间插入补偿。

10.4.4　误差控制和补偿后的并联机器人温度误差

经铰链坐标和连杆的温度误差补偿后，可较好地减小温度误差，但仍会有温度误差，不可能完全消除铰链坐标和连杆的温度误差。铰链坐标和连杆的温度误差补偿后的误差来源于数据的截断误差、温度检测误差、温度梯度误差等。温度检测传感器有一定的精度，使温度误差补偿有一定的精度。执行机构（如刀具和电主轴）在高温时，动平台的温度变化不均匀，有温度梯度，离执行机构近的动平台上的位置的温度高，离执行机构远的动平台上的位置的温度低，动平台上、下表面（面向刀具的一面为下表面）有温度差，使动平台铰链坐标的温度误差难以精确补偿。因此，温度误差补偿后，仍会有误差。

10.5　并联机器人执行机构误差的分析及控制

10.5.1　并联机器人执行机构误差的分析

并联机器人的执行机构误差包括执行机构的几何误差、执行机构受力时的误差、执行机构的装配误差、执行机构的运动误差和执行机构的温度误差。

执行机构的几何误差主要是执行机构的尺寸误差。如执行机构为刀具时，其几何误差包括刀具的直径误差、长度误差，不同的刀具，刀具的几何参数不同，相应的误差不同。圆柱铣刀未受力时的几何误差主要有刀具的长度、直径误差，球头铣刀未受力时的几何误差主要有刀具的长度、球头半径误差，盘形铣刀未受力时的几何误差主要有刀具的长度、直径和圆角半径误差。如执行机构为测量杆时，其几何误差包括测量杆的长度误差、测量孔的锥度误差、测量杆外圆柱面的圆柱度和直径误差。

执行机构受力时的误差是执行机构受力时的尺寸和姿态误差。如执行机构为刀具时，其受力时的误差来自刀具受力，刀具受力时，刀杆弯曲且受到压缩，产生刀具的长度误差和刀具轴线的姿态误差。如执行机构为测量杆时，没有其受力时的误差，因为测量杆受法如的力很小。

执行机构的装配误差主要是执行机构装配后的长度误差、姿态误差。如执行机构为刀具时，其装配后的误差为刀具的长度误差和姿态误差，刀具装配后的长度误差来自刀具、刀柄和刀柄座、电主轴的长度误差，刀具装配后的姿态误差来自刀柄和刀柄座的姿态误差、电主轴的间隙、电主轴与动平台的连接等。如执行机构为测量杆时，其装配误差包括测量杆安装后的长度误差和姿态误差，其误差来自测量杆锥形安装柄、电主轴的长度误差、电主轴的间隙、电主轴的转子轴的弯曲、电主轴与动平台的连接等，用法如检测安装在电主轴下方的测量杆的位姿时，可得到测量杆的长度误差和姿态误差。

执行机构的运动误差主要是执行机构运动时的误差。如执行机构为刀具时，其运动时的误差为刀具的径向、轴向和姿态误差，刀具运动时的误差来自电主轴的回转误差和轴向误差，与支承电主轴的轴承的回转精度和轴向精度、电主轴转动时的转子轴的弯曲等有关，电主轴转动时的转子轴的弯曲与转子轴的直线度及转子的动平衡的精度有关。如执行机构为测量杆时，测量杆不转动，没有运动误差。

执行机构的温度误差是由温度变化引起的执行机构的尺寸误差。如执行机构为刀具时，刀具的温度误差为温度变化引起的刀具的直径、长度等几何误差和刀具在电主轴上的长度误差，刀具的温度误差来自并联机床环境温度的变化、刀具切削过程中产生的高温及电主轴运转过程中产生的高温，温度变化，使刀具热胀冷缩，产生误差；电主轴的温度误差主要是电主轴受热后输出轴的伸长误差。如执行机构为测量杆时，其温度误差是电主轴和测量杆受环境温度变化引起的伸长误差。

10.5.2 并联机器人执行机构误差的控制和补偿方法

并联机器人的执行机构的误差的控制方法是选用精度高的执行机构、减小执行机构的温度变化和受力。例如：刀具误差的控制方法是选用高精度的刀具、刀柄和电主轴，用温控的风或液冷却刀具，减小温度变化和降低高温的温度，改变刀具的进给量、进给速度和加工姿态；测量杆误差的控制方法是选用高精度的测量杆和电主轴，并尽量在恒温下测量。

并联机器人的执行机构的误差的补偿方法是修改执行机构的位姿数据。例如：刀具误差的补偿方法是根据刀具误差的补偿量，修改 UG 生成的加工工件的刀位数据，在 UG 生成的并联机床加工工件的刀位数据中补偿误差；测量杆误差的补偿方法是根据测量杆相对动平台的误差，修改测量数据，消除测量杆误差对测量结果的影响。

通过共同实施执行机构误差的控制和补偿的方法，减小执行机构的位姿误差。

10.5.3 误差控制和补偿后的并联机器人执行机构误差

经并联机器人的执行机构的误差控制和补偿后可较好地减小执行机构的误差，但执行机构仍会有误差，不可能完全消除执行机构的误差。如刀具误差补偿后仍有刀具误差的补偿数据的截断误差、刀具几何尺寸的测量误差、根据刀具受力计算得到的刀具轴线的姿态误差、电主轴的间隙和转子轴的弯曲及回转引起的刀具位姿误差，其中，由于刀具受动载荷，动平台及连杆的惯性力变化，难以精确获得刀具受力，此外，刀具受力振动并与刀具、刀具的位姿、工件的结构和材料、并联机构等有关，使刀具受力产生的误差难以精确控制和补偿；电主轴的转子轴的弯曲及回转时转子轴的弯曲变化，使刀具的运动误差难以精确控制和补偿。测量杆误差的控制和补偿后仍有测量杆误差的补偿数据的截断误差、测量杆几何尺寸的测量误差、电主轴的间隙引起的测量杆的位姿误差。

10.6 并联机器人驱动机构误差的分析及控制

10.6.1 并联机器人驱动机构误差的分析

并联机器人的驱动机构的误差包括伺服电动机的驱动误差、联轴器的转角误差和丝杠长度的误差。伺服电动机的驱动误差、联轴器的转角误差和丝杠长度的误差使连杆产生伸长误差，进而使执行机构产生误差。

并联机器人的伺服电动机的驱动误差包括驱动进给控制误差、零驱动力误差和反向驱动控制误差。驱动进给控制误差来自连杆上端的伺服电动机的转角误差，在伺服电动机的驱动力满足驱动要求的情况下，驱动进给控制误差的大小取决于伺服电动机的进给精度。当连杆上端伺服电动机的驱动力为零时，并联机器人的伺服电动机产生零驱动力误差。并联机器人动平台的运动使连杆受力变化，会出现连杆上端伺服电动机的驱动力为零的情况，如果丝杠与螺母因不预紧而有间隙，或磨损后出现间隙，并联机器人在连杆驱动力为零的位置附近，连杆的驱动力的方向发生变化，要消除丝杠与螺母之间的间隙，在消除间隙的过程中，动平台不受这个伺服电动机的约束，动平台在丝杠与螺母之间的间隙范围内失去控制，并联机器人的自由度数发生变化，使执行机构的位姿产生误差，丝杠与螺母之间的间隙较大时，执行机构的位姿误差较大。并联机器人的伺服电动机的反向驱动控制误差来自连杆在极限伸长位置反向运动时的驱动控制误差。连杆在极限伸长位置反向运动，当连杆通过丝杠对伺服电动机作用的力矩大于伺服电动机的制动力矩时，产生伺服电动机的失控转角，使连杆在极限伸长位置的伸长量在短时间内失控，执行机构产生位姿误差。

并联机器人的联轴器的转角误差来自半联轴器之间的连接、半联轴器与伺服电动机轴及丝杠的连接，通过丝杠，使连杆产生进给长度误差。

并联机器人的丝杠长度的误差来自丝杠的螺杆、螺母和滚珠等的结构尺寸误差、静力学或动力学误差和温度误差，其中螺杆的螺距误差和温度误差是主要误差，螺杆的螺距误差来自螺杆的加工和受力，螺杆的温度误差来自螺杆的热胀冷缩。

10.6.2 并联机器人驱动机构误差的控制和补偿方法

减小并联机器人的伺服电动机的驱动误差、联轴器的转角误差和丝杠长度的误差的方法是选用高精度的伺服电动机、丝杠及丝杠与伺服电动机轴之间的联轴器，通过改变连杆的伸长量补偿丝杠的温度误差，提高连杆的驱动进给精度。消除并联机器人的零驱动力误差的方法是控制执行机构一个循环工序的临界工作时间，降低动平台运动的速度和角速度，或改变动平台的姿态，使并联机器人不出现驱动力为零的执行机构的位姿。消除并联机器人的伺服电动机的反向驱动控制误差的方法是选用制动力矩较大的伺服电动机，或适当提高伺服电动机的功率，伺服电动机的功率大，制动力矩大，伺服电动机的反向驱动的控制能力高，不出现伺服电动机的反向驱动控制误差。

10.6.3 误差控制和补偿后的并联机器人驱动机构误差

经选用高精度的伺服电动机、丝杠及丝杠与伺服电动机轴之间的联轴器且高精度的装配后，并高精度的补偿丝杠的温度误差，可较好地减小驱动机构的误差，但仍会有驱动机构的误差，不可能完全消除驱动机构的误差，因为，伺服电动机有一定的控制精度，丝杠和丝杠与伺服电动机轴之间的联轴器有一定的制造精度，丝杠的温度误差有一定的补偿精度，丝杠因受力引起的长度误差是非线性变化的，难以得到无误差的驱动机构。

10.7 并联机器人综合误差的分析及控制

10.7.1 并联机器人综合误差的分析

并联机器人的动平台和定平台的铰链坐标的标定误差和温度误差等耦合在一起，形成铰链坐标的综合误差；连杆长度的动力学误差、连杆长度的铰链间隙误差和连杆长度的温度误差等耦合在一起，形成连杆长度的综合误差；伺服电动机的驱动误差、联轴器的转角误差和丝杠长度的误差耦合在一起，形成驱动的综合误差；铰链坐标、连杆长度和驱动的综合误差共同影响动平台的误差，形成动平台位姿的综合误差；动平台位姿的综合误差与执行机构的误差耦合在一起，形成执行机构位姿的综合误差。

10.7.2 并联机器人综合误差的控制和补偿方法

并联机器人的综合误差的控制和补偿包括设计制造并联机器人及使用并联机器人时的综合误差的控制和补偿。

设计制造并联机器人时综合误差的控制和补偿是在设计制造并联机器人时，控制并联机器人的综合误差，在制造出并联机器人后，通过并联机器人的铰链坐标的温度误差、连杆长度的温度误差、连杆长度的动力学误差、铰链间隙误差等单项误差补偿，实现并联机器人的综合误差补偿。设计制造并联机器人时综合误差的控制和补偿由并联机器人的设计制造企业完成。

使用并联机器人时综合误差的控制和补偿是在并联机器人的使用中，控制和补偿并联机器人的综合误差，主要通过轨迹规划，控制并联机器人的误差，补偿动平台上执行机构位姿的综合误差，其由使用并联机器人的企业完成。在并联机器人的工作空间中，并联机器人的误差不等，可通过轨迹规划，控制并联机器人的误差在精度范围内。在使用并联机器人中，动平台上执行机构位姿的综合误差的补偿方法主要采用拟合求差的补偿方法，对执行机构的位姿采样测量，得采样点的综合误差；然后对采样点的综合误差进行拟合操作，获得综合误差拟合曲线，再基于综合误差拟合曲线，对并联机器人的执行机构的工作程序进行修正，实现执行机构位姿的综合误差的补偿。

10.7.3 误差控制和补偿后的并联机器人综合误差

经设计制造、使用并联机器人中控制和补偿综合误差后，可较好地减小动平台及执行机构位姿的综合误差，但动平台及执行机构的位姿仍有误差，不可能完全消除动平台及执行机构位姿的综合误差。因为，仅对执行机构有限多个位姿测量综合误差，难以测得执行机构的工作空间曲面的各点的综合误差；此外，有测量误差和曲线、曲面拟合误差，因此，控制和补偿动平台及执行机构位姿的综合误差后，仍会有动平台及执行机构位姿的误差；还有，执行机构和并联机构等的误差是非线性动态变化的，并联机器人的各组成的自身误差有耦合，各组成的误差之间有耦合；这些，使得并联机器人难以得到无误差的动平台运动轨迹及执行机构的工作位姿。

习　　题

10-1　解释并联机器人的误差，并举例说明。

10-2　并联机器人的误差源有哪些？

10-3　并联机器人的误差有哪些类型？

10-4　按并联机器人的结构，并联机器人的各组成的误差有哪些类型？并联机器人的各组成的误差与并联机器人的误差有何区别和联系？

10-5　按并联机器人的运动和受力，并联机器人的误差有哪些类型？

10-6　并联机器人的铰链坐标的误差有哪些？

10-7　分析并联机器人的铰链坐标的标定误差。

10-8　分析并联机器人的铰链坐标的温度误差。

10-9　控制和补偿并联机器人的铰链坐标的误差的方法有哪些？控制和补偿并联机器人铰链坐标的误差后是否还有铰链坐标的误差？

10-10　并联机器人的连杆长度的误差有哪些？

10-11　分析并联机器人的连杆长度的动力学误差。

10-12　分析并联机器人的连杆长度的温度误差。

10-13　控制和补偿并联机器人的连杆长度的误差的方法有哪些？控制和补偿并联机器人的连杆长度的误差后是否还有连杆长度的误差？

10-14　并联机器人的执行机构的误差有哪些？

10-15　解释执行机构的几何误差和执行机构的温度误差，并举例说明。

10-16　控制和补偿并联机器人的执行机构的误差的方法有哪些？控制和补偿并联机器人的执行机构的误差后是否还有执行机构的误差？

10-17　分析并联机器人的伺服电动机的驱动误差。

10-18　分析并联机器人的综合误差。

10-19　控制和补偿并联机器人的综合误差的方法有哪些？控制和补偿并联机器人的综合误差后是否还有综合误差？

10-20　查找文献，阅读 1~2 篇并联机器人的误差分析的文献，简述其误差分析的过程和结论。

第 11 章 并联机器人的控制

教学目标：通过本章学习，应掌握并联机器人的点位控制和点位反馈控制、轨迹控制和轨迹反馈控制及力控制，了解并联机器人的控制系统、分类和要求，了解并联机器人的控制策略，为并联机器人的控制及控制系统的设计打下基础。

11.1 并联机器人控制的概念

11.1.1 并联机器人控制系统的组成

从并联机构的运动和控制的角度来说，并联机器人的控制系统由并联机器人本体和控制系统组成，如图 11-1 所示。

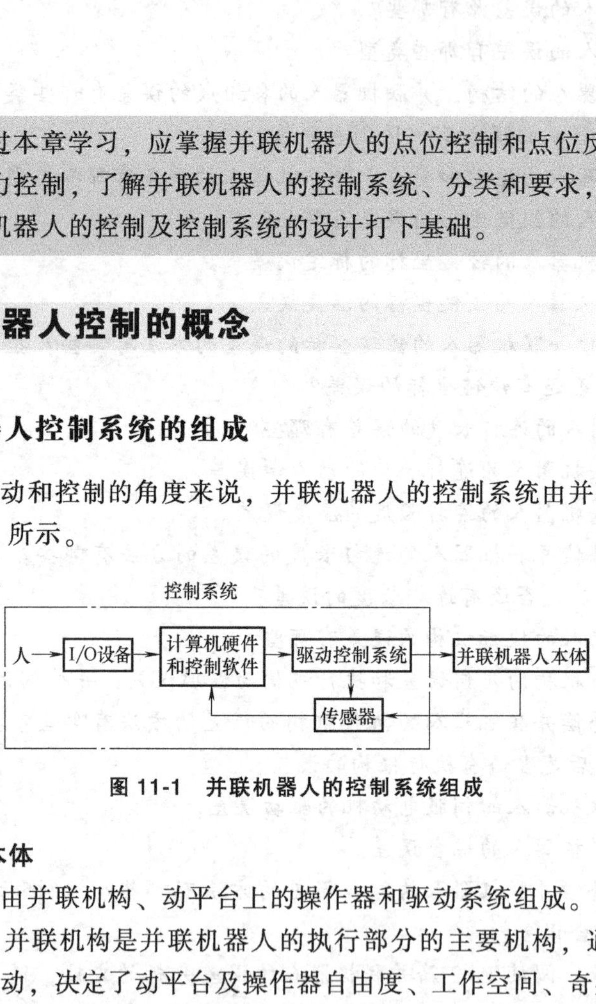

图 11-1 并联机器人的控制系统组成

1. 并联机器人本体

并联机器人本体由并联机构、动平台上的操作器和驱动系统组成。

（1）并联机构　并联机构是并联机器人的执行部分的主要机构，通过机构的运动确定动平台及操作器的运动，决定了动平台及操作器自由度、工作空间、奇异位形、主要工作精度等，没有并联机构，就没有并联机器人。

（2）操作器　操作器是并联机器人的执行机构，除了操作器本身的驱动器控制其运动外，操作器的运动主要取决于动平台的运动，如图 1-50 和图 10-1 所示的 BJ-04-02（A）型交叉杆并联机床上的电主轴和电主轴一端的刀具，即是并联机床的操作器。电主轴转动，带动电主轴一端的刀具进行切削，同时，电主轴的外壳固定在动平台上，随动平台运动，改变刀具的位姿；动平台的运动取决于并联机构和驱动系统，驱动系统的驱动器驱动并联机构运动。当并联机构一定时，驱动系统控制了动平台的运动，也控制了动平台上操作器的位姿。操作器要完成工作任务，并按工作任务进行位姿变化，根据并联机器人的位姿反解方程式，操作器的位姿及其变化决定了驱动器的运动和力的变化的要求，或者说，决定了驱动器输出的运动和力的变化规律和要求。

（3）驱动系统　驱动系统由驱动器、动力装置和驱动控制器等组成，驱动器和动力装置是驱动系统的本体。驱动系统的形式有液压、气压、电和微驱动系统等。

液压驱动系统包括液压缸、液压阀和液压泵等，如图 1-21 所示的液压缸驱动的 6 自由度的 Stewart 平台并联机器人，液压缸是液压驱动系统的驱动器，是连杆的一部分，液压控制阀是控制装置，液压泵是动力装置。计算机硬件和控制软件控制液压阀和液压泵的电动机，且通过控制液压阀的运动，使液压缸伸长或缩短，从而控制连杆的伸长或缩短。液压驱动系统在并联机器人上用得较多。

气压驱动系统包括气缸、气压阀和气泵等，计算机硬件和控制软件控制气压阀和气泵。通过连杆上的气缸可使连杆伸长或缩短。气压驱动系统在并联机器人上用得较少。

电驱动系统有直线电动机直接驱动的系统、伺服电动机和丝杠组成的驱动系统、伺服电动机和减速器组成的驱动系统等。直线电动机一般直接作为连杆的一部分，如图 1-20 所示的电动机驱动的 6 自由度的 Stewart 平台并联机器人，计算机硬件和控制软件控制直线电动机，从而控制连杆的伸长或缩短。伺服电动机和丝杠组成的驱动系统通过丝杠驱动连杆，如图 10-1 所示的交叉杆并联机床的连杆驱动，计算机硬件和控制软件控制伺服电动机，从而控制连杆的伸长或缩短。伺服电动机和减速器组成的驱动系统通过齿轮齿条机构驱动连杆，计算机硬件和控制软件控制伺服电动机，从而控制连杆的伸长或缩短。在转动摇臂的并联机器人中，如图 1-14 所示的 3 自由度移动的 Delta 并联机器人，通过减速器，驱动摇臂转动，再通过连杆改变动平台的运动，计算机硬件和控制软件控制伺服电动机，从而控制动平台的运动。

微驱动系统通过压电陶瓷、热变形和磁致伸缩等驱动连杆，主要用于微驱动并联机器人的驱动。

2. 控制系统

控制系统由驱动控制系统、计算机硬件和控制软件、输入/输出设备（I/O 设备）和传感器组成，如图 11-1 中点画线框所示。

（1）驱动控制系统　驱动控制系统控制驱动器，使驱动器按照操作器的位姿要求工作，为并联机器人提供动力和运动。

（2）控制部分　计算机硬件和控制软件、输入/输出设备（I/O 设备）是控制系统的控制部分。计算机硬件和控制软件组成控制器，通过计算机硬件和控制软件控制驱动器等的运动，并通过传感器的负反馈信息修正驱动器的运动。输入/输出设备（I/O 设备）用于输入控制数据和修改控制软件，改变驱动器输出的运动和力的变化的规律。从 I/O 设备输入的控制数据主要是动平台工作中的位姿数据。驱动器输出的运动和力的变化的规律和要求决定了控制系统的控制规律，也决定了控制软件。

（3）传感器　传感器为控制系统的传感部分，用于监视操作器或动平台、驱动器和其他工作器件的运动、力和温度等。对操作器或动平台监视的传感器，监视操作器或动平台的位姿、速度和加速度。对驱动器监视的传感器，监视驱动器输出的动力和运动。对其他工作器件监视的传感器，有监视连杆的力的传感器，有监视操作器、动平台和连杆的温度的传感器等。传感器将监视得到的信息负反馈给控制器。没有传感器的并联机器人由人控制。对动平台和操作器没有传感器监视的并联机器人，为并联机器人本体开环控制的并联机器人。对动平台和操作器有传感器监视并有负反馈信息给控制器的并联机器人，为并联机器人本体闭环控制的并联机器人。闭环控制的并联机器人有较高的控制精度。

传感器的形式有位移、速度、加速度、角速度、角加速度、力、限位、温度、视觉、六维力传感器和陀螺仪等，位移、速度、加速度、角速度、角加速度传感器用于驱动器的位移、速度、加速度、角速度、角加速度控制，限位传感器用于连杆最大、最小伸长量的限位控制，编码器常用于驱动器和电动机的转角控制，力传感器（应变片）用于连杆的变形量及受力控制，温度传感器主要用于动平台和并联机器人工作环境的温度控制，加速度传感器用于动平台和连杆的振动控制，陀螺仪用于动平台的姿态控制，视觉传感器用于动平台和操作器的位姿控制，六维力传感器用于操作器的力和力矩的控制。

11.1.2 并联机器人控制的分类

1. 按并联机器人的运动和动力控制分类

（1）运动控制　完全不考虑并联机器人的动力学特性，只是按照并联机器人实际轨迹与期望轨迹间的偏差进行负反馈控制，这类控制称为运动控制（Kinematic Control），其控制器常采用 PID 控制。运动控制的主要优点是控制规律简单，易于实现。但对于控制高速、高精度的并联机器人来说，由于有惯性力，这种控制方法有两个明显的缺点：一是难以保证受控的并联机器人本体具有良好的动态和静态品质；二是需要较大的控制能量。在运动控制中，有动平台的位姿、轨迹控制和速度控制等。

（2）动态控制　根据并联机器人动力学模型设计出更精细的非线性控制程序，称为动态控制（Dynamic Control）。用动态控制方法设计的控制系统，考虑了并联机器人的动力学特性，可使被控的并联机器人本体具有良好的动态和静态品质，克服了运动控制的缺点。然而由于各种动态控制方案中，都无一例外地需要实时地进行并联机器人的动力学计算，而并联机器人又是一个复杂的多变量强耦合的非线性系统，这就需要较大的在线计算量，给实时控制带来困难。在动态控制中，有连杆中的力、操作器上的力、驱动力、并联机构的振动控制等。

2. 按并联机器人的动平台在空间的位姿分类

（1）点位控制　根据工作要求，控制动平台运动到要求的某个位姿，称为点位控制。可以要求控制动平台运动到一个位姿，也可以要求控制动平台依次运动到多个位姿，在要求的相邻的位姿之间，对动平台运动位姿和路径没有工作要求。图 10-1 所示的交叉杆并联机床由一个钻孔工位，运动到下一个钻孔工位，为并联机床的点位控制。

（2）轨迹控制　根据工作要求，控制动平台按要求的轨迹运动，称为轨迹控制。图 10-1 所示的交叉杆并联机床的电主轴上刀具，按要求的轨迹进行切削加工，电主轴固定在动平台上，这就要求控制动平台按加工要求的轨迹运动，为并联机床的轨迹控制。在满足并联机器人工作要求时，轨迹控制有最优轨迹控制等问题。

3. 按并联机器人的控制反馈分类

（1）开环控制　对动平台和操作器的位姿没有负反馈的控制，仅对驱动控制系统有负反馈的控制，为并联机器人的开环控制。对于并联机器人的开环控制，需要人工修改控制程序或引入控制误差的补偿程序，弥补动平台和操作器的位姿误差。

（2）闭环控制　对动平台和操作器的位姿有负反馈的控制，且对驱动控制系统有负反馈的控制，为并联机器人的闭环控制。对于并联机器人的闭环控制，控制系统自带控制误差的补偿程序，用于弥补动平台和操作器的位姿误差。在闭环控制中，通过传感器，实时、精确反馈动平台和操作器的位姿、速度等信息较困难，也使实时、精确补偿高速并联机器人的动平台和操作器的位姿误差困难。

4. 按并联机器人的控制方法分类

（1）基于模型的控制　根据并联机构的模型，确定驱动器的运动，实施其控制，称为基于模型的控制。这是最基本的控制方法。并联机构的模型的精度是控制精度的基础。但并联机器人是多自由度、多铰链、非线性系统，难以得到精确的数学模型。

（2）力、温度控制　利用连杆、操作器上力传感器反馈的信息，修改控制参数或补偿动平台或操作器位姿误差的方法，这是反馈控制中的一种力控制方法。同样，可以根据动平台和环境温度反馈信息，修改控制参数或补偿动平台或操作器的位姿误差，形成温度控制等。这些，均在基于模型的控制的基础之上。

（3）PID 控制　PID 控制系统中采用 PID 控制器进行控制。PID 控制器（比例-积分-微分控制器）是常见的反馈回路部件，由比例单元 P、积分单元 I 和微分单元 D 组成。PID 控制的基础是比例控制；积分控制可消除稳态误差，但可能增加超调量；微分控制可加快惯性系统响应速度以及减弱超调趋势。

（4）自适应控制　自适应控制是一种基于数学模型的控制方法，在系统的运行过程中，不断提取有关并联机构模型的信息，使并联机构的模型逐步完善。具体地说，可以依据驱动器和动平台的输入输出数据，不断地辨识并联机构的模型参数，这个过程称为系统的在线辨识。随着并联机器人工作过程的不断进行，通过在线辨识，并联机构模型会变得越来越准确，越来越接近于实际。并联机构模型在不断地改进，显然，基于这种并联机构模型综合出来的控制作用也将随之不断地改进。在这个意义下，控制系统具有一定的自适应能力。系统在刚开始投入运行时可能性能不理想，但是只要经过一段时间的运行，通过在线辨识和控制以后，控制系统逐渐自适应，最终将自身调整到一个满意的工作状态，在并联机器人的工作过程中，不需人工调整。驱动器和动平台的特性在运行过程中发生较大的变化时，通过在线辨识和改变控制器参数，系统也能逐渐自适应。

（5）鲁棒控制　通过对不同状态下并联机构的模型误差定量分析，得到误差上限值，再基于李雅普诺夫的控制方法，对 PID 控制器的输出量增加修正项，保证模型误差渐进稳定。

（6）神经网络和模糊控制　神经网络和模糊控制是基于神经网络和模糊数学，对 PID 控制器的输出量增加修正项，控制和补偿并联机构的模型误差。

（7）智能控制　将智能控制用于并联机器人，形成并联机器人的智能控制。在并联机器人的智能控制中，并联机器人按工作要求设置程序，并控制动平台和操作器的运动，传感器反馈动平台、操作器的位姿和驱动器的位置、速度等信息，控制系统智能修改驱动器的运动，使动平台、操作器的位姿满足工作要求。

11.1.3 并联机器人控制的要求

1. 满足工作要求

满足动平台或操作器的工作要求，是最基本的控制要求，包括动平台或操作器的工作位姿、速度、加速度、工作空间和规避奇异位形等要求。

2. 满足定位精度和重复定位精度的要求

满足动平台或操作器的精度要求，包括动平台或操作器的定位精度和重复定位精度。定位精度是指动平台或操作器到达实际位姿与要求位姿的差在一定的范围内。重复定位精度是指动平台或操作器再次及多次到达实际位姿与同一要求位姿的差在一定的范围内。由于并联机器人有多个自由度，动平台可从不同的轨迹到达要求的位姿，又由于并联机器人有多个铰链，铰链中有间隙和阻力，使动平台从不同的轨迹到达要求的位姿时，铰链的接触点会产生变化，产生不同的定位精度，或重复定位精度不同。

3. 满足驱动和承载能力的要求

满足驱动能力要求，是要保证并联机器人有足够的动力。满足承载能力要求，是要保证并联机器人有足够的强度和刚度，不产生强度破坏。

4. 满足运动不干涉的要求

并联机器人有多个驱动，驱动时，各连杆要不产生干涉；动平台和操作器的尺寸较大，在运动过程中，对外不产生干涉；各驱动器要协调一致地工作，其驱动和驱动控制互不干涉。

5. 满足工作效率的要求

并联机器人要有一定的工作效率，工作效率低影响并联机器人的使用。在提高工作效率的控制中，要注意并联机器人的最大工作速度不要过大，最大工作速度大，惯性力大，会影响并联机器人的强度和稳定性，还会使连杆的伸长量增大，影响并联机器人的工作精度。

6. 满足工作稳定的要求

并联机器人工作过程中，要求工作稳定，不产生失控现象，不产生共振及大的振幅，不产生奇异、突变等失稳现象。

11.2 并联机器人的控制策略

11.2.1 并联机器人并行同步控制的策略

并联机器人是多自由度、多驱动的系统，动平台有多个自由度，支链上的驱动器也有多个。为满足运动不干涉的要求，提高控制精度和速度，采用并行同步控制的策略，如图 11-2 所示，即并联机构上的每个驱动子控制器对应控制一个驱动子系统本体，驱动子系统本体包括驱动器和动力装置。驱动器传感器反馈驱动子系统本体的信息给各自的驱动子控制器，操作器控制器控制操作器等的运动，例如，图 1-50 和图 10-1 所示的 BJ-04-02（A）型交叉杆并联机床上的控制器既控制电主轴的运动，还控制切削液的水泵等。

主控制器控制和协调驱动子控制器和操作器控制器等。并联机构和操作器传感器反馈动平台、连杆等的信息给主控制器。

并行同步控制的策略：动平台由一个位姿运动到另一个位姿时，在同一时间内，同时检测各驱动子系统本体的驱动器的位移和速度信息等，同时控制各驱动子控制器，各驱动子系统本体的驱动器同时完成驱动任务，包括为完成工作任务，控制某个驱动器不动。同时检测并联机构的动平台位姿和速度信息，检测连杆的位移和速度信息，检测操作器的力和速度信息等，再控制动平台和操作器的位姿。并行同步控制策略不是并联机器人唯一的控制策略。

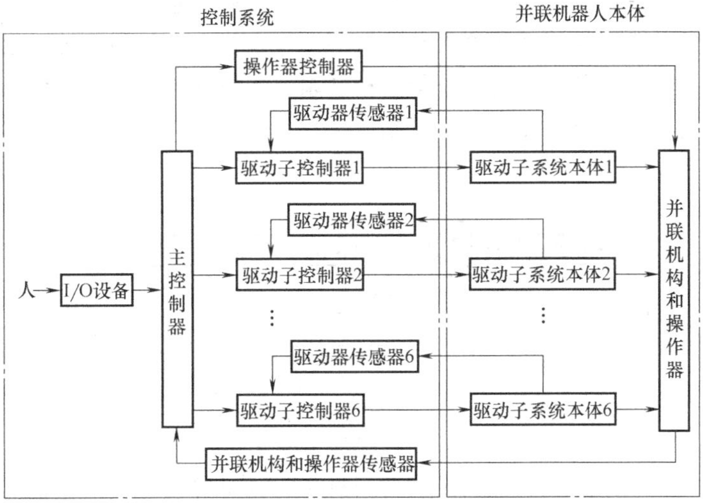

图 11-2　并行同步控制的策略

11. 2. 2　并联机器人获取控制数据的策略

并联机器人的控制数据是指并联机器人的控制需要的各支链连杆的伸长量、速度值等数据。用并联机器人的位姿与速度的反解的方法，可以获得各支链连杆的伸长量、速度值等控制数据，但这需要一定的计算时间。如果用位姿与速度的正解的方法、考虑惯性力的动力学的计算方法等，获得各支链连杆的伸长量、速度值等控制数据的时间更长，若再考虑规避奇异位形的校核等，计算的时间还要长，这显然无法实现并联机器人的实时控制。为解决这个问题，可采用如下方法：①采用离线处理，计算存储各支链连杆的伸长量、速度值等控制数据，然后在线实时查询并获取控制数据，用于实时控制，这种方法控制数据的存储量大；②采用边计算边控制的方法，对于用并联机器人的位姿与速度的反解的方法，获得的控制数据，能满足控制要求时，可采用实施控制前计算，获取控制数据，并存储控制数据，控制时实时调用控制数据，以减少控制数据的计算量和存储量；③采用智能控制，由动平台或操作器的位姿传感器反馈信息，确定各支链连杆的伸长或缩短，再实施控制，这种方法可不计算连杆的伸长量、速度值等。

11.3 并联机器人的点位控制和点位反馈控制

11.3.1 并联机器人的点位控制

并联机器人的点位控制如图 11-3 所示。点位控制时，动平台在空间的位姿是已知的，这由并联机器人的工作任务确定，称为动平台的工作点位。动平台在空间的初始位姿也是已知的，这是并联机器人设计和制造时设定的，称为动平台的初始点位。根据动平台的工作点位和初始点位，由动平台和连杆之间的位姿关系方程式反解，先求得动平台在这两个位姿的各连杆的长度，再求得各连杆的伸长量，如例 4-1，求得各连杆的伸长量后，向控制系统输入各连杆的伸长量，或向控制系统输入动平台的工作点位，由控制系统，根据并联机器人的位姿反解方程式，反解出各连杆的伸长量，控制系统根据各连杆的伸长量，控制各连杆的伸长，使动平台到达工作位姿，完成点位控制。

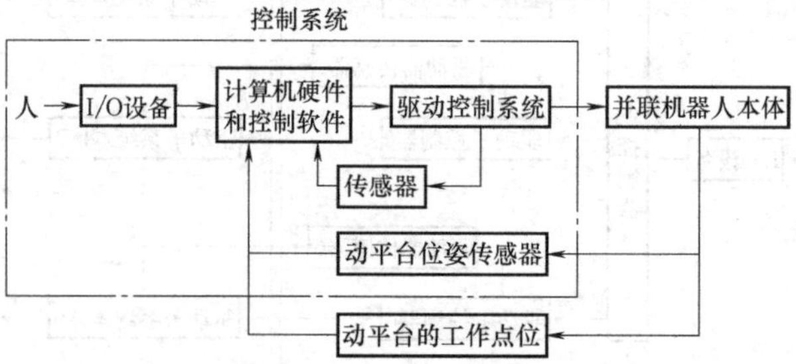

图 11-3 并联机器人的点位控制

11.3.2 并联机器人的点位反馈控制

1. 点位反馈控制的方法

按各连杆的伸长量，可以控制动平台到达工作位姿，但存在点位控制误差，有时点位控制误差较大，难以满足技术要求。产生点位控制误差的原因来自控制系统和并联机构的尺寸误差等，并联机构的实际尺寸与设计尺寸有误差，使各连杆的伸长量有误差，进一步产生动平台的工作位姿误差，误差大时，点位控制失败。在并联机器人的工作空间内，动平台的工作位姿有无穷多个，难以用一个误差补偿公式解决这个问题。点位反馈控制是解决点位控制误差的一种方法。

并联机器人的点位反馈控制如图 11-4 所示，在动平台上安装位姿传感器，直接反馈动平台的位姿信息，或在定平台上安装视觉传感器，视觉反馈动平台的位姿信息。在点位控制的基础上，利用传感器的反馈信息，通过控制各连杆的伸长量，减小或消除点位控制误差，满足点位的工作要求。

由于并联机器人有多个自由度，在 3 个自由度及 3 个自由度以上的并联机器人上，实施点位反馈控制难度较大，自由度越多，点位反馈控制的难度越大。

2. 两个转动自由度的并联机器人的点位反馈控制

图 11-5 所示为两个转动自由度的检测并联机器人，用于检测汽车纵横双向驻车坡度角。

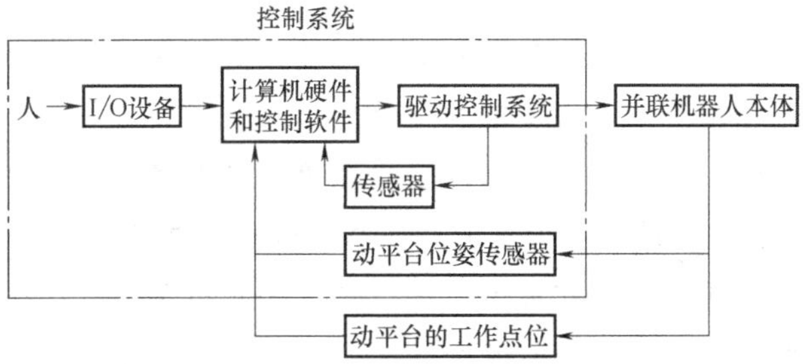

图 11-4 并联机器人的点位反馈控制

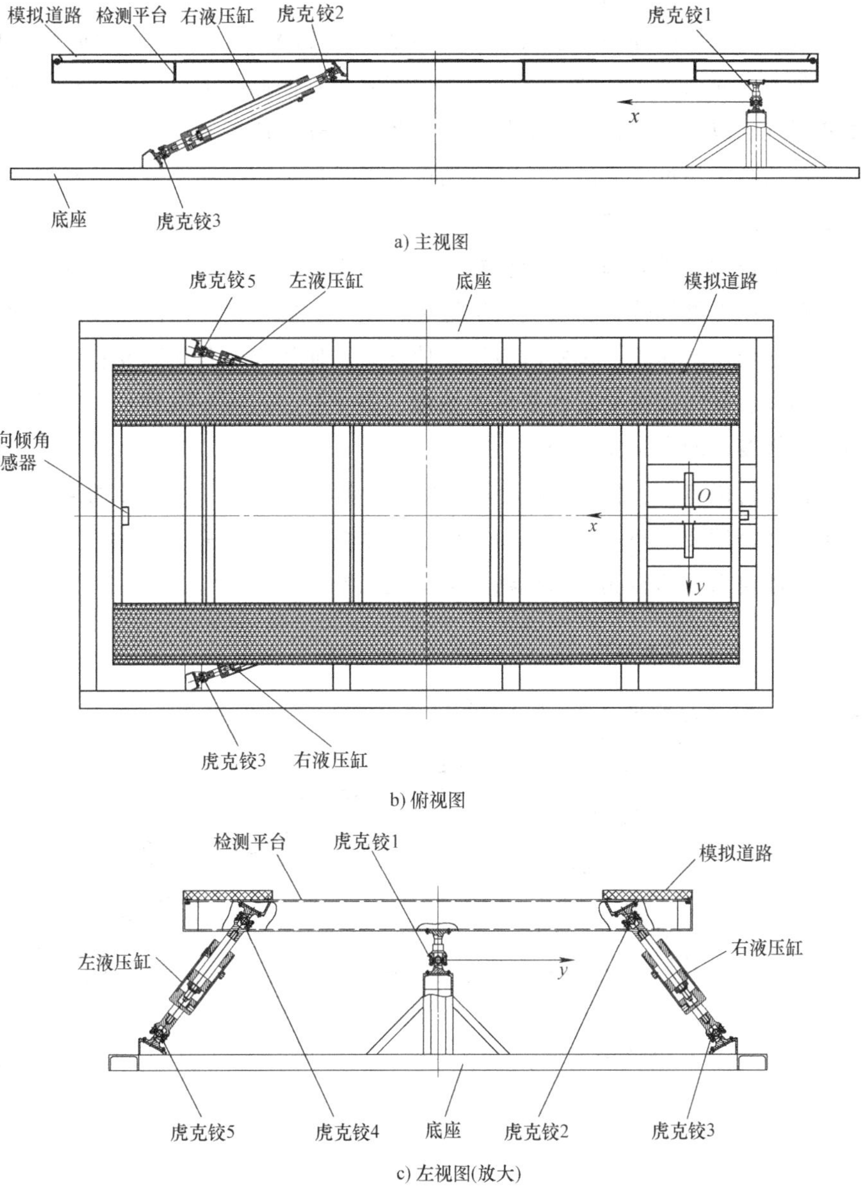

图 11-5 两个转动自由度的检测并联机器人

检测汽车纵横双向驻车坡度角时，汽车驻车在模拟道路上，通过调整检测平台的纵横双向倾角，检测汽车纵横双向驻车坡度角。检测平台的纵向倾角是指检测平台绕 y 轴的倾角，检测平台的横向倾角是指检测平台绕 x 轴的倾角。

通过左、右液压缸伸长或缩短，可以改变检测平台的倾角。由于虎克铰 1、2、3、4 和 5 的位置坐标难以精确获取，使计算得到的左、右液压缸的伸长量存在误差，进一步使检测平台的倾角存在误差，影响汽车驻车坡度角的检测精度。同样原因，难以准确获得液压缸伸长量的补偿误差量。此外，检测平台有两个转动自由度，一个液压缸伸长或缩短时，检测平台的纵向和横向倾角均会变化，使检测平台难以调整到要求的倾角。为提高汽车驻车坡度角的检测精度，可用点位反馈控制，调整检测平台的倾角。

两个转动自由度的检测并联机器人的点位反馈控制如图 11-6 所示。双向倾角传感器是具有检测纵向角和横向角的传感器。点位反馈控制时，双向倾角传感器中的纵向倾角传感器对应控制左液压缸，双向倾角传感器中的横向倾角传感器对应控制右液压缸。先进行点位控制，当检测平台的倾角超过要求的误差时，实施点位反馈控制。两个倾角传感器之一检测到其倾角达到要求的倾角时，相应的液压缸停止伸长或缩短，另一个液压缸继续伸长或缩短，如左、右液压缸伸长时，横向倾角达到要求的倾角，纵向倾角没有达到要求的倾角，右液压缸停止伸长，左液压缸继续伸长；左液压缸继续伸长时，纵、横向倾角均发生变化，横向倾角超差时，停止左液压缸伸长，调整右液压缸伸长量，使横向倾角达到要求的倾角，再伸长左液压缸，直到纵、横向倾角均达到要求的倾角，停止左、右液压缸伸长，完成两个转动自由度的检测并联机器人的点位反馈控制。

点位反馈控制的优点：①由于控制中，不需要计算液压缸伸长或缩短的误差，对虎克铰 1~5 的位置坐标的精度要求低，虎克铰 1~5 的位置坐标的精度高，有利于点位反馈控制；②可实现两个转动自由度的检测并联机器人的智能控制。

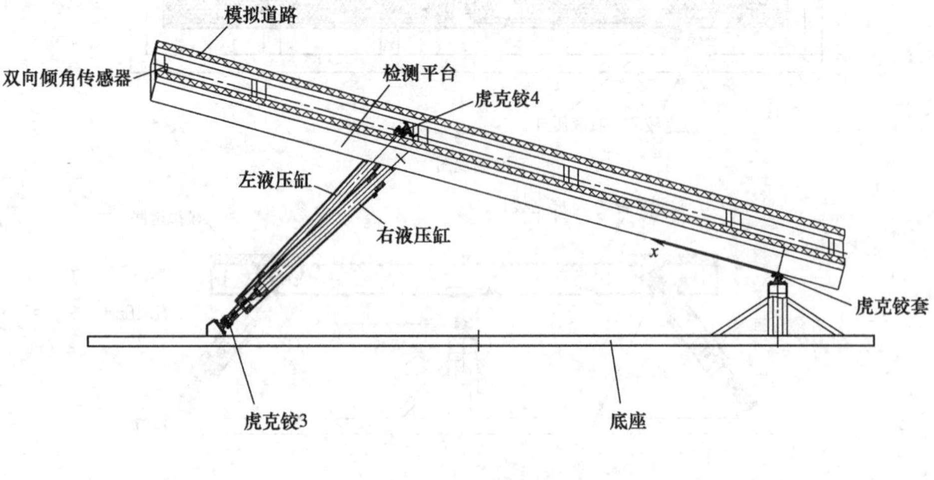

a) 主视图

图 11-6　两个转动自由度的检测并联机器人的点位反馈控制

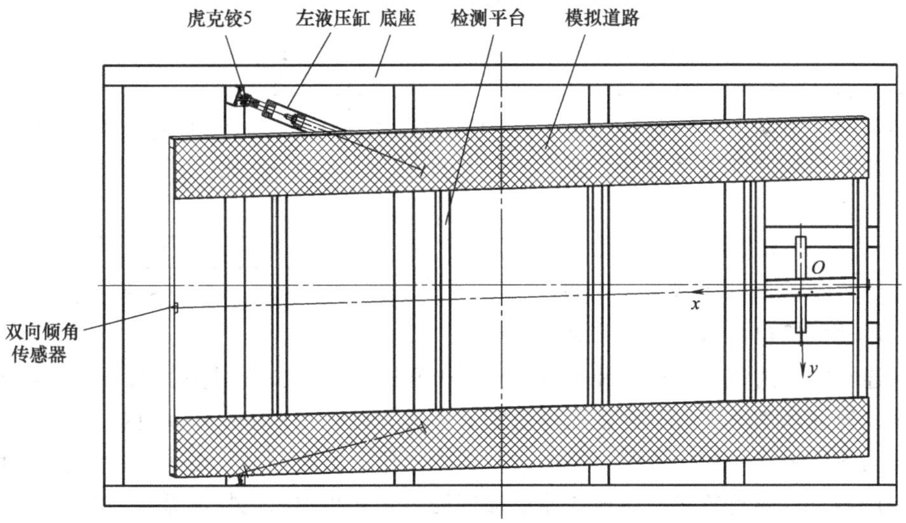

b) 俯视图

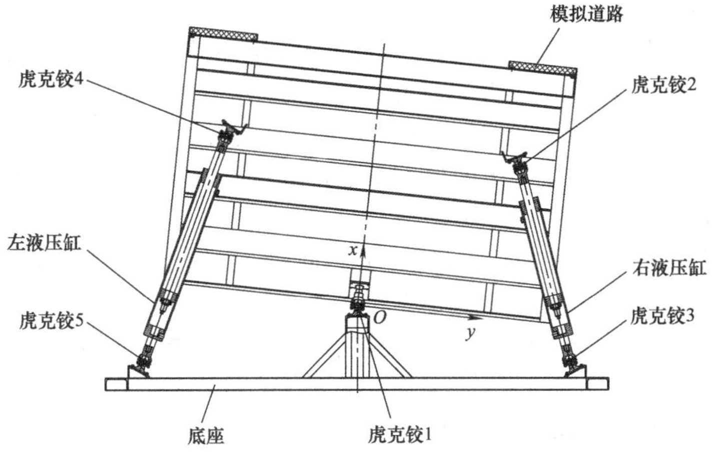

c) 左视图(放大)

图 11-6 两个转动自由度的检测并联机器人的点位反馈控制（续）

11.4 并联机器人的轨迹控制和轨迹反馈控制

11.4.1 并联机器人的轨迹控制

1. 轨迹控制

并联机器人的轨迹控制如图 11-7 所示。轨迹控制时，操作器在空间运动的工作轨迹是已知的，这由并联机器人的工作任务确定。操作器安装在动平台上，可根据操作器和动平台结构关系，由操作器在空间运动的工作轨迹，求出动平台在空间运动的工作轨迹，这样，轨迹控制时，动平台在空间运动的工作轨迹是已知的。根据动平台在空间运动的工作轨迹，由动平台和连杆之间的位姿、速度和加速度关系方程式的反解，可以获得并联机器人的各支链连杆的伸长量、速度和加速度值等动平台的位姿控制数据，或者说，可以获得要求驱动器输出的数据；也可用动平台和连杆之间的位姿、速度和加速度关系方程式的正解，获得并联机器人的各支链连杆的伸长量、速度和加速度值等位置控制数据。图 4-1 所示的 6-SPS 并联机构，根据式（4-5）等，可得到各支链连杆的伸长量；根据式（5-12）等，可得到各支链连杆的伸长速度；根据式（5-20）等，可得到各支链连杆的伸长加速度。并联机器人的控制系统，根据这些位姿控制数据，控制各连杆的伸长，使动平台按要求的工作轨迹运动，且包括动平台按要求的速度和加速度运动，完成轨迹控制。

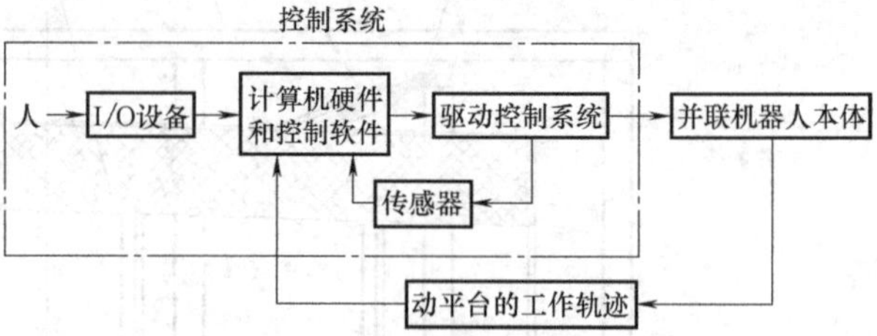

图 11-7　并联机器人的轨迹控制

2. 轨迹控制的注意点

轨迹控制中要注意以下几点。

1）轨迹控制时，轨迹要在工作空间范围内。利用并联机器人有多自由度的特性，可通过改变姿态，使工作轨迹在工作空间内，规避操作器、动平台、连杆对外干涉；也可通过改变姿态，在满足工作轨迹的条件下，优化机构的受力等。

2）轨迹控制时，轨迹要无奇异。利用并联机器人有多自由度的特性，可通过改变姿态，使工作轨迹在工作空间内，规避奇异。

3）点到点的控制时，由一点到另一点的轨迹，要选择和规划轨迹，便于点到点之间的轨迹控制，如选择直线、圆弧、椭圆弧和样条曲线等。

4）轨迹控制时，动平台和驱动的速度、加速度要无突变，或速度、加速度的突变尽量小，这有利于控制系统的稳定。可通过降低动平台或驱动的速度，改善动平台或驱动的速度、加速度突变处的运动规律，使系统工作稳定。

图 11-8 所示为并联机器人的动平台匀速运动曲线，图中，t 为时间，T 为动平台运动的时间，$\boldsymbol{P}_O(X, Y, Z)$、$\dot{\boldsymbol{P}}_O(X, Y, Z)$ 和 $\ddot{\boldsymbol{P}}_O(X, Y, Z)$ 分别为动平台质心的位移、速度和加速度。在动平台的运动过程中，速度不变，加速度为零，相应的动平台的惯性力也为零，有较好的运动特性，但在动平台运动的起点和终点，加速度为无穷大，动平台受刚性冲击，运动特性和稳定性不好。为改善

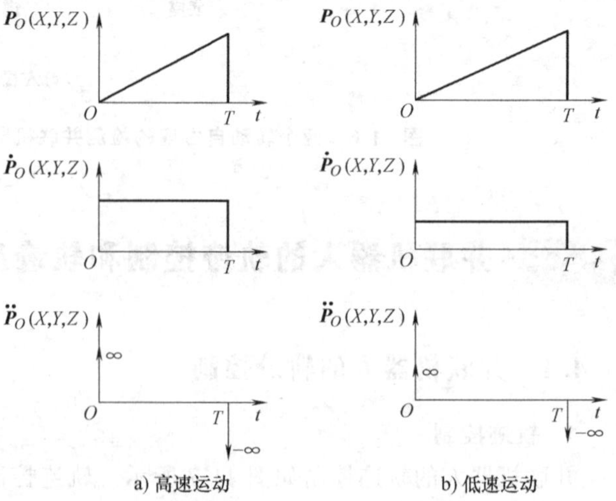

图 11-8　并联机器人的动平台匀速运动曲线

动平台在运动的起点和终点处的冲击特性，可降低动平台的速度，由图 11-8 可以看出，图 a 中，动平台的速度高，冲击大，图 b 中，动平台的速度低，冲击小，再考虑系统的弹性和阻尼，冲击会消失，速度的过渡时间短，系统的瞬态响应稳定，系统稳定工作；此外，可修改动平台在起点和终点的运动规律，使动平台不受冲击。

5）轨迹控制时，要分析动平台和驱动器的运动和控制特性。动平台的运动不仅与动平台的运动选择有关，而且与并联机构也有关，经过动平台和连杆之间的位姿、速度和加速度关系方程式的反解后，各连杆上驱动器的位移、速度和加速度与动平台的位姿、速度和加速度完全不同，在驱动器上，也有可能产生速度和加速度的突变，影响并联机器人本体和控制系统的稳定性，因此，除了对动平台的运动和控制进行分析外，对驱动器的运动和控制也要进行分析，保证轨迹控制满足工作要求和控制系统可靠、稳定地控制。

11.4.2 并联机器人的轨迹反馈控制

并联机器人的轨迹反馈控制（或称为直接测量控制）如图 11-9 所示。在动平台上安装位姿传感器，或在定平台上安装视觉传感器，在轨迹控制的基础上，利用传感器反馈的动平台位姿信息，由动平台和连杆之间的位姿关系方程式反解，计算得到各连杆的伸长量，通过控制各连杆的伸长量，或通过控制各连杆的伸长量误差，减小或消除轨迹控制误差，或仅利用传感器反馈的位姿信息，直接改变各连杆的伸长量，形成智能控制，减小或消除轨迹控制误差，满足轨迹工作要求。

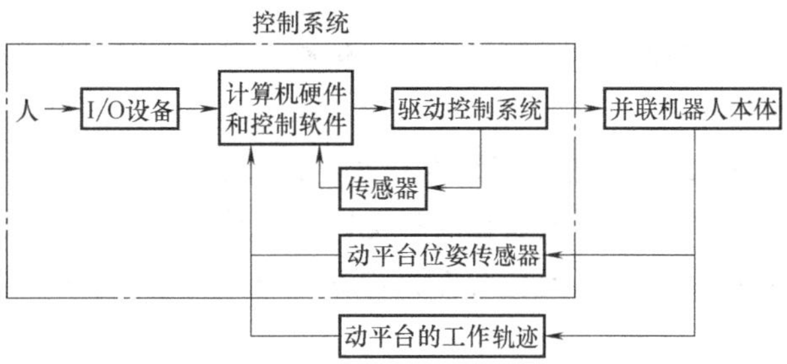

图 11-9 并联机器人的轨迹反馈控制

由于传感器反馈的动平台位姿信息需要时间，计算各连杆的伸长量需要时间，使轨迹反馈控制在时间上滞后；此外，由于存在铰链位置的结构误差，根据传感器反馈的动平台位姿信息，通过动平台和连杆之间的位姿关系方程式的反解计算，得到各连杆的伸长量有误差，进一步使轨迹反馈控制后仍有误差，有时误差还会增大。利用传感器反馈的位姿信息，直接改变各连杆的伸长量，能较好地控制时间滞后，也能较好地减小或消除轨迹控制误差，但在 3 个自由度及 3 个自由度以上的并联机器人上，实施轨迹反馈控制，难度较大。

11.5 并联机器人的力控制

11.5.1 并联机器人的力控制原理

并联机器人在工作过程中，受到力和力矩的作用，如并联机构受到重力的作用，连杆受驱动力的作用，操作器受到的外力和外力矩的作用，这些力和力矩使并联机构和操作器产生变形，也使操作器的位姿产生变化，产生并联机器人的误差。在轨迹等运动学控制中，不考虑作用在并联机构及操作器上的力及力矩的变化，由于并联机构和操作器受力，使操作器的位姿产生控制误差，这个误差称为力的误差。为了减小或消除力的误差，由连杆、动平台或操作器上的力传感器，反馈连杆、动平台或操作器上力的信息，控制器根据反馈信息，向驱动器输出位移、速度和加速度增量的控制数据，这个控制数据称为力反馈控制数据。

并联机器人的力控制如图 11-10 所示。并联机器人的控制器，根据动平台的工作点位或轨迹，通过并联机器人的位姿反解或正解等计算，输出位姿控制数据。根据连杆、动平台或操作器上的力传感器反馈信息，输出力反馈控制数据。驱动器根据并联机器人的位姿控制数据和力反馈控制数据，控制各连杆的伸长，使动平台或操作器按要求的工作位姿运动，或者说，并联机器人的力控制是在机器人位姿控制的基础上，引入力的反馈信息产生的驱动器的位移、速度和加速度的增量，并考虑控制的稳定性，控制各连杆的伸长，减小或消除力的误差，使动平台或操作器按要求的工作位姿运动。

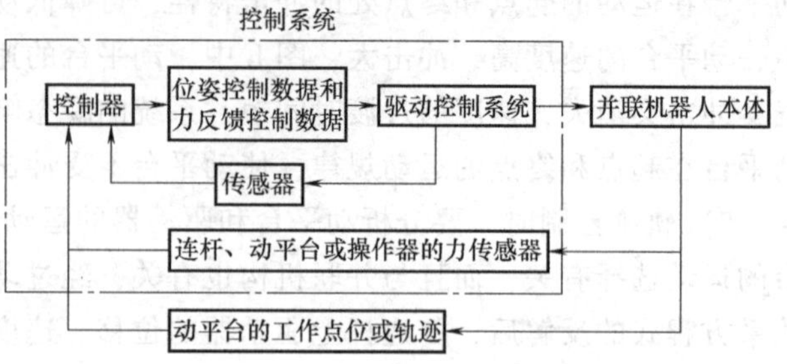

图 11-10 并联机器人的力控制

11.5.2 并联机器人的力反馈控制数据计算方法

力反馈控制数据，可根据传感器类型、传感器的位置和并联机器人的静力学或动力学计算得到。

1. 连杆上的力反馈控制数据的计算方法

当力传感器安装在连杆上时，力传感器直接反映连杆上力的变化。根据胡克定律，作用在连杆上的力与连杆的伸长量的关系为

$$f_{Dki}=k_{li}\delta l_i \tag{11-1}$$

式中，f_{Dki} 为作用在第 i 根连杆上轴向力的大小；k_{li} 为第 i 根连杆的刚度；δl_i 为第 i 根连杆的伸长量。

应变片贴在连杆上时，可通过应变片，测出作用在连杆上的轴向力 f_{Dki}；根据连杆的材料，可由《机械设计手册》获取其拉压弹性模量 E_{li}，根据并联机器人的结构，可测得连杆的横截面面积 A_{li}，根据动平台的位姿、动平台和连杆之间的位姿关系方程式，可计算得第 i 根连杆的长度 l_i，再由式（6-58），可计算得 k_{li}；这样，由式（11-1），可以得第 i 根连杆的伸长量 δl_i，这个第 i 根连杆的伸长量就是连杆上的力反馈控制数据，用于补偿连杆上的力的误差。

2. 静力学反馈控制数据的计算方法

当力传感器安装在动平台或操作器上且并联机器人受静力作用时，力传感器间接反映连杆上力的变化。根据输出构件广义静力与输入构件变量的微分关系，取 $\boldsymbol{K}_q=\boldsymbol{K}_l$，$\delta\boldsymbol{q}=\delta\boldsymbol{l}$，$f_{Di}=f_{Dki}$，由式（6-51）得到作用在动平台上的广义静力与连杆的伸长量的关系为

$$\boldsymbol{F}=\boldsymbol{J}^{\mathrm{T}}(\boldsymbol{X})\boldsymbol{K}_l\delta\boldsymbol{l} \tag{11-2}$$

式中，$\boldsymbol{F}$ 为作用在动平台上广义静力的矢量列矩阵，见式（6-35）；$\boldsymbol{J}^{\mathrm{T}}(\boldsymbol{X})$ 为逆速度雅可比矩阵的转置；$\boldsymbol{K}_l$ 为并联机器人的输入构件的运动链刚度矩阵，见式（6-57）和式（6-58）；

$\delta\boldsymbol{l}$ 为连杆的伸长量的列矩阵，$\delta\boldsymbol{l}=[\delta l_1 \quad \delta l_2 \quad \cdots \quad \delta l_6]^{\mathrm{T}}$，$\delta l_i$ 是第 i 根连杆的伸长量。

力传感器安装在动平台或操作器上，可通过力传感器，测出作用在动平台上广义静力的列矩阵；根据并联机器人的速度分析，可计算得逆速度雅可比矩阵的转置；根据连杆的材料和伸长量等，由式（6-58）和式（6-57），可计算得 k_{li} 及 $\boldsymbol{K}_l$；这样，由式（11-2），可以得到连杆的伸长量的列矩阵 $\delta\boldsymbol{l}$ 和第 i 根连杆的伸长量，这个第 i 根连杆的伸长量就是静力学反馈控制数据，用于补偿静力误差。

3. 动力学反馈控制数据的计算方法

当力传感器安装在动平台或操作器上且并联机器人受动载荷作用时，力传感器间接反映连杆上力的变化。

式（7-49）是根据图 4-1、由达朗伯原理-虚位移原理得到的并联机器人的驱动力的大小的列矩阵。移动式（7-49）的 ${}^{A}\boldsymbol{G}_P$，进一步得并联机器人的驱动力的大小的列矩阵为

$$\boldsymbol{f}_D = -{}^{A}\boldsymbol{J}_l^{-\mathrm{T}}\begin{bmatrix}{}^{A}\boldsymbol{F}_P\\{}^{A}\boldsymbol{M}_P\end{bmatrix}+{}^{A}\boldsymbol{J}_l^{-\mathrm{T}}\begin{bmatrix}m_P{}^{A}\ddot{\boldsymbol{P}}_O-{}^{A}\boldsymbol{G}_P\\{}^{A}\boldsymbol{I}_P{}^{A}\dot{\boldsymbol{\omega}}_P+{}^{A}\widetilde{\boldsymbol{\omega}}_P{}^{A}\boldsymbol{I}_P{}^{A}\boldsymbol{\omega}_P\end{bmatrix}-$$

$$\quad {}^{A}\boldsymbol{J}_l^{-\mathrm{T}}\sum_{i=1}^{6}{}^{A}\boldsymbol{J}_{bGi}^{\mathrm{T}}[{}^{A}\boldsymbol{G}_{bi}-m_{bi}{}^{A}\boldsymbol{a}_{bGi}]^{\mathrm{T}}+{}^{A}\boldsymbol{J}_l^{-\mathrm{T}}\sum_{i=1}^{6}{}^{A}\boldsymbol{J}_{\Theta i}^{\mathrm{T}}[{}^{A}\boldsymbol{I}_{Ci-b}{}^{A}\dot{\boldsymbol{\omega}}_i+{}^{A}\widetilde{\boldsymbol{\omega}}_i{}^{A}\boldsymbol{I}_{Ci-b}{}^{A}\boldsymbol{\omega}_i]^{\mathrm{T}}-$$

$$\quad {}^{A}\boldsymbol{J}_l^{-\mathrm{T}}\sum_{i=1}^{6}{}^{A}\boldsymbol{J}_{BGi}^{\mathrm{T}}[{}^{A}\boldsymbol{G}_{Bi}-m_{Bi}{}^{A}\boldsymbol{a}_{BGi}]^{\mathrm{T}}+{}^{A}\boldsymbol{J}_l^{-\mathrm{T}}\sum_{i=1}^{6}{}^{A}\boldsymbol{J}_{\Theta i}^{\mathrm{T}}[{}^{A}\boldsymbol{I}_{Bi}{}^{A}\dot{\boldsymbol{\omega}}_i+{}^{A}\widetilde{\boldsymbol{\omega}}_i{}^{A}\boldsymbol{I}_{Bi}{}^{A}\boldsymbol{\omega}_i]^{\mathrm{T}} \tag{11-3}$$

式中，$\boldsymbol{f}_D$ 为作用在连杆上驱动力的大小的列矩阵，$\boldsymbol{f}_D=[f_{D1} \quad f_{D2} \quad \cdots \quad f_{D6}]$，$f_{Di}$ 为作用在第 i 根连杆上驱动力的大小；${}^{A}\boldsymbol{J}_l^{-\mathrm{T}}$ 为逆速度雅可比矩阵 ${}^{A}\boldsymbol{J}_l$ 的转置的逆，${}^{A}\boldsymbol{J}_l$ 见式（7-28）；${}^{A}\boldsymbol{J}_{bGi}^{\mathrm{T}}$ 为逆速度雅可比矩阵 ${}^{A}\boldsymbol{J}_{bGi}$ 的转置，${}^{A}\boldsymbol{J}_{bGi}$ 见式（7-42）；${}^{A}\boldsymbol{J}_{BGi}^{\mathrm{T}}$ 为逆速度雅可比矩阵 ${}^{A}\boldsymbol{J}_{BGi}$ 的转置，${}^{A}\boldsymbol{J}_{BGi}$ 见式（7-36）；${}^{A}\boldsymbol{J}_{\Theta i}^{\mathrm{T}}$ 为逆速度雅可比矩阵 ${}^{A}\boldsymbol{J}_{\Theta i}$ 的转置，${}^{A}\boldsymbol{J}_{\Theta i}$ 见式（7-32）；${}^{A}\boldsymbol{F}_P$ 为动平台受到的外力 $\boldsymbol{F}_P$ 在定坐标系 $OXYZ$ 下的列矩阵；${}^{A}\boldsymbol{M}_P$ 为动平台受到的外力矩 $\boldsymbol{M}_P$ 在定坐标系 $OXYZ$ 下的列矩阵；m_P 为动平台的质量；${}^{A}\ddot{\boldsymbol{P}}_O$ 为动平台上 P 点的加速度 $\ddot{\boldsymbol{P}}_O$ 在定坐标系 $OXYZ$ 下的列矩阵；${}^{A}\boldsymbol{G}_P$ 为动平台的重力 $\boldsymbol{G}_P$ 在定坐标系 $OXYZ$ 下的列矩阵；${}^{A}\dot{\boldsymbol{\omega}}_P$ 为动平台的角加速度 $\dot{\boldsymbol{\omega}}_P$ 在定坐标系 $OXYZ$ 下的列矩阵；${}^{A}\widetilde{\boldsymbol{\omega}}_P$ 为动平台的角速度 $\boldsymbol{\omega}_P$ 在定坐标系 $OXYZ$ 下的反对称矩阵；${}^{A}\boldsymbol{\omega}_P$ 为动平台的角速度 $\boldsymbol{\omega}_P$ 在定坐标系 $OXYZ$ 下的列矩阵；${}^{A}\boldsymbol{I}_P$ 为动平台对原点 P 的惯量张量 $\boldsymbol{I}_P$ 在定坐标系 $OXYZ$ 下的惯量矩阵；m_{bi} 为第 i 根连杆的活塞杆的质量；${}^{A}\boldsymbol{a}_{bGi}$ 为第 i 根连杆的活塞杆的质心 b_{Gi} 的加速度 $\boldsymbol{a}_{bGi}$ 在定坐标系 $OXYZ$ 下的列矩阵；${}^{A}\boldsymbol{G}_{bi}$ 为第 i 根连杆的活塞杆的重力 $\boldsymbol{G}_{bi}$ 在定坐标系 $OXYZ$ 下的列矩阵；${}^{A}\boldsymbol{I}_{Ci-b}$ 为第 i 根连杆的活塞杆对 C_i 点的惯量张量 $\boldsymbol{I}_{Ci-b}$ 在定坐标系 $OXYZ$ 下的惯量矩阵；${}^{A}\dot{\boldsymbol{\omega}}_i$ 为第 i 根连杆的角加速度 $\dot{\boldsymbol{\omega}}_i$ 在定坐标系 $OXYZ$ 下的列矩阵；${}^{A}\widetilde{\boldsymbol{\omega}}_i$ 为第 i 根连杆的角速度 $\boldsymbol{\omega}_i$ 在定坐标系 $OXYZ$ 下的反对称矩阵；${}^{A}\boldsymbol{\omega}_i$ 为第 i 根连杆的角速度 $\boldsymbol{\omega}_i$ 在定坐标系 $OXYZ$ 下的列矩阵；m_{Bi} 为第 i 根连杆的液压缸的质量；${}^{A}\boldsymbol{a}_{BGi}$ 为第 i 根连杆的液压缸的质心 B_{Gi} 的加速度 $\boldsymbol{a}_{BGi}$ 在定坐标系 $OXYZ$ 下的列矩阵；${}^{A}\boldsymbol{G}_{Bi}$ 为第 i 根连杆的液压缸的重力 $\boldsymbol{G}_{Bi}$ 在定坐标系 $OXYZ$ 下的列矩阵；${}^{A}\boldsymbol{I}_{Bi}$ 为第 i 根连杆的液压缸对 B_i 点的惯量张量 $\boldsymbol{I}_{Bi}$ 在定坐标系 $OXYZ$ 下的惯量矩阵。

力传感器安装在动平台或操作器上，可通过力传感器，测出${}^{A}\boldsymbol{F}_{P}$和${}^{A}\boldsymbol{M}_{P}$；根据动平台的位姿和运动，又根据$\boldsymbol{G}_{P}$、$\boldsymbol{G}_{bi}$、$\boldsymbol{G}_{Bi}$、$\boldsymbol{I}_{P}$、$\boldsymbol{I}_{Ci-b}$和$\boldsymbol{I}_{Bi}$等，可计算得式（11-3）等号右边的各项；这样，由式（11-3），可计算得$\boldsymbol{f}_{D}$和f_{Di}，再根据连杆的材料和伸长量等，由式（6-58）和式（6-57），可计算得k_{li}及$\boldsymbol{K}_{l}$，取$f_{Di}=f_{Dki}$，再由式（11-1），可以得到第i根连杆的伸长量，这个第i根连杆的伸长量就是动力学反馈控制数据，用于补偿动力学误差。

在并联机器人的力控制中，可将应变片式的力传感器安装在连杆上，直接获取连杆上的力，且获取力的反馈控制数据的时间短，这样，可实时计算动力学误差，这是一种可实现力控制的实时和智能控制的方法。在获取静力学反馈控制数据的计算中，要计算逆速度雅可比矩阵的转置，影响力控制的实时控制。在获取动力学反馈控制数据的计算中，要计算${}^{A}\boldsymbol{J}_{l}^{-\mathrm{T}}$、${}^{A}\boldsymbol{J}_{BGi}$、${}^{A}\ddot{\boldsymbol{P}}_{O}$、${}^{A}\dot{\boldsymbol{\omega}}_{P}$、${}^{A}\widetilde{\boldsymbol{\omega}}_{p}$、${}^{A}\boldsymbol{\omega}_{p}$、${}^{A}\boldsymbol{I}_{P}$、${}^{A}\boldsymbol{a}_{bGi}$、${}^{A}\boldsymbol{I}_{Ci-b}$、${}^{A}\dot{\boldsymbol{\omega}}_{i}$、${}^{A}\widetilde{\boldsymbol{\omega}}_{i}$、${}^{A}\boldsymbol{\omega}_{i}$、${}^{A}\boldsymbol{a}_{BGi}$和${}^{A}\boldsymbol{I}_{Bi}$等，计算量大，计算时间长，难以进行力控制的实时控制。

力控制是根据力反馈控制数据，补偿力的控制误差，不能补偿结构引起的位姿控制误差，或者说，不能补偿位姿控制数据中结构引起的误差，如铰链位置的误差，通过动平台和连杆之间的位姿关系方程式反解，得到各连杆的伸长量，各连杆的伸长量有误差，再将各连杆的伸长量用于动平台的位姿控制，则有动平台的位姿控制误差，力控制不能补偿这种结构误差引起的动平台的位姿控制误差；此外，力反馈控制的计算中，测出的${}^{A}\boldsymbol{F}_{P}$和${}^{A}\boldsymbol{M}_{P}$等有误差，计算得到的${}^{A}\boldsymbol{I}_{P}$、${}^{A}\boldsymbol{I}_{Ci-b}$和${}^{A}\boldsymbol{I}_{Bi}$等也有误差，使力反馈控制有误差。

习　题

11-1　绘制并联机器人控制系统的组成示意图，介绍并联机器人的控制系统。

11-2　按并联机器人的运动和力控制，并联机器人的控制系统分为哪几类？

11-3　按并联机器人的动平台在空间的位姿，并联机器人的控制系统分为哪几类？

11-4　按并联机器人的控制反馈，并联机器人的控制系统分为哪几类？

11-5　按并联机器人的控制方法，并联机器人的控制系统分为哪几类？

11-6　并联机器人的控制要求有哪些？

11-7　绘图表示并联机器人的并行同步控制的策略。

11-8　绘图表示并联机器人的点位反馈控制。

11-9　绘图表示并联机器人的轨迹反馈控制。

11-10　绘图表示并联机器人的力控制的原理。

11-11　简述并联机器人的静力学反馈控制数据的计算方法。

11-12　简述并联机器人的动力学反馈控制数据的计算方法。

11-13　查找文献，阅读1~2篇并联机器人的控制的文献，简述其内容。

第12章 并联机器人的设计

教学目标：通过本章学习，应掌握并联机器人的设计要求、过程和方法，掌握并联机构的设计方法，了解并联机器人的驱动系统的设计，通过并联机器人的设计示例，较全面地了解并联机器人的设计，为并联机器人的设计、应用打下基础。

12.1 并联机器人的设计概述

12.1.1 并联机器人的设计要求

在并联机器人的设计中，应满足以下设计要求。

1. 满足市场和研究的要求

从市场的角度来说，并联机器人是一种设备，要有市场，没有市场或实际应用的并联机器人，不能形成产品，没有设计的意义。从研究的角度来说，并联机器人是一种研究对象，要有研究的理论和潜在的应用价值，在学校和培训企业，要有教学的意义，没有理论和应用价值的并联机器人，也没有设计的意义。

2. 满足经济性及功能的要求

从市场的角度来说，并联机器人是一种产品，要满足经济性的要求，没有经济性的并联机器人，或没有潜在经济性的并联机器人，要被市场淘汰。要根据并联机器人的市场，按合理的成本进行经济性核算。同时，要根据市场的需求，提出并联机器人的设计功能要求，其设计功能要求包括工作空间、奇异位形、速度、载荷及其变化、刚度、振动、重量和精度等。所设计的并联机器人要有低的能耗，提高使用的经济性。在并联机器人的设计中，一定要满足并联机器人的经济性及功能要求，多从使用者角度考虑。

3. 满足整体性的要求

从系统的角度来说，并联机器人是一个典型的完整的机电一体化系统，包括机械系统和控制系统，机械系统包括并联机构、操作器和驱动系统等，控制系统包括控制器、传感器、控制软件等。机械系统和控制系统紧密结合，共同影响并联机器人的性能、设计、制造和使用等，在并联机器人的设计中，要将并联机器人的机械系统和控制系统作为一个整体，进行设计，全面考虑和重视。

4. 满足可靠性的要求

所设计的并联机器人要有一定的可靠性，有一定的使用寿命。

5. 满足创新性的要求

在并联机器人设计中，要不断创新，保持技术的先进性，不侵犯专利。学习和研究是并联机器人创新的基础。

6. 满足加工工艺的要求

所设计的并联机器人要能加工出来，至少要有一种加工方法，应有良好的加工工艺。为提高并联机器人的加工效率，尽最大可能贯彻三化，即零部件标准化、产品系列化、零部件通用化。要严格遵守和贯彻有关法规、标准。多考虑已有、可用的外协零部件。做好这些工作，有利于并联机器人的设计和制造，减轻设计工作量。

7. 满足劳动安全、环境保护的要求

所设计的并联机器人要注意劳动安全、环境保护，减少振动和噪声，设计劳动安全、环境保护装置。要考虑并联机器人的报废及报废后对环境的影响，提出绿色设计的要求，倡导并实施绿色设计。所设计的并联机器人要满足特殊环境的要求，如食品、医药的卫生要求等。

8. 满足运输、拆装和维修方便的要求

在并联机器人的设计中，要考虑运输、拆装和维修，要便于运输、拆装和维修，这有利于并联机器人的售后服务。

9. 满足操作和控制的要求

所设计的并联机器人要便于操作和控制，尽可能设计智能控制系统，减轻操作工作量，提高并联机器人的使用水平。要便于并联机器人的使用者学习操作，降低对操作者的技术和知识水平的要求。

12.1.2 并联机器人的设计过程

并联机器人的设计过程一般可以分成以下阶段：设计规划、总体设计、零部件设计、设计说明书的编写等。并联机器人的设计过程如图 12-1 所示。在各个阶段，采用并行设计的方法，由设计部门及人员主持设计，相关部门及人员参与设计，进行相关的工作，并保证必要的信息反馈及其改进设计。

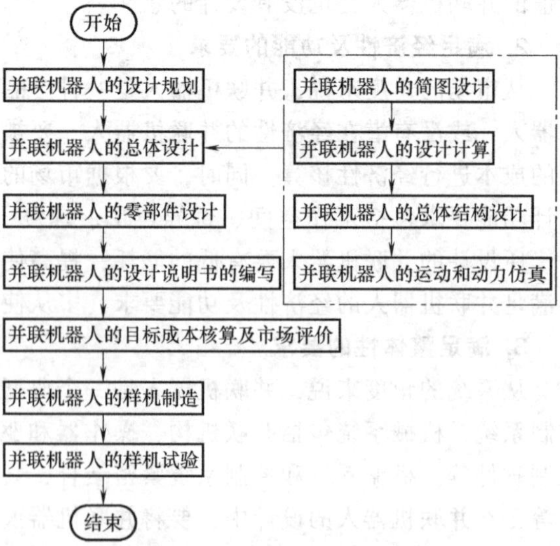

图 12-1 并联机器人的设计过程

1. 并联机器人的设计规划

在市场调研的基础上，或在研究要求的基础上，提出并联机器人的设计构想、设计性能要求和使用性能要求等，用文字表达，可附必要的草图。根据设计规划，形成设计任务书，由设计部门及其设计人员完成设计，相关人员参与设计。

2. 并联机器人的总体设计

并联机器人的总体设计的任务：根据设计规划，确定并联机器人的总体结构，包括机械系统和控制系统的总体结构，机械系统和控制系统的相对位置及连接。对于机械系统，要确定各部件的相对位置及连接，包括各支链、定平台、动平台、操作器和驱动系统的相对位置及连接，用装配图及装配示意图表达。对于控制系统，包括各传感器、控制器、控制面板等，用电路图、电路结构示意图及装配示意图表达。对于机械系统和控制系统的相对位置及连接，用装配示意图表达。图样的表达，以表达清楚为原则，可以用二维平面图，也可以用三维立体图表达。要借助 CAD、UG 等计算机软件表达图样。在设计中，要根据设计性能要求和使用性能要求，进行参数和结构的优化设计。

并联机器人的总体设计包括简图设计、设计计算、总体结构设计、运动和动力仿真等。

(1) 并联机器人的简图设计　并联机器人的简图是所构思的并联机器人的结构简图，是并联机器人设计草图的升级。对于机械系统，可用机构运动简图或机构示意图表达。对于控制系统，可用控制结构框图和控制流程图表达。

并联机器人的系统简图的设计是根据设计规划和并联机器人等知识，形成并联机器人的系统简图，或将并联机器人的设计规划中的草图，演变成并联机器人的系统简图，并对系统简图进行必要的说明。

(2) 并联机器人的设计计算　为满足并联机器人的设计性能要求，要进行相应的设计计算，主要包括：铰链位置等主要结构尺寸的确定；并联机构的自由度、工作空间、奇异位形、速度和加速度的计算。速度低时，进行静力学和静强度计算。速度高时，进行动力学和动强度计算。对并联机构有刚度和振动要求时，进行刚度和振动计算。车载、飞机、航天器上的并联机器人，要进行重量和动平衡计算。对并联机床等，要进行精度计算。对于驱动系统，要进行驱动力、功率的计算，有传动系统时，要计算传动比等，有液压系统时，要计算油压等；对于控制系统，要进行控制电路的计算，进行控制程序的设计。

(3) 并联机器人的总体结构设计　在并联机器人的设计计算的基础上，根据系统简图，进行系统总体结构的设计，设计结果是一套完整的总体结构的设计图及相关的设计计算，包括并联机器人的装配图、装配示意图、控制电路图、控制电路结构示意图及相应的设计计算等。在并联机器人的机械系统的装配图中，可将机械系统分为定平台、动平台、支链、操作器和驱动系统等零部件和子系统。在并联机器人的控制系统的装配图中，可将控制系统分为控制器、传感器等子系统。

(4) 并联机器人的运动和动力仿真　根据已设计的并联机器人的总体结构，可使用 Creo、UG、SolidWork 等 CAD/CAE 软件建立三维实体模型，并在计算机上进行虚拟装配，然后进行运动学仿真，检验设计的可行性，检查是否存在干涉和外观的不满意。也可使用 Adams 等软件进行动力学仿真，从更深层次来发现设计中可能存在的问题。

3. 并联机器人的零部件设计

并联机器人的零部件设计是根据其总体结构设计，对各个零部件和控制系统进行设计，设计的结果是得到一套完整的零部件和控制系统的设计图及相关的设计计算。对机械系统（包括定平台、动平台、支链、操作器和驱动系统的设计）进行必要的强度计算，在总体结构设计中，没有进行部件结构设计的，要进行部件结构设计。在并联机构的支链设计中，要注意各支链的结构相同。对控制系统（包括各传感器选择、子控制器系统的设计、控制面板的设计等）进行必要的电路计算。在部件的设计中，进行必要的仿真。

4. 并联机器人的设计说明书的编写

并联机器人的设计说明书主要是针对所设计的并联机器人，对总体设计、零部件设计进行说明。在总体设计、零部件的设计后，编写设计说明书。设计说明书包括以下内容。

1）并联机器人设计概述，包括设计任务来源及意义、国内外设计概况、可行性分析、设计性能和使用性能要求、技术的特点、创新点及先进性、设计中的不足之处等。

2）总体设计的说明，包括用设计简图对总体设计及工作原理进行说明、设计计算的说明、总体结构中的主要结构的说明、运动和动力的仿真，并给出总体设计参数等主要设计结果。

3）主要零部件的设计说明，给出主要零部件设计参数等设计结果，对重要的结构要进行说明。

设计说明书的编写要针对所设计的并联机器人及设计性能要求编写，以清楚说明设计为原则，对设计中的创新之处要进行必要的说明，对装配图及零件图中易读懂的结构，可不进行说明。在设计说明书的编写过程中，要对设计进行审核，保证设计无误。

5. 并联机器人的目标成本核算及市场评价

在并联机器人的设计过程中，对成本要进行控制，目的是在新开发的并联机器人投放市场后占有价格方面的优势。此外，并联机器人的设计与市场联系在一起，能使并联机器人走出研究和设计部门，对企业生产和社会做出贡献，对国家做出贡献，反过来，能促进并联机器人的设计和研究。

根据对市场的分析预测，并结合并联机器人的商品的技术定义，来确定并联机器人投放时市场能够接受的价格，称为商品的目标价格 P，在此基础上扣除增值税 T_1、附加税 T_2 和企业目标利润 Q 之后，可获得目标成本 C，即

$$C=P-T_1-T_2-Q \tag{12-1}$$

6. 并联机器人的样机制造

获得并联机器人的图样，也即完成了概念设计，其设计是否能达到设计性能要求和使用性能要求，对新开发的并联机器人来说，要进行样机检验。样机制造是样机检验前，获得并联机器人样机实体的工作。根据并联机器人的装配图和零件图，完成其样机制造。样机制造中，采用单件生产的方式。

7. 并联机器人的样机试验

根据并联机器人的设计性能要求和使用性能要求，对样机进行试验，逐项检验样机与设计的一致性，是否达到设计性能要求和使用性能要求，如机构的自由度、铰链位置等主要结构尺寸、工作空间、奇异位形、速度和加速度、承载能力、振动和精度等。此外，发现设计中的不足，取得修改的数据。

样机试验后，对设计进行修改，达到设计性能要求和使用性能要求，消除设计缺陷，至此，完成了并联机器人的设计，得到并联机器人的设计图、说明书及样机。之后进行并联机器人的批量生产、销售、售后服务等，再之后，对并联机器人，边改进升级、边销售及服务。

12.1.3 并联机器人的设计方法

在并联机器人的设计中，可采用以下方法。

1）类比法。类比同类并联机器人，进行设计。

2）比较法。对并联机器人的多个设计方案比较后，选最优的设计方案。

3）移植法。移植其他先进技术到并联机器人上，如智能控制技术、远程控制技术。

4）创新设计法。以创新为目标，进行并联机器人的设计，提高并联机器人的技术水平。

5）计算机辅助设计法。利用计算机及 CAD、MATLAB、UG 等软件开展设计工作。

6）现代设计方法。在并联机器人的设计中，引入可靠性设计、优化设计、有限元设计、虚拟设计、稳健设计、绿色设计等，提高并联机器人的技术水平。

7）并行设计方法。在并联机器人的设计中，要采用并行设计方法，设计部门及人员主持设计，相关部门及人员参与设计，共同开发，提高设计的一次成功率，优化设计结果，提高设计的质量和速度。

12.2　并联机构的设计

并联机构的设计是根据并联机器人的设计规划中提出的并联机器人设计构想、设计性能要求和使用性能要求等（统称为设计要求）进行，主要关注对并联机器人的自由度、工作空间、对称性、速度和动力性的要求。并联机构的设计结果用机构运动简图或机构示意图表达，有相应的设计说明并用文字表达，包括必要的计算，如自由度的计算等。并联机构的设计可采用以下方法。

1. 并联机构的正向设计

并联机构的正向设计是根据并联机构的设计要求，在并联机构的构形基础上，由运动副设计运动支链，再由运动支链设计运动支链与定平台和动平台的连接，形成并联机构，分析所设计的并联机构是否满足设计要求，若满足设计要求，则所设计的并联机构可用，否则，重新设计。由运动副设计运动支链可参考表 1-1、表 1-2、图 1-1 和图 1-2 等进行。由运动支链设计并联机构可参考第 1 章中的并联机构进行。

【例 12-1】 设计 1 个上下移动和 2 个转动的自由度的并联机构。

解：根据设计要求，参考表 1-1、表 1-2 和图 1-1，选用 RPS 运动链，由 3 条 RPS 运动链分别与定平台和动平台连接，构成图 1-4 所示的 3-RPS 的 3 自由度并联机构。再计算自由度，分析所设计的并联机构是否具有 1 个上下移动和 2 个转动的自由度。计算得其自由度为 3，3 个 P 副为主动件，所设计的并联机构运动确定。3 个 P 副同时伸长或缩短，动平台上移或下移；1 个 P 副伸长或缩短，动平台绕另两个球副中心的连线转动；2 个 P 副同时伸长或缩短，动平台绕另 1 个球副的中心转动。因此，图 1-4 所示的 3-RPS 的 3 自由度并联机构具有 1 个上下移动和 2 个转动的自由度，满足设计要求，可用。

2. 并联机构的反向设计

并联机构的反向设计是根据并联机构的设计要求，由动平台的运动开始，设计动平台与运动链的连接，并形成并联机构，分析所设计的并联机构是否满足设计要求，若满足设计要求，则所设计的并联机构可用，否则，重新设计。运动链的设计要参考表 1-1、表 1-2、

图 1-1 和图 1-2 等进行。

【例 12-2】 设计 3 个自由度的定点转动的并联机构。

解： 根据设计要求，动平台做定点转动，若动平台在固定的球铰上转动，则动平台做定点转动，这样动平台应与一个固定的球铰连接。为了使动平台做 3 个自由度的定点转动，应有 3 个运动支链，分别与定平台和动平台连接，形成并联机构，3 个运动支链为连杆，通过连杆的伸长或缩短，使动平台做 3 个自由度的定点转动。根据分析，设计得到 3 个自由度的定点转动的并联机构，如图 12-2 所示，动平台与中心球铰连接，为提高中心球铰的高度，防止动平台与定平台运动干涉，将中心球铰安装在中心支撑杆上，中心支撑杆固定在定平台上。下球铰、支链移动副和上球铰构成 SPS 运动支链，3 条 SPS 运动支链分别与动平台和定平台连接，3 条运动支链的结构参考表 1-1、表 1-2 和图 1-1 设计得到。

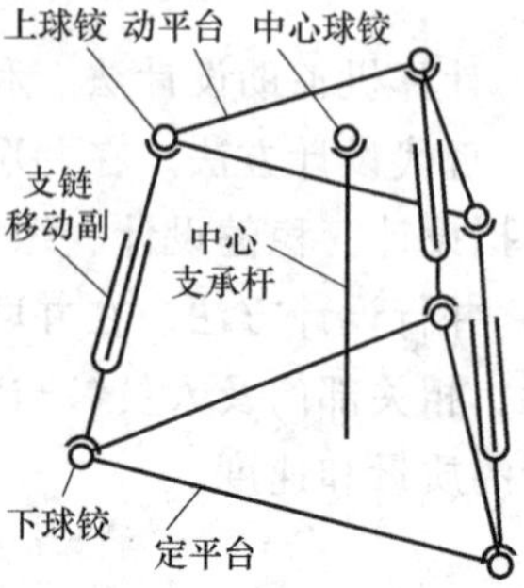

图 12-2　3 个自由度的定点转动的并联机构

在设计出并联机构后，需对所设行的并联机构进行分析。图 12-2 所示的 3 个自由度的定点转动的并联机构是 3-SPS-S 的并联机构，自由度为 3，3 个支链移动副为主动件，所设计的并联机构运动确定。3 个支链移动副分别伸长或缩短时，动平台绕中心球铰转动；因此，图 12-2 所示的 3 个自由度的定点转动的并联机构具有 3 个自由度的定点转动，满足设计要求，可用。

---

3. 并联机构的类比设计

并联机构的类比设计是根据并联机构的设计要求，类比同类并联机构，设计满足设计要求的并联机构，再分析所设计的并联机构是否满足设计要求，若满足设计要求，则所设计的并联机构可用，否则，重新设计。

【例 12-3】 设计垂直可调工作空间的 3 个自由度的定点转动的并联机构。

解： 所要设计的并联机构是一个 3 个自由度的定点转动的并联机构，此外，定点转动的球铰在垂直方向上要能变化，使工作空间垂直可调。根据设计要求，类比图 12-2 所示的 3 个自由度的定点转动的并联机构进行设计，取满足设计要求的结构尺寸，另考虑定点转动的球铰在垂直方向上要能变化，将图 12-2 中的中心支撑杆改为中心杆移动副，得所要设计的并联机构，如图 12-3 所示。解除 3 个支链中的一个移动副的约束后，中心杆移动副伸长或缩短，中心球铰垂直上移或下移，再固定中心杆移动副，所设计的并联机构做 3 自由度的定点转动，又由于中心球铰可垂直上移或下移，使所设计的并联机构的工作空间能垂直变化。在中心杆移动副伸长或缩短时，解除了 3 个支链中的一个移动副的约束，其自由度为 3，2 个支链移动副和中心杆移动副为主动件，运动确定。在中心杆移动副固定后，所设计的并联机构为 3 个自由度的定点转动的并联机构，其运动确定，因此，图 12-3 所示的垂直可调工作空间的 3 个自由度的定点转动的并联机构满足设计要求，可用。

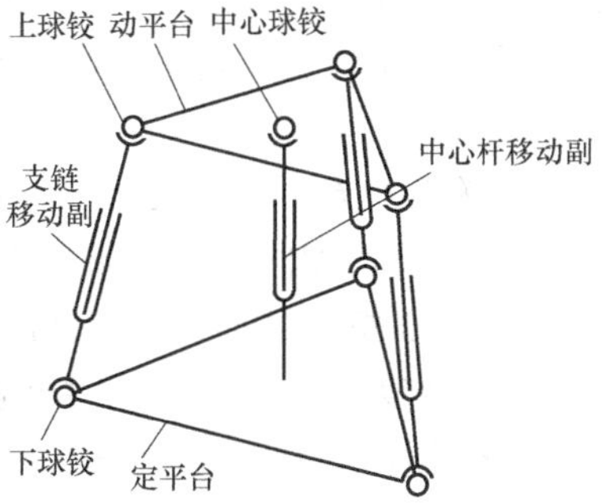

图 12-3 垂直可调工作空间的 3 个自由度的定点转动的并联机构

4. 并联机构的移植设计

并联机构的移植设计是根据并联机构的设计要求，移植同类并联机构，设计并联机构，再分析所设计的并联机构是否满足设计要求，若满足设计要求，则所设计的并联机构可用，否则，重新设计。

【例 12-4】 从并联机构的移植设计角度，分析图 1-9 所示的 3D 打印并联机器人和图 1-51 所示的 6 杆并联机床的并联机构。

解：经比较可知，图 1-9 所示的 3D 打印并联机器人和图 1-51 所示的 6 杆并联机床均采用连杆中有滑块的 Delta 机构，支链均为滑块和平行四边形机构连接的结构，平行四边形机构与动平台连接，滑块在立柱上滑动。图 1-9 所示的 3D 打印并联机器人上的动平台在空间移动，打印头随动平台在空间移动，实现 3D 打印。图 1-51 所示的 6 杆并联机床上的动平台在空间移动，刀具随动平台在空间移动，实现切削。因此，图 1-9 所示的 3D 打印并联机器人和图 1-51 所示的 6 杆并联机床采用的并联机构的构形相同，执行的工作任务不同。从并联机构的设计角度，可以认为图 1-9 所示的 3D 打印并联机器人移植了图 1-51 所示的 6 杆并联机床的并联机构，或者说，将图 1-51 所示的 6 杆并联机床的并联机构用于 3D 打印，或移植到 3D 打印机上，形式了图 1-9 所示的 3D 打印并联机器人。

5. 并联机构的变化支链结构设计

并联机构的变化支链结构设计是根据并联机构的设计要求，变化支链的结构，设计不同支链形式的并联机构，再分析所设计的并联机构是否满足设计要求，若满足设计要求，则所设计的并联机构可用，否则，重新设计。

【例 12-5】 从并联机构的变化支链结构设计角度，分析图 1-9 所示的 3D 打印并联机器人和图 1-14 所示的 3 自由度移动的 Delta 并联机器人的并联机构。

解：经比较可知，图 1-9 所示的 3D 打印并联机器人和图 1-14 所示的 3 自由度移动的 Delta 并联机器人的动平台均在空间移动。图 1-9 所示的 3D 打印并联机器人采用滑块和平行四边形机构连接的三条支链，图 1-14 所示的 3 自由度移动的 Delta 并联机器人采用摇臂和平行四边形机构连接的三条支链，虽均采用平行四边形机构，但支链与定平台连接的结构不同，图 1-9 所示的 3D 打印并联机器人采用滑块与定平台连接，图 1-14 所示的 3 自由度移动的 Delta 并联机器人采用摇臂与定平台连接。

再分析图 1-9 所示的 3D 打印并联机器人，可采用直线电动机、丝杠螺母、同步带，链条、钢索驱动滑块上下往复移动，形成功用相同、不同形式的并联机构。

变化支链的驱动结构，也可改变并联机构的形式，设计出满足设计要求的并联机构。例如：图 1-20 所示的电动机驱动的 6 自由度的 Stewart 平台并联机器人和图 1-21 所示的液压缸驱动的 6 自由度的 Stewart 平台并联机器人同为 6 自由度的 Stewart 平台并联机器人，同样采用 6 自由度的 Stewart 并联机构，其运动简图相同，一个采用电动机驱动，另一个采用液压缸驱动，是两种不同驱动形式的 6 自由度的 Stewart 并联机构，可满足不同的驱动设计需求。

6. 并联机构的设计注意点

1）并联机构的设计方法有多种。上面仅介绍了部分并联机构的设计方法，还有其他的并联机构的设计方法，如螺旋理论、图论、群论、GF 集理论的并联机构的设计方法，且并联机构的设计方法和理论在不断发展，并采用计算机辅助并联机构的设计，在并联机构的设计中，要不断学习和应用好的并联机构的设计方法。

2）查阅资料。在并联机构的设计中，要查阅大量资料，研究并联机构，才能运用好上述并联机构的设计方法，设计好并联机构，这是做好并联机构的设计的基本工作。

3）创新设计。从第 1 章中可知，并联机构的形式很多，有不同的运动副、运动支链、自由度、驱动等，这给并联机构的设计提供了很好的创新平台。在并联机构的设计中，要注意创新，才能设计出好的满足设计要求的并联机构，类比、移植设计后，一定要进行创新设计，提高并联机构的技术水平，防止侵犯专利。创新设计是并联机构及并联机器人开发的起点和关键。

12.3 并联机器人驱动系统的设计

并联机器人的驱动系统主要有液压驱动系统、电动机-减速器驱动系统、直线电动机驱动系统，分别如图 1-21、图 1-14、图 1-20 所示。设计时，按各系统的设计原理和方法进行设计，即分别按液压驱动系统、电动机-减速器驱动系统、直线电动机驱动系统的设计原理和方法，进行设计。

12.3.1 并联机器人液压驱动系统的设计

并联机器人的液压驱动系统的基本组成如图 12-4 所示。液压缸安装在连杆上，为连杆的一部分，如图 1-21 和图 4-1 所示。液压缸通过电磁阀与液压泵连接，油箱与电磁阀、液压泵连接，油箱中有液压油。并联机器人的控制系统控制电磁阀和液压泵。三位两通的电磁阀有中位、液压缸与液压泵相通位、液压缸与油箱相通位。电磁阀位于中位时，切断液压缸与液压泵、油箱的连接，连杆的伸长量不变。电磁阀位于液压缸与液压泵相通位时，液压泵将油箱中的液压油泵入液压缸，推动连杆伸长。电磁阀位于液压缸与油箱相通位时，在自然作用下，液压缸的液压油经电磁阀流入油箱，连杆缩短。采用双向液压缸时，液压油通过液压缸推动连杆缩短。连杆上传感器向控制器反馈连杆的伸长量，控制器通过电磁阀控制连杆的伸长量。

并联机器人有多根连杆，每根连杆上有一个液压缸，每个液压缸对应一个电磁阀，液压泵可共用，也可每个液压缸对应一个液压泵，整个液压系统共用一个油箱。为使液压油的压力稳定，液压系统可设置蓄能器。为限制液压油的最高压力，液压系统可设置限压阀。为调节液压油的流量，液压系统可设置调速阀。为使液压油清洁，液压系统要设置过滤器。为监控液压系统的工作，可设置相关的报警装置。

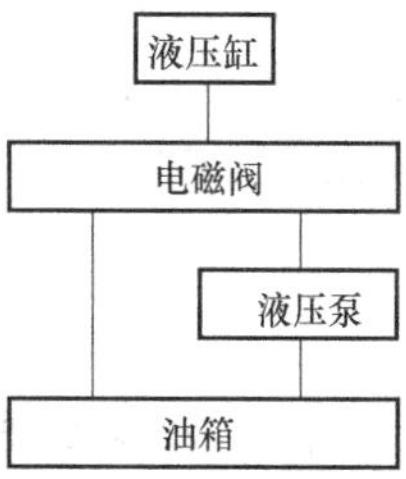

图 12-4 并联机器人的液压驱动系统的基本组成

连杆的液压缸的最大驱动力与液压缸的直径、液压油的压力之间的关系，即

$$k_y f_{Di-\max} = p_y \frac{\pi D_y^2}{4} \tag{12-2}$$

式中，$f_{Di-\max}$ 为连杆的液压缸的最大驱动力，各连杆的结构相同时，取 f_{Di} 中最大者，f_{Di} 为第 i 根连杆的液压缸的驱动力的大小，一般情况下，f_{Di} 是变化的，并联机器人受静力作用时，可根据第 6 章求得 f_{Di}，并联机器人受动载荷作用时，可根据第 7 章求得 f_{Di}；求得 f_{Di} 后，再求 $f_{Di-\max}$；k_y 为载荷系数，可根据载荷变化，取 1.1~1.5，载荷变化小时，取小值，载荷变化大时，取大值；p_y 为液压油的压力，参考表 12-1 选取；D_y 为液压缸的直径，由式（12-2）计算后，再参考表 12-2 选取。

表 12-1 不同负载条件下液压油的压力 p_y

驱动力 $f_{Di-\max}$/kN	<5	5~10	10~20	20~30	30~50	>50
液压油的压力 p_y/MPa	0.8~1	1.5~2	2.5~3	3~4	4~5	≥5~7

表 12-2 液压缸的直径 D_y 系列（GB/T 2348—2018）（单位：mm）

8	10	12	16	20	25	32	40	50	63
80	100	125	160	200	250	320	400	500	—

12.3.2 并联机器人电动机-减速器驱动系统的设计

并联机器人的电动机-减速器驱动系统主要由电动机和减速器组成，如图 1-13、图 1-14、图 1-30 所示，电动机和减速器固定在定平台上，减速器的输出轴与连杆的摇臂连接，电动机通过减速器驱动摇臂。电动机与减速器的输出轴的轴线平行时，可用普通定轴齿轮、行星齿轮、谐波齿轮、少齿差齿轮、活齿传动等减速器。电动机与减速器的输出轴的轴线不平行时，可用蜗轮蜗杆减速器，还可用循环球-齿条齿轮减速器，循环球-齿条齿轮由循环球式螺旋传动机构（滚珠螺旋传动机构）和齿条齿轮机构串联而成。电动机可用伺服电动机，便于控制。摇臂上的传感器向控制器反馈摇臂的转角及角速度信息，控制器通过电动机控制摇臂的转角及角速度。

减速器的传动比为

$$i_j = \frac{\omega_d}{\omega_{i-\max}} = \frac{n_d}{n_{i-\max}} \tag{12-3}$$

式中，ω_d、n_d 分别为电动机输出轴的角速度和转速；$\omega_{i-\max}$、$n_{i-\max}$ 分别为第 i 个摇臂的最大角速度和转速，也是减速器输出轴的最大角速度和转速，$\omega_{i-\max}=\pi n_{i-\max}/30$。

电动机的功率为

$$N_d=k_d\frac{N_{j-\max}}{\eta_j} \tag{12-4}$$

式中，$N_{j-\max}$ 为减速器的最大输出功率，也是摇臂的最大输入功率，取 $T_i\omega_i$ 的最大值，T_i、ω_i 分别为第 i 个摇臂的力矩和角速度，可用第 5 章和第 7 章的方法求得 T_i、ω_i 及 $T_i\omega_i$；k_d 为载荷系数，取 1.05~1.5，载荷变化小时，取小值，载荷变化大时，取大值；η_j 为减速器的效率，可根据减速器的类型，由机械设计手册查取。

12.3.3 并联机器人直线电动机的设计

并联机器人的直线电动机安装在连杆上，如图 1-20 所示，控制器与直线电动机连接，直线电动机上有传感器，控制直线电动机，直接驱动连杆的伸长和缩短。

直线电动机的功率为

$$N_d=k_d\times\max(f_{Di}\dot{l}_i) \tag{12-5}$$

式中，$\max(f_{Di}\dot{l}_i)$ 为 $f_{Di}\dot{l}_i$ 的最大值，f_{Di}、$\dot{l}_i$ 分别为第 i 根连杆的直线电动机的驱动力的大小和伸长速度，可用第 5 章和第 7 章的方法求得 f_{Di}、$\dot{l}_i$ 及 $f_{Di}\dot{l}_i$。

12.4 并联机器人的设计示例

12.4.1 两个转动自由度的检测并联机器人的设计规划

汽车有纵向、横向及纵横双向驻车坡度角，需要相应的检测设备。在市场调研的基础上，提出设计汽车纵横双向驻车坡度角检测设备，要求：在不大于 35°范围内检测汽车纵向驻车坡度角，在不大于 10°范围内检测汽车横向驻车坡度角。

汽车纵横双向驻车坡度角的检测可通过两个转动自由度的检测并联机器人实现，因此，从并联机器人的设计角度来说，其设计任务是设计两个转动自由度的检测并联机器人，设计要求是在不大于 35°范围内能检测汽车纵向驻车坡度角，在不大于 10°范围内能检测汽车横向驻车坡度角。

下面主要介绍两个转动自由度的检测并联机器人的检测部分的总体设计。

12.4.2 两个转动自由度的检测并联机器人的机构运动简图的设计及其自由度计算

1. 机构运动简图

根据两个转动自由度的检测并联机器人的设计任务和要求，提出两个转动自由度的检测并联机器人的机构运动简图，如图 12-5 所示。模拟道路和双向倾角传感器固定在检测平台上。检测平台通过虎克铰 1、左液压缸和右液压缸支撑在底座上，左、右液压缸的两端分别通过虎克铰与检测平台、底座连接。汽车驻车在模拟道路上，左、右液压缸伸长或缩短时，检测平台绕虎克铰 1 做两个自由度的转动，通过双向倾角传感器，检测汽车纵向、横向及纵横双向驻车坡度角。

2. 自由度计算

在图 12-5 中，左、右液压缸各有两个活动构件，检测平台为活动构件，活动构件数 $n=5$；共有 5 个虎克铰，两个液压缸的运动副是圆柱副，根据表 1-1，虎克铰和圆柱副是空间Ⅳ级副，$i=4$，$p_4=7$；不存在局部自由度、冗余约束和公共约束。根据式（2-1），得两个转动自由度的检测并联机器人的自由度为

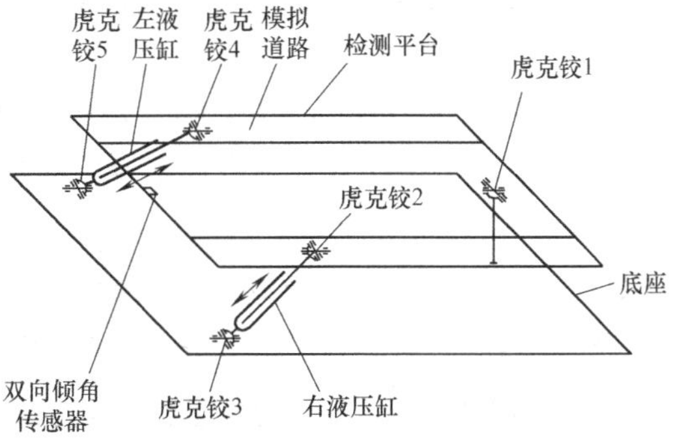

图 12-5　两个转动自由度的检测并联机器人的机构运动简图

$$F=(6-\lambda)n-\sum_{i=\lambda+1}^{5}(i-\lambda)p_i+v-\zeta=6\times5-4\times7=2$$

两个转动自由度的检测并联机器人有左、右液压缸，分别驱动 2 条运动支链，主动件为 2，且等于其自由度 2，因此，具有确定的运动。

12.4.3　两个转动自由度的检测并联机器人的设计计算

1. 姿态计算

在两个转动自由度的检测并联机器人的检测平台、底座上各建立一个坐标系，如图 12-6 所示，动坐标系 $Pxyz$ 建立在检测平台上，定坐标系 $OXYZ$ 固定于底座上，用 $\{A\}$ 代表定坐标系 $OXYZ$，用 $\{D\}$ 代表动坐标系 $Pxyz$。

两个转动自由度的检测并联机器人的结构尺寸：

$$^{A}\boldsymbol{P}_O=[X_P\quad Y_P\quad Z_P]^{\mathrm{T}}=[0\quad 0\quad 325]^{\mathrm{T}}\mathrm{mm},$$
$$^{A}\boldsymbol{B}_1=[X_{B1}\quad Y_{B1}\quad Z_{B1}]^{\mathrm{T}}=[2770\quad 929\quad 0]^{\mathrm{T}}\mathrm{mm},$$
$$^{A}\boldsymbol{B}_2=[X_{B2}\quad Y_{B2}\quad Z_{B2}]^{\mathrm{T}}=[2770\quad -929\quad 0]^{\mathrm{T}}\mathrm{mm},$$
$$^{D}\boldsymbol{b}_1=[x_{b1}\quad y_{b1}\quad z_{b1}]^{\mathrm{T}}=[1840\quad 645\quad 0]^{\mathrm{T}}\mathrm{mm},$$
$$^{D}\boldsymbol{b}_2=[x_{b2}\quad y_{b2}\quad z_{b2}]^{\mathrm{T}}=[1840\quad -645\quad 0]^{\mathrm{T}}\mathrm{mm},$$

最小杆长 1005mm，液压缸的伸长量 895mm，虎克铰的最大转角 42°。

检测平台绕 y 轴转动，检测汽车纵向驻车坡度角。检测平台绕 x 轴转动，检测汽车横向驻车坡度角。检测平台既绕 x 轴转动，又绕 y 轴转动，检测汽车纵横双向驻车坡度角。

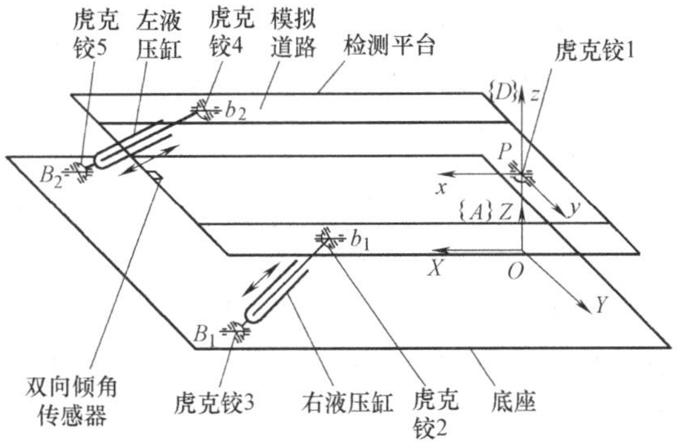

图 12-6　两个转动自由度的检测并联机器人的姿态计算

由图 12-6 得第 i 根连杆 B_ib_i 的长度矢量为

$$\boldsymbol{L}_i=\boldsymbol{P}_O+\boldsymbol{b}_i-\boldsymbol{B}_i \quad i=1,2 \tag{12-6}$$

式中，$\boldsymbol{P}_O$、$\boldsymbol{b}_i$ 和 B_i 分别为 OP、Pb_i 和 OB_i 的长度矢量。

将式（12-6）表示成在定坐标系 $OXYZ$ 下位置的列矩阵的形式为

$${}^A\boldsymbol{L}_i={}^A\boldsymbol{P}_O+{}_D^A\boldsymbol{R}^D\boldsymbol{b}_i-{}^A\boldsymbol{B}_i \tag{12-7}$$

式中，${}^A\boldsymbol{L}_i$ 为第 i 根连杆 B_ib_i 的长度矢量 $\boldsymbol{L}_i$ 在定坐标系 $OXYZ$ 中的长度的列矩阵，${}^A\boldsymbol{L}_i=[X_{li} \quad Y_{li} \quad Z_{li}]^{\mathrm{T}}$，$X_{li}$、$Y_{li}$ 和 Z_{li} 分别为第 i 根连杆 B_ib_i 的长度矢量 $\boldsymbol{L}_i$ 在定坐标系 $OXYZ$ 的 X、Y 和 Z 轴上的投影；${}^A\boldsymbol{P}_O$ 为动坐标系 $Pxyz$ 的原点 P 的长度矢量 $\boldsymbol{P}_O$ 在定坐标系 $OXYZ$ 中的位置的列矩阵，${}^A\boldsymbol{P}_O=[X_P \quad Y_P \quad Z_P]^{\mathrm{T}}$，$X_P$、$Y_P$ 和 Z_P 分别为动坐标系 $Pxyz$ 的原点 P 的长度矢量 $\boldsymbol{P}_O$ 在定坐标系 $OXYZ$ 的 X、Y 和 Z 轴上的投影；${}^A\boldsymbol{B}_i$ 为虎克铰 B_i 的长度矢量在定坐标系 $OXYZ$ 中的位置的列矩阵，${}^A\boldsymbol{B}_i=[X_{Bi} \quad Y_{Bi} \quad Z_{Bi}]^{\mathrm{T}}$，$X_{Bi}$、$Y_{Bi}$ 和 Z_{Bi} 分别为虎克铰 B_i 的长度矢量在定坐标系 $OXYZ$ 的 X、Y 和 Z 轴上的投影；${}^D\boldsymbol{b}_i$ 为虎克铰 b_i 的长度矢量在动坐标系 $Pxyz$ 中的位置的列矩阵，${}^D\boldsymbol{b}_i=[x_{bi} \quad y_{bi} \quad z_{bi}]^{\mathrm{T}}$，$x_{bi}$、$y_{bi}$ 和 z_{bi} 分别为虎克铰 b_i 的长度矢量在动坐标系 $Pxyz$ 的 x、y 和 z 轴上的投影；取检测平台先绕 x 轴的转角为 γ 角，再绕 y 轴的转角为 β 角，则有动坐标系 $Pxyz$ 相对于定坐标系 $OXYZ$ 的旋转变换矩阵为

$${}_D^A\boldsymbol{R}=\begin{bmatrix}\cos\beta & 0 & \sin\beta \\ \sin\beta\sin\gamma & \cos\gamma & -\cos\beta\sin\gamma \\ -\sin\beta\cos\gamma & \sin\gamma & \cos\beta\cos\gamma\end{bmatrix} \tag{12-8}$$

式中，β 是汽车的纵向驻车坡度角；γ 是汽车的横向驻车坡度角。

参考式（4-3），将式（12-8）代入式（12-7），得第 i 根连杆的列矩阵为

$${}^A\boldsymbol{L}_i=\begin{bmatrix}X_{li} \\ Y_{li} \\ Z_{li}\end{bmatrix}=\begin{bmatrix}x_{bi}\cos\beta+z_{bi}\sin\beta+X_P-X_{Bi} \\ x_{bi}\sin\beta\sin\gamma+y_{bi}\cos\gamma-z_{bi}\cos\beta\sin\gamma+Y_P-Y_{Bi} \\ -x_{bi}\sin\beta\cos\gamma+y_{bi}\sin\gamma+z_{bi}\cos\beta\cos\gamma+Z_P-Z_{Bi}\end{bmatrix} \tag{12-9}$$

由式（12-9）得第 i 根连杆 B_ib_i 的长度为

$$l_i=\sqrt{X_{li}^2+Y_{li}^2+Z_{li}^2} \tag{12-10}$$

当已知机构的基本尺寸和检测平台的两个位置和姿态后，两次使用式（12-10），可得检测平台在第 1、2 个位置时第 i 根连杆 B_ib_i 的长度 $l_{i\text{-}1}$ 的和 $l_{i\text{-}2}$，再由式（12-11），可得检测平台由第 1 个位置运动到第 2 个位置时第 i 根连杆的伸长量为

$$\begin{aligned}\Delta l_{i-1-2}&=l_{i-2}-l_{i-1} \\ &=\sqrt{X_{li-2}^2+Y_{li-2}^2+Z_{li-2}^2}-\sqrt{X_{li-1}^2+Y_{li-1}^2+Z_{li-1}^2}\end{aligned} \tag{12-11}$$

2. 速度计算

（1）第 i 根连杆的伸长速度　将式（12-6）的等号两边对时间 t 求导，运用矢量的求导方法，并考虑 $\boldsymbol{P}_O$ 和 $\boldsymbol{B}_i$ 是常量，对时间 t 的导数为零，再考虑检测平台的转动，得矢量表示的检测平台上第 i 个虎克铰 b_i 的速度为

$$\boldsymbol{V}_{bi}=\boldsymbol{\omega}_P\times\boldsymbol{b}_i \tag{12-12}$$

式中，$\boldsymbol{\omega}_P$ 为矢量表示的检测平台的角速度。

在图 12-6 中，第 i 根连杆 B_ib_i 绕虎克铰 B_i 转动，同时连杆伸长，略去第 i 根连杆绕其轴线转动的角速度，根据运动合成原理，虎克铰 b_i 的速度可表示为

$$\boldsymbol{V}_{bi}=\dot{l}_i\boldsymbol{w}_i+l_i\boldsymbol{\omega}_i\times\boldsymbol{w}_i \tag{12-13}$$

式中，$\dot{l}_i$ 为第 i 根连杆 B_ib_i 的伸长速度，$\dot{l}_i$ 是标量；$\boldsymbol{w}_i$ 为第 i 根连杆 B_ib_i 的单位矢量，$\boldsymbol{w}_i=\boldsymbol{L}_i/l_i$，$\boldsymbol{w}_i$ 的方向由 B_i 指向 b_i，并在第 i 根连杆 B_ib_i 的轴线上，$\boldsymbol{L}_i$ 和 l_i 分别由式（12-6）、式（12-10）求得；$\boldsymbol{\omega}_i$ 为矢量表示的第 i 根连杆 B_ib_i 的角速度。

$\boldsymbol{w}_i$ 在第 i 根连杆 B_ib_i 的轴线上，$\boldsymbol{\omega}_i$ 的方向垂直于第 i 根连杆 B_ib_i 的轴线，则有 $\boldsymbol{\omega}_i\perp\boldsymbol{w}_i$。用 $\boldsymbol{w}_i$ 分别对式（12-12）和式（12-13）的等号两边做点积，再考虑两式中 $\boldsymbol{w}_i$ 和 $\boldsymbol{V}_{bi}$ 的点积相等，得

$$\dot{l}_i+l_i\boldsymbol{w}_i\cdot(\boldsymbol{\omega}_i\times\boldsymbol{w}_i)=\boldsymbol{w}_i\cdot(\boldsymbol{\omega}_P\times\boldsymbol{b}_i) \tag{12-14}$$

再对式（12-14）进行三矢量的混合积运算，并考虑 $\boldsymbol{w}_i\times\boldsymbol{w}_i=0$，得 $l_i\boldsymbol{w}_i\cdot(\boldsymbol{\omega}_i\times\boldsymbol{w}_i)=0$，再得矢量表示的第 i 根连杆 B_ib_i 的伸长速度为

$$\dot{l}_i=\boldsymbol{w}_i\cdot(\boldsymbol{\omega}_P\times\boldsymbol{b}_i)=-\boldsymbol{w}_i\cdot(\boldsymbol{b}_i\times\boldsymbol{\omega}_P) \tag{12-15}$$

根据式（12-15），得矩阵表示的第 i 根连杆的伸长速度为

$$\dot{l}_i=-{}^A\boldsymbol{w}_i^{\mathrm{T}}\,{}^A\widetilde{\boldsymbol{b}}_i\,{}^A\boldsymbol{\omega}_P \tag{12-16}$$

式中，${}^A\boldsymbol{w}_i^{\mathrm{T}}$ 为 ${}^Aw_i$ 的转置；${}^A\boldsymbol{\omega}_P$ 为检测平台的角速度 $\boldsymbol{\omega}_P$ 在定坐标系 $OXYZ$ 下的列矩阵，${}^A\boldsymbol{\omega}_P=[\omega_{PX}\quad\omega_{PY}\quad\omega_{PZ}]^{\mathrm{T}}$；${}^A\widetilde{\boldsymbol{b}}_i$ 为 ${}^A\boldsymbol{b}_i$ 的反对称矩阵，${}^A\boldsymbol{b}_i$ 为第 i 个虎克铰 b_i 的长度矢量在定坐标系 $OXYZ$ 下的位置的列矩阵，${}^A\boldsymbol{b}_i={}^A_D\boldsymbol{R}^D\boldsymbol{b}_i$，${}^A_D\boldsymbol{R}$ 为动坐标系 $Pxyz$ 相对于定坐标系 $OXYZ$ 的旋转变换矩阵。

（2）速度雅可比矩阵　两个转动自由度的检测并联机器人有两根可伸缩的连杆，另有一根安装虎克铰 1 的垂直于底座的不可伸缩的连杆，其伸长速度 $\dot{l}_3=0$，由式（12-16）得两根可伸缩的连杆和一根不可伸缩的连杆的伸长速度的列矩阵为

$$\dot{\boldsymbol{q}}=\begin{bmatrix}\dot{l}_1\\\dot{l}_2\\\dot{l}_3\end{bmatrix}=-\begin{bmatrix}{}^A\boldsymbol{w}_1^{\mathrm{T}}\,{}^A\widetilde{\boldsymbol{b}}_1\\{}^A\boldsymbol{w}_2^{\mathrm{T}}\,{}^A\widetilde{\boldsymbol{b}}_2\\0\end{bmatrix}{}^A\boldsymbol{\omega}_P \tag{12-17}$$

根据式（12-17），得两个转动自由度的检测并联机器人在定坐标系 $OXYZ$ 下的逆速度雅可比矩阵为

$${}^A\boldsymbol{J}=-\begin{bmatrix}{}^A\boldsymbol{w}_1^{\mathrm{T}}\,{}^A\widetilde{\boldsymbol{b}}_1\\{}^A\boldsymbol{w}_2^{\mathrm{T}}\,{}^A\widetilde{\boldsymbol{b}}_2\\0\end{bmatrix} \tag{12-18}$$

3. 静力学计算

(1) 作用在检测平台上的广义静力　在定坐标系 $OXYZ$ 中，将汽车和检测平台共同的重力平移到与 Z 轴重合，根据汽车和检测平台的重心在动坐标系 $Pxyz$ 中的 x、y 和 z 轴上的坐标及式（12-8），得汽车和检测平台共同的重力作用在检测平台上的广义静力为

$$^{A}\boldsymbol{F}=\begin{bmatrix}F_{PX}\\F_{PY}\\F_{PZ}\\M_{PX}\\M_{PY}\\M_{PZ}\end{bmatrix}\begin{bmatrix}0\\0\\G_{ZC}\\(x_C\sin\beta\sin\gamma-z_C\cos\beta\sin\gamma)G_{ZC}\\-(x_C\cos\beta+z_C\sin\beta)G_{ZC}\\0\end{bmatrix}=G_{ZC}\begin{bmatrix}0\\0\\1\\(x_C\sin\beta-z_C\cos\beta)\sin\gamma\\-(x_C\cos\beta+z_C\sin\beta)\\0\end{bmatrix} \tag{12-19}$$

式中，F_{PX}、F_{PY} 和 F_{PZ} 分别为作用在检测平台上的外力在定坐标系 $OXYZ$ 的 X、Y 和 Z 轴上的投影；M_{PX} 为 F_{PX} 对 X 轴的力矩；M_{PY} 为 F_{PY} 对 Y 轴的力矩；M_{PZ} 为 F_{PZ} 对 Z 轴的力矩；G_{ZC} 为汽车和检测平台共同的重力。

(2) 液压缸的驱动力　根据式（6-39），注意式（12-18）中的$^{A}\boldsymbol{J}$是逆速度雅可比矩阵，得检测平台的力矩的正解为

$$^{A}\boldsymbol{M}_P={}^{A}\boldsymbol{J}^{\mathrm{T}}f_{DZ} \tag{12-20}$$

式中，$^{A}\boldsymbol{M}_P=[M_{PX}\quad M_{PY}\quad M_{PZ}]^{\mathrm{T}}$；$\boldsymbol{f}_{DZ}=[f_{D1}\quad f_{D2}\quad f_{D3}]^{\mathrm{T}}$，$f_{D1}$、$f_{D2}$ 分别为右液压缸和左液压缸的驱动力的力的大小，f_{D3} 为不可伸缩的连杆的力的大小。式（12-20）就是在定坐标系 $OXYZ$ 下检测平台的力矩的平衡，不计两根可伸缩的连杆的重力，根据检测平台的受力，列出检测平台的力矩的平衡方程，可得到式（12-20）。

根据式（12-18），$^{A}\boldsymbol{J}^{\mathrm{T}}$ 的第三列为零，取式（12-20）的第一、二行，得 M_{PX} 和 M_{PY} 的正解为

$$\begin{bmatrix}M_{PX}\\M_{PY}\end{bmatrix}={}^{A}\boldsymbol{J}_{MPXY}^{\mathrm{T}}\boldsymbol{f}_D \tag{12-21}$$

式中，$^{A}\boldsymbol{J}_{MPXY}^{\mathrm{T}}=\begin{bmatrix}{}^{A}J_{11}^{\mathrm{T}} & {}^{A}J_{12}^{\mathrm{T}}\\{}^{A}J_{21}^{\mathrm{T}} & {}^{A}J_{22}^{\mathrm{T}}\end{bmatrix}$，$^{A}J_{11}^{\mathrm{T}}$ 和$^{A}J_{12}^{\mathrm{T}}$ 分别为$^{A}\boldsymbol{J}^{\mathrm{T}}$ 的第一行的第一、二列的元素，$^{A}J_{21}^{\mathrm{T}}$ 和$^{A}J_{22}^{\mathrm{T}}$ 分别为$^{A}\boldsymbol{J}^{\mathrm{T}}$ 的第二行的第一、二列的元素；$\boldsymbol{f}_D=[f_{D1}\quad f_{D1}]^{\mathrm{T}}$。

将式（12-21）求逆，得液压缸的驱动力大小的列矩阵为

$$\boldsymbol{f}_D={}^{A}\boldsymbol{J}_{MPXY}^{-\mathrm{T}}\begin{bmatrix}M_{PX}\\M_{PY}\end{bmatrix} \tag{12-22}$$

式中，$^{A}\boldsymbol{J}_{MPXY}^{-\mathrm{T}}$ 为$^{A}\boldsymbol{J}_{MPXY}^{\mathrm{T}}$ 的逆。

取汽车和检测平台共同的重力 $G_{ZC}=-18000\mathrm{N}$，汽车和检测平台的重心在动坐标系 $Pxyz$ 中坐标分别为：$x_C=1550\mathrm{mm}$、$y_C=0\mathrm{mm}$ 和 $z_C=1350\mathrm{mm}$。根据图 12-6 和其结构尺寸，又根据式（12-22）和检测平台的工作空间，取 γ 的变化区间为$-10°\sim10°$，间隔为 1.5°，β 的变化区间为 0°～35°，间隔为 1.5°，用 Matlab 编程，计算得到右液压缸驱动力的大小 f_{D1}，如图 12-7 所示，f_{D1} 的最大值$f_{D1\text{-max}}=6.8410\times10^{4}\mathrm{N}$。由于左、右液压缸结构对称，左液压缸驱

动力的大小 f_{D2} 的图与右液压缸驱动力的大小 f_{D1} 的图对称，f_{D2} 与 f_{D1} 有相同的最大值。

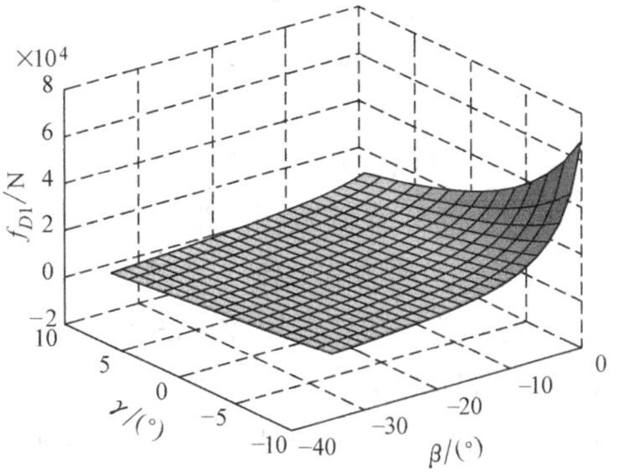

图 12-7　右液压缸驱动力的大小

4. 液压缸的直径和总容积计算

根据表 12-1，取液压油的压力 $p_y=7\text{MPa}$；取载荷系数 $k_y=1.1$。将 p_y、k_y 及液压缸的最大驱动力 $f_{D1\text{-max}}=6.8410\times10^4\text{N}$ 代入式（12-2），得液压缸的计算直径为

$$D_y=\sqrt{\frac{4k_yf_{Di\text{-max}}}{\pi p_y}}=116.9936\text{mm} \tag{12-23}$$

根据表 12-2 和式（12-23），并考虑压杆稳定性和液压缸的市场供货，取液压缸的直径 125mm。

根据图 12-5 的结构尺寸，液压缸的伸长量 $l_{i\text{-}s}=895\text{mm}$，则液压缸的总容积为

$$V_l=2\times\frac{\pi D_y^2 l_{i\text{-}s}}{4}=2.1967\times10^7\text{mm}^3 \tag{12-24}$$

5. 工作空间的计算

（1）工作空间的限制条件　根据图 12-6，两个转动自由度的检测并联机器人的工作空间的限制条件如下。

1）杆长的限制条件。两根连杆的杆长变化受到杆长结构尺寸的限制，存在极限杆长，第 i 根连杆的杆长 l_i 满足

$$l_{i\text{-min}}\leqslant l_i\leqslant l_{i\text{-max}}\quad i=1,2 \tag{12-25}$$

式中，$l_{i\text{-min}}$ 为第 i 根连杆的最小杆长；$l_{i\text{-max}}$ 为第 i 根连杆的最大杆长。在工作空间的计算中，要给出 $l_{i\text{-min}}$ 和 $l_{i\text{-max}}$，第 i 根连杆的杆长 l_i 由式（12-10）计算得到。

2）铰链转角的限制条件　在图 12-6 中，虎克铰 1、2、3、4、5 均要满足铰链转角的限制条件，由于虎克铰 2、3、4、5 在安装时，虎克铰的两个虎克铰叉的轴线与连杆的轴线重合，工作中可满足铰链转角的限制条件，因此，只考虑虎克铰 1 的铰链转角的限制条件。

参考式（8-5），得到虎克铰 1 的铰链转角的限制条件为

$$\theta_{b1}=\arccos(\boldsymbol{e}_6\cdot\boldsymbol{e}_3)=\arccos({}^A\boldsymbol{e}_6^{\text{T}}\,{}^A\boldsymbol{e}_3)=\arccos({}^A_D\boldsymbol{R}\,{}^D\boldsymbol{e}_6^{\text{T}}\,{}^A\boldsymbol{e}_3)\leqslant\theta_{b1\text{-max}} \tag{12-26}$$

式中，$\boldsymbol{e}_6$ 为检测平台上的 z 轴的单位矢量，${}^D\boldsymbol{e}_6=[0\quad 0\quad 1]^{\text{T}}$；$\boldsymbol{e}_3$ 为底座上的 Z 轴的单位矢量，${}^A\boldsymbol{e}_3=[0\quad 0\quad 1]^{\text{T}}$；$\theta_{b1\text{-max}}$ 为虎克铰 5 的最大转角，取决于虎克铰 1 的转动结构。在工作空间的计算中，可取 $\theta_{b1\text{-max}}=42°$。

3）奇异位形的限制条件。将图 9-25 中的垂直液压缸固定，则三缸驱动检测平台转动的并联机器人与两个转动自由度的检测并联机器人有相同的奇异位形的限制条件，这样，可参考图 9-25 分析两个转动自由度的检测并联机器人的奇异位形。当连杆的轴线与检测平台上的 z 轴垂直时，两个转动自由度的检测并联机器人的运动奇异，此外，连杆的轴线与检测平台上的 z 轴的夹角小于 90°时，连杆与检测平台干涉，因此，两个转动自由度的检测并联机器人的奇异位形的限制条件为

$$\theta_{q-i}=\arccos(\boldsymbol{e}_6\cdot\boldsymbol{w}_i)=\arccos({}^A\boldsymbol{e}_6^{\mathrm{T}A}\boldsymbol{w}_i)<90° \quad i=1,\ 2 \tag{12-27}$$

（2）工作空间的计算及检测工作空间的可行性分析　两个转动自由度的检测并联机器人的工作空间计算属于定点工作空间计算。根据图 12-6 和其结构尺寸，参考图 8-12 所示的定点工作空间的计算流程图，取 γ 的变化区间为 $-10°\sim10°$，间隔为 0.025°，β 的变化区间为 $0°\sim36°$，间隔为 0.05°，用 Matlab 编程，计算得到检测平台的工作空间，如图 12-8 所示。检测平台绕 x 轴转角 γ 为 $-10°\sim10°$，检测平台绕 y 轴转角 β 为 $0°\sim35.20°$；$\gamma=0°$ 时，β 为 $0°\sim35.20°$；$\gamma=\pm10°$时，β 为 $0°\sim31.80°$。检测平台的工作空间满足汽车的纵、横双向驻车坡度角检测的要求。此外，在检测平台的工作空间内，虎克铰的转角小于虎克铰的最大转角 42°，不会因连杆伸长而破坏虎克铰 1。

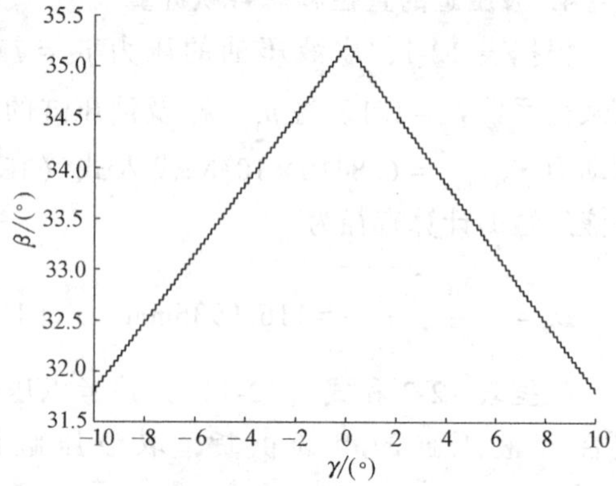

图 12-8　检测平台的工作空间

对两个转动自由度的检测并联机器人，还需进行奇异位形分析、虎克铰和检测平台等的受力分析和结构优化设计等，之后，可进行总体结构设计。

12.4.4　两个转动自由度的检测并联机器人的总体结构设计及运动仿真

1. 两个转动自由度的检测并联机器人的总体结构设计

根据图 12-6 和设计计算，设计两个转动自由度的检测并联机器人的总体结构，如图 11-5 所示。在图 11-5 的基础上，标注尺寸，编写技术要求、标题栏、明细栏等，可得两个转动自由度的检测并联机器人的装配图。根据液压油的压力、液压缸的总容积等，可进行液压系统及相应总成的设计。

2. 两个转动自由度的检测并联机器人的运动仿真

根据两个转动自由度的检测并联机器人的总体结构，用 Pro/E 进行运动仿真。图 12-9 所示为两个转动自由度的检测并联机器人检测汽车驻车坡度角的初始状态。图 12-10 所示为两个转动自由度的检测并联机器人检测汽车纵向驻车坡度角。用此方法，可得两个转动自由度的检测并联机器人检测汽车横向、纵横双向驻车坡度角图及其运动过程。

图 12-9　两个转动自由度的检测并联机器人检测汽车驻车坡度角的初始状态

图 12-10　两个转动自由度的检测并联机器人检测汽车纵向驻车坡度角

至此，完成了两个转动自由度的检测并联机器人的检测部分的总体设计。下面可根据检测部分的总体设计，进行零部件、测试及控制系统等设计，再编写设计说明书，进行目标成本核算及市场评价，并制造样机及试验等。同时要求在设计中，发现问题，改进设计，并不断提高。

习　题

12-1　详述并联机器人的设计要求。

12-2　详述并联机器人的设计过程。

12-3　简述并联机器人的设计方法。

12-4　在并联机器人的设计中，为什么要考虑经济性？怎样提高经济性？

12-5　在并联机器人的设计中，怎样提高设计的一次成功率？

12-6　在并联机器人的设计中，可用哪些软件进行运动仿真？

12-7　简述并联机构的设计方法。

12-8　简述并联机器人的连杆的液压缸的设计计算。

12-9　简述并联机器人的直线电动机的设计计算。

12-10　简述两个转动自由度的检测并联机器人的设计过程。

12-11　查找文献，阅读 3~5 篇与 Delta 机构有关的文献，从并联机构的设计角度，进行分析比较，再尝试创新设计。

12-12　查找文献，阅读 3~5 篇与 Stewart 并联机构有关的文献，从并联机构的设计角度，进行分析比较，再尝试创新设计。

12-13　查找文献，阅读 1~2 篇并联机器人的设计的文献，简述其设计过程和所得技术文件。

附录 并联机器人的数学及力学基础

并联机构多为空间机构，在并联机器人的运动和动力分析中，通常先用矢量表示并联机器人的运动和力，这样的表示不依赖于坐标系，其结果对各种不同坐标系都能适用，方便并联机器人的运动学和动力学的表达和分析，在求解并联机器人的运动学和动力学的具体问题时，再选用合适的坐标系，方便求解。

从力学角度来说，在并联机器人的运动学和动力学的分析中，涉及位姿、速度、角速度、加速度、角加速度、力、力矩等；从数学角度来说，在并联机器人的运动学和动力学的分析中，先用到矢量、张量及相关的运算，再用到矢量的坐标阵、矩阵的运算。

本附录介绍并联机器人计算中用到的数学及力学的基础公式，包括矩阵、矢量、张量、点和刚体运动的速度和加速度、牛顿-欧拉动力学方程等基础公式，有了这些数学及力学公式的基础知识，便于阅读并联机器人的计算内容及进行并联机器人的计算公式的推导。

附录 A 矩阵

1. 矩阵的定义

将 $m \times n$ 个标量 a_{ij}（$i=1, 2, 3, \cdots, m$；$j=1, 2, 3, \cdots, n$）排列成 m 行、n 列的数表，定义为 $m \times n$ 阶（维）矩阵 $\boldsymbol{A}$，即

$$\boldsymbol{A}=\begin{bmatrix} a_{11} & a_{12} & \cdots & a_{1n} \\ a_{21} & a_{22} & \cdots & a_{2n} \\ \vdots & \vdots & & \vdots \\ a_{m1} & a_{m2} & \cdots & a_{mn} \end{bmatrix} \tag{A-1}$$

其中，矩阵 $\boldsymbol{A}$ 中的第 i 行、第 j 列的元素表示为 a_{ij}。

2. 矩阵的特例和特性

下面介绍矩阵的一些特例和特性，其有利于并联机器人的矩阵计算。

只有一列的矩阵，称为 m 阶列矩阵㊀，表示为

$$\boldsymbol{a}=\begin{bmatrix} a_1 \\ a_2 \\ \vdots \\ a_m \end{bmatrix}=\begin{bmatrix} a_1 & a_2 & \cdots & a_m \end{bmatrix}^{\mathrm{T}} \tag{A-2}$$

㊀ 数学上称其为“列向量”，本书统一使用“列矩阵”。

式（A-2）中，上标 T 表示矩阵的转置。

只有一行的矩阵，称为 n 阶行矩阵，表示为

$$\boldsymbol{a}=[a_1 \quad a_2 \quad \cdots \quad a_n] \tag{A-3}$$

所有元素均为零的矩阵，即 $a_{ij}=0$ 的矩阵，为零矩阵。

将矩阵 $\boldsymbol{A}$ 的第 i 行变为第 i 列，第 j 列变为第 j 行，这样得到的 $n\times m$ 阶新矩阵，称其为原矩阵 $\boldsymbol{A}$ 的转置矩阵，记为 $\boldsymbol{A}^{\mathrm{T}}$，即

$$\boldsymbol{A}^{\mathrm{T}}=\begin{bmatrix} a_{11} & a_{21} & \cdots & a_{m1} \\ a_{12} & a_{22} & \cdots & a_{m2} \\ \vdots & \vdots & & \vdots \\ a_{1n} & a_{2n} & \cdots & a_{mn} \end{bmatrix} \tag{A-4}$$

行与列的个数相等，均为 n 的矩阵称为 n 阶方阵。从矩阵的左上角到右下角的直线为对角线，矩阵的对角线上的元素为对角元素；除对角元素（至少有一为非零）外，所有元素均为零的方阵称为对角阵，n 阶对角阵可写成

$$\boldsymbol{A}=\begin{bmatrix} a_{11} & 0 & \cdots & 0 \\ 0 & a_{22} & \cdots & 0 \\ \vdots & \vdots & & \vdots \\ 0 & 0 & \cdots & a_{nn} \end{bmatrix}=\mathrm{diag}(a_{11},a_{22},\cdots,a_{nn}) \tag{A-5}$$

对角元素均为 1，其余元素均为 0 的 n 阶方阵为单位阵，记为 $\boldsymbol{I}$，即

$$\boldsymbol{I}=\begin{bmatrix} 1 & 0 & \cdots & 0 \\ 0 & 1 & \cdots & 0 \\ \vdots & \vdots & 1 & \vdots \\ 0 & 0 & \cdots & 1 \end{bmatrix} \tag{A-6}$$

在方阵 $\boldsymbol{A}$ 中，如果元素 $a_{ij}=a_{ji}$，则称方阵 $\boldsymbol{A}$ 为对称阵，有

$$\boldsymbol{A}=\boldsymbol{A}^{\mathrm{T}} \tag{A-7}$$

在方阵 $\boldsymbol{A}$ 中，如果元素 $a_{ij}=-a_{ji}$，则称方阵 $\boldsymbol{A}$ 为反对称阵，记为 $\widetilde{\boldsymbol{A}}$，有

$$\widetilde{\boldsymbol{A}}=-\widetilde{\boldsymbol{A}}^{\mathrm{T}} \tag{A-8}$$

显然，对于反对称阵，有 $a_{ii}=0$。对于 3 个坐标的反对称阵，$\boldsymbol{a}=[a_1 \quad a_2 \quad a_3]^{\mathrm{T}}$，有

$$\widetilde{\boldsymbol{a}}=\begin{bmatrix} 0 & -a_3 & a_2 \\ a_3 & 0 & -a_1 \\ -a_2 & a_1 & 0 \end{bmatrix}=-\widetilde{\boldsymbol{a}}^{\mathrm{T}} \tag{A-9}$$

矩阵的定义可以推广到矩阵 $\boldsymbol{A}$ 的元素为一个矩阵 $\boldsymbol{A}_{ij}$，称为分块矩阵，简称为分块阵，即

$$\boldsymbol{A}=\begin{bmatrix} \boldsymbol{A}_{11} & \boldsymbol{A}_{12} & \cdots & \boldsymbol{A}_{1n} \\ \boldsymbol{A}_{21} & \boldsymbol{A}_{22} & \cdots & \boldsymbol{A}_{2n} \\ \vdots & \vdots & & \vdots \\ \boldsymbol{A}_{m1} & \mathrm{A}_{m2} & \cdots & \boldsymbol{A}_{mn} \end{bmatrix} \tag{A-10}$$

式中，各行的矩阵元素 $\boldsymbol{A}_{i1}$、$\boldsymbol{A}_{i2}$、…、$\boldsymbol{A}_{in}$（$i=1$，…，m）行阶分别相等，各列的矩阵元素 $\boldsymbol{A}_{1j}$、$\boldsymbol{A}_{2j}$、…、$\boldsymbol{A}_{mj}$（$j=1$，…，n）列阶分别相等，$\boldsymbol{A}_{ij}$ 为矩阵 $\boldsymbol{A}$ 的子矩阵。

3. 矩阵的运算

两个同阶的矩阵 $\boldsymbol{A}$ 与 $\boldsymbol{B}$ 中，矩阵 $\boldsymbol{A}$ 的元素为 a_{ij}，矩阵 $\boldsymbol{B}$ 的元素为 b_{ij}，如果所有的 $a_{ij}=b_{ij}$，则称这两矩阵相等，记为

$$\boldsymbol{A}=\boldsymbol{B} \tag{A-11}$$

同阶矩阵 $\boldsymbol{A}$ 与 $\boldsymbol{B}$ 的和为一同阶的新矩阵 $\boldsymbol{C}$，记为

$$\boldsymbol{C}=\boldsymbol{A}+\boldsymbol{B} \tag{A-12}$$

其中各元素的关系为

$$c_{ij}=a_{ij}+b_{ij} \tag{A-13}$$

同阶矩阵的和的运算遵循交换律与结合律，即有

$$\boldsymbol{A}+\boldsymbol{B}=\boldsymbol{B}+\boldsymbol{A} \tag{A-14}$$

$$\boldsymbol{A}+\boldsymbol{B}+\boldsymbol{C}=(\boldsymbol{A}+\boldsymbol{B})+\boldsymbol{C}=\boldsymbol{A}+(\boldsymbol{B}+\boldsymbol{C}) \tag{A-15}$$

一个标量 λ 与一个矩阵 $\boldsymbol{A}$ 的乘积为一个同阶的新矩阵 $\boldsymbol{C}$，记为

$$\boldsymbol{C}=\lambda\boldsymbol{A} \tag{A-16}$$

其中各元素的关系为

$$c_{ij}=\lambda a_{ij} \tag{A-17}$$

标量 λ 和 μ 的和与一个矩阵 $\boldsymbol{A}$ 的乘积为一个同阶的新矩阵 $\boldsymbol{C}$，记为

$$\boldsymbol{C}=(\lambda+\mu)\boldsymbol{A}=\lambda\boldsymbol{A}+\mu\boldsymbol{A} \tag{A-18}$$

一个标量 λ 与同阶的矩阵 $\boldsymbol{A}$ 和 $\boldsymbol{B}$ 的和的乘积为一同阶的新矩阵 $\boldsymbol{C}$，记为

$$\boldsymbol{C}=\lambda(\boldsymbol{A}+\boldsymbol{B})=\lambda\boldsymbol{A}+\lambda\boldsymbol{B} \tag{A-19}$$

令 $\boldsymbol{A}$ 为 $m\times s$ 阶矩阵，$\boldsymbol{B}$ 为 $s\times n$ 阶矩阵，则 $\boldsymbol{A}$ 和 $\boldsymbol{B}$ 的乘积为 $m\times n$ 阶的新矩阵 $\boldsymbol{C}$，有

$$\boldsymbol{C}=\boldsymbol{AB}=\begin{bmatrix} a_1b_1 & a_1b_2 & \cdots & a_1b_n \\ a_2b_1 & a_2b_2 & \cdots & a_2b_n \\ \vdots & \vdots & & \vdots \\ a_mb_1 & a_mb_2 & \cdots & a_mb_n \end{bmatrix} \tag{A-20}$$

其中，

$$\boldsymbol{a}_i=\begin{bmatrix} a_{i1} & a_{i2} & \cdots & a_{is} \end{bmatrix} \qquad i=1,\cdots,m$$

$$\boldsymbol{b}_j=\begin{bmatrix} b_{1j} \\ b_{2j} \\ \vdots \\ b_{sj} \end{bmatrix} \qquad j=1,\cdots,n$$

矩阵的乘积要求第一个矩阵的列数必须等于第二个矩阵的行数。一般来说，矩阵乘积不

遵循交换律，即

$$AB \neq BA \tag{A-21}$$

矩阵的乘积遵循分配律与结合律，λ 为标量，即有

$$(A+B)C = AC+BC \tag{A-22}$$

$$ABC = (AB)C = A(BC) \tag{A-23}$$

$$\lambda(AB) = (\lambda A)B = A(\lambda B) \tag{A-24}$$

且有

$$\lambda I = \begin{bmatrix} \lambda & 0 & \cdots & 0 \\ 0 & \lambda & \cdots & 0 \\ \vdots & \vdots & & \vdots \\ 0 & 0 & \cdots & \lambda \end{bmatrix} \tag{A-25}$$

矩阵转置的运算规律为

$$(A^{\mathrm{T}})^{\mathrm{T}} = A \tag{A-26}$$

$$(A+B)^{\mathrm{T}} = A^{\mathrm{T}}+B^{\mathrm{T}} = B^{\mathrm{T}}+A^{\mathrm{T}} \tag{A-27}$$

$$(\lambda A)^{\mathrm{T}} = \lambda A^{\mathrm{T}} \tag{A-28}$$

$$(AB)^{\mathrm{T}} = B^{\mathrm{T}}A^{\mathrm{T}} \tag{A-29}$$

4. 方阵的行列式

由 n 阶方阵 A 的元素所构成的行列式（各元素的位置不变），称为方阵 A 的行列式，记为 $\det A$ 或 $|A|$。

由 A 确定 $|A|$ 的运算满足下述运算规律（设 A、B 为 n 阶方阵，λ 为标量），即

$$|A^{\mathrm{T}}| = |A| \tag{A-30}$$

$$|\lambda A| = \lambda^n |A| \tag{A-31}$$

$$|AB| = |A||B| \tag{A-32}$$

5. 逆矩阵

对于 n 阶矩阵 A，如果有一个 n 阶矩阵 B，使得

$$AB = BA = I \tag{A-33}$$

则说矩阵 A 是可逆的，并把矩阵 B 称为 A 的逆矩阵，简称为逆阵，A 的逆矩阵记为 A^{-1}。

逆矩阵满足下列运算规律，即

$$(A^{-1})^{-1} = A \tag{A-34}$$

$$(\lambda A)^{-1} = \frac{1}{\lambda}A^{-1} \tag{A-35}$$

$$(AB)^{-1} = B^{-1}A^{-1} \tag{A-36}$$

$$(A^{\mathrm{T}})^{-1} = (A^{-1})^{\mathrm{T}} = A^{-\mathrm{T}} \tag{A-37}$$

当 A 可逆，λ、μ 为整数时，有

$$A^{\lambda}A^{\mu} = A^{\lambda+\mu} \tag{A-38}$$

$$(A^{\lambda})^{\mu} = A^{\lambda\mu} \tag{A-39}$$

非奇异矩阵 A，如果 $A^{-1} = A^{\mathrm{T}}$，称 A 为正交矩阵。对于正交矩阵有

$$AA^{\mathrm{T}} = A^{\mathrm{T}}A = I \tag{A-40}$$

6. 矩阵的导数

矩阵 $\boldsymbol{A}$、$\boldsymbol{B}$ 的元素为时间 t 的函数，λ 为时间 t 的函数，则矩阵对时间的导数为

$$\frac{\mathrm{d}\boldsymbol{A}}{\mathrm{d}t}=\dot{\boldsymbol{A}}=\left(\frac{\mathrm{d}a_{ij}}{\mathrm{d}t}\right)_{m\times n} \tag{A-41}$$

$$\frac{\mathrm{d}(\lambda\boldsymbol{A})}{\mathrm{d}t}=\dot{\lambda}\boldsymbol{A}+\lambda\dot{\boldsymbol{A}}=\frac{\mathrm{d}\lambda}{\mathrm{d}t}\boldsymbol{A}+\lambda\frac{\mathrm{d}\boldsymbol{A}}{\mathrm{d}t} \tag{A-42}$$

$$\frac{\mathrm{d}(\boldsymbol{A}+\boldsymbol{B})}{\mathrm{d}t}=\dot{\boldsymbol{A}}+\dot{\boldsymbol{B}}=\frac{\mathrm{d}\boldsymbol{A}}{\mathrm{d}t}+\frac{\mathrm{d}\boldsymbol{B}}{\mathrm{d}t} \tag{A-43}$$

$$\frac{\mathrm{d}(\boldsymbol{AB})}{\mathrm{d}t}=\dot{\boldsymbol{A}}\boldsymbol{B}+\boldsymbol{A}\dot{\boldsymbol{B}}=\frac{\mathrm{d}\boldsymbol{A}}{\mathrm{d}t}\boldsymbol{B}+\boldsymbol{A}\frac{\mathrm{d}\boldsymbol{B}}{\mathrm{d}t} \tag{A-44}$$

列矩阵 $\boldsymbol{a}$、$\boldsymbol{b}$ 的元素为时间 t 的函数，则 $\boldsymbol{a}^{\mathrm{T}}\boldsymbol{b}$ 对时间的导数为

$$\frac{\mathrm{d}(\boldsymbol{a}^{\mathrm{T}}\boldsymbol{b})}{\mathrm{d}t}=\dot{\boldsymbol{a}}^{\mathrm{T}}\boldsymbol{b}+\boldsymbol{a}^{\mathrm{T}}\dot{\boldsymbol{b}}=\frac{\mathrm{d}\boldsymbol{a}^{\mathrm{T}}}{\mathrm{d}t}\boldsymbol{b}+\boldsymbol{a}^{\mathrm{T}}\frac{\mathrm{d}\boldsymbol{b}}{\mathrm{d}t} \tag{A-45}$$

附录 B 矢量

1. 矢量的概念

矢量 $\boldsymbol{a}$ 是一个具有大小与方向的量。它的大小称为模，记为 $|\boldsymbol{a}|$。模为 1 的矢量称为单位矢量，矢量 $\boldsymbol{a}$ 的单位矢量为 $\boldsymbol{a}/|\boldsymbol{a}|$。模为零的矢量称为零矢量，记为 0。矢量在几何图上可用一个带箭头的有向线段来描述，线段的长度表示它的模，箭头在某一空间的指向为它的方向。

矢量 $\boldsymbol{a}$ 分别与直角坐标系 $Oxyz$ 的 x、y 和 z 轴的夹角为 α、β 和 γ，称为矢量 $\boldsymbol{a}$ 的方向角，直角坐标系用 $\{A\}$ 表示，如图 B-1 所示。

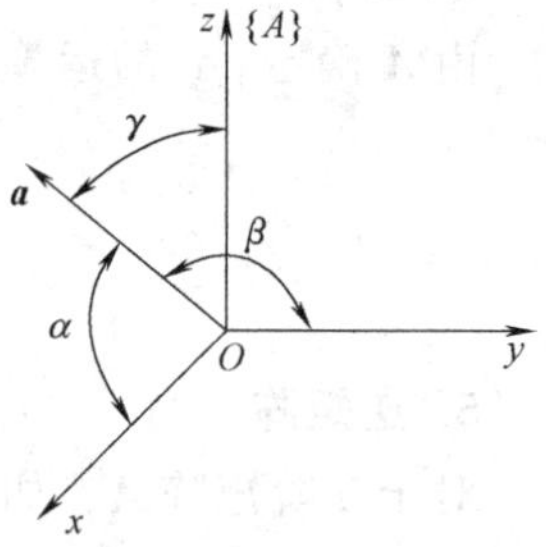

图 B-1 矢量的方向角

设矢量 $\boldsymbol{a}$ 在直角坐标系 $\{A\}$ 下坐标的列矩阵为 ${}^{A}\boldsymbol{a}=[a_1 \quad a_2 \quad a_3]^{\mathrm{T}}$，$a_1$、$a_2$ 和 a_3 分别为矢量 $\boldsymbol{a}$ 在 x、y 和 z 轴上的坐标，则矢量 a 的模为

$$|\boldsymbol{a}|=\sqrt{a_1^2+a_2^2+a_3^2} \tag{B-1}$$

$$\cos\alpha=\frac{a_1}{|\boldsymbol{a}|}=\frac{a_1}{\sqrt{a_1^2+a_2^2+a_3^2}} \tag{B-2}$$

$$\cos\beta=\frac{a_2}{|\boldsymbol{a}|}=\frac{a_2}{\sqrt{a_1^2+a_2^2+a_3^2}} \tag{B-3}$$

$$\cos\gamma=\frac{a_3}{|\boldsymbol{a}|}=\frac{a_3}{\sqrt{a_1^2+a_2^2+a_3^2}} \tag{B-4}$$

$$\cos^2\alpha+\cos^2\beta+\cos^2\gamma=1 \tag{B-5}$$

式中，$\cos\alpha$、$\cos\beta$ 和 $\cos\gamma$ 称为矢量 $\boldsymbol{a}$ 的方向余弦。注意，方向余弦与方向余弦阵不同，方向余弦阵是矩阵，方向余弦是余弦函数，不是矩阵。

2. 两个矢量的和

模相等且方向一致的两个矢量 $\boldsymbol{a}$ 与 $\boldsymbol{b}$ 称为两个矢量相等，记为

$$\boldsymbol{a}=\boldsymbol{b} \tag{B-6}$$

标量 λ 与矢量 $\boldsymbol{a}$ 的积为一个矢量，记为 $\boldsymbol{c}$，其方向与矢量 $\boldsymbol{a}$ 的方向一致，即

$$\boldsymbol{c}=\lambda\boldsymbol{a} \tag{B-7}$$

标量 λ 与矢量 $\boldsymbol{a}$ 的积的模是矢量 $\boldsymbol{a}$ 的模的 $|\lambda|$ 倍，$|\lambda|$ 为 λ 的绝对值，即

$$|\boldsymbol{c}|=|\lambda\boldsymbol{a}|=|\lambda||\boldsymbol{a}| \tag{B-8}$$

两个矢量 $\boldsymbol{a}$ 与 $\boldsymbol{b}$ 的和为一个矢量，记为 $\boldsymbol{c}$，有

$$\boldsymbol{c}=\boldsymbol{a}+\boldsymbol{b} \tag{B-9}$$

两个矢量 $\boldsymbol{a}$ 与 $\boldsymbol{b}$ 的和的运算遵循平行四边形法则，如图 B-2 所示。

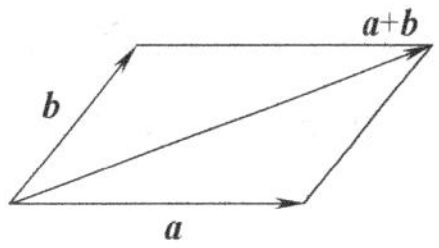

图 B-2 两矢量的和

矢量的和的运算遵循交换律、结合律与分配律，即有

$$\boldsymbol{a}+\boldsymbol{b}=\boldsymbol{b}+\boldsymbol{a} \tag{B-10}$$

$$\lambda(\mu\boldsymbol{a})=\mu(\lambda\boldsymbol{a})=(\lambda\mu)\boldsymbol{a} \quad (\lambda、\mu\text{ 为标量}) \tag{B-11}$$

$$(\lambda+\mu)\boldsymbol{a}=\lambda\boldsymbol{a}+\mu\boldsymbol{a} \quad (\lambda、\mu\text{ 为标量}) \tag{B-12}$$

$$\lambda(\boldsymbol{a}+\boldsymbol{b})=\lambda\boldsymbol{a}+\lambda\boldsymbol{b} \quad (\lambda\text{ 为标量}) \tag{B-13}$$

3. 两个矢量的点积

两个矢量 $\boldsymbol{a}$ 与 $\boldsymbol{b}$ 的点积或称数量积为一个标量 λ，记为 $\boldsymbol{a}\cdot\boldsymbol{b}$，取矢量 $\boldsymbol{a}$ 与 $\boldsymbol{b}$ 之间的夹角为 θ，则 λ 的大小为

$$\lambda=\boldsymbol{a}\cdot\boldsymbol{b}=|\boldsymbol{a}||\boldsymbol{b}|\cos\theta \tag{B-14}$$

当矢量 $\boldsymbol{a}$ 与 $\boldsymbol{b}$ 之间的夹角 $\theta=0$ 时，$\boldsymbol{a}/\!/\boldsymbol{b}$，$\boldsymbol{a}\cdot\boldsymbol{b}=|\boldsymbol{a}||\boldsymbol{b}|$；当矢量 $\boldsymbol{a}$ 与 $\boldsymbol{b}$ 之间的夹角 $\theta=90°$ 时，$\boldsymbol{a}\perp\boldsymbol{b}$，$\boldsymbol{a}\cdot\boldsymbol{b}=0$。

根据式（B-14），当矢量 $\boldsymbol{a}$ 与 $\boldsymbol{b}$ 均不为零时，可得

$$\cos\theta=\frac{\boldsymbol{a}\cdot\boldsymbol{b}}{|\boldsymbol{a}||\boldsymbol{b}|} \tag{B-15}$$

矢量 $\boldsymbol{b}$ 的单位矢量为 $\boldsymbol{b}_e$，矢量 $\boldsymbol{a}$ 在矢量 $\boldsymbol{b}$ 上的投影长度为

$$\lambda_n=|\boldsymbol{a}\cdot\boldsymbol{b}_e|=\left|\boldsymbol{a}\cdot\frac{\boldsymbol{b}}{|\boldsymbol{b}|}\right| \tag{B-16}$$

矢量 $\boldsymbol{a}$ 与 $\boldsymbol{b}$ 的点积遵循交换律、结合律和分配律，即

$$\boldsymbol{a}\cdot\boldsymbol{b}=\boldsymbol{b}\cdot\boldsymbol{a} \tag{B-17}$$

$$(\lambda\boldsymbol{a})\cdot\boldsymbol{b}=\boldsymbol{a}\cdot(\lambda\boldsymbol{b})=\lambda(\boldsymbol{a}\cdot\boldsymbol{b}) \quad (\lambda\text{ 为标量}) \tag{B-18}$$

$$(\boldsymbol{a}+\boldsymbol{b})\cdot\boldsymbol{c}=\boldsymbol{a}\cdot\boldsymbol{c}+\boldsymbol{b}\cdot\boldsymbol{c} \tag{B-19}$$

4. 两个矢量的叉积

两个矢量 $\boldsymbol{a}$ 与 $\boldsymbol{b}$ 的叉积为一个矢量，记为 $\boldsymbol{a}\times\boldsymbol{b}$，有

$$\boldsymbol{c}=\boldsymbol{a}\times\boldsymbol{b} \tag{B-20}$$

矢量 $\boldsymbol{c}$ 的方向垂直于两矢量 $\boldsymbol{a}$ 与 $\boldsymbol{b}$ 构成的平面，且三矢量 $\boldsymbol{a}$、$\boldsymbol{b}$ 和 $\boldsymbol{c}$ 的正向依次遵循右手螺旋法则，如图 B-3 所示。

由矢量的叉积的定义和图 B-3 可知，矢量的叉积无交换律，$\boldsymbol{a}\times\boldsymbol{b}\neq\boldsymbol{b}\times\boldsymbol{a}$。

由矢量的叉积定义和图 B-3 可得

$$\boldsymbol{a}\times\boldsymbol{b}=-\boldsymbol{b}\times\boldsymbol{a} \tag{B-21}$$

取矢量 $\boldsymbol{a}$ 与 $\boldsymbol{b}$ 之间的夹角为 θ，则矢量 $\boldsymbol{c}$ 的模为

$$|\boldsymbol{c}|=|\boldsymbol{a}\times\boldsymbol{b}|=|\boldsymbol{a}||\boldsymbol{b}|\sin\theta \tag{B-22}$$

当矢量 $\boldsymbol{a}$ 与 $\boldsymbol{b}$ 之间的夹角 $\theta=0°$时，$\boldsymbol{a}//\boldsymbol{b}$，$\boldsymbol{a}\times\boldsymbol{b}=0$；当矢量 $\boldsymbol{a}$ 与 $\boldsymbol{b}$ 之间的夹角 $\theta=90°$时，$\boldsymbol{a}\perp\boldsymbol{b}$，$|\boldsymbol{a}\times\boldsymbol{b}|=|\boldsymbol{a}||\boldsymbol{b}|$。

矢量 $\boldsymbol{a}$ 与 $\boldsymbol{b}$ 的叉积遵循结合律和分配律，即

$$\lambda(\boldsymbol{a}\times\boldsymbol{b})=(\lambda\boldsymbol{a})\times\boldsymbol{b}=\boldsymbol{a}\times(\lambda\boldsymbol{b}) \quad (\lambda \text{ 为标量}) \tag{B-23}$$

$$(\boldsymbol{a}+\boldsymbol{b})\times\boldsymbol{c}=\boldsymbol{a}\times\boldsymbol{c}+\boldsymbol{b}\times\boldsymbol{c} \tag{B-24}$$

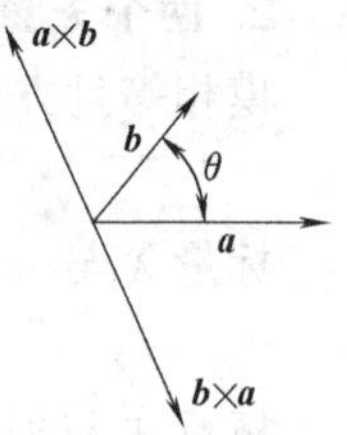

图 B-3 两个矢量的叉积

5. 三矢量的混合积和两重叉积

三矢量的混合积为三个矢量的点积和叉积的组合，有

$$\boldsymbol{a}\cdot(\boldsymbol{b}\times\boldsymbol{c})=\boldsymbol{b}\cdot(\boldsymbol{c}\times\boldsymbol{a})=\boldsymbol{c}\cdot(\boldsymbol{a}\times\boldsymbol{b}) \tag{B-25}$$

三矢量的两重叉积为三个矢量的叉积的组合，有

$$\boldsymbol{a}\times(\boldsymbol{b}\times\boldsymbol{c})=\boldsymbol{b}(\boldsymbol{c}\cdot\boldsymbol{a})-\boldsymbol{c}(\boldsymbol{a}\cdot\boldsymbol{b}) \tag{B-26}$$

注意：$\boldsymbol{a}\times\boldsymbol{b}$ 的结果是矢量，$\boldsymbol{a}\cdot\boldsymbol{b}$ 的结果是标量。

6. 矢量矩阵的运算

将标量矩阵中的元素由标量改为矢量，则为矢量矩阵，或称为矢量阵。矢量阵的运算与一般矩阵的运算方法相同。

定义矢量阵 $\boldsymbol{e}=[\boldsymbol{e}_1 \quad \boldsymbol{e}_2 \quad \boldsymbol{e}_3]^{\mathrm{T}}$，$\boldsymbol{e}_1$、$\boldsymbol{e}_2$ 和 $\boldsymbol{e}_3$ 为矢量，又定义矢量 $\boldsymbol{a}$，则有

$$\boldsymbol{a}\cdot\boldsymbol{e}=\boldsymbol{a}\cdot\begin{bmatrix}\boldsymbol{e}_1\\ \boldsymbol{e}_2\\ \boldsymbol{e}_3\end{bmatrix}=\begin{bmatrix}\boldsymbol{a}\cdot\boldsymbol{e}_1\\ \boldsymbol{a}\cdot\boldsymbol{e}_2\\ \boldsymbol{a}\cdot\boldsymbol{e}_3\end{bmatrix} \tag{B-27}$$

$$\boldsymbol{e}\cdot\boldsymbol{e}^{\mathrm{T}}=\begin{bmatrix}\boldsymbol{e}_1\\ \boldsymbol{e}_2\\ \boldsymbol{e}_3\end{bmatrix}\cdot[\boldsymbol{e}_1 \quad \boldsymbol{e}_2 \quad \boldsymbol{e}_3]=\begin{bmatrix}\boldsymbol{e}_1\cdot\boldsymbol{e}_1 & \boldsymbol{e}_1\cdot\boldsymbol{e}_2 & \boldsymbol{e}_1\cdot\boldsymbol{e}_3\\ \boldsymbol{e}_2\cdot\boldsymbol{e}_1 & \boldsymbol{e}_2\cdot\boldsymbol{e}_2 & \boldsymbol{e}_2\cdot\boldsymbol{e}_3\\ \boldsymbol{e}_3\cdot\boldsymbol{e}_1 & \boldsymbol{e}_3\cdot\boldsymbol{e}_2 & \boldsymbol{e}_3\cdot\boldsymbol{e}_3\end{bmatrix} \tag{B-28}$$

$$\boldsymbol{e}\times\boldsymbol{e}^{\mathrm{T}}=\begin{bmatrix}\boldsymbol{e}_1\\ \boldsymbol{e}_2\\ \boldsymbol{e}_3\end{bmatrix}\times[\boldsymbol{e}_1 \quad \boldsymbol{e}_2 \quad \boldsymbol{e}_3]=\begin{bmatrix}\boldsymbol{e}_1\times\boldsymbol{e}_1 & \boldsymbol{e}_1\times\boldsymbol{e}_2 & \boldsymbol{e}_1\times\boldsymbol{e}_3\\ \boldsymbol{e}_2\times\boldsymbol{e}_1 & \boldsymbol{e}_2\times\boldsymbol{e}_2 & \boldsymbol{e}_2\times\boldsymbol{e}_3\\ \boldsymbol{e}_3\times\boldsymbol{e}_1 & \boldsymbol{e}_3\times\boldsymbol{e}_2 & \boldsymbol{e}_3\times\boldsymbol{e}_3\end{bmatrix} \tag{B-29}$$

7. 矢量的坐标阵

设矢量 $\boldsymbol{a}$、$\boldsymbol{b}$、$\boldsymbol{c}$、$\boldsymbol{d}$ 和 $\boldsymbol{f}$ 在直角坐标系$\{A\}$下坐标的列矩阵分别为

$$^{A}\boldsymbol{a}=[a_1 \quad a_2 \quad a_3]^{\mathrm{T}}$$

$$^{A}\boldsymbol{b}=[b_1 \quad b_2 \quad b_3]^{\mathrm{T}}$$

$$^{A}\boldsymbol{c}=[c_1 \quad c_2 \quad c_3]^{\mathrm{T}}$$

$$^{A}\boldsymbol{d}=[d_1 \quad d_2 \quad d_3]^{\mathrm{T}}$$

$$^{A}\boldsymbol{f}=[f_1 \quad f_2 \quad f_3]^{\mathrm{T}}$$

矢量 $\boldsymbol{a}$、$\boldsymbol{b}$ 和 $\boldsymbol{c}$ 在直角坐标系$\{A\}$下坐标的反对称矩阵分别为

$$
{}^{A}\tilde{\boldsymbol{a}}=\begin{bmatrix} 0 & -a_3 & a_2 \\ a_3 & 0 & -a_1 \\ -a_2 & a_1 & 0 \end{bmatrix}
$$

$$
{}^{A}\tilde{\boldsymbol{b}}=\begin{bmatrix} 0 & -b_3 & b_2 \\ b_3 & 0 & -b_1 \\ -b_2 & b_1 & 0 \end{bmatrix}
$$

$$
{}^{A}\tilde{\boldsymbol{c}}=\begin{bmatrix} 0 & -c_3 & c_2 \\ c_3 & 0 & -c_1 \\ -c_2 & c_1 & 0 \end{bmatrix}
$$

式中，左上标 A 表示直角坐标系$\{A\}$。注意${}^{A}\boldsymbol{a}$、${}^{A}\boldsymbol{b}$、${}^{A}\boldsymbol{c}$ 和${}^{A}\boldsymbol{d}$ 为在同一直角坐标系$\{A\}$下坐标的列矩阵。

矢量运算与同一直角坐标系$\{A\}$下的坐标矩阵运算的关系见表 B-1。其中，λ 为标量，在并联机器人的计算中，经常用到该表。

表 B-1　矢量运算与同一直角坐标系$\{A\}$下的坐标矩阵运算的关系

矢量运算式	坐标矩阵运算式
$\boldsymbol{a}=\boldsymbol{b}$	${}^{A}\boldsymbol{a}={}^{A}\boldsymbol{b}$
$\boldsymbol{c}=\lambda\boldsymbol{a}$	${}^{A}\boldsymbol{c}=\lambda{}^{A}\boldsymbol{a}$
$\boldsymbol{c}=\boldsymbol{a}+\boldsymbol{b}$	${}^{A}\boldsymbol{c}={}^{A}\boldsymbol{a}+{}^{A}\boldsymbol{b}$
$\boldsymbol{f}=(\boldsymbol{a}+\boldsymbol{b})\times\boldsymbol{c}$	${}^{A}\boldsymbol{f}=({}^{A}\tilde{\boldsymbol{a}}+{}^{A}\tilde{\boldsymbol{b}}){}^{A}\boldsymbol{c}$
$\lambda=\boldsymbol{a}\cdot\boldsymbol{b}=\boldsymbol{b}\cdot\boldsymbol{a}$	$\lambda={}^{A}\boldsymbol{a}^{\mathrm{T}A}\boldsymbol{b}={}^{A}\boldsymbol{b}^{\mathrm{T}A}\boldsymbol{a}$
$\boldsymbol{c}=\boldsymbol{a}\times\boldsymbol{b}=-\boldsymbol{b}\times\boldsymbol{a}$	${}^{A}\boldsymbol{c}={}^{A}\tilde{\boldsymbol{a}}{}^{A}\boldsymbol{b}=-{}^{A}\tilde{\boldsymbol{b}}{}^{A}\boldsymbol{a}$
$\lambda=\boldsymbol{a}\cdot(\boldsymbol{b}\times\boldsymbol{c})=(\boldsymbol{b}\times\boldsymbol{c})\cdot\boldsymbol{a}$	$\lambda={}^{A}\boldsymbol{a}^{\mathrm{T}A}\tilde{\boldsymbol{b}}{}^{A}\boldsymbol{c}=({}^{A}\tilde{\boldsymbol{b}}{}^{A}\boldsymbol{c})^{\mathrm{T}A}\boldsymbol{a}$
$\boldsymbol{f}=\boldsymbol{a}\times(\boldsymbol{b}\times\boldsymbol{c})$	${}^{A}\boldsymbol{f}={}^{A}\tilde{\boldsymbol{a}}{}^{A}\tilde{\boldsymbol{b}}{}^{A}\boldsymbol{c}$
$\boldsymbol{f}=\boldsymbol{a}\times[\boldsymbol{b}\times(\boldsymbol{c}\times\boldsymbol{d})]$	${}^{A}\boldsymbol{f}={}^{A}\tilde{\boldsymbol{a}}{}^{A}\tilde{\boldsymbol{b}}{}^{A}\tilde{\boldsymbol{c}}{}^{A}\boldsymbol{d}$

8. 矢量对时间的导数

矢量导数运算与同一直角坐标系$\{A\}$下的坐标矩阵运算的关系见表 B-2。表 B-2 中，$\dot{\lambda}$ 为函数 λ 对时间 t 的一阶导数，$\dot{\boldsymbol{a}}$ 为矢量 $\boldsymbol{a}$ 对时间 t 的一阶导数，$\dot{\boldsymbol{b}}$ 为矢量 $\boldsymbol{b}$ 对时间 t 的一阶导数，${}^{A}\dot{\boldsymbol{a}}$ 为矢量 $\boldsymbol{a}$ 在直角坐标系$\{A\}$下的列矩阵对时间 t 的一阶导数，${}^{A}\dot{\boldsymbol{b}}$ 为矢量 $\boldsymbol{b}$ 在直角坐标系$\{A\}$下的列矩阵对时间 t 的一阶导数，${}^{A}\dot{\tilde{\boldsymbol{a}}}$ 为矢量 $\boldsymbol{a}$ 在直角坐标系$\{A\}$下的反对称矩阵对时间 t 的一阶导数。

表 B-2　矢量导数运算与同一直角坐标系$\{A\}$下的坐标矩阵运算的关系

矢量运算式	坐标矩阵运算式
$\dfrac{\mathrm{d}}{\mathrm{d}t}(\lambda\boldsymbol{a})=\dot{\lambda}\boldsymbol{a}+\lambda\dot{\boldsymbol{a}}$	$\dfrac{\mathrm{d}}{\mathrm{d}t}(\lambda{}^{A}\boldsymbol{a})=\dot{\lambda}{}^{A}\boldsymbol{a}+\lambda{}^{A}\dot{\boldsymbol{a}}$

（续）

矢量运算式	坐标矩阵运算式
$\frac{\mathrm{d}}{\mathrm{d}t}(\boldsymbol{a}+\boldsymbol{b})=\dot{\boldsymbol{a}}+\dot{\boldsymbol{b}}$	$\frac{\mathrm{d}}{\mathrm{d}t}({}^A\boldsymbol{a}+{}^A\boldsymbol{b})={}^A\dot{\boldsymbol{a}}+{}^A\dot{\boldsymbol{b}}$
$\frac{\mathrm{d}}{\mathrm{d}t}(\boldsymbol{a}\cdot\boldsymbol{b})=\dot{\boldsymbol{a}}\cdot\boldsymbol{b}+\boldsymbol{a}\cdot\dot{\boldsymbol{b}}$	$\frac{\mathrm{d}}{\mathrm{d}t}({}^A\boldsymbol{a}^{\mathrm{T}\,A}\boldsymbol{b})={}^A\dot{\boldsymbol{a}}^{\mathrm{T}\,A}\boldsymbol{b}+{}^A\boldsymbol{a}^{\mathrm{T}\,A}\dot{\boldsymbol{b}}$
$\frac{\mathrm{d}}{\mathrm{d}t}(\boldsymbol{a}\times\boldsymbol{b})=\dot{\boldsymbol{a}}\times\boldsymbol{b}+\boldsymbol{a}\times\dot{\boldsymbol{b}}$	$\frac{\mathrm{d}}{\mathrm{d}t}({}^A\tilde{\boldsymbol{a}}{}^A\boldsymbol{b})={}^A\dot{\tilde{\boldsymbol{a}}}{}^A\boldsymbol{b}+{}^A\tilde{\boldsymbol{a}}{}^A\dot{\boldsymbol{b}}$

附录 C 张量

定义矢量 $\boldsymbol{a}$ 和 $\boldsymbol{b}$ 的二阶张量或称并矢为

$$\boldsymbol{D}=\boldsymbol{ab} \tag{C-1}$$

矢量 $\boldsymbol{a}$ 和 $\boldsymbol{b}$ 的二阶张量不同于矢量 $\boldsymbol{a}$ 和 $\boldsymbol{b}$ 点积或叉积。因并联机器人的计算主要用到的张量最高阶为二阶，故将二阶张量简称为张量。

矢量 $\boldsymbol{a}$ 在直角坐标系$\{A\}$下的列矩阵${}^A\boldsymbol{a}=[a_1\quad a_2\quad a_3]^{\mathrm{T}}$，矢量 $\boldsymbol{b}$ 在直角坐标系$\{A\}$下的列矩阵${}^A\boldsymbol{b}=[b_1\quad b_2\quad b_3]^{\mathrm{T}}$，则在直角坐标系$\{A\}$下的张量 D 的坐标矩阵为

$${}^A\boldsymbol{D}=\begin{bmatrix} a_1b_1 & a_1b_2 & a_1b_3 \\ a_2b_1 & a_2b_2 & a_2b_3 \\ a_3b_1 & a_3b_2 & a_3b_3 \end{bmatrix} \tag{C-2}$$

张量运算与同一直角坐标系$\{A\}$下的坐标矩阵运算的关系见表 C-1。表 C-1 中，$\boldsymbol{c}$ 和 $\boldsymbol{d}$ 均为矢量，${}^A\boldsymbol{c}$ 和${}^A\boldsymbol{d}$ 为同一直角坐标系$\{A\}$下坐标的列矩阵，${}^A\tilde{\boldsymbol{d}}$ 为在直角坐标系$\{A\}$下坐标的反对称矩阵，$\boldsymbol{C}$、$\boldsymbol{G}$ 为二阶张量，${}^A\boldsymbol{C}$、${}^A\boldsymbol{G}$ 分别为在直角坐标系$\{A\}$下的张量 $\boldsymbol{C}$、$\boldsymbol{G}$ 的坐标矩阵。

表 C-1 张量运算与同一直角坐标系 $\{A\}$ 下的坐标矩阵运算的关系

矢量运算式	坐标矩阵运算式
$\boldsymbol{D}=\boldsymbol{G}$	${}^A\boldsymbol{D}={}^A\boldsymbol{G}$
$\boldsymbol{C}=\boldsymbol{D}\pm\boldsymbol{G}$	${}^A\boldsymbol{C}={}^A\boldsymbol{D}\pm{}^A\boldsymbol{G}$
$\boldsymbol{c}=\boldsymbol{D}\cdot\boldsymbol{d}$	${}^A\boldsymbol{c}={}^A\boldsymbol{D}{}^A\boldsymbol{d}$
$\boldsymbol{C}=\boldsymbol{D}\times\boldsymbol{d}$	${}^A\boldsymbol{C}={}^A\boldsymbol{D}{}^A\tilde{\boldsymbol{d}}$
$\boldsymbol{C}=\boldsymbol{d}\times\boldsymbol{D}$	${}^A\boldsymbol{C}={}^A\tilde{\boldsymbol{d}}{}^A\boldsymbol{D}$
$\boldsymbol{C}=\boldsymbol{D}\cdot\boldsymbol{G}$	${}^A\boldsymbol{C}={}^A\boldsymbol{D}{}^A\boldsymbol{G}$

附录 D 点和刚体运动的速度和加速度

1. 点的位置、速度和加速度

为了描述点在空间的位置，建立直角坐标系 $Oxyz$，直角坐标系用$\{A\}$表示，用矢径 $\boldsymbol{r}$ 表

示点在空间的位置，矢径 $\boldsymbol{r}$ 为 Op 的矢量，如图 D-1 所示。

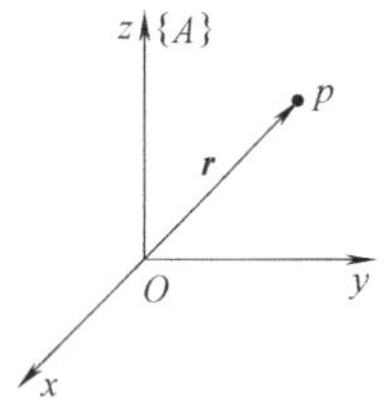

图 D-1　点在空间的位置

矢径 $\boldsymbol{r}$ 是时间 t 的函数，矢量表示的点的运动方程为

$$\boldsymbol{r}=\boldsymbol{r}(t) \tag{D-1}$$

点的速度 $\boldsymbol{v}$ 等于其矢径 $\boldsymbol{r}$ 对时间 t 的一阶导数，有

$$\boldsymbol{v}=\frac{\mathrm{d}\boldsymbol{r}(t)}{\mathrm{d}t}=\dot{\boldsymbol{r}}(t) \tag{D-2}$$

点的加速度 $\boldsymbol{a}$ 等于其速度 $\boldsymbol{v}$ 对时间 t 的一阶导数，或其矢径 $\boldsymbol{r}$ 对时间 t 的二阶导数，有

$$\boldsymbol{a}=\dot{\boldsymbol{v}}=\frac{\mathrm{d}\boldsymbol{v}}{\mathrm{d}t}=\frac{\mathrm{d}^2\boldsymbol{r}(t)}{\mathrm{d}t^2}=\ddot{\boldsymbol{r}}(t) \tag{D-3}$$

点的速度合成定理：动点在每一瞬时的绝对速度 $\boldsymbol{v}_a$ 等于其牵连速度 $\boldsymbol{v}_e$ 与相对速度 $\boldsymbol{v}_r$ 的矢量和，有

$$\boldsymbol{v}_a=\boldsymbol{v}_e+\boldsymbol{v}_r \tag{D-4}$$

牵连运动为平动时的加速度合成定理：牵连运动为平动时，动点在每一瞬时的绝对加速度 $\boldsymbol{a}_a$ 等于其牵连加速度 $\boldsymbol{a}_e$ 与相对加速度 $\boldsymbol{a}_r$ 的矢量和，有

$$\boldsymbol{a}_a=\boldsymbol{a}_e+\boldsymbol{a}_r \tag{D-5}$$

牵连运动为转动时的加速度合成定理：牵连运动为转动时，动点在每一瞬时的绝对加速度 $\boldsymbol{a}_a$ 等于其牵连加速度 $\boldsymbol{a}_e$、相对加速度 $\boldsymbol{a}_r$ 与哥氏加速度 $\boldsymbol{a}_k$ 的矢量和，有

$$\boldsymbol{a}_a=\boldsymbol{a}_e+\boldsymbol{a}_r+\boldsymbol{a}_k \tag{D-6}$$

2. 刚体的速度和加速度

刚体有平移和转动两种基本运动，刚体转动有定轴和定点转动。刚体平移时，刚体上任一直线始终保持和自身原位置平行，使刚体上任意两点的速度、加速度分别相等，因此，可用刚体上任一点的速度、加速度描述刚体的速度和加速度。刚体转动时，不可用刚体上任一点的速度、加速度描述刚体的速度和加速度，要用刚体转动的角速度和角加速度描述刚体的运动。

设刚体转动时的角速度为 $\boldsymbol{\omega}$，则刚体转动时的角加速度

$$\boldsymbol{\varepsilon}=\frac{\mathrm{d}\boldsymbol{\omega}}{\mathrm{d}t}=\dot{\boldsymbol{\omega}} \tag{D-7}$$

刚体转动时，刚体上点的速度为

$$\boldsymbol{v}=\boldsymbol{\omega}\times\boldsymbol{r} \tag{D-8}$$

刚体转动时，刚体上点的加速度为

$$\boldsymbol{a}=\frac{\mathrm{d}\boldsymbol{v}}{\mathrm{d}t}=\frac{\mathrm{d}(\boldsymbol{\omega}\times\boldsymbol{r})}{\mathrm{d}t}=\frac{\mathrm{d}\boldsymbol{\omega}}{\mathrm{d}t}\times\boldsymbol{r}+\boldsymbol{\omega}\times\frac{\mathrm{d}\boldsymbol{r}}{\mathrm{d}t}=\boldsymbol{\varepsilon}\times\boldsymbol{r}+\boldsymbol{\omega}\times\boldsymbol{v}=\boldsymbol{\varepsilon}\times\boldsymbol{r}+\boldsymbol{\omega}\times(\boldsymbol{\omega}\times\boldsymbol{r}) \tag{D-9}$$

附录 E　力矩

设力 $\boldsymbol{F}$ 作用于刚体上的 p 点，p 点矢径为 $\boldsymbol{r}$，如图 E-1 所示，则力 $\boldsymbol{F}$ 对 O 点的力矩为

$$\boldsymbol{M}_O=\boldsymbol{r}\times\boldsymbol{F} \tag{E-1}$$

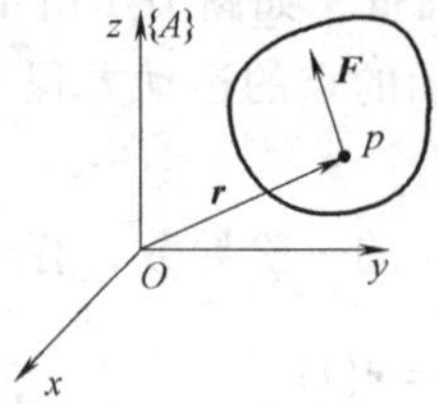

图 E-1　力矩

附录 F　牛顿-欧拉动力学方程

牛顿-欧拉动力学方程包括牛顿方程和欧拉方程。

1. 刚体上点的位置的矢量及坐标系

刚体上点的位置的矢量及坐标系如图 F-1 所示，过空间任一点 O 建立直角坐标系 $Oxyz$，用 $\{A\}$ 表示；过刚体的质心 C 点建立直角坐标系 $C\xi\eta\zeta$，直角坐标系 $C\xi\eta\zeta$ 固定在刚体上，随刚体运动，为固连坐标系，称为随体坐标系或连体坐标系，用 $\{B\}$ 表示；刚体上任一点 p_k 在直角坐标系 $Oxyz$ 下的矢径为 $\boldsymbol{r}_k$，刚体的质心 C 在直角坐标系 $Oxyz$ 下的矢径为 $\boldsymbol{r}_C$，质心 C 到点 p_k 的矢量为 $\boldsymbol{\rho}_k$。

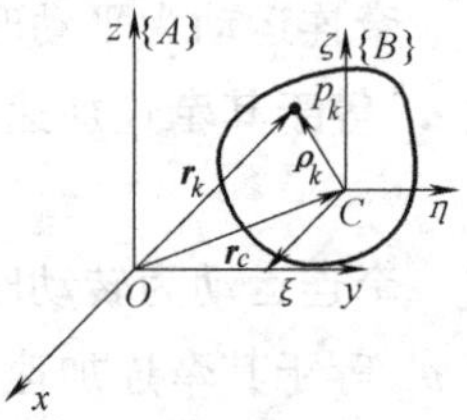

图 F-1　刚体上点的位置的矢量及坐标系

2. 惯量矩阵

（1）随体坐标系 $C\xi\eta\zeta$ 下的惯量矩阵　惯量矩阵是惯量张量的坐标矩阵，与坐标系有关，同一惯量张量在不同的坐标系下有不同的惯量矩阵。

设 $\boldsymbol{I}_C$ 为刚体对质心 C 的惯量张量，刚体在以质心 C 为原点的随体坐标系 $C\xi\eta\zeta$ 下的惯量矩阵为

$$
{}^{B}\boldsymbol{I}_C=\begin{bmatrix} I_{\xi\xi} & -I_{\xi\eta} & -I_{\xi\zeta} \\ -I_{\xi\eta} & I_{\eta\eta} & -I_{\eta\zeta} \\ -I_{\xi\zeta} & -I_{\eta\zeta} & I_{\zeta\zeta} \end{bmatrix} \tag{F-1}
$$

${}^{B}\boldsymbol{I}_C$ 由六个量组成，${}^{B}\boldsymbol{I}_C$ 中对角线上的三个元素是刚体分别对 $C\xi$、$C\eta$ 和 $C\zeta$ 轴的转动惯量，或称为惯量矩，即

$$
I_{\xi\xi}=\int(\eta^2+\zeta^2)\,\mathrm{d}m \tag{F-2}
$$

$$
I_{\eta\eta}=\int(\zeta^2+\xi^2)\,\mathrm{d}m \tag{F-3}
$$

$$
I_{\zeta\zeta}=\int(\xi^2+\eta^2)\,\mathrm{d}m \tag{F-4}
$$

式中，ξ、η 和 ζ 为随体坐标系 $C\xi\eta\zeta$ 下的坐标，$\mathrm{d}m$ 为刚体微元的质量。

${}^{B}\boldsymbol{I}_C$ 是对称矩阵，${}^{B}\boldsymbol{I}_C$ 中非对角线上的六个元素两两对称，实际上只有三个不同的元素，或者说只有三个量，为刚体的惯量积，即

$$I_{\xi\eta}=\int\xi\eta\mathrm{d}m \tag{F-5}$$

$$I_{\xi\zeta}=\int\xi\zeta\mathrm{d}m \tag{F-6}$$

$$I_{\eta\zeta}=\int\eta\zeta\mathrm{d}m \tag{F-7}$$

对于给定的刚体，惯量积的值与建立的坐标系的位置及方向有关；如果我们选择合适的坐标系，可使惯量积的值为零，这样的坐标轴称为主轴，相应的惯量矩称为主惯量矩，相应的惯量矩阵变为由 3 个主惯量矩组成的对角矩阵，即

$$^{B}\boldsymbol{I}_C=\begin{bmatrix} I_{\xi\xi} & 0 & 0\\ 0 & I_{\eta\eta} & 0\\ 0 & 0 & I_{\zeta\zeta}\end{bmatrix} \tag{F-8}$$

事实上，主惯量矩是惯量矩阵的三个特征值。当匀质刚体的结构对称且取对称轴为坐标轴时，可使惯量积的值为零。惯量矩与惯量积的量纲相同。

（2）直角坐标系 $Oxyz$ 下的惯量矩阵

1）随体坐标系 $C\xi\eta\zeta$ 相对直角坐标系 $Oxyz$ 平行时，直角坐标系 $Oxyz$ 下的惯量矩阵。随体坐标系 $C\xi\eta\zeta$ 相对直角坐标系 $Oxyz$ 平行时，根据平行轴定理，刚体分别对 Ox、Oy 和 Oz 轴的转动惯量，或称为惯量矩为

$$I_{xx}=I_{\xi\xi}+m(y_C^2+z_C^2) \tag{F-9}$$

$$I_{yy}=I_{\eta\eta}+m(z_C^2+x_C^2) \tag{F-10}$$

$$I_{zz}=I_{\zeta\zeta}+m(x_C^2+y_C^2) \tag{F-11}$$

刚体的惯量积为

$$I_{xy}=I_{\xi\eta}+mx_Cy_C \tag{F-12}$$

$$I_{xz}=I_{\xi\zeta}+mx_Cz_C \tag{F-13}$$

$$I_{yz}=I_{\eta\zeta}+my_Cz_C \tag{F-14}$$

式中，x_C、y_C 和 z_C 为质心 C 在直角坐标系 $Oxyz$ 中的坐标，m 为刚体的质量。

根据式（F-1）、式（F-9）~式(F-14)，刚体在以刚体上任一点 O 为原点的直角坐标系 $Oxyz$ 下的惯量矩阵为

$$\begin{aligned}^{A}\boldsymbol{I}_O&={}^{B}\boldsymbol{I}_C+m\begin{bmatrix} y_C^2+z_C^2 & -x_Cy_C & -x_Cz_C\\ -x_Cy_C & z_C^2+x_C^2 & -y_Cz_C\\ -x_Cz_C & -y_Cz_C & x_C^2+y_C^2\end{bmatrix}\\ &={}^{B}\boldsymbol{I}_C+m({}^{A}\boldsymbol{C}^{\mathrm{T}A}\boldsymbol{C}\boldsymbol{I}-{}^{A}\boldsymbol{C}{}^{A}\boldsymbol{C}^{\mathrm{T}})\\ &={}^{B}\boldsymbol{I}_C+m{}^{A}\boldsymbol{I}_{C-O}\end{aligned} \tag{F-15}$$

式（F-15）中，$\boldsymbol{I}$ 是 3×3 的单位阵；$^{A}\boldsymbol{C}=[x_C\quad y_C\quad z_C]^{\mathrm{T}}$；$^{A}\boldsymbol{I}_{C-O}$ 是一个对称矩阵，有

$$^{A}\boldsymbol{I}_{C-O}=\begin{bmatrix} y_C^2+z_C^2 & -x_Cy_C & -x_Cz_C \\ -x_Cy_C & z_C^2+x_C^2 & -y_Cz_C \\ -x_Cz_C & -y_Cz_C & x_C^2+y_C^2 \end{bmatrix}={}^{A}\boldsymbol{C}^{\mathrm{T}A}\boldsymbol{C}\boldsymbol{I}-{}^{A}\boldsymbol{C}^{A}\boldsymbol{C}^{\mathrm{T}} \tag{F-16}$$

2）随体坐标系 $C\xi\eta\zeta$ 相对直角坐标系 $Oxyz$ 旋转时，直角坐标系 $Oxyz$ 下的惯量矩阵。另一方面，随体坐标系 $C\xi\eta\zeta$ 相对直角坐标系 $Oxyz$ 旋转时，式（F-15）不成立。当随体坐标系 $C\xi\eta\zeta$ 相对直角坐标系 $Oxyz$ 旋转时，刚体在以刚体上任一点 O 为原点的直角坐标系 $Oxyz$ 下的惯量矩阵为

$$^{A}\boldsymbol{I}_O={}_{B}^{A}\boldsymbol{R}^{B}\boldsymbol{I}_C{}_{B}^{A}\boldsymbol{R}^{\mathrm{T}} \tag{F-17}$$

式中，${}_{B}^{A}\boldsymbol{R}$、${}_{B}^{A}\boldsymbol{R}^{\mathrm{T}}$ 分别为随体坐标系 $C\xi\eta\zeta$ 到直角坐标系 $Oxyz$ 的旋转矩阵及其转置。

3. 牛顿方程

根据动量定理，刚体的质量 m 与质心的加速度 $\ddot{\boldsymbol{r}}_C$ 的乘积等于作用于刚体上所有外力的矢量和，或者说等于作用于刚体上外力的主矢 $\boldsymbol{F}$，即

$$m\ddot{\boldsymbol{r}}_C=\boldsymbol{F} \tag{F-18}$$

式（F-18）为质心运动定理，也是矢量形式的牛顿方程。式中，$\boldsymbol{F}=\sum\limits_{k}\boldsymbol{F}_k$，$\boldsymbol{F}_k$ 为作用于刚体上第 k 个外力。刚体的质心的加速度 $\ddot{\boldsymbol{r}}_C$ 为刚体的质心的矢量 $\boldsymbol{r}_C$ 对时间 t 的二阶导数，$\ddot{\boldsymbol{r}}_C=\dfrac{\mathrm{d}^2\boldsymbol{r}_C}{\mathrm{d}t^2}$。

4. 欧拉方程

（1）刚体对固定点 O 的欧拉方程　坐标原点 O 为刚体上的一个固定点，根据动量定理，刚体对坐标原点 O 的矢量形式的欧拉方程为

$$\boldsymbol{I}_O\cdot\dot{\boldsymbol{\omega}}+\boldsymbol{\omega}\times(\boldsymbol{I}_O\cdot\boldsymbol{\omega})=\boldsymbol{M}_O \tag{F-19}$$

式中，$\dot{\boldsymbol{\omega}}$ 为刚体的角加速度；$\boldsymbol{\omega}$ 为刚体的角速度；$\boldsymbol{M}_O$ 为作用在刚体上的外力对坐标原点 O 的主矩，也是作用在刚体上的所有外力对坐标原点 O 的力矩的矢量和；$\boldsymbol{I}_O$ 为刚体绕固定点 O 旋转的惯量张量，$\boldsymbol{I}_O$ 在直角坐标系 $Oxyz$ 下的惯量矩阵为 $^{A}\boldsymbol{I}_O$。

（2）刚体对质心 C 的欧拉方程　根据动量定理，刚体对质心 C 的矢量形式的欧拉方程为

$$\boldsymbol{I}_C\cdot\dot{\boldsymbol{\omega}}+\boldsymbol{\omega}\times(\boldsymbol{I}_C\cdot\boldsymbol{\omega})=\boldsymbol{M}_C \tag{F-20}$$

式中，$\boldsymbol{M}_C$ 为作用在刚体上的外力对质心 C 的主矩，也是作用在刚体上的所有外力对质心 C 的力矩的矢量和；$\boldsymbol{I}_C$ 为刚体绕质心 C 旋转的惯量张量，$\boldsymbol{I}_C$ 在随体坐标系 $C\xi\eta\zeta$ 下的惯量矩阵为 $^{B}\boldsymbol{I}_C$。

比较式（F-19）和式（F-20）可知，刚体对质心 C 的欧拉方程是刚体对其固定点 O 的欧拉方程的特例。

在并联机器人的动力学计算中，要注意：牛顿方程中的加速度 $\ddot{\boldsymbol{r}}_C$ 是刚体质心的加速度，不一定是坐标原点的加速度，只有坐标原点在刚体的质心时，其加速度才相同；欧拉方程有刚体对固定点 O 的欧拉方程和刚体对质心 C 的欧拉方程，只有固定点 O 在质心 C 时，

两个欧拉方程才相同；牛顿方程和欧拉方程均对刚体而言，当并联机器人的连杆由液压缸和活塞杆组成时，由于液压缸和活塞杆有相对运动，连杆不是刚体，不能在连杆上直接使用牛顿方程和欧拉方程，要分别在液压缸和活塞杆上使用牛顿方程和欧拉方程。

附录 G 达朗伯原理-虚位移原理

达朗伯原理-虚位移原理包含了达朗伯原理和虚位移原理，也称为动力学普遍方程。对于 n 个质点组成的质点系，达朗伯原理-虚位移原理可表述为

$$\sum_{i=1}^{n}(\boldsymbol{F}_i+\boldsymbol{G}_i)\cdot\delta\boldsymbol{r}_i=0 \tag{G-1}$$

式中，$\boldsymbol{F}_i$ 为作用于质点系上的第 i 个主动力；$\boldsymbol{G}_i$ 为作用于质点系上的第 i 个惯性力；$\delta\boldsymbol{r}_i$ 为质点系中任一质点的虚位移。式（G-1）表明，在理想约束条件下，主动力和惯性力的任何虚位移的元功之和为零。

附录 H 拉格朗日方程

质点系的拉格朗日方程为

$$\frac{\mathrm{d}}{\mathrm{d}t}\frac{\partial T}{\partial\dot{q}_i}-\frac{\partial T}{\partial q_i}=Q_i\qquad i=1,2,\cdots,k \tag{H-1}$$

式中，T 为质点系的动能；q_i 为广义坐标；$\dot{q}_i$ 为广义速度，是广义坐标 q_i 对时间 t 的导数；Q_i 为对应于广义坐标 q_i 的广义力；k 为质点系的自由度。

令

$$Q_i=Q_{iC}+Q_{iU}=Q_{iC}+\frac{\partial U}{\partial q_i} \tag{H-2}$$

式中，Q_{iC} 为对应于广义坐标 q_i 的非保守力；Q_{iU} 为对应于广义坐标 q_i 的保守力，$Q_{iU}=\dfrac{\partial U}{\partial q_i}$，$U$ 为质点系的有势力的势能。

将式（H-2）代入式（H-1），得

$$\frac{\mathrm{d}}{\mathrm{d}t}\frac{\partial T}{\partial\dot{q}_i}-\frac{\partial T}{\partial q_i}=Q_{iC}+\frac{\partial U}{\partial q_i}\qquad i=1,2,\cdots,k \tag{H-3}$$

当质点系为刚体时，质点系的动能为刚体的动能。刚体的动能为

$$T_C=\frac{1}{2}m\boldsymbol{v}_C\cdot\boldsymbol{v}_C+\frac{1}{2}\boldsymbol{\omega}\cdot\boldsymbol{I}_C\cdot\boldsymbol{\omega}=\frac{1}{2}mv_C^2+\frac{1}{2}\boldsymbol{\omega}\cdot\boldsymbol{I}_C\cdot\boldsymbol{\omega} \tag{H-4}$$

式（H-4）称为柯尼希定理。式（H-4）中，m 为刚体的质量；$\boldsymbol{v}_C$ 为刚体的质心的速度，刚体的质心的速度 $\boldsymbol{v}_C$ 为刚体的质心的矢量 $\boldsymbol{r}_C$ 对时间 t 的一阶导数，$\boldsymbol{v}_C=\dfrac{\mathrm{d}\boldsymbol{r}_C}{\mathrm{d}t}$；$\boldsymbol{\omega}$ 为刚体的角速度；$\boldsymbol{I}_C$ 为刚体绕质心 C 旋转的惯量张量。

参考文献

[1] 黄真，赵永生，赵铁石. 高等空间机构学［M］. 2版. 北京：高等教育出版社，2014.
[2] 黄真，孔令富，方跃法. 并联机器人机构学理论及控制［M］. 北京：机械工业出版社，1997.
[3] 刘辛军，谢福贵，汪劲松. 并联机器人机构学基础［M］. 北京：高等教育出版社，2018.
[4] 梅莱. 并联机器人：原书第2版［M］. 黄远灿，译. 北京：机械工业出版社，2014.
[5] 孔宪文，戈斯林. 并联机构构型综合［M］. 于靖军，周艳华，毕树生，译. 北京：机械工业出版社，2013.
[6] 塔吉拉德. 并联机器人机构学与控制［M］. 刘山，译. 北京：机械工业出版社，2018.
[7] 张春林，余跃庆. 机械原理教学参考书：上［M］. 北京：高等教育出版社，2009.
[8] 韩建友，杨通，于靖军. 高等机构学［M］. 2版. 北京：机械工业出版社，2015.
[9] 刘善增. 少自由度并联机器人机构动力学［M］. 北京：科学出版社，2015.
[10] 邹慧君，高峰. 现代机构学进展［M］. 北京：高等教育出版社，2011.
[11] 高峰，杨加伦，葛巧德. 并联机器人型综合的GF集理论［M］. 北京：科学出版社，2011.
[12] 李团结. 机器人技术［M］. 北京：电子工业出版社，2009.
[13] 熊有伦. 机器人技术基础［M］. 武汉：华中科技大学出版社，1996.
[14] 熊有伦，李文龙，陈文斌，等. 机器人学：建模、控制与视觉［M］. 武汉：华中科技大学出版社，2018.
[15] 谢存禧，郑时雄，林怡青. 空间机构设计［M］. 上海：上海科学技术出版社，1996.
[16] 徐振平. 机器人控制技术基础［M］. 北京：国防工业出版社，2017.
[17] 陈万米. 机器人控制技术［M］. 北京：机械工业出版社，2018.
[18] 金万敏，吴克坚，姜剑虹. 机器人机械学［M］. 南京：江苏科学技术出版社，1994.
[19] 赵景山，冯之敬，褚福磊. 机器人机构自由度分析理论［M］. 北京：科学出版社，2009.
[20] 黄茂林，秦伟. 机械原理［M］. 2版. 北京：机械工业出版社，2011.
[21] 于靖军，刘辛军，丁希仑，等. 机器人机构学的数学基础［M］. 北京：机械工业出版社，2008.
[22] 戴华. 矩阵论［M］. 北京：科学出版社，2001.
[23] 霍伟. 机器人动力学与控制［M］. 北京：高等教育出版社，2005.
[24] 洪嘉振. 计算多体系统动力学［M］. 北京：高等教育出版社，1999.
[25] 刘延柱，潘振宽，戈新生. 多体系统动力学［M］. 2版. 北京：高等教育出版社，2014.
[26] 朱照宣，周起钊，殷金生. 理论力学：上册［M］. 北京：北京大学出版社，1982.
[27] 朱照宣，周起钊，殷金生. 理论力学：下册［M］. 北京：北京大学出版社，1982.
[28] 贾书惠. 刚体动力学［M］. 北京：高等教育出版社，1987.
[29] 梁崇高，荣辉. 一种Stewart平台型机械手位移正解［J］. 机械工程学报，1991，27（2）：26-30.
[30] 郭祖华，陈五一，陈鼎昌. 6-USP型并联机构的刚体动力学模型［J］. 机械工程学报，2002，38（11）：53-57.
[31] 黄真，曲义远. 空间并联机器人机构的特殊位形分析［J］. 东北重型机械学院学报，1989，13（2）：1-6.
[32] 赵晓颖，温立书，么彩莲. 欧拉角参数表示下姿态的二阶运动奇异性［J］. 科学技术与工程，2012，12（3）：634-637.
[33] 王海峰，王成良. 解决欧拉方程奇异性的方法探讨［J］. 飞行力学，2006，24（3）：94-96.
[34] 李保坤，曹毅，张文祥，等. 基于四元数的Stewart机构姿态奇异与姿态空间研究［J］. 机械设计与

研究，2007，23（6）：31-37.
[35] 李保坤，曹毅，张秋菊，等. Stewart 并联机构位置奇异研究［J］. 机械工程学报，2012，48（9）：33-42.
[36] 艾青林，祖顺江，胥芳. 并联机构运动学与奇异性研究进展［J］. 浙江大学学报（工学版），2012，46（8）：1345-1359.
[37] CHOI H B，RYU J. Singularity analysis of a four degree-of-freedom parallel manipulator based on an expanded 6 × 6 Jacobian matrix［J］. Mechanism and Machine Theory，2012，57：51-61.
[38] ROPPONEN T，ARAI T. Accuracy analysis of a modified Stewart platform manipulator［C］//Proceedings of 1995 IEEE International Conference on Robotics and Automation. New York：IEEE，1995：521-525.
[39] PATEL A J，EHMANN K F. Volumetric error analysis of a Stewart platform-based machine tool［J］. Annals of the CIRP，1997，46（1）：287-290.
[40] CHEBBI A H，AFFI Z，ROMDHANE L. Prediction of the pose errors produced by joints clearance for a 3-UPU parallel robot［J］. Mechanism and Machine Theory，2009，44：1768-1783.
[41] Frisoli A，Solazzi M，Pellegrinetti D. A new screw theory method for the estimation of position accuracy inspatial parallel manipulators with revolute joint clearances［J］. Mechanism and Machine Theory，2009，46：1129-1149.
[42] 许兆棠，刘远伟，孙全平，等. 交叉杆并联机床驱动力为零对加工精度影响的分析［J］. 机械科学与技术，2012，31（12）：2023-2027.
[43] 许兆棠，刘远伟，汪通悦，等. 并联机床的动力学特性对加工精度影响的分析［J］. 振动与冲击，2013，32（16）：198-204.
[44] 许兆棠，陈小岗，张恒，等. 并联机构的运动伪奇异分析［J］. 机械传动，2014，38（4）：75-78.
[45] 吴蒙蒙，许兆棠，邱自学，等. 温度对交叉杆并联机床加工精度的影响分析［J］. 机械设计与制造，2014（5）：95-98.
[46] 吴蒙蒙，许兆棠，吴海兵，等. 环境温度影响下并联机床的加工误差解耦［J］. 组合机床与自动化加工技术，2014（6）：4-7.
[47] 吴蒙蒙，许兆棠，陈小岗，等. 环境温度影响下交叉杆并联机床的误差分布［J］. 科学技术与工程，2014，25（9）：66-70.
[48] 陈小岗，孙宇，彭斌彬，等. 6-UPS 并联机床静刚度分布特性［J］. 南京理工大学学报（自然科学版），2013，37（6）：926-933.
[49] 陈小岗，孙宇，刘远伟，等. 6-UPS 并联机床位姿空间图谱［J］. 中国机械工程，2013，24（10）：1331-1335，1339.
[50] 陈小岗，孙宇，吴海兵，等. 6-UPS 并联机床误差分布特性［J］. 中国机械工程，2014，25（2）：179-185.
[51] 陈小岗，孙宇，彭斌彬，等. 铰链间隙对 6 自由度并联机床刀具位姿的影响分析［J］. 机械科学与技术，2013，32（1）：71-76.
[52] CHEN X G，XU Z T，WU H B. Kinematic Error Analysis of Parallel Machine Tool Based on Rigid Body Dynamics［J］. Applied Mechanics and Materials，2015，（1）：71-78.
[53] 陈小岗，许兆棠，吴海兵，等. 并联机床拟合求差补偿方法研究［J］. 机械设计与制造，2015，（12）：80-83.
[54] 许兆棠，吴海兵，李翔，等. 并联机床许用工作空间的校核［J］. 组合机床与自动化加工技术，2016（8）：74-77.
[55] 许兆棠，刘远伟，陈小岗，等. 并联机构综合误差的补偿及控制研究进展［J］. 机械制造与自动化，2017（3）：1-5，24.

[56] 许兆棠，吴蒙蒙，张恒，等. 并联机床误差控制和补偿的流程 [J]. 机床与液压，2018，25（2）：179-185.
[57] 吴海兵，刘远伟，左敦稳. 交叉式并联机床工作空间分析 [J]. 机械科学与技术，2009，28（4）：472-475.
[58] 陈小岗. 交叉杆式 6 轴并联机床误差及刚度特性研究 [D]. 南京：南京理工大学，2013.
[59] 吴蒙蒙. 6-UPS 交叉杆并联机床的误差解耦及数字化补偿 [D]. 南通：南通大学，2014.
[60] 许兆棠，吴海兵，张恒，等. 判别并联机床产生轮纹的铰链的方法：201310019224. 2 [P]. 2013-01-07.
[61] 许兆棠，吴海兵，陈小岗，等. 提高并联机床加工精度的温控无铰链间隙的铰链：201610053966. 0 [P]. 2016-01-27.
[62] 许兆棠，丁涛，吉河波，等. 双缸非平行驱动汽车驻车坡度角检测系统：201610638754. 9 [P]. 2016-08-08.
[63] 许兆棠，张恒，张恃铭，等. 各缸独立控制综合调整的汽车驻车坡度角的调整方法：201610879740. 6 [P]. 2016-10-09.
[64] 许兆棠，张恒，吴海兵，等. 连杆与平台固定的标定并联机床铰链坐标的方法：201610102235. 0 [P]. 2016-02-22.